왜 사람들은 이상한 것을 믿는가

WHY PEOPLE BELIEVE WEIRD THINGS

왜 사람들은
이상한 것을
믿는가

MICHAEL SHERMER

뉴에이지 과학, 지적 설계론, 미신과 심령술······ 우리 시대의 사이비 과학을 비판한다

마이클 셔머 지음 | 류운 옮김

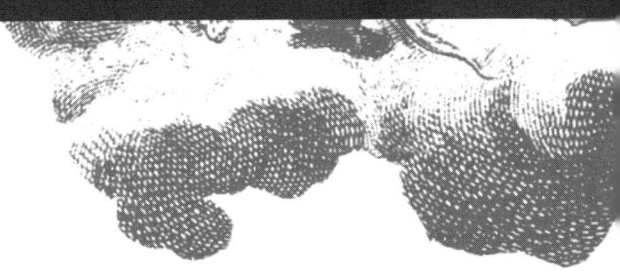

바다출판사

WHY PEOPLE BELIEVE WEIRD THINGS: PSEUDOSCIENCE, SUPERSTITION, AND
OTHER CONFUSIONS OF OUR TIME

Copyright ⓒ 1997 by Michael Shermer
All rights reserved.

Korean translation copyright ⓒ 2007 by Bada Publishing Co.
This Korean edition was published by
arrangement with Brockman, Inc., New York.

이 책의 한국어판 저작권은 Brockman, Inc.사와 직접 계약한 바다출판사에 있습니다.
저작권법에 의하여 한국 내에서 보호를 받는 저작물이므로 무단 전재와 복제를 금합니다.

10년 전 칼 세이건의 강의 "회의주의가 짊어진 부담"은, 지적으로나 학문적으로나 방황에 빠져 있던 내게 이정표가 되어 주었다. 회의주의 학회, 〈스켑틱〉, 이 책이 나오게 된 것은 결국 칼 세이건이 불어넣어 준 영감 덕분이며, 회의주의와 과학의 가능성들에 내가 온 마음을 쏟게 된 것도 그이 덕분이다.

나의 동료이자 내게 영감을 준 사람. 칼 세이건(1934~1996)의 영전에 이 책을 바친다.

상충하는 두 가지 욕구 사이에 절묘한 균형이 필요하다고 생각합니다. 다시 말해서 우리 앞에 차려진 모든 가설들을 지극히 회의적으로 면밀히 검토하는 것과 아울러, 새로운 생각에도 크게 마음을 열어야 한다고 생각합니다. 만일 여러분이 회의에만 머문다면, 여러분은 어떤 새로운 생각도 보듬지 못하게 됩니다. 새로운 것은 아무것도 배우지 못한 채 이 세상을 비상식이 지배하고 있다고 확신하는 괴팍한 노인네가 될 것입니다. (당연히 여러분의 생각을 뒷받침하는 데이터는 많이 있겠지요.)

다른 한편으로, 귀가 가볍다 싶을 정도로 지나치게 마음을 열면, 그리고 회의적인 감각을 터럭만큼도 갖추지 못한다면, 여러분은 가치 있는 생각과 가치 없는 생각을 구분하지 못하게 됩니다. 모든 생각들이 똑같이 타당하다면 여러분은 길을 잃고 말 것입니다. 결국 어떤 생각도 타당성을 갖지 못할 것이겠기에 말입니다.

칼 세이건 "회의주의가 짊어진 부담", 패서디나 강연, 1987.

일러두기

서양철학에서 회의주의skepticism는 고대 그리스까지 거슬러 올라가는 오래된 전통을 가지고 있다. 경험된 세계의 실재성, 절대적 진리, 이데아의 세계 등의 철학적 근거에 의문을 제기하고, 가능한 지식과 불가능한 지식을 구분하고, 주장의 타당성을 문제 삼는 등 다양한 방식으로 회의가 전개되었다. 그러다가 20세기 중반에 이르러 마틴 가드너가 일련의 책들을 저술하면서부터, 과학적으로 타당한 증거를 요구하는 형태의 회의주의가 부각되기 시작했다. 이것을 기존의 철학적 회의주의와 구별해서 따로 과학적 회의주의라고 부르기도 한다. 이 책에서는 "skepticism", "skeptic"을 각각 "회의주의", "회의주의자"로 옮기되, 마이클 셔머가 발행하는 잡지만은 원어를 살려 〈스켑틱〉이라 옮긴다.

스티븐 제이 굴드의 서문

우리는 회의주의의 긍정적인 힘을 믿는다

회의주의 또는 폭로는 쓰레기 처리 같은 활동이라는 혹평을 흔히 받는다. 말하자면 위생적이고 건강한 생활을 위해서는 반드시 필요하지만, 드러내 놓고 찬사를 하기에는 별 매력도 별 가치도 없어 보이는 활동이라는 얘기이다. 그러나 회의주의는 그리스인들이 '생각이 깊다'는 뜻의 'skeptic'이라는 말을 만든 이래, 칼 세이건의 마지막 저서 『악령이 출몰하는 세상』까지 이어져 온 고귀한 전통을 갖고 있다. 나 또한 이 장르에 속하는 책을 한 권(『인간에 대한 오해』) 썼기 때문에, 회의주의 정신에 대한 내 신념을 밝혀야만 하겠다.

사람은 '생각하는 갈대'라는 파스칼의 유명한 은유적 표현에는 이미 지성적인 면에서나 도덕적인 면에서나 회의의 필요성이 부각되어 있다. '생각하는 갈대'란 사람만이 가지는 빛나는 특징과 사람만이 가지는 취약함을 동시에 표현한 말이다. 지구의 생명 역사상 오직 인간이라는 종에게만 허락된 '의식'이라는 것은 이제껏 진화를 통해 개발된 것 가운데 가장 막강한 발명품이다. 비록 우발적이고 예측 불가능하기는 하지만, 호모 사피엔스는 의식을 통해 비단 우리 종의 역사뿐만 아니라 인류와 함께 하는 전체 생물권의 역사까지도 가름할 만한 전대미문의 권능을 부여받았다.

그런데 우리는 이성적 피조물이 아니라 생각하는 갈대이다. 우리의 사고 패턴과 행동 패턴은 자애로움과 계몽을 이끌어 내기도 했지만, 그만큼 파괴와 잔혹함을 불러오기도 했다. 사람이 가진 그런 어두운 면은 과연 "피로 물든 이빨과 발톱의 자연"이 남긴 진화의 유산일까? 아니면 지금 우리네 집단생활을 조절하는 기능과는 상당히 다른 기능을 수행하도록 설계된 두뇌가 작동하면서 어쩌다가 나타난 비적응적 변덕에 불과할까? 이 자리에서 우리의 어두운 면이 어디서 유래했는지 파고들 생각은 없다. 그 근원이 무엇이든 우리는 입에 담기 어려울 정도로 소름끼치는 행위는 물론, 지극히 가슴 벅찬 용감하고 고귀한 행위도 할 수 있다. 이 두 가지 행위는 모두 종교, 절대자, 국가적 자긍심 같은 이상의 명분으로 행해진다. 우리 본성이 가진 이 두 가지 극단 사이에 사로잡힌 인간의 딜레마를 18세기 중반의 알렉산더 포프보다 더 적나라하게 드러낸 사람은 없었다.

이 중간 상태의 지협에 자리한 존재
어두운 슬기와 질박한 위대함을 지녔노라……
갈피를 못 잡고 사이에 걸쳐 있는 자. 행동하느냐 마느냐,
스스로를 신으로 여길 것이냐 짐승으로 여길 것이냐,
마음을 우선할 것이냐 몸을 우선할 것이냐.
태어났으나 죽을 것이요, 머리를 굴리나 잘못을 저지를 자로다.

십자군 전쟁, 마녀사냥, 노예사냥, 홀로코스트를 초래했던 우리의 어두운 잠재력의 조직적인 폭력에서 우리를 구원해 줄 수 있는 것은 두 가지밖에 없다. 훌륭한 도덕성이 그 한 가지 필수 요소이나, 그것만으로는 결코 충분하지 않다. 두 번째 토대는 반드시 우리 정신을 이루는 이성적 측면에서 나와야 한다. 자연의 참모습을 발견하고 지식을 얻는 것은 물론이거니와, 마땅히 해야 할 행동이 무엇인지, 자연에서 얻은 지식이 수반하는 그 논리적 함의들을 따르도록 이성을 엄격하게 사용하지 않는다면, 우리는 비합리성, 낭만주의, 타협의 여지를 주지 않고 '진리'라 믿는 믿음, 그리고 거기서 불가피하게 초래될 수밖에 없는 것으로 생각되는 군중 행동의 무시무시한 힘에 속절없이 휘둘리고 말 것이다. 이성은 단지 우리 인간의 본질을 이루는 큰 요소에서 그치는 것이 아니다. 감정의 지배가 어김없이 수반하는 것으로 보이는 사악하고 험악한 집단행동으로부터 우리를 구원할 힘도 가지고 있다. 조직적인 비합리주의에 맞서는 이성의 선봉이 바로 회의주의이며, 따라서 인간의 사회적·시민적 품위에 이르도록 해 주는 열쇠의 하나도 회의주의이다.

   미국의 선도적인 회의주의 단체 한 곳을 대표하며, 이런 형태의 이성의 기능을 실천하는 유력한 행동가이자 평론가인 마이클 셔머는 미국 대중들에게 중요한 영향을 끼치는 인물이다. 그가 터득한 방법론과 경험을 소개하고, 비합리적 믿음이 사람의 마음을 끄는 이유를 분석한 이 책은 회의주의의 필요성과 성과를 바라보는 중요한 관점을 제시해 준다.

   '자유의 대가는 항상 방심하지 않는 것'이라는 오래된 격언이 바로 회의주의 운동의 좌우명이 되어야 한다. 설사 겉보기에는 양호한 컬트라 해도, 공공연히 자행되었던 호전적인 마녀사냥과 마찬가지의 막강한 비합리적 구조가 잠재해 있다면, 사고의 억압을 기초로 하는 모든 운동에 대해서 우리는 꼭 정신을 똑바로 차리고 비판적인 태도를 취해야 하기 때문이다. 이런 주제와 관련해서, 전혀 해롭지 않을 것으로만 보이는 아인 랜드의 '객관주의자' 운동(아인 랜드 Ayn Rand(1905~1982)는 러시아 태생 미국인 작가로 『아틀라스—지구를 떠받치기를 거부한 신』, 『마천루』 등의 소설을 발표하여 1960년대 미국인들에게 많은 영향을 끼쳤다. 그녀는 자신의 작품을 관통하는 객관주의 Objectivism를 통해 개인주의 철학, 개인적 책임, 이성의 힘, 도덕성의 힘, 도덕성을 강조하며 자유방임주의에 기초한 자본주의가 개인적 재능을 실현하는 데 가장 적합한 제도라고 주장하였다—옮긴이)에 대한 셔머의 분석은 대단히 인상적이었다. 얼른 보기에 객관주의자 운동은 문젯거리라기보다는 해답에 해당하는 것으로 보인다. 그런데 셔머는 객관주의가 논리와 이성적 믿음을 갈파함에도 불구하고, 두 가지 핵심적인 기준에서 보았을 때 어김없이 컬트처럼 행동한다는 것을 보여 준다. 이들은 첫째, 사회적으로는 지도자에게 맹목적인 충성을 요구하는 현상(개인 숭배)을 보이며, 둘째, 지적으로는 비합리주의적인 믿음(도덕성—물론 컬트의 지도자가 규정하고 지도한 도덕성이다—에 유일하고 객관적인 상태가 있을 수 있다는 잘못된 믿음)을 장래 회원 자격의 기준으로 삼는 잘못을 범한다.

셔머의 책은 최소한의 컬트적 요소만 있는 이런 강력한 사례부터 해서, 창조론과 홀로코스트 부정론의 보다 '개념적인'(논리와 경험적 내용이 결여된) 비합리주의를 거쳐, 과거에는 십자군 운동과 마녀사냥, 오늘날에는 악마 숭배의 히스테리와 아동 성학대 같은 보다 섬뜩한 형태까지 두루 살핀다. 이런 문제는 두말할 것 없이 현실 속에 실제로 있는 비극적인 문제지만, 알아채기가 힘들기 때문에 아무리 문제의식을 깊게 느껴도 잘못된 고소·고발의 음모에 뜻하지 않게 휘말리기 일쑤다.

비합리성에 맞설 수 있는 것으로 우리가 가진 유일한 무기는 이성뿐이다. 그런데 요즘 미국의 상황에선 패가 우리에게 불리하다. 〈오프라 윈프리 쇼〉나 〈필 도나휴 쇼〉처럼 의도가 건전하게 보이는 방송 프로그램(셔머는 책에서 이 두 프로그램에 대해 문제가 되는 결과들을 살펴보고 있다)조차도 적절한 분석보다는 의심스러운 자료 화면만을 내보낼 뿐이다. 따라서 우리는 더욱 분발해야 한다. 우리에게는 그럴 능력도 있고, 이제까지도 그래 왔고, 앞으로도 계속할 것이다. 게다가 크게는 창조론이 잘못되었다는 대법원의 판결을 비롯하여, 작게는 사기꾼 심령술사와 신앙 요법가의 실체를 폭로하는 것까지, 우리는 위대한 승리를 거둬 왔다.

우리가 가진 최선의 무기는 기초적인 과학적 절차들에서 나온다. 이중맹검법二重盲檢法(평가하고자 하는 것에 대해 최대한 객관성을 확보하기 위해, 제3자가 개입하여 평가의 목적이나 방법, 조건 등의 정보를 피험자와 시험자 모두에게 공개하지 않는 것을 말한다. 반면 피험자와 시험자 중 어느 한쪽에게만 정보를 공개하는 것을 맹검법 또는 단순맹검법이라고 한다—옮긴이)이나 기본적인 관찰에 의한 통계 분석 방법 같은 기초 실험 기법을 무력화시킬 수 있는 것은 아무것도 없기 때문이다. 제대로

만 직용한다면, 이런 아주 기초적인 과학 도구들로 오늘날의 거의 모든 비합리주의를 굴복시킬 수 있다.

내 소중한 자식의 경우를 예로 들어 보자(내 자식은 자폐아이다). 우리는 말을 안 하는 자폐아가 '소통보조자'(facilitators, 말을 하지 않는 자폐아의 손가락을 인도해 컴퓨터 키보드로 메시지를 치게 할 수 있다고 주장하는 사람들)를 통해서라도 의사소통을 할 수 있길 바라는 간절하지만 아주 비이성적인 희망을 품었다. 그런데 대부분의 소통보조자들은 "아빠, 사랑해요. 그 말을 한 번도 못해서 죄송스럽게 생각해요"처럼 부모들이 듣고 싶어 하는 메시지만 쳤다. 그러면 회의주의의 자세도 무기력해지고 만다(내게는 꼭 죽은 자의 영혼과 대화하는 점성술판인 위저 보드 술수처럼 보였다). 그러나 모든 문제의 근원을 아동기의 성학대로 몰아 버리는 마녀사냥의 광기에 사로잡힌 일부 소통보조자들이 자폐증 역시 마찬가지 원인 때문이라고 판단하고(아마 무의식적일 것이다), 엉터리 '소통보조'를 통해 비난의 메시지를 출력하기 시작하자, '순진한' 바보들의 희망은 악몽으로 뒤바뀌어 버렸다.

그렇게 해서 잘못된 사법 선고를 받은 부모들도 여럿 있었다. 그 문제는 고전적인 이중맹검법으로 해결되었다. 자폐아에게만 알리고 소통보조자에게는 알리지 않은 정보는 메시지에 전혀 나타나지 않았다. 반면 소통보조자에게만 알리고 자폐아에게는 알리지 않은 정보는 대개의 경우 메시지에 나타났다. 문제가 해결되었다 해도, 이미 기본적 상황만으로도 충분히 고통받은 충실한 부모들의 삶은 예전과는 전혀 다르게 비극적으로 꼬여 버린 처지였다. 아마 결코 거기서 벗어나지 못할 것이다. 아무리 진실이 아님이 확증되었다 해도, 그저

럼 가증스러운 죄과를 제대로 극복해 낼 사람은 결코 없기 때문이다. 냉소적인 마녀사냥꾼들은 모두 이 사실을 잘 알고 있었다.

회의의 필요성은 차치하고, 회의주의가 혹평을 받는 까닭은, 부정하는 방법을 써서 잘못된 주장을 제거해 버리기만 한다는 인상 때문이다. 그러나 그렇지 않다. 이 책이 그 점을 아주 훌륭하게 보여 줄 것이다. 적절한 폭로는 모든 것을 무로 만들어 버리는 것이 아니라, 그것을 대신하는 설명 모델을 찾기 위한 것이다. 그 대체 모델이 바로 훌륭한 도덕성과 결부된 이성적 합리성이다. 이 두 가지는 세상에 이제껏 알려졌던 선善을 실현할 가장 막강한 도구가 되어 줄 짝이다.

차 례

스티븐 제이 굴드의 서문-우리는 회의주의의 긍정적인 힘을 믿는다 · 9
프롤로그-비과학과 마술이 텔레비전을 점령하다 · 20

제1부 과학과 회의 · 39

1. 회의주의자 선언 · 41

회의주의자란 어떤 사람인가 · 45 | 과학적 방법론을 이루는 회의의 태도 · 51 | 정말 그럴까? · 56 | 나는 존재한다, 그러므로 나는 생각한다 · 59

2. 과학과 사이비 과학은 어떻게 다른가? · 62

퍼식의 역설 · 68 | 사이비 과학과 사이비 역사 가려내기 · 77 | 누적과 진보 · 86 | 인간이 가진 가장 소중한 도구 · 92

3. 이상한 것들을 믿게 만드는 스물다섯 가지 사고의 오류 · 96

흄의 공리 · 98 | 과학적 사고의 문제점 · 100 | 사이비 과학적 사고의 문제점 · 104 | 사고의 논리적 문제점 · 117 | 사고의 심리적 문제점 · 123 | 스피노자의 언명 · 127

제2부 사이비 과학과 미신 · 129

4. 통계와 확률이 설명하는 에드거 케이시의 초능력 · 131

5. 볼 수 없는 세계로 · 144

변성된 의식 상태란 무엇인가? · 146 | 죽음을 경험하다 · 151 | 영원히 살고 싶은 욕망 · 159 | 인간 복제와 냉동 보존술 · 161 | 역사를 통해 영원히 살 수는 없을까? · 168

6. 외계인에게 납치되다! · 170

내가 만난 외계인 · 171 | 로스웰 사건 · 174 | 외계인에게 납치된 사람들 · 181

7. 중세와 현대의 마녀 광풍 · 189

마녀 광풍이 반복해서 일어나는 까닭은? · 192 | 1980년대 미국을 휩쓴 악마 숭배의 공포 · 200 | 진실과 거짓 사이, 기억회복 운동의 위험 · 204

8. 『아틀라스』의 저자 아인 랜드와 개인숭배 · 215

제3부 진화론과 창조론 · 235

9. 태초에 하느님이 천지를 창조하셨다 · 237

10. 창조론자를 잠재우는 진화론자의 스물다섯 가지 답변 · 255

진화론은 무엇인가? · 260 | 철학을 바탕으로 한 논증과 답변 · 263 | 과학을 바탕으로 한 논증과 답변 · 274 | 창조론자들과의 논쟁에서 잊지 말아야 할 것 · 286

11. 연방 대법원에서 격돌한 진화론과 창조론 · 288

미국인 중 진화론을 믿는 사람은 몇 퍼센트일까? · 290 | 공립학교 교과서에서 진화론을 금지하다 · 293 | 창세기와 다윈 모두에게 균등한 시간을 할애하라 · 296 | 창조과학 대 진화과학 · 298 | 대법원으로 간 진화론 논쟁 · 301 | 과학 공동체가 힘을 합치다 · 305 | 과학을 정의하다 · 309 | 창조론자들의 대응 · 315 | 진화론자들의 손을 들어 준 판사들 · 317 | 세기의 소송 · 319

제4부 역사와 사이비 역사 · 323

12. 토크 쇼에서 만난 홀로코스트 부정론자들 · 325

13. 누가, 왜 홀로코스트가 일어나지 않았다고 말하는가? · 348
홀로코스트 부정론자들의 근거지 역사 비평 연구소 · 353 | 부정론 운동의 역사 마크 웨버 · 358 | 비주류 역사학자 데이비드 어빙 · 360 | 수정주의의 교황 로베르 포리송 · 366 | 신 나치 에른스트 췬델 · 368 | 말썽꾼 데이비드 콜 · 372 | 세계 역사의 배후에는 유대인이 있다? · 378 | 홀로코스트 부정론과 음모론 · 380 | 홀로코스트 부정론의 골갱이와 소수 과격파 · 383

14. 홀로코스트가 일어났다는 걸 어떻게 알까? · 390
홀로코스트 부정론자들의 방법론 · 391 | 누가 증명의 부담을 지고 있는가? · 395 | 유대인 말살은 의도된 것이었는가? · 401 | 가스실과 소각로 · 422 | 유대인 사망자 수는? · 436 | 극단적 음모론 · 439 | 홀로코스트가 불가피했다고 말하는 사람들에게 · 442

15. 순수한 인종이라는 신화 · 446

벨 곡선을 평평하게 하기 · 455 | 킨지 보고서가 밝히는 인종주의 개념의 허상 · 458

제5부 영원히 마르지 않는 희망 · 465

16. 모든 가능한 세계 중에서 최선의 세계를 과학이 찾아낼 수 있을까? · 467

17. 왜 이상한 것을 믿을까? · 500

개정판에 부치는 글 – 진화의 산물인 믿음 엔진 · 514

옮긴이의 글 · 539

참고문헌 · 546

찾아보기 · 560

프롤로그

비과학과 마술이 텔레비전을 점령하다

1995년 10월 2일 월요일, 〈오프라 윈프리 쇼〉는 10년 역사상 처음으로 심령술사를 특별 출연시켰다. 심령술사의 이름은 로즈메리 앨티어(가명)로, 죽은 자와 소통할 수 있다고 주장한 인물이었다. 이런 괴상한 주장을 담은 그녀의 책 『독수리와 장미: 놀라운 진실』은 여러 주 동안 〈뉴욕 타임스〉와 〈월 스트리트 저널〉 베스트셀러 목록에 오른 적이 있었다. (책 제목에서 '독수리'는 앨티어의 영적인 안내자인 아메리카 인디언을 뜻하고, '장미'는 앨티어 자신을 뜻한다.) 오프라는 프로그램을 시작하면서, 앨티어를 특별 출연자로 모신 까닭은 여러 믿을 만한 친구들이 그녀를 심령술사 세계에서 일류로 꼽았기 때문일 뿐이라는 주의를 주었다. 오프라의 말이 끝난 다음, 전날 녹화해 두었던 몇 분짜리 비디오를 틀었다. 시카고의 한 아파트에서 앨티어가 소수의 청중을 상대하는 모습을 찍은 것이었다. 앨티어는 사람들의 애틋한 고인들에 대해 셀 수 없이 많은 질문을 했다. 그리고 일반적인 얘기를 수없이 늘어놓다가, 이따금 구체적인 얘기도 내놓았다. 비디오 상영이 끝난 뒤, 앨티어는 스튜디오의 방청객을 상대하기 시작했다. "사랑하는 사람을 익사 사고로 잃은 사람이 이 자리에 있습니까?" "당신 뒤에 어떤 남자가 서 있는 게 보여요." "혹 보트 사고였습니까?" 이런 식이었다.

이제껏 내가 본 대부분의 심령술사와는 달리, 앨티어의 처지는 열악했다. 방청객들은 앨티어가 말한 얘기가 맞는지 '점칠' 만한 아무런 신호도 보내지 않았기 때문이다. 그러다가 프로그램이 시작되고 한참 뒤에, 그녀는 마침내 건수를 올렸다. 스튜디오 카메라에 약간 모습이 가려진 채로 앉아 있던 한 중년 여성을 향하더니, 앨티어는 그 여자가 어머니를 암으로 잃었다고 말했다. 그러자 그 여자는 절규를 하며 울기 시작했다. 앨티어는 거기서 그치지 않고, 여자 옆에 앉은 젊은 남자가 그녀의 아들이며, 학교와 진로 문제로 고민 중이라고 지적했다. 남자는 앨티어의 말을 인정하고 처량한 신세타령을 늘어놓았다. 방청객들은 입을 다물지 못했다. 오프라는 아무 말도 하지 않았다. 앨티어는 세부적인 이야기와 예언을 더 내놓았다. 녹화가 끝난 다음, 한 여자가 일어나, 자기는 앨티어의 실체를 폭로하기 위해 스튜디오를 찾았는데, 이제는 그녀를 믿게 되었다고 말했다.

이를 회의적으로 살펴보도록 하자. 쇼를 녹화하기 사흘 전, 쇼의 프로듀서 중 한 명이 내게 전화를 했다. 〈스켑틱〉의 발행인이라는 사람인 내가 로즈메리 앨티어라는 이름을 한 번도 들어본 적이 없다고 하자 깜짝 놀랐다. 비록 얼굴은 모르지만, 앨티어란 사람이 어떤 식으로 일을 진행하는지 얘기를 해 주자, 프로듀서는 다른 출연자를 알아볼 생각을 하기도 했다. 어쨌든 프로듀서는 내게 비행기표를 부쳤다. 내게 주어진 몇 분 동안, 나는 방금 전 방청객들이 목격한 것은 할리우드의 '마법의 성'에 가면 밤마다 볼 수 있는 것이라고 설명했다. 그곳 무대에는 관객들을 상대하는 법을 잘 아는 독심술사mentalist가 출연한다. '상대하다'라는 말은 유서 깊은 콜드리딩cold-reading(상대에 대한 정보가 없는 상태에서 마음을 읽어내는 기법—옮긴이) 기법을 뜻한다. 독심술사는 누군가 마음을 풀고 조금씩 반응을 보이는 사람을 찾아낼 때까지 관객들에게 일반적인 질문들을 던진다. 줄기차게 질문을 하다 보면 마침내 표적이 발견된다. "혹 폐암이었나요? 가슴 여기에서 통증이 느껴지는군요." 그러면 그 관객은 이렇게 말한다. "심장 발작이었습니다." "심장 발작이오? 그래서 가슴에 통증이 왔던 거군요." 또는 이렇게 하기도 한다. "물에 빠져 죽는 게 느껴집니다. 혹 보트 사고와 관련되었나요? 물 위에 뜬 보트가 한 척 보여요. 호수나 강인 것 같습니다." 이런 식이다. 관객 수가 250명 정도라면, 웬만한 큰 사인死因들은 모두 나올 것이다.

    콜드리딩의 원리는 간단하다. 일반적인 사례들로 시작한 다음(교통사고, 익사 사고, 심장 발작, 암), 긍정적으로 얘기를 이어간다("그 남자는 자신이 당신을 매우 사랑한다는 걸 알아주었으면 해요." "이제 그의 고통은 사라졌습니다."). 그러다 보면 관객들은 독심술사가 못 맞힌 것은 잊어버리고 맞힌 것만 기억하게 된다("암이었다는 걸 어떻게 알았을까요?" "그녀의 이름을 어떻게 알았죠?"). 그런데 〈오프라 윈프리 쇼〉에서 로즈메리 앨티어는 아무 질문도 하지 않고, 그 중년 여성의 어머니가 암으로 죽었다는 것과 그녀의 아들이 진로 문제로 고심한다는 걸 알아맞혔다. 어떻게 알았을까? 진행자인 오프라, 250명의 방청객, 수백만 시청자들 눈에는, 마치 앨티어가 정말로 영적인 세계와 직통으로 연결되어 있는 것처럼 보였다.

하지만 이쪽 세계에서는 그것도 얼마든지 설명할 수 있다. 독심술사들은 이것을 핫리딩hot-reading이라고 부른다. 사실은 사전에 피험자에 대한 정보를 얻었다는 얘기이다. 녹화 당일 이른 시간에 나는 쇼에 출연할 몇 사람과 함께 리무진을 타고 호텔에서 스튜디오로 향했다. 그 사람들 중에는 그 중년 여성과 그녀의 아들이 있었다. 스튜디오로 가는 동안, 두 사람은 예전에 앨티어를 만난 적이 있는데, 쇼의 프로듀서들이 그 경험을 시청자들에게 나눠 줄 것을 부탁했다는 말을 했다. 이런 사소한 사실을 알 사람이 거의 없었기 때문에, 앨티어는 두 사람에 대한 사전 지식을 이용해서 일촉즉발의 실패 위기에서 승리를 거머쥘 수 있었던 것이다. 당연히 나는 이 사실을 지적했지만, 놀랍게도 그 여성은 예전에 앨티어와 만난 적이 없다고 부인했고, 그 입씨름은 그냥 편집되고 말았다.

나는 앨티어가 의식적으로 콜드리딩 기법을 써서 방청객들을 고의로 속였다고는 생각지 않는다. 아마 앨티어는 순수하게 자신이 '영적인 능력'을 갖고 있다는 믿음을 발달시켰고, 순수하게 시행착오를 통해 콜드리딩을 익혔을 거라고 생각한다. 앨티어는 그 모든 일이 시작된 때가 1981년 11월이었다고 말한다. "어느 날 아침 일찍 잠에서 깬 나는 그 사람이 침대 옆에 서서 나를 내려다보고 있는 것을 발견했다. 비록 잠에서 완전히 깬 상태는 아니었지만, 그 모습이 허깨비도 아니고, 밤의 유령도 아님을 알고 있었다." (1995, 56쪽) 그녀의 책을 보면 그 부분부터, 심리학자들이 출면시 환각—깊은 잠에서 빠져 나올 때 유령이나 외계인, 사랑하는 사람이 나타나는 것을 보는 것—이라고 부르는 것을 통해 영적 세계의 가능성이 열리게 된 것과 비정상적인 경험들을 신비적으로 해석하는 내용이 장황하게 이어진다.

그런데 쥐가 먹이를 얻으려고 막대를 누를 때나, 사람들이 라스베이거스의 슬롯머신을 붙들고 있을 때나, 계속해서 더 달려들게 하려면 우연히 한 번 적중한 것만으로도 족하다는 점을 염두에 두어야 한다. 앨티어의 믿음과 행동을 형성시킨 것은 바로 '변화비율 강화 계획'에 의거한 조작적 조건화다. 달리 말해서 빗맞히는 경우가 수없이 많았어도, 그 행동을 형성하고 유지하기에 충분한 수의 적중이 있었다는 얘기이다. 앨티어의 말에 흡족한 고객이 한 번 상담에 200달러까지 지불하는, 일종의 플러스 되먹임을 거치면서, 앨티어는 자기 능력에 대한 믿음을 강화하고, 더욱 심령술을 갈고닦을 용기를 충분히 갖게 되었던 것이다.

아마 심령술사 세계에서 콜드리딩의 대가인 제임스 반 프라그에 대해서도 이와 똑같은 설명을 할 수 있을 것이다. 반 프라그는 몇 달 동안 NBC 뉴에이지 토크 쇼 〈저편 세계〉에 출연해서 방청객들을 열광시켰던 인물이었지만, 결국 〈풀리지 않는 수수께끼〉라는 프로그램에서 거짓임이 폭로되었다. 그 방법은 이랬다. 나는 다른 아홉 명의 사람들과 함께 방으로 들어가 달라는 부탁을 받았다. 반 프라그가 할 일은 각자 사랑하는 사람을 잃은 우리 모두를 한 사람씩 리딩하는 것이었다. 나는 프로듀서들과 긴밀하게 협력해서, 반 프라그가 우리 중 누구에 대해서도 사전 지식을 얻지 못하도록 했다. (독심술사들은 연령, 성별, 인종, 거주지를 기초로 피험자들에 대해 통계적으로 가다듬은 추측을 하기 위해, 인구 통계를 바탕으로 한 마케팅 잡지들을 구독하는 것에서 그치지 않고, 사설탐정을 고용해 신분을 추적하기도 하는 것으로 알려져 있다.) 반 프라그의 리딩은 확실히 콜드리딩이어야 했기 때문이다. 상담은 열한 시간 동안 계속되었다. 중간 중간 간식시간이 여러 차례 있었고, 긴 점심시간도 있었다. 또 필름을 갈아 끼울 때마다 잠깐씩 촬영이 중단되었다. 반 프라그는 30분 동안 뉴에이지 음악을 틀고 점성술 주문을 외우는 것으로 시작했는데, 이는 우리들에게 저편 세상으로 향하는 '여행 준비'를 시키려는 것이었다. 그의 태도는 다소 여성스러웠고, 그는 상당히 감정 이입이 되어 마치 "우리들의 고통을 느낄" 수 있는 것처럼 행동했다.

 반 프라그는 내가 본 적이 없는 기술을 써서 대부분의 사인을 알아냈다. 가슴을 쓸거나 머리를 문지르면서 "여기에 아픔이 느껴져요"라고 말하며, 피험자의 얼굴을 쳐다보고 반응을 기다렸다. 세 번을 그러고 나자, 문득 내게 그 연유가 떠올랐다. 구체적인 사인이 무엇이든 상관 없이(이를테면 심장 발작, 뇌졸중, 폐암, 익사, 추락사, 교통사고 등), 대부분의 사람들은 심장, 폐, 뇌질환으로 죽는다는 것이다. 아무것도 알아내지 못한 일부 피험자에게는 이렇게 말했다. "아무것도 느껴지지 않는군요. 유감입니다. 느낌이 없으면, 없는 겁니다." 하지만 대다수의 경우, 그는 구체적인 사인뿐만 아니라 세부적인 것들까지 많이 알아냈다. 그러나 그전에 수없이 빗맞히는 과정을 거쳐야 했다. 처음 두 시간 동안, 나는 "아니오"라는 대답과 아니라고 고개를 젓는 횟수를 세어 보았다. 족히 백 번 이상 빗맞힌 다음에야 겨우

열 몇 번 맞히는 꼴이었다. 시간만 충분하고 질문도 충분히 던질 수 있다면, 잠깐만 훈련받으면 누구나 반 프라그만큼 감각을 가질 수 있을 것이었다.

나는 필름을 갈아 끼우는 동안 반 프라그가 사람들과 잠깐씩 담소를 나누는 것도 주시했다. "누구 때문에 여기 오셨죠?" 그는 이렇게 한 여성에게 물었다. 그녀는 어머니 때문에 왔다고 말했다. 몇 차례 리딩이 있은 뒤, 반 프라그는 그 여성에게로 몸을 돌려 이렇게 말했다. "한 여자가 당신 뒤에 서 있는 것이 보입니다. 당신 어머니이신가요?" 그는 매번 긍정적인 얘기를 했다. 모든 이들에게 심리적 보상을 주었던 것이다. 우리가 어떤 잘못을 했어도 고인은 우리를 용서하며, 아직도 우리를 사랑하고 있고, 더 이상 고통스러워하지도 않으며, 우리가 행복하기를 바란다는 것이었다. 달리 무슨 말을 하겠는가? "당신 아버지는 차를 망가뜨린 당신을 절대 용서하지 않을 거랍니다"라고? 남편이 차에 치어 죽은 한 젊은 여성이 있었는데, 반 프라그는 그녀에게 이렇게 말했다. "남편은 당신이 다시 결혼하게 될 거라는군요." 그녀는 곧 결혼할 예정이라고 말했다. 물론 그녀는 반 프라그가 알아맞혔다고 여겼다. 그러나 내가 카메라에 대고 그의 수법을 설명하자, 반 프라그는 그런 식의 말을 다시는 하지 않았다. 그는 보통 두루뭉술하게 긍정적 일반화를 했다. 그녀에게 했던 말은 그녀가 현재 약혼한 상태라는 게 아니라, 언젠가 다시 결혼하게 되리라는 얘기일 뿐이었다. 그래서 어쨌다는 말인가? 반 프라그가 달리 할 수 있는 말이라곤, 앞으로 평생 외로운 미망인 신세이리라고 말하는 것일 텐데, 이는 통계적으로 별 가능성이 없기도 하고 듣는 사람을 침울하게 하는 얘기이다.

그날의 가장 극적인 순간이 있었다. 지나가던 차에서 쏜 총격으로 아들을 잃은 한 부부가 있었는데, 그 아들의 이름을 반 프라그가 알아맞힌 것이다. "K라는 글자가 보이는군요." 그는 이렇게 단언했다. "케빈인가요? 아니면 켄인가요?" 그 말을 들은 어머니는 울음을 터뜨렸고, 갈라진 목소리로 이렇게 대답했다. "예, 케빈이에요." 우리는 모두 놀라움을 금치 못했다. 그러나 곧 나는 어머니의 목에, 검은 바탕에 'K'라는 글자가 새겨진 다이아몬드가 달린 크고 묵직한 목걸이가 걸려 있는 것을 알아챘다. 카메라에 대고 내가 그 고리를 손으로 가리키자, 반 프라그는 고리를 보지 않았다고 주장했다. 11시간에 걸쳐 녹화를 하고, 휴식시간마다 잠깐씩 얘기를 나누는 동안, 틀림없이 그는 그 고리를 보았다. 확실하다. 그는 프로였다.

그런데 앨티어와 반 프라그의 심령술보다 훨씬 더 흥미로웠던 것은 방청객들의 반응이었다. 사실 누구든지 30분만 훈련히면 콜드리딩 기술을 익힐 수 있다. 그 기술이 먹히는 까닭은 피험자들이 효력을 바라기 때문이다. 〈풀리지 않는 수수께끼〉 녹화 때, 나를 제외한 모든 사람들이 반 프라그가 성공하기를 원했다. 그들이 거기 온 까닭은 세상을 떠난 사랑하는 사람과 얘기를 하고 싶어서였다. 상담이 끝난 뒤에 가진 인터뷰에서 나를 제외한 아홉 명의 피험자 전원이 반 프라그를 긍정적으로 평가했다. 심지어 반 프라그가 못 알아맞힌 게 분명했던 몇 사람의 생각도 같았다. 한 여성의 딸은 몇 해 전에 강간 살해당했는데, 경찰은 범인이 누구인지, 심지어 범행이 어떤 식으로 저질러졌는지 여전히 아무 단서도 못 잡고 있었다. 딸을 죽인 범인을 찾는 데 도움이 될 것을 필사적으로 찾아다니던 그녀는 결국 그 이유로 토크 쇼에 출연했다. 반 프라그는 상처에 소금을 뿌리듯 그녀의 마음을 비통하게 만들었다. 그는 살해 당시의 장면을 재현하며 한 남자가 젊은 여성 위에 올라타 강간하고 칼로 찌르는 모습을 묘사했다. 비탄에 잠긴 어머니는 이를 보고 눈물을 터뜨렸다. 모든 사람들이 반 프라그를 신뢰하게 된 까닭이 바로 이 경우의 사인을 정확하게 알아맞혔기 때문이었다. 그러나 그 이전 오전 시간에 반 프라그가 가슴과 머리를 문지르며 피험자의 반응을 낚고 있을 때, 그 어머니는 손가락으로 자기 목을 그었다. 딸이 목이 베어 살해되었다는 뜻이었다. 반 프라그가 그걸 이용할 때까지, 나를 제외한 모두가 그 단서를 까맣게 잊고 있었다.

〈풀리지 않는 수수께끼〉 녹화가 끝난 뒤에 보니, 다른 사람들 모두 반 프라그에게 매료된 것이 분명했다. 그들은 사인을 척척 알아맞히는 반 프라그의 놀라운 능력을 설명해 보라고 내게 요구했다. 결국 그들에게 내 정체를 밝히고, 내가 그 자리에서 무얼 하고 있었는지, 콜드리딩이 어떤 식으로 이루어지는지 설명했다. 그러나 사람들은 대부분 냉담한 반응을 취했고, 몇 사람은 밖으로 나가 버렸다. 한 여성이 나를 노려보며, 비통한 세월을 살아온 이들의 희망을 짓밟다니 "온당치 못한 짓"이라고 말했다.

이 현상을 이해할 만한 열쇠가 바로 여기에 있다. 삶이란 우연적이고 불확실한 것들로 가득하다. 뭐니 뭐니 해도 가장 두려운 것은 언제, 어디서, 어떻게 죽게 될지 모른다는 것이다. 부모 입장에서는 자식의 죽음이 훨씬 더 견디기 어려운 두려움이기 때문에, 이런 일을 겪은 부모들은 '심령술사들'의 말에 특히 더 취약하다. 현실이 견딜 수 없게 압박해 오면, 우리는 쉽게 미혹되어, 점술가와 손금쟁이, 점성술사와 심령술사에게서 확신을 보장받으려 한다. 삶의 크나큰 불안들을 완화한답시고 던져진 약속과 희망의 말들이 맹습을 해 오면, 우리가 가진 비판 능력은 무너지고 만다. 우리가 죽어도 진짜 죽는 게 아니라면, 굉장하지 않겠는가? 우리가 떠나보낸 사랑하는 사람들과 다시 얘기를 나눌 수 있다면, 근사하지 않겠는가? 물론 그렇다. 회의주의자들 역시 그런 욕망에 사로잡힌다는 점에서, 믿는 자들과 전혀 다를 바가 없다. 이는 인간의 오래된 욕구에 해당한다. 다음 끼니를 장담 못할 만큼 삶이란 게 불확실했던 세상을 살았던 우리 조상들은 사후 세계와 영적 세계에 대한 믿음을 개발했다. 그래서 우리가 마음이 약해지거나 두려움에 빠지면, 사후 세계에 대한 약속을 받는 것만으로 증거가 지극히 보잘것없는데도 희망을 얻을 수 있다. 나머지는 모두 미혹되기 쉬운 인간성의 몫이다. 1733년 『인간론』에서 시인 알렉산더 포프는 다음과 같이 썼다(서간시, 1. 95).

사람의 가슴에선 쉼 없이 희망이 솟는구나.
현재는 축복받지 못했으나, 항상 기다리는 미래의 축복.
집에 들어가지 못하는 불안한 영혼은
다가올 삶을 기대하며 쉬기도 하고 걷기도 하노라.

회의주의자들이든 믿는 자들이든 풀리지 않는 수수께끼 앞에 무릎 꿇게 하고, 물리적 세상 속에서 영적인 의미를 추구하게 하고, 불멸을 욕망하게 하고, 영원에 대한 바람이 충족될 것이라 기대하게 만드는 것이 바로 희망이다. 영성주의자, 뉴에이지 구루, 텔레비전 쇼에 출연하는 심령술사에게로 수많은 사람들을 달려가게 하는 것이 바로 희망이다. 그들은 사람들에게 파우스트의 거래를 제안한다. 영원에 대한 대가로 기꺼이 의혹을 버려야 한다고 요구하는 것이다(그리고 대개 그들의 주머니도 두둑하게 해 준다).

그러나 과학자들과 회의주의자들에게도 희망은 쉼 없이 솟는다. 우리는 수수께끼들에 매료되고, 세상에 경이로움을 느끼고, 그처럼 짧은 시간에 많은 것을 이룩한 인간의 능력에 찬사를 보낸다. 우리는 쌓여 가는 노력과 지속적인 성취를 통해 불멸을 추구한다. 우리 또한 영원에 대한 희망이 충족되기를 바란다.

이 책은, 서로 비슷한 믿음과 희망을 공유하면서도 전혀 다른 방법으로 추구하는 사람들을 다룰 것이다. 과학과 사이비 과학, 역사와 사이비 역사를 구분하고 그 차이가 무엇인지를 다룰 것이다. 비록 각 장이 독립적으로 읽힐 수는 있지만, 장이 이어지면서 심령술사의 능력과 초감각 지각, UFO와 외계인 납치, 유령과 흉가가 어떻게 사람들 마음을 사로잡는지 보여 줄 것이다. 그러나 그뿐만은 아니다. 사회에 해를 가져다 줄 논쟁들―이것들이 꼭 사회의 주변부에 자리하는 것은 아니다―이를테면 창조과학과 성서 축자주의, 홀로코스트 부정론과 표현의 자유, 인종과 아이큐, 정치적 급진주의와 극우익, 도덕적 공황 상태와 집단적 히스테리에 의해 촉발된 현대의 마녀 광풍, 이와 아울러 기억회복 운동, 악마 숭배의 의식적 폐해, 소통보조자에 의한 소통 문제를 다룰 것이다. 생각의 차이가 모든 차이를 만든다는 것을 보여 줄 것이다.

그러나 이보다 훨씬 더 중요한 것이 있다. 이 책은 바로 과학의 정신과, 세계의 크나큰 수수께끼들을 탐구하는—최종 대답이 금방 나오지 않아도 상관 없다—활동에 내재한 기쁨을 기리는 책이다. 이 책에서 문제 삼는 것은 바로 지적인 여행 자체이지, 그 목적지가 아니다. 우리는 지금 과학의 시대에 살고 있다. 이것이 바로 사이비 과학이 판을 치는 까닭이기도 하다. 사이비 과학자들은 자기들의 주장이 최소한 과학의 겉모습이라도 띠어야 한다는 것을 알고 있다. 왜냐하면 지금 우리 문화에선 과학이야말로 진위를 판별하는 시금석이기 때문이다. 우리들 대부분은 과학에 대해 일종의 신앙을 품고 있다. 우리가 당면한 큰 골칫거리들, 이를테면 에이즈, 인구 과잉, 암, 오염, 심장 질환 등을 과학이 어떤 식으로든 해결해 줄 것이라고 자신하고 있다. 더 이상 노화가 없는 미래가 올 것이라는 과학만능주의적 생각을 품고 있는 사람들도 있다. 그 미래에는 나노기술로 만든 컴퓨터를 삼키기만 하면 세포와 기관들을 수리하고, 생명을 위협하는 갖가지 질병들을 뿌리 뽑고, 우리가 원하는 나이를 영원히 유지하게 되리라고 그들은 생각한다.

영성주의자, 독실한 종교적 신자, 뉴에이지 신봉자, 심령술사뿐만 아니라, 유물론자, 무신론자, 과학자, 심지어 회의주의자에게도 희망은 끊임없이 샘솟는다. 다만 어디서 희망을 찾느냐에 차이가 있을 뿐이다. 전자의 무리는 편할 때면 과학과 합리성을 이용하다가, 필요 없으면 던져 버린다. 사람 내면에 깊이 뿌리내린 확실성에 대한 욕구를 충족시킬 수만 있다면, 그들은 어떤 생각도 마다하지 않을 것이다. 왜 그럴까?

인간은 주변의 사물과 사건 사이의 연관성을 추구하고 찾아내는 능력을 진화시켰으며(이를테면 방울소리를 내는 뱀은 피해야 한다는 것), 최상의 연관성을 찾아낸 사람들이 가장 많은 자손을 남겼다. 그 후손이 바로 우리들이다. 문제는 인과적 사고에 오류 가능성이 있다는 것이다. 우리는 대상의 존재 여부와는 상관없이 연관을 짓는다. 이런 착오의 결과는 두 가지이다. 잘못된 부정은 목숨을 해칠 수 있다(방울소리를 내는 뱀은 해가 없다). 반면 잘못된 긍정은 시간과 기력만을 허비하게 할 뿐이다(기우제를 지내면 가뭄이 물러갈 것이다). 우리가 물려받은 유산은 바로 잘못된 긍정이다. 출면시 환각이 유령이나 외계인이 되고, 빈집에 울리는 딱딱거리는 소리가 정령과 폴터가이스트의 존재를 암시하고, 나무의 음영이 동정녀 마리아가 되고, 화성 표면의 산들이 아무렇게나 드리운 그림자가 외계인이 구축한 사람 얼굴처럼 보이는 것이다.

믿음은 지각에 영향을 준다. 지층 속에 '빠진' 화석이 있다는 것은 신에 의한 창조를 뒷받침하는 증거가 되고, 유대인을 말살하라는 히틀러의 문서화된 지령이 없다는 것은 그런 명령이 없었거나, 아니면 아예 그런 유대인 말살이 없었다는 의미가 되며, 어쩌다가 아원자입자들의 구성과 천체 구조가 일치하면 지적 설계자가 우주를 설계했다는 증거로 둔갑하고, 애매한 느낌과 기억이 최면 요법이나 유도 상상 요법을 통해 되살아나면 아동기 때 성학대를 받았다는 아주 뚜렷한 기억으로 변모해 버리기도 한다. 심지어 그것을 확증해 줄 아무런 보강 증거가 없는 경우에도 말이다.

과학자들 역시 잘못된 긍정을 한다. 그러나 과학의 방법들은 이것들을 솎을 수 있도록 특별히 고안되었다. 잘못된 긍정을 보여 주는 최근의 큰 사례가 저온 핵융합일 것이다. 만일 저온 핵융합 연구 결과의 공표가 다른 과학자들로부터 보강 증거가 나올 때까지 미뤄졌더라면, 아마 그 연구 결과는 주목할 가치가 없었을 것이다. 이것이 바로 과학이 진보해 가는 방식이다. 잘못된 부정과 잘못된 긍정을 무수히 식별해 가면서 앞으로 나아가는 것이다. 그러나 대개의 경우 대중은 이런 것들을 듣지 못한다. 왜냐하면 대개 부정적인 성과들은 발표되지 않기 때문이다. 실리콘 유방 보형물이 심각한 건강상의 문제를 초래할지도 모른다는 문제가 큰 뉴스가 된 적이 있었다. 그러나 정말 그렇다는 확증적이고 재현 가능한 과학적 증거가 전혀 나오지 않았다는 사실은 거의 아무런 주목도 받지 못한 채 사장되어 버렸다.

그렇다면 아마 여러분은 이렇게 물을 것이다. 회의주의자가 된다는 것이 무슨 의미가 있는가? 어떤 사람들은 회의란 새로운 아이디어들을 거부하는 거라고 믿거나, 더 나쁘게는 회의와 냉소를 혼동해서, 회의주의자들이란 현재의 안정 상태를 걸고넘어지는 주장은 아무것도 흔쾌히 받아들이지 못하는 심술맞은 깍쟁이들이라고 생각하기도 한다. 이는 잘못된 생각이다. 회의란 어떤 주장에 대한 임시적인 접근법이다. 곧, 회의란 입장이 아니라 방법이다. 이상적으로 말해 보면, 회의주의자들은 어떤 현상이 진짜일 가능성이나 어떤 주장이 참일 가능성을 닫아둔 채 조사에 임하지 않는다. 예를 들어 보자. 홀로코스트 부정론자들의 주장을 조사한 나는, 홀로코스트의 진실을 의심하는 이 회의주의자들에 대해 회의적인 입장으로 마무리를 지었다.(13장과 14장) 반면 기억회복의 경우엔, 다시 회의주의자의 입장으로 돌아갔다.(7장) 어떤 믿음에 대해서도 회의적이 될 수 있고, 그 믿음에 문제를 제기하는 사람에 대해서도 회의적이 될 수 있다.

사람들이 이상한 것들을 믿는 까닭을 이 책에서는 세 단계로 분석할 것이다. 첫째, 희망하기를 그칠 수 없기 때문이다. 둘째, 일반적인 방식에서 생각이 잘못될 수 있기 때문이다. 셋째, 특수한 방식에서 생각이 잘못될 수 있기 때문이다. 나는 '이상한 믿음들'을 보여 주는 구체적인 사례들과, 그런 믿음들을 검토함으로써 배울 수 있는 일반 원리들을 엮을 것이다. 이 목표를 위해서 나는 특수한 것과 보편적인 것, 세밀한 그림과 큰 그림을 건전하게 섞는 스티븐 제이 굴드의 방법을 모델로 삼았고, 우리 시대와 과거의 수수께끼들 중 몇 가지 복잡한 수수께끼를 이해하려는 제임스 랜디의 사명감을 나의 영감으로 삼았다.

5년 전, 회의주의 학회를 설립하고 〈스켑틱〉을 창간한 이래 나의 동료이자 친구이며 아내인 킴 질 셔머는, 밥 먹을 때나, 운전할 때나, 자전거를 탈 때나, 우리 딸 데빈과 개를 데리고 매일 산책을 나갈 때나, 수없이 많은 시간을 함께하면서 내게 피드백을 주었다. 〈스켑틱〉의 또 다른 동료인 팻 린즈는 단순히 뛰어난 아트 디렉터라고만 하기에는 대단히 유능한 사람이다. 그녀는 희귀한 족속의 사람이다. 예술과 과학에 대해서 모르는 게 없고, 다방면에 걸쳐 책을 읽은 탓에(그녀에게는 텔레비전이 없다) 사실상 아무 주제에 대해서나 얘기를 나눌 수 있을 뿐만 아니라, 회의주의 운동에도 독창적이고 건설적인 이바지를 하고 있다.

〈스켑틱〉 발행과 캘리포니아 공과대학(칼텍) 강연—아마 이게 없었다면 이 책은 나오지 못했을 것이다—에 크나큰 도움을 주었던 사람들에게도 감사의 말을 전하고 싶다. 십년 전 글렌데일 칼리지에서 심리학 입문 야간 과정을 가르칠 때부터 제이미 보테로는 나와 죽 함께했다. 다이앤 넛츤은 칼텍의 회의주의 학회 강연을 거의 모두 챙겨주었다. 그 보상이라고 해야 음식과 생각거리 정도가 고작이었는데도 말이다. 브래드 데이비스는 모든 강연을 비디오로 찍어 강연자들의 갖가지 다양한 생각에 대해 귀중한 피드백을 주었다. 제리 프리드먼은 데이터베이스를 구축하고, 회의주의 학회 자료 조사를 체계화하고, 동물권 보호 운동에 관한 소중한 정보를 주었다. 테리 커커는 그녀 나름의 방식으로 과학과 회의주의 진흥에 꾸준히 이바지하고 있다.

이 책의 장들은 대부분 원래 〈스켑틱〉에 발표했던 에세이들을 편집한 것이다. 회의적인 녹자들이라면 당연히 이렇게 물을 것이다. 그 편집자는 누가 편집하지? 회의주의자를 회의적으로 검토하는 사람은 누구지? 이 책의 모든 에세이들은 출판사 편집자들인 엘리자베스 놀, 메리 루이스 버드, 미첼 보니스, 나의 동료인 킴과 팻, 〈스켑틱〉에 글을 기고하는 편집자 중 한 사람 이상, 그리고 필요할 경우 〈스켑틱〉 편집진이나 해당 분야 전문가가 읽고 편집했다. 이와 관련해서, 데이비드 알렉산더, 클레이 드리스, 진 프리드먼, 알렉스 그로브먼, 다이앤 핼펀, 스티브 해리스, 제럴드 라루, 짐 리퍼드, 베티 맥콜리스터, 톰 맥도너, 폴 맥도웰, 톰 매키버, 새라 메릭, 존 모즐리, 리처드 올슨, 다트 파레스, 도널드 프로시로, 릭 섀퍼, 엘리 슈니어, 브라이언 시애노, 제이 스넬슨, 캐럴 태브리스, 쿠르트 보크홀츠, 그리고 특히 리처드 하디슨, 버나드 레이킨드, 프랭크 미엘, 프랭크 설로웨이에게 감사의 말을 전한다. 에세이들을 편집하면서, 이들은 냉정하고 정직하게 검토하는 데 방해가 된다며 나와의 우정을 개입시키지 않았다. W. H. 프리먼 출판사의 사이먼 쿠퍼에게 감사의 말을 전한다. 책을 홍보하는 국내 순회 여행을 훌륭하게 준비했으며, 성가시기보다는 기쁜 여행이 되게 해 주었다. 피터 맥기건은 이 책을 오디오로 제작해 귀로도 들을 수 있게 해 주었다. 존 미첼은 이 책은 물론 나의 다음 책인 『왜 사람들은 신을 믿는가』에 대해서도 비판적인 피드백을 주었다. 슬론 레더러에게 특별한 감사를 전한다. 담당이 수없이 바뀌는 와중에도 이 책의 간행과 홍보를 맡아 진행시켰으며, 우리 같은 회의주의자들이 이런 책을 왜 쓰는지 그 의의를 깊이 이해해 주었다. 외국의 번역 관련 업무를 맡아 준 대행자 카틴카 맷슨과 존 브록만, 외국 저작권 관리자 린다 월렌버거에게도 감사를 전한다. 마지막으로 브루스 매짓은 회의주의 학회, 〈스켑틱〉, 밀레니엄 프레스가 무지와 오해에 맞서 싸울 수 있도록 해 주었다. 그는 우리가 할 수 있으리라고 기대했던 것보다 더 큰 이상을 이룰 수 있도록 뒤에서 밀어주었다.

물리학자이자 천문학자인 아서 스탠리 에딩턴 경은 1958년의 역작 『물리과학 철학』에서 과학자들이 하는 관찰에 대해 이렇게 물었다. "Quis custodiet ipsos custodes? — 그 관찰자들을 누가 관찰할 것인가?" 에딩턴은 이렇게 답한다. "바로 인식론자이다. 인식론자는 과학자들이 정말로 관찰하는 것이 무엇인지 알아내기 위해 그들을 지켜본다. 과학자들이 정말로 관찰하는 것과 자기들이 관찰한다고 말하는 것은 서로 자주 많이 다르기 때문이다. 인식론자는 과학자들의 관찰 절차와, 관찰에 사용하는 장비의 본질적 한계들을 검토한다. 그렇게 해서 인식론자는 과학자들이 얻은 결과들이 따를 수밖에 없을 한계들을 미리 깨닫게 된다."(1958, 21쪽) 오늘날에는 관찰자들을 관찰하는 사람들이 바로 회의주의자들이다. 그런데 그 회의주의자들은 누가 관찰하는가? 바로 여러분이다. 그렇기에 이 책을 붙들고 즐겨 보길 바란다.

PART 1

과학과 회의

과학은 경험, 노력, 이성이 타당하다는 확신 위에 서 있는 반면,
마술은 희망이 기대를 저버릴 리 없으며 욕망이 눈을 속일 리 없다는 믿음 위에 서 있다.

브로니슬라프 말리노프스키 『마술, 과학, 종교』, 1948

CHAPTER 1

회의주의자 선언

　빈센트 데시에는 멋진 소책자 『파리의 이모저모』를 여는 쪽에서 아이들이 어떻게 과학자로 자라는지 익살스럽게 적었다. "어린아이들에게는 개미를 밟아서는 안 된다는 금기가 있다. 개미를 밟으면 비가 온다는 말을 들었기 때문이다. 그런데 파리의 다리나 날개를 뜯어서는 안 된다는 금기는 전혀 없는 것 같다. 대부분의 아이들은 나이가 들면 이런 행동을 하지 않는다. 나이 들어서도 이 버릇을 못 고치는 아이들은 자라서 비참한 최후를 맞거나 아니면 생물학자가 된다." (1962, 2쪽) 어릴 적의 아이들은 지식광이다. 눈에 보이는 것마다 물음을 던지곤 한다. 그러나 회의하는 태도는 거의 보이지 않는다. 대부분의 아이들은 회의와 미혹 사이의 차이를 배우지 못한다. 내가 그 둘을 구분하기까지는 오랜 시간이 걸렸다.

1979년, 전임 교수직을 얻지 못했던 나는 한 사이클 잡지에 글을 쓰는 일을 맡게 되었다. 출근 첫날, 존 메리노라는 사람을 기념하고자 열린 기자 간담회에 파견되었다. 그 사람은 13일 1시간 20분의 기록으로 자전거만 타고 미대륙을 막 횡단한 참이었다. 어떻게 그럴 수 있었느냐고 물었더니, 존은 특별 채식 식단, 비타민 대량 투여 요법, 단식, 결장 세척, 진흙 목욕, 홍채 진단법, 세포 독성 혈액 검사, 롤핑 요법, 지압과 침술, 척추 교정 지압, 안마 요법, 음이온, 피라미드의 힘 따위 내가 들어 본 적도 없는 이상한 것들을 한 무더기나 입 밖에 쏟아 냈다. 꽤나 호기심이 많았던 나는 사이클을 진지한 스포츠로 여기게 되면서 이것들이 정말 효과가 있는지 직접 시험할 생각을 했다.

한번은 일주일 동안 단식을 한 적이 있었다. 다른 것은 아무것도 먹지 않고 물, 카엔고추, 마늘, 레몬을 섞어 만든 이상한 혼합 음료만 마신 채 일주일을 버텼다. 마지막 날에 존과 나는 자전거를 타고 어바인에서 빅베어 호수까지 갔다가 돌아왔다. 가고 오는 거리는 각각 113킬로미터쯤 되었다. 그런데 산중턱에 오를 즈음 나는 쓰러지고 말았다. 혼합 음료 때문에 크게 탈이 났던 것이다. 존과 나는 진흙 목욕을 하러 엘시노어 호수 근처 건강 온천으로 자전거를 타고 간 적이 있었다. 진흙이 체내의 독소를 빨아들인다고 했다. 그 덕분에 일주일 내내 내 피부는 빨갛게 물들어 있었다. 침실에는 공기를 충전시켜 기운을 더 얻을 수 있도록 해 준다는 음이온 발생기를 설치했다. 그것 때문에 벽은 먼지가 앉아 온통 시꺼멓게 되었다. 또 홍채 진단가를 찾아가 홍채 검사를 했다. 그 사람 왈, 내 눈에 작은 녹색 얼룩이 있는데, 콩팥에 무슨 문제가 있는 징후라고 했다. 그런데 오늘까지도 내 콩팥은 멀쩡하게 잘 돌아가고 있다.

나는 본격적으로 사이클에 입문했다. 존을 만난 다음날 경주용 자전거를 구입해서 주말에 처음으로 사이클 경주에 참가했다. 그로부터 한 달 뒤, 처음으로 100마일(약 161킬로미터) 주행 기록을 갖게 되었고, 그해가 가기 전에 200마일(약 322킬로미터) 주행 기록도 얻었다. 그동안에도 이상한 요법들을 계속 받았다. 딱히 잃은 것도 없고, 정말로 경기 능력을 향상시켜 줄지 누가 알겠느냐는 생각에서였다. 꾸준히 결장 세척을 받았다. 나쁜 것들이 대장을 막아 소화 능력을 떨어뜨릴지도 모르기 때문이었다. 대신 나는 아주 불편한 장소에서 관을 꽂고 한 시간 정도만 있으면 되었다. 집 안에는 피라미드를 하나 설치했다. 기운을 집중할 수 있도록 해 준다고 했기 때문이다. 집에 찾아온 손님들은 이것들을 죄다 생뚱맞게 보았다.

그다음에는 안마 치료를 받기 시작했다. 매우 상쾌했고 긴장도 꽤 풀렸다. 그러다가 안마사는 근육에서 젖산을 제거하는 최신의 방법이라며 심부 조직까지 마사지한다는 '딥 티슈' 안마 요법을 쓰기로 했다. 그러나 근육 이완 효과는 별로 없었다. 안마사는 발로 안마하기도 했는데, 효과는 훨씬 떨어졌다. 그러다가 나는 롤핑 요법Rolfing(이다 롤프 박사가 창안한 안마 요법으로, 수직으로 작용하는 중력과 인체의 균형을 맞춰 준다는 안마를 말한다—옮긴이)을 시도했다. 그야말로 딥 티슈 안마였다. 너무나 고통스러웠기 때문에, 그 뒤로는 다시 할 생각을 안했다.

1982년, 존과 나는 다른 두 사람과 함께 제1회 미대륙 횡단 경주에 참가했다. 로스앤젤레스에서 뉴욕까지 총 3,000마일(약 4,828킬로미터)을 쉬지 않고 가로지르는 자전거 경주였다. 경주를 준비하는 동안, 우리는 세포 독성 혈액 검사를 받으러 갔다. 혈소판을 응고시키고 모세 혈관을 차단해서 혈액 순환을 저해하는 음식물 알레르기를 검출해 낸다고 했다. 그러나 그땐 우리도 이런 다양한 주장들이 진실인지 약간 의심을 하던 터라, 한 사람의 혈액을 여러 이름으로 보내 보기로 했다. 그런데 표본마다 다른 음식물 알레르기가 있다는 결과가 나왔다. 우리들 혈액에 문제가 있는 게 아니라 검사에 문제가 있음을 의미하는 결과였다. 경주를 하는 동안 나는 잠잘 때 '미세 전류 치료기'를 썼다. 뇌파를 측정해서 보다 편안한 수면을 취할 수 있도록 알파파 상태로 만들어 준다고 했다. 또한 근육을 소생시키고 상처를 치료하는 효과까지 있다고 했다. 회사 측은 조 몬태나가 슈퍼볼에서 우승할 때 그 치료기 덕을 톡톡히 보았다고 단언했다. 그러나 짐작대로 거의 아무런 효과도 없었다.

  미세 전류 치료기를 쓰자는 것은 척추 지압 교정사의 생각이었다. 내가 척추 지압 교정사를 찾아가기 시작했던 까닭은 미세 전류 치료기가 필요해서가 아니라, 체내의 기운이 척수를 따라 흐르다가 여러 지점에서 막힐 수 있다는 얘기를 읽었기 때문이다. 그러나 지압을 하면 할수록, 목과 등이 계속 '막힌' 상태라는 이유로 지압을 더 해야 한다는 걸 알게 되었다. 두 해 정도 척추 지압 교정 치료를 받다가, 결국 완전히 그만두고 말았다. 그 뒤로 척추 지압 교정사를 다시는 찾지 않았다.

  이제까지의 상황을 정리해 보면, 나는 십 년 동안 초장거리 프로 사이클 선수 생활을 했고, 그동안 내 경기 능력을 향상시켜 준다는 것은 가리지 않고 이것저것 다 해 보았다(약물과 스테로이드만 빼고). 미대륙 횡단 경주의 규모가 커지면서—여러 해 동안 ABC 방송사의 〈와이드 월드 오브 스포츠〉에 특집 방송되었다—나는 별의별 것을 해 보라는 제안을 수도 없이 받았고, 대개는 다 해 보았다. 나 자신을 대상으로 한 십 년간의 실험을 통해 두 가지 결론을 얻었다. 첫째, 경기 능력의 향상, 고통의 경감, 컨디션을 끌어올리는 방법으로는 일관적인 훈련 일정과 균형잡힌 식단에 정성을 들여 오랜 시간 준비하는 것 외에 아무것도 없다. 둘째, 회의적인 태도를 갖는 게 좋다. 그런데 회의한다는 게 무슨 뜻일까?

회의주의자란 어떤 사람인가?

1983년 8월 6일 토요일, 콜로라도 주의 러브랜드 패스로 나 있는 긴 오르막길에서 나는 회의주의자가 되었다. 그날은 제2회 미대륙 횡단 경주가 3일째 되는 날이었다. 지원팀의 영양사는 자기가 정해준 비타민 대량 투여 요법 계획을 따른다면 내가 경주에서 우승할 것이라고 믿었다. 박사 과정에 있었던 그는 영양사 훈련을 받았기 때문에, 자기가 하려는 일이 무엇인지 알 것이라고 생각했다. 여섯 시간마다 나는 갖가지 종류의 비타민과 미네랄을 한 움큼씩 억지로 삼키곤 했다. 맛이며 냄새는 역겨울 지경이었고, 몸속을 통과한 뒤에는 (내 생각에) 미국에서 가장 비싼 색색의 오줌을 만들어 냈다. 이렇게 사흘을 보낸 뒤, 비타민 대량 투여 요법은 물론 결장 세척, 홍채 진단법, 롤핑 요법 따위의 갖가지 모든 대체 요법들, 뉴에이지 요법들이 죄다 쓸데없다는 판단을 내렸다. 러브랜드 패스를 향해 올라가던 중, 시간 맞춰 충실하게 비타민을 입에 털어 넣고선, 영양사가 한눈을 팔 때를 기다려 길 위로 뱉었다. 귀가 가벼운 것보다는 회의적이 되는 게 훨씬 안전할 듯싶었다.

경주가 끝난 뒤, 나는 그 영양사의 박사학위가 비인가 영양사 학교에서 취득한 것인 데다가, 그 사람의 박사학위 논문 연구 대상이 바로 나였음을 알게 되었다! 그 이후 나는, 괴상한 주장들과 뉴에이지 믿음들이 학계 주변을 어슬렁거리는 사람들을 끌어들인다는 사실을 주목해 왔다. 그런 사람들은 정식 과학 훈련도 받지 않았고, 자격증이 있다 해도 비인가 학교에서 취득한 것이었고, 자기들 주장을 뒷받침할 연구 데이터도 없었으며, 자기들이 내놓은 특별한 처방전의 효험을 지나치게 과장했다. 그렇다고 이런 특성을 가진 사람들이 하는 주장이 죄다 저절로 논박된다는 얘기는 아니지만, 일단 그런 사람들을 만나면 특히 더 회의적이 되는 게 현명할 것이다.

회의적이 된다는 것은 조금도 새로운 게 아니다. 회의주의의 기원은 2,500년 전 고대 그리스 플라톤의 아카데미로 거슬러 올라간다. 그러나 "내가 아는 것이라곤 내가 아무것도 모른다는 것뿐이다"라는 소크라테스의 명언이 지금 우리 입장을 충분히 대변해 주지는 못한다. 현대의 회의주의는 과학에 기반을 둔 운동으로 발전되었으며, 그 출발은 1952년 마틴 가드너의 고전 『과학의 이름을 내건 도락과 궤변』이었다. 그 뒤 40년에 걸쳐 『과학: 착한 과학, 나쁜 과학, 가짜 과학』(1981), 『뉴에이지: 경계 보초병의 기록』(1991a), 『과격한 입장에서』(1992)를 비롯해서 가드너가 쓴 수많은 에세이와 책들을 통해 다양한 괴상한 믿음을 의심하는 태도가 널리 정립되었다. 게다가 1970년대와 1980년대에 제임스 '디 어메이징' 랜디가 숱하게 심령술에 도전하고 매체에 출연하면서(〈투나잇 쇼〉에는 서른여섯 차례나 출연했다) 회의주의는 대중문화의 일부가 되었다. 철학자 폴 커츠는 미국 전역과 해외에 수십 개의 회의주의 단체가 조직되는 일을 거들었으며, 〈스켑틱〉 같은 간행물은 국내외로 널리 배포되었다. 오늘날에는 스스로를 회의주의자라고 부르는 사람들—과학자, 공학자, 의사, 법률가, 교수, 교사 등 지적으로 호기심이 강한 각계각층의 사람들—이 모인 단체가 우후죽순처럼 생겨나, 조사를 수행하고, 매달 정기 모임을 갖고, 연례 회의를 열고, 언론 매체와 일반 대중에게 초자연적으로 보이는 현상에 대해 자연적인 설명을 제공하고 있다.

현대의 회의주의는 과학적 방법에 구현되어 있다. 과학적 방법에는 자연적인 현상들에 대해 제시된 자연적인 설명을 시험하기 위한 데이터 수집도 포함된다. 잠정적으로 동의를 표하는 게 합리적이라고 할 수 있을 만큼 어떤 주장이 확증되면, 그 주장은 사실에 부합한 것이 된다. 그러나 과학에서 말하는 사실들은 모두 잠정적이며, 얼마든지 문제 제기를 받을 수 있다. 따라서 회의주의는 잠정적인 결론을 이끌어 내는 하나의 방법이다. 점지팡이로 수맥 찾기, 초감각 지각, 창조론 같은 것들은 꾸준히 시험대에 섰지만 시험을 통과하지 못할 때가 많았기 때문에, 우리는 충분히 그것들이 잘못된 주장이라고 잠정적인 결론을 내릴 수 있다. 최면술, 거짓말 탐지기, 비타민 C 요법 같은 것들은 시험되기는 했지만 결과가 확정적이지 못해서, 잠정적인 결론에 이를 때까지 가설을 세우고 검증하는 일을 계속해야만 한다. 회의주의의 열쇠는 "아무것도 모른다"는 회의와, "어느 것이든 괜찮다"는 미혹 사이의 불안정한 지협을, 과학의 방법을 쉬지 않고 열심히 적용하면서 빠져나가는 것이다.

순수한 회의의 약점은, 극단으로 흘렀을 때 입장 자체가 설 수 없다는 것이다. 만일 여러분이 모든 것에 회의적이라면, 여러분 자신의 회의에 대해서도 회의적이 될 수밖에 없다. 붕괴하는 아원자입자들처럼, 순수한 회의는 우리가 가진 지성이라는 안개상자의 관측 스크린을 가뭇없이 벗어나 버린다.

회의주의자들의 생각이 폐쇄적이라는 관점도 널리 퍼져 있다. 어떤 사람들은 우리를 냉소주의자라고 부르기까지 한다. 원칙적으로 회의주의자는 폐쇄적이지도 않고 냉소적이지도 않다. 내가 회의주의자라는 말로 뜻하는 것은, 어떤 특정 주장에 대해 그 진위를 증명할 수 있는 증거를 요구함으로써 그 주장의 타당성을 묻는 사람이다. 달리 말하면, 회의주의자는 미주리 주 출신처럼 "그래? 보여 줘 봐!"라고 말하는 사람들이다(곧이곧대로 믿지 않고 직접 눈으로 봐야 믿는 사람을 미국에서는 '미주리 주 출신'이라고 표현한다―옮긴이). 어떤 굉장한 주장을 들으면 우리는 이렇게 말한다. "괜찮군. 증명해 봐."

한 가지 예를 들어 보자. 오래전부터 나는 '100번째 원숭이 현상' 이야기를 들었다. 또한 범죄를 줄이고, 전쟁을 없애고, 전체적으로 하나의 종으로 뭉치게 할 수 있는 모종의 집단의식이 있을 수 있다는 가능성에 매료되었다. 1992년 대통령 선거에서 한 후보―자연법당의 존 해글린―는 자신이 당선된다면, 도심 빈민가 문제를 해결할 계획을 수행하겠노라고 주장했다. 그 계획이란 명상이었다. 해글린과 같은 이들, 특히 초월 명상(TM)의 신봉자들은 사람들끼리, 특히 명상 상태에 있는 사람들끼리 서로 어떤 식으론가 생각을 전달할 수 있다고 믿는다. 만일 동시에 충분한 수의 사람들이 명상 상태에 돌입한다면, 일종의 임계점에 도달할 것이고, 그러면 지구의 큰 변화를 이끌어 낼 수 있다는 것이다. 이런 놀라운 생각을 뒷받침하는 경험적 증거로 보통 인용되는 것이 바로 '100번째 원숭이 현상'이다. 전하는 이야기에 따르면, 1950년대에 일본의 과학자들이 고시마 섬의 원숭이들에게 고구마를 주었다고 한다. 하루는 원숭이 한 마리가 고구마를 물에 씻는 법을 익힌 다음 그 요령을 다른 원숭이들에게 가르쳤다. 100마리 정도가 그 요령을 익히자—이른바 임계점에 이르자—갑자기 모든 원숭이들이 그 요령을 알게 되었으며, 심지어 서로 수백 킬로미터 떨어진 다른 섬들의 원숭이들까지 알게 되었다고 한다. 그 현상을 다룬 책들이 나오면서 뉴에이지 동아리들 사이에서 이 생각이 널리 퍼져 나갔다. 예를 들어 라이얼 왓슨의 『생명조류』(1979)와 켄 키스의 『100번째 원숭이』(1982)는 이제까지 판을 거듭하며 수백만 부가 팔렸다. 엘다 하틀리는 〈100번째 원숭이〉라는 영화까지 만들었다.

    회의를 연습하는 셈치고, 보고된 대로 그런 일이 실제로 일어났는지 묻도록 하자. 사실 그런 일은 일어나지 않았다. 1952년, 영장류학자들은 일본원숭이들이 지역 농가를 습격하는 일을 막기 위해서 원숭이들에게 고구마를 주기 시작했다. 한 원숭이가 시냇물이나 바닷물에 고구마를 씻어 흙을 없애고 먹는 법을 익혔고, 다른 원숭이들이 그 행동을 따라하면서 요령을 익혔다. 이제 왓슨의 책을 좀더 면밀하게 검토해 보도록 하자. 그는 이렇게 인정한다. "영장류학자들 사이에서 나도는 개인적 일화와 전승담을 모아 이야기의 나머지 부분을 맞춰야 한다. 왜냐하면 영장류학자 대부분이 아직은 그 사건의 진상을 확신하지 못하고 있기 때문이다. 그래서 나는 임시변통으로 세부적인 이야기들을 생각해 낼 수밖에 없다." 그리고 나서 왓슨은 "고시마의 불특정 수의 원숭이들이 바닷물에 고구마를 씻고 있다"고 추정했다. 정확히 몇 마리인지는 예상하기 어렵다. 그다음 그는 이렇게 말한다. "편의상 그 수를 아흔아홉 마리라고 하고, 화요일 오전 11시, 평상시와 다름없이 고구마 씻기를 배운 원숭이 한 마리를 우리에 더 넣었다고 해 보자. 그렇게 100번째 원숭이를 추가하자, 원숭이 수가 어떤 문턱을 넘은 것으로 보였다. 곧, 일종의 임계점을 넘게 만든 것이다." 왓슨의 말에 따르면, 바로 이 시점에서 고구마 씻기 습성이 "자연적 장벽을 훌쩍 뛰어넘고, 다른 섬들에 있는 원숭이들에게도 동시적으로 이 습성이 나타난 것처럼 보였다."(1979, 2~8쪽)

바로 여기서 멈추면 된다. 과학자들은 세부 사항들을 "임시변통으로 생각해 내지" 않을뿐더러, '일화'나 '전승담'을 토대로 억측을 하지도 않는다. 사실은 정확한 진상을 기록했던 과학자들이 몇 명 있었다.(이를테면 다음의 글을 참고하라. 볼드윈 외 1980; 이마니시 1983; 가와이 1962) 1952년 고시마 섬에서 연구를 처음 시작했을 때 원숭이 수는 스무 마리였고, 이들은 각 원숭이를 세심하게 관찰했다. 1962년에 이르자 무리 내 원숭이 수는 쉰아홉 마리까지 늘었고, 쉰아홉 마리 중 정확히 서른여섯 마리가 고구마를 물에 씻어 먹는 습성을 익혔다. 그 행위의 '갑작스러운' 습득이란 게 이루어지기까지 사실상 10년이 걸렸고, 1962년에 '100마리 원숭이'란 실은 고작 서른여섯 마리에 불과했다. 그 원숭이들이 알았을 법한 것이 무엇인지 끝없이 궁리해 볼 수 있다 해도, 무리 내 원숭이들이 모두 고구마를 물에 씻는 행동을 보이지는 않았다는 사실만큼은 틀림이 없다. 고시마 섬에서조차 서른여섯 마리라는 수는 임계점이 아니었다. 다른 섬들에서도 그와 비슷한 행동이 보고된 적이 몇 차례 있었지만, 그 관찰들은 1953년부터 1967년 사이에 이루어진 것들이었다. 그 현상은 결코 갑작스러운 현상이 아니었고, 반드시 고시마 섬과 연관된 것도 아니었다. 다른 섬의 원숭이들이 이 간단한 요령을 스스로 터득했을 수도 있고, 주민들이 그들을 가르쳤을 수도 있다. 어느 경우가 되었든, 이런 괴상망측한 주장을 뒷받침하는 증거는 없으며, 딱히 설명해야 할 현상이 실제로 있는 것도 아니다.

과학적 방법론을 이루는 회의의 태도

과학에서 회의는 지극히 중요한 일부이다. 나는 과학을 이렇게 정의한다. 과거나 현재에 관찰되거나 추론된 현상을 기술하고 해석하기 위해 고안되었고, 반박과 확증에 모두 열려 있는 시험 가능한 지식 체계를 구축할 목적을 가진 방법들의 집합. 달리 말해서 과학이란 주장들을 시험할 목적으로 정보를 분석하는 특유의 방식이라는 것이다. 그런데 과학적 방법을 정의하는 것은 그리 간단하지 않다. 과학

철학자이자 노벨상 수상자인 피터 메더워는 이렇게 말했다. "과학자에게 과학적 방법이 무엇이라 생각하느냐고 물어보라. 그러면 그 사람은 아마 즉시 정색을 하고 눈알을 이리저리 굴릴 것이다. 정색을 한 까닭은 어떤 의견이라도 밝혀야 한다고 느끼기 때문이고, 눈알을 굴리는 까닭은 밝힐 의견이 없다는 사실을 숨길 방도를 모색하기 때문이다."(1969, 11쪽)

과학적 방법을 다룬 문헌이 이미 상당수 있지만, 저자들끼리 합의가 이뤄진 바는 별로 없다. 그렇다고 과학자들이 자기네 일을 이해 못하고 있다는 뜻은 아니다. 실제로 무얼 하는 것과 그걸 말로 설명하는 것은 별개의 문제일 것이다. 하지만 과학적 사고에 다음과 같은 요소들이 있다는 데에는 이견이 없다.

- **귀납**: 현재 있는 데이터에서 일반적인 결론을 끌어내어 가설을 만드는 일.
- **연역**: 그 가설을 기초로 특정 예측을 하는 일.
- **관찰**: 자연에서 우리가 찾아야 할 것이 무엇인지 가설들이 지시하는 바에 따라 데이터를 수집하는 일.
- **검증**: 더 많은 관찰을 토대로 초기 가설이 타당한지 예측을 시험하는 일.

물론 과학은 이 정도로 엄격하지는 않다. 의식적으로 '단계' 하나하나를 밟아나가는 과학자는 없다. 과학의 과정이란 관찰하고, 결론을 끌어내고, 예측하고, 증거에 기대 예측을 확인하는 일이 끊임없이 상호 작용하는 과정이다. 데이터를 수집하는 관찰은 아무것도 없는 상태에서 이루어지지는 않는다. 어떤 관찰을 해야 할 것인지 틀을 짜 주는 역할을 가설이 하고, 가설 자체는 여러분이 관찰자로서 받은 교육, 문화, 특별한 편견에 의해 형성된다.

과학철학자들이 가설연역법이라고 부르는 것의 핵심을 이루는 것이 바로 이런 과정이다. 『과학사 사전』에 따르면 가설연역법의 과정은, "(a) 가설을 세우고, (b) 가설을 '초기 조건들'에 대한 진술과 결합하고, (c) 이 두 가지에서 예측을 연역하고, (d) 그 예측이 실제와 맞는지의 여부를 알아내는 것"(바이넘, 브라운, 포터 1981, 196쪽)이다. 관찰이 먼저인지 가설이 먼저인지는 말할 수 없다. 서로 불가분적으로 상호 작용하기 때문이다. 그러나 가설연역 과정을 보강해 주는 것은 추가적인 관찰들이며, 이 추가적인 관찰들이 바로 예측의 타당성을 판가름하는 최종 조정자 역할을 한다. 이 점을 아서 스탠리 에딩턴 경은 다음과 같이 시석했다. "과학이 내린 결론의 신위를 완성하는 데 있어, 관찰은 최고 항소 법원과 같다."(1958, 9쪽) 과학적 방법을 통해 몇 가지를 일반화할 수 있다.

가설: 관찰 집합을 설명해 주는 시험 가능한 진술.
이론: 잘 입증되고 잘 시험된 가설 또는 가설 집합.
사실: 잠정적으로 동의를 표하는 게 합리적이라고 할 수 있을 만큼 확증된 결론.

이론과 구성 개념은 대조적일 수 있다. 구성 개념도 관찰 집합을 설명해 주는 진술이지만, 시험 불가능한 진술이다. 지구상의 생명체들은 "하느님께서 만드셨다"라는 진술로 설명할 수도 있고, "진화했다"라는 진술로 설명할 수도 있다. 첫 번째 진술은 구성 개념이고, 두 번째 진술은 이론이다. 생물학자들은 대부분 진화를 아예 사실이라고 부르기도 한다.

과학적 방법을 통해 이르고자 하는 목표는 객관성이다. 객관성이란 결론들이 외적 검증을 기초로 하고 있음을 말한다. 그리고 우리는 신비주의를 피한다. 신비주의에서는 결론들이 외적 검증을 벗어나 개인적 통찰에 근거한다.

개인적 통찰에서 출발해도 잘못될 것은 없다. 분명하게 짚어 내기 힘든 통찰, 직관 등의 정신적 도약을 통해 중요한 아이디어를 얻었다고 말한 위대한 과학자들도 많이 있다. 앨프레드 러셀 월리스는 말라리아를 앓는 동안에 자연선택이라는 생각이 "갑자기 번쩍 떠올랐다"고 말했다. 그러나 직관에 의한 생각과 신비적인 통찰은 외적으로 검증되기 전까지는 객관적인 것이 아니다. 이 점을 심리학자 리처드 하디슨은 다음과 같이 설명했다.

신비적인 '진리'란 그 본성상 오로지 개인적일 수밖에 없으며, 외적 검증이 전혀 불가능하다. 각각의 신비적 진리들은 저마다 동등한 진리주장을 가진다. 찻잎 읽기든 점성술이든 불교든, 관련 증거가 부재한 것으로 판단된다면, 각각은 동등하게 옳은 주장이거나 동등하게 그른 주장이다. 이런 신앙들을 깎아내릴 의도로 이런 말을 하는 것은 아니다. 다만 그 신앙들의 올바름을 검증하는 일이 불가능함을 지적하고 싶을 따름이다. 신비주의자는 역설적인 입장에 처해 있다. 만일 자기 관점을 뒷받침할 외적 근거를 찾고자 한다면, 외적 논증에 의거해야만 하고, 그렇게 되면 신비주의를 부정할 수밖에 없게 된다. 그 정의에 따르면, 신비주의자에게 외적 검증은 불가능하다.(1988, 259~260쪽)

과학은 우리를 합리주의로 인도한다. 합리주의는 논리와 증거를 기초로 결론을 내린다. 예를 들어 보자. 우리는 어떻게 지구가 둥글다는 사실을 알까? 이는 다음과 같은 관찰을 통해서 얻은 논리적인 결론이다.

- 달에 비친 지구의 그림자가 둥글다.
- 배가 멀리 항해할 때 마지막으로 보이는 것은 돛대이다.
- 수평선이 굽어 있다.
- 우주에서 찍은 지구의 사진.

과학은 또한 우리가 독단을 피하게 돕는다. 독단은 논리와 증거보다는 권위에 근거해서 결론을 내린다. 예를 들어 독단에 근거한다면, 우리는 어떻게 지구가 둥글다는 것을 알게 될까?

- 부모님이 그렇게 말씀하셨다.
- 선생님이 그렇게 말씀하셨다.
- 목사님이 그렇게 말씀하셨다.
- 교과서에 그렇게 적혀 있다.

독단적인 결론들이 꼭 부당하지만은 않지만, 이런 물음들을 교묘히 피해 간다. 그 권위자들은 어떻게 해서 그런 결론에 도달했는가? 과학에 의한 것인가, 아니면 다른 수단을 통해서인가?

정말 그럴까?

과학과 과학적 방법의 오류 가능성을 인식하는 것이 중요하다. 그러나 이런 오류 가능성에는 자기 교정이라는 크나큰 능력이 들어 있다. 실수를 정직하게 저질렀든 부정직하게 저질렀든, 알고서 사기를 벌였든 모르고서 벌였든, 외적 검증이 결여되었으면 과학계에서 퇴출될 것이다. 저온 핵융합의 대실패는 과학계에서 신속하게 오류를 적발해 낸 고전적인 사례이다.

자기 교정이 이토록 중요하기 때문에, 아무리 못해도 과학자들 사이에선 캘리포니아 공과대학 물리학자이자 노벨상 수상자인 리처드 파인먼이 "일종의 철저한 정직함―자기 생각이 반박될 가능성까지 고려하는 것―에 해당하는 과학적 사고 원리"라고 불렀던 원리가 자리하고 있다. 파인먼은 이렇게 말했다. "어떤 실험을 할 때, 옳다고 여기는 것뿐만 아니라 실험을 무효로 만들지도 모를 것까지 모두 보고해야 한다. 즉 실험 결과를 설명할 가능성이 있는 다른 요인들까지 모두 보고해야 한다."(1988, 247쪽)

이런 내재적 메커니즘이 있음에도 불구하고, 부적절한 숫자를 기입하는 것부터 원하는 대로만 생각하는 것까지 과학은 여전히 갖가지 문제와 오류에서 벗어나지 못한다. 그런데 과학철학자 토머스 쿤이 지적했던 것처럼(1977), 과학에서는 현재 상태를 철저하게 고수하는 것과 새로운 생각을 맹목적으로 추구하는 것 사이에 '본질적 긴장'이 있다. 패러다임의 전환과 과학 혁명은 이 상반된 충동 사이에서 어떻게 적절하게 균형을 잡느냐에 달려 있다. 과학 공동체에서 충분한 수의 과학자들이 (특히 권력을 가진 사람들이) 예전 시각에서는 급진적인 새 이론을 지지하여 기꺼이 정론을 포기하게 될 때, 바로 그때에만 패러다임의 전환이 일어날 수 있다.(2장 참고)

회의와 미혹 사이의 본질적 갈등을 타개한 훌륭한 본보기가 바로 찰스 다윈이다. 과학사학자 프랭크 설로웨이는 다윈이 균형 감각을 찾는 데 도움이 되었던 세 가지 사고방식의 특징을 짚어 낸다. (1) 다윈은 다른 사람들의 의견을 존중했지만, 기꺼이 권위에 도전하기도 했다. 그는 특수창조론을 깊이 이해했지만, 자연선택 이론으로 그것을 뒤엎었나(창소본에서는 지금 현재 자연에서 볼 수 없는 방식으로, 과학적으로는 설명할 수 없는 방식으로 하느님이 생명을 창조했다는 의미를 부각시켜 '특수창조special creation'라는 말을 쓴다—옮긴이). (2) 다윈은 부정적인 증거에도 세심한 주의를 기울였다.『종의 기원』에는 "이론상의 난점들"이라는 제목의 장이 있다. 그 결과 다윈을 반대하는 자들은 다윈이 미처 언급하지 못한 것을 찾아내 문제 제기를 하기가 대단히 힘들었다. (3) 다윈은 다른 사람들의 연구를 풍부하게 이용했다. 다윈의 편지 모음집에 실린 편지는 14,000통이 넘는데, 대부분 과학적 문제들에 대한 장황한 논의와 묻고 답하는 형식의 글이다. 다윈은 쉬지 않고 물음을 던지고, 배우는 자세를 잃지 않았다. 또한 자기의 원래 생각들을 정식화할 만큼 충분히 자신감을 가지면서, 동시에 자신의 오류 가능성을 인정할 만큼 충분히 겸손했다. 설로웨이는 이렇게 말했다. "대개 전통과 변화 사이의 본질적 긴장을 보이는 것은 전체로서의 과학 공동체이다. 왜냐하면 대부분의 사람들은 저마다 선호하는 사고방식이 있기 때문이다. 과학사에서 이런 모순적인 성질들이 한 개인에게 그처럼 성공적으로 결합되어 있는 경우를 찾기는 상당히 어렵다."(1991, 32쪽)

'이상한 것들'을 다룰 때의 본질적 긴장은, 지나치게 회의적이어서 혁신적인 생각들까지 지나쳐 버리는 것과 지나치게 열린 마음이어서 엉터리 사기꾼들까지 받아들이는 것 사이에 자리한다. 그러나 다음의 몇 가지 기본적인 물음에 답하는 것으로 둘 사이의 균형을 찾을 수 있다. 주장을 뒷받침하는 증거의 질은 어떠한가? 주장하는 사람의 배경과 자격은 어떠한가? 주장대로 나타나는가? 개인적으로 대체 건강 요법과 건강 보조 기구의 세계를 편력하면서 알게 된 것처럼, 대개의 경우 증거는 빈약하고, 주장자들의 배경과 자격도 의심스럽고, 요법이든 보조 기구든 거의 모두 말한 대로의 효과가 전혀 없다.

마지막에 지적한 것이 결정적일 수 있다. 나는 정기적으로 점성술에 대해 문의하는 전화를 받는다. 전화를 건 사람들은 대개 점성술의 바탕에 깔린 이론을 알고 싶어 한다. 정말로 행성들의 배열이 사람의 운명에 중대한 영향을 미치는지 궁금한 것이다. 대답은 '아니오'이다. 그러나 그보다 더 중요한 점은, 점성술을 평가하기 위해 따로 중력 법칙이나 행성들의 운동을 지배하는 법칙을 이해할 필요는 없다는 점이다. 필요한 것은 오직 '정말 그럴까?'라고 묻는 것뿐이다. 정말로 점성술사들이 행성들의 배열을 읽어서 사람의 운명을 정확하고 구체적으로 예측하는가? 아니다. 그들은 그렇게 하지 못한다. 트랜스월드 항공 800편 여객기 추락 사고를 예측한 점성술사는 한 명도 없었다. 노스리지 지진을 예측한 점성술사도 없었다. 따라서 점성술의 바탕에 깔린 이론이란 얼토당토않다. 점성술사들이 주장하는 효과를 점성술에서 전연 보여 주지 못하기 때문이다. 100번째 원숭이의 손을 잡고 점성술도 자취를 감춰 버린다.

나는 존재한다, 그러므로 나는 생각한다

빈센트 데시에는 과학의 보상을 논의하는 부분에서, 돈, 안전, 명예처럼 분명하게 잡히는 것은 물론 초월적인 보상까지를 두루 언급한다. "세계로 통하는 여권, 인류의 한 사람이라는 소속감, 정치적인 장벽, 이념, 종교, 언어를 넘어서 있다는 초월감." 그러나 데시에는 이 모든 것을 뒤로 제치고 "보다 고결하고 보다 미묘한" 한 가지만을 부각시킨다. 바로 인간의 자연스러운 호기심이 그것이다.

다른 모든 동물들로부터(사람 역시 틀림없는 동물이다) 사람을 돋보이게 하는 특성 중 한 가지는 바로 앎 그 자체를 얻고자 하는 욕구이다. 호기심 많은 동물들도 많이 있지만, 그 동물들에게 호기심이란 적응의 일면이다. 사람은 앎에 굶주려 있다. 앎의 능력을 부여받은 사람에게는 모두 앎의 의무가 있다. 제아무리 하찮다 해도, 진보와 안녕에 아무런 보탬이 되지 않는다 해도, 모든 앎은 전체로서의 앎의 일부이다. 과학자라고 다르지 않다. 파리를 아는 것 역시 앎의 숭고함을 조금이라도 나눠 갖고 있다. 그것이 바로 과학의 도전이자 기쁨이다. (1962, 118~119쪽)

과학의 가장 기본적인 수준에서 보면, 사물이 어떻게 운행하는지 알고 싶어 하는 호기심이 바로 과학의 전부이다. 파인먼은 이렇게 말했다. "말하자면 나는 사로잡혔다. 어렸을 적에 굉장한 선물을 받아 본 사람이 늘 그런 선물을 다시 기대하는 것 같은 기분이다. 어린애처럼 나는 언제나 그 놀라운 것을 찾고 있다. 언젠가는 그것을 찾아낼 것이라고 생각한다. 매번 찾아내지는 못하겠지만, 가끔씩은 찾아낼 것이다."(1988, 16쪽) 아이들을 교육할 때 가장 중요하게 물어야 할 것은 이것이다. 아이들이 가진 것 중에서, 세상을 탐험하고, 즐기고, 이해하는 데 도움이 될 도구가 무엇일까? 학교에서 가르치는 다양한 도구들 중, 과학과 모든 주장에 대해 회의적으로 생각하기는 마땅히 으뜸에 가까워야 될 것이다.

아이들은 원인-결과 관계를 지각할 수 있는 능력을 갖고 태어났다. 우리의 뇌는 서로 관련 있는 사건들의 조각을 맞추고, 주목할 필요가 있는 문제들을 풀어내는 자연의 기계이다. 우리는 아프리카의 고대인이 암석을 쪼개고 갈아서 만든 날카로운 도구로 덩치 큰 짐승의 주검에서 고기를 잘라 내는 모습을 그려 볼 수 있다. 또는 부싯돌을 치면 불똥이 일어나 불을 피울 수 있다는 사실을 처음으로 발견한 사람을 상상해 낼 수도 있을 것이다. 바퀴, 지레, 활과 화살, 쟁기 등, 우리를 환경에 맞추기보다는 환경을 우리에 맞추게 했던 발명품들이 바로, 우리의 걸음을 현대 과학기술의 세계로 통하는 길로 이끌었다.

가장 기본적으로 생각해 보면, 우리는 살아 있기 위해 반드시 생각을 해야 한다. 생각한다는 것은 가장 본질적인 인간의 특성이다. 300여 년 전, 지성사에서 가장 철저하게 회의했던 사람에 해당하는 프랑스의 수학자이자 철학자인 르네 데카르트는 자신이 확실히 알 수 있는 한 가지가 "Cogito ergo sum— 나는 생각한다. 그러므로 나는 존재한다"라는 결론을 내렸다. 그러나 인간이 된다는 것은 생각한다는 것이다. 데카르트의 말을 거꾸로 말해 보자. "Sum ergo cogito— 나는 존재한다. 그러므로 나는 생각한다."

CHAPTER
2

과학과 사이비 과학은 어떻게 다른가?

　서구 산업 사회로 알려진 세계는 그 전체를 과학 혁명의 기념비로 볼 수 있다. 혁명은 400여 년 전에 시작되었으며, 혁명의 기폭제가 된 사람 중 하나인 프랜시스 베이컨은 혁명의 의미를 한마디로 표현했다. "아는 것이 힘이다." 우리는 과학기술의 시대에 살고 있다. 30년 전 과학사학자 데릭 드 솔라 프라이스는 이렇게 말했다. "과학자에 대해 어떤 식으로 합당한 정의를 내리든, 우리는 지금까지 살았던 전체 과학자의 팔구십 퍼센트가 지금 생존해 있다고 말할 수 있다. 다르게 말해 보자. 아무나 지금 현재의 젊은 과학자를 놓고 보자. 정상 수명을 기준으로 그가 생을 마감하게 될 때 지난 일생을 되돌아본다면, 아마 그때까지 이룩되었을 전체 과학적 업적의 팔구십 퍼센트가 바로 눈앞에서 펼쳐지는 모습을 볼 것이며, 그보다 앞서서 이룩된 업적은

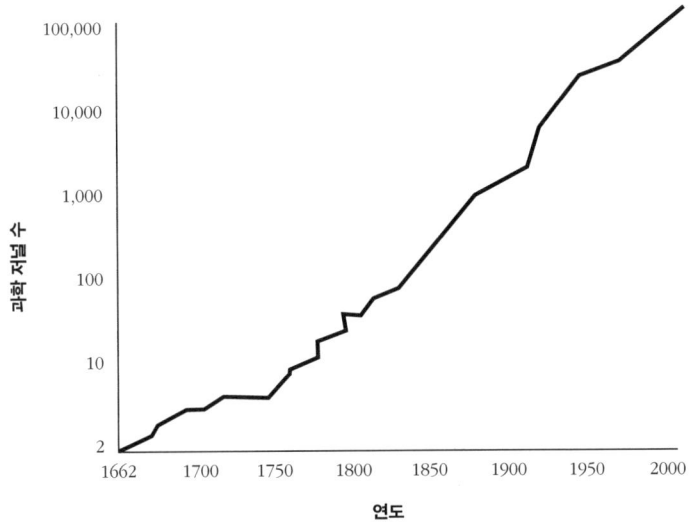

그림 1 1662년부터 현재까지 과학 저널의 수. (드 솔라 프라이스 1963)

전체의 일이십 퍼센트에 불과함을 알게 될 것이다."(1963, 1~2쪽)

지금은 족히 100,000개가 넘는 과학 저널에 매년 600만 편 이상의 글이 발표되고 있다. 듀이 십진분류법에는 현재 '순수 과학' 항목 아래에 1,000개 이상의 분류 항목이 있다. 각 분류 항목 안에는 수십 개의 전공 학술 저널이 들어 있다. 〈그림 1〉은 왕립학회가 설립되었던 1662년—이때는 과학 저널이 두 종밖에 없었다—부터 현재까지 과학 저널 수의 증가를 그리고 있다.

사실상 모든 학문 분야에서 이처럼 기하급수적인 증가 곡선이 관찰된다. 어떤 분야에 종사하는 사람의 수가 늘어나면, 지식의 양도 증가하고, 더 많은 일자리가 창출되고, 다시 더욱 많은 사람들을 끌어들인다. 미국 수학 학회(1888년 설립)와 미국 수학 협회(1915년 설립)의 회원 수 증가 곡선(그림 2)을 보면 이 현상의 극적인 양상이 나타난다. 1965년 당시 영국 과학교육부 차관은 과학계에 진출하는 사람 수가 가속적으로 증가하는 현황을 언급하는 자리에서 이렇게 결론을 맺었다. "200년이 넘는 지난 세월 동안 전체 인구 중에서 과학자들이 차지하는 비율은 어디에서나 극소수였다. 그런데 현재 영국에서는 과학자의 수가 성직자와 군 장교들의 수를 능가하고 있다. 만일 아이작 뉴턴 경의 시대 이후 계속되어 온 증가 추세가 앞으로 200년 동안에도 이어진다면, 지구상의 모든 남녀노소는 말할 것도 없고, 말, 소, 개, 노새까지 죄다 과학자가 될 것이다."(하디슨 1988 14쪽)

운송 속도의 변천 역시 기하급수적인 성장을 보여 주는데, 대부분의 변화가 인류 역사의 마지막 1퍼센트에 해당하는 시기에 일어났다. 프랑스의 역사학자 페르낭 브로델은 이렇게 말한다. "나폴레옹

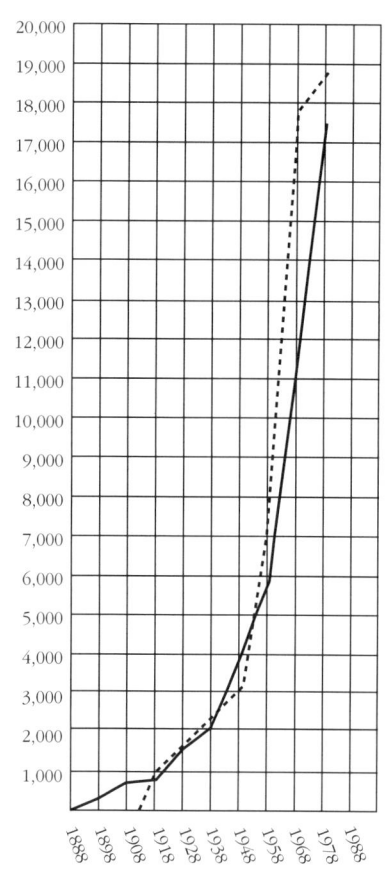

그림 2 미국 수학 학회 및 그 전신인 뉴욕 수학 학회(1888년 설립)의 회원 증가 곡선(실선). 그리고 미국 수학 협회(1915년 설립)의 회원 증가 곡선(점선). (미국 수학 협회 제공)

의 진군 속도는 율리우스 카이사르의 진군 속도보다 조금도 빠르지 않았다."(1981, 429쪽) 그러다가 20세기에 들어서 운송 속도는 다음의 목록이 보여 주는 것처럼 (비유적으로든 말 그대로의 의미든) 천문학적으로 증가했다.

연도	운송 수단	속도
1784	역마차	16km/h
1825	증기 기관차	21km/h
1870	자전거	27km/h
1880	증기 동력 열차	161km/h
1906	증기 동력 자동차	204km/h
1919	초창기 비행기	264km/h
1938	비행기	644km/h
1945	전투기	975km/h
1947	벨 X-1 로켓 비행기	1,238km/h
1960	로켓	6,437km/h
1985	우주 왕복선	28,968km/h
2000	TAU 깊은 우주(deep-space) 탐사선	362,102km/h

과학 연구에 기초한 기술 변화를 보여 주는 마지막 예를 보면 이런 사실을 완전히 납득하게 될 것이다. 다양한 형태의 시간 측정 장치—해시계, 회중시계, 괘종시계 등—의 정확도는 기하급수적으로 향상되어 왔다(그림 3).

만일 우리가 과학의 시대에 살고 있다면, 대체 왜 사이비 과학과

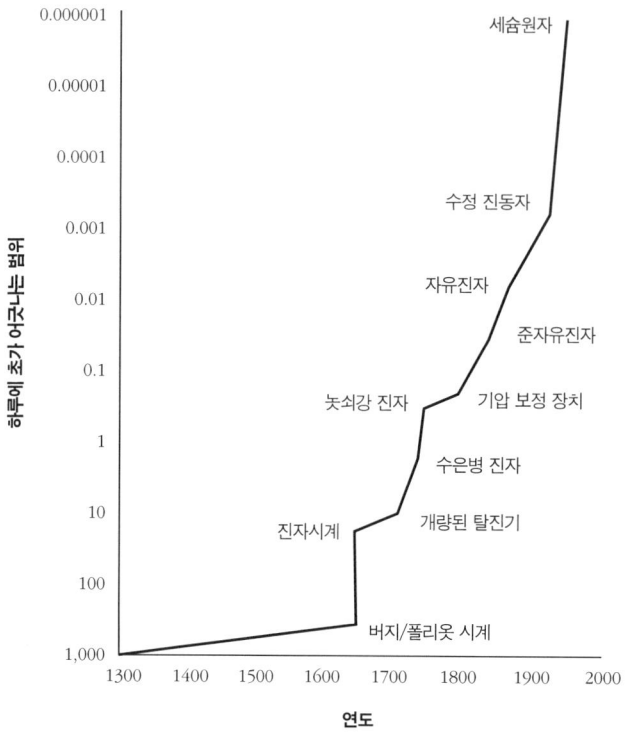

그림 3 1300년부터 현재까지의 시간 측정 장치의 정밀도

비과학적 믿음들이 이렇게 넘쳐나는 것일까? 종교, 신화, 미신, 신비주의, 컬트, 뉴에이지 사조, 갖가지 종류의 엉터리가 대중문화는 물론 고급문화 구석구석까지 파고들었다. 미국 성인 남녀 1,236명을 대상으로 초상현상에 대한 믿음의 실태를 조사한 1990년 여론 조사 결과는 기가 찰 정도이다.(갤럽 앤 뉴포트 1991, 137~146쪽)

점성술	52%
초감각 지각	46%
마녀	19%
외계인이 지구에 착륙했음	22%
잃어버린 대륙 아틀란티스	33%
공룡과 인류가 공존했음	41%
노아의 홍수	65%
죽은 자와의 의사소통	42%
유령	35%
실제로 심령현상을 겪은 적이 있음	67%

이것들 외에 아무런 과학적 증거가 없는 것들로는 다음과 같은 것이 있다. 수맥 찾기, 버뮤다 삼각해역, 폴터가이스트, 바이오리듬, 창조론, 공중부양, 염력, 초능력 탐정, UFO, 원격 투시, 킬리안 오라, 식물의 감정, 사후의 생, 괴물, 필적학筆跡學, 미확인 동물학, 투시, 영매, 피라미드의 힘, 신앙 치료, 빅풋Big Foot, 심령 탐광, 흉가, 영구 동력 기관, 반중력 장소, 그리고 놀랍게도 점성술에 의한 출산 조절도 있다. 이런 현상들에 대한 믿음은 광적인 비주류에 속하는 기벽을 가진 소수에게만 해당되는 것이 아니다. 이러한 믿음은 우리가 생각하는 것보다 훨씬 만연해 있으며, 중세 시대 이후 과학이 얼마나 발전해 왔는지를 생각해 보면 신기할 정도이다. 지금 사람들이라면, 과학 법칙들이 그릇되고 불완전하지 않고서야 유령이 존재할 수 없음을 알아야 되는 것이 아닐까?

퍼식의 역설

1974년에 로버트 퍼식이 그린 지적인 모험 이야기의 고전 『선禪과 오토바이 관리 기술』에는 아버지와 아들 사이에 오고간 무척 재미있는 대화가 하나 있다. 책 속에서 부자는 오토바이를 타고 미대륙 횡단 여행을 하는데, 늦은 밤에 부자 간에 의견을 나눌 때가 많았다. 아버지는 아들에게 자기는 유령을 믿지 않는다고 하며 다음과 같이 말한다. "왜냐하면 비과학적이기 때문이란다. 유령에게는 물질도 에너지도 전혀 없으며, 따라서 과학 법칙에 따르면, 사람들 마음속에서만 존재한단다. 물론 과학 법칙도 물질과 에너지를 전혀 갖고 있지 않기 때문에 사람들 마음속에만 존재하지. 유령이든 과학 법칙이든 있다고 믿지 않는 게 상책이야." 그러자 혼란스러워진 아들은 아버지가 허무주의에 빠진 것은 아닌가 하는 생각이 든다.(1974, 38~39쪽)

"그렇다면 아버지께선 유령이든 과학이든 믿지 않으신다는 말씀인가요?"
"아니, 유령이 있다고는 믿어."
"무슨 말씀이신지?"
"물리 법칙과 논리 법칙, 수 체계, 대수의 대입 원리. 이런 건 유령들이야. 우리가 단지 그것들이 있다고 철석같이 믿기 때문에 실재하는 것처럼 보일 뿐이지. 예를 들어 보자. 아이작 뉴턴 이전에도 중력 작용과 중력 법칙이 있었다고 가정하는 것이 지극히 자연스럽게 보이겠지. 만일 17세기 이전에는 중력이 없었다고 말한다면 미친 소리처럼 들릴 거야."
"물론이죠."

"그렇다면 지구가 탄생하기 이전에도, 인류가 출현하기 이전에도 중력 법칙은 존재했겠지. 독자적인 질량도 없고, 에너지도 없고, 그 누구의 마음에도 존재하지 않으면서 그냥 거기 있을 뿐이지."

"맞아요."

"그렇다면 어떤 것이 없으면서 있으려면 어떻게 해야 할까? 없으면서 있음을 아무리 시험하려 해도 아무것도 잡히지 않겠지. 중력 법칙이 갖고 있지 않았던 없음의 속성을 너는 단 하나도 생각할 수가 없단다. 또는 중력 법칙이 갖고 있었던 있음의 과학적 속성도 단 하나도 생각할 수 없지. 내가 예언컨대, 이 점을 충분히 오래 생각하다 보면 이런저런 생각이 들다가, 결국 아이작 뉴턴 이전에는 중력 법칙이 없었음을 깨닫게 될 거야. 그래서 중력 법칙은 사람 머릿속 외에 그 어디에도 존재하지 않는단다. 중력 법칙은 유령이야!"

나는 이것을 퍼식의 역설이라고 부른다. 지난 30년 동안 과학사학자들과 과학철학자들을 골치 아프게 했던 난제 중에는, 과학을 진보적이고 문화로부터 독립한 객관적인 진리 탐구로 보는 시각과, 과학을 비진보적이고 사회적으로 구성되었으며, 주관적으로 지식을 창출해 내는 것으로 보는 시각 사이의 긴장을 해결하는 문제가 있었다. 과학철학자들은 이 두 가지 시각에 각각 내재주의와 외재주의라는 딱지를 붙였다. 내재주의는 범위가 더 넓은 문화적 맥락과는 별개로 과학의 내적인 짜임에 초점을 맞춘다. 곧, 관념, 가설, 이론, 법칙의 발달과, 그것들 내부와 사이의 내적 논리에 집중한다. 내재주의적 관점을 처음으로 내세운 사람은 과학사라는 분야의 창시자 중 한 사람인 벨기에게 미국인 조지 사튼이었다. 사튼의 내재주의적 접근법은 다음과 같이 요약할 수 있다.

1. 과학사 연구는 오로지 현재의 과학 및 미래의 과학과의 관련성에 의해서만 정당화된다. 따라서 역사학자들은 과거의 과학이 어떻게 현재의 과학을 발달시켰는지 보기 위해 반드시 현재의 과학을 이해해야만 한다.
2. 과학은 "체계화된 긍정적 지식"이며 "긍정적 지식의 획득과 체계화가 인간의 유일한 활동이고, 이는 진정 누적적이고 진보적이다."(사튼 1936, 5쪽) 따라서 역사학자는 진보와 퇴행의 관점에서 각각의 역사적 단계들을 고려해야 한다.
3. 비록 과학이 문화 속에서 구현되기는 하지만, 어떤 식으로든 의미 있는 정도로 문화의 영향을 받지는 않는다. 그래서 역사학자는 과학 외적인 맥락을 고민할 필요가 없고, 과학의 내적 짜임에 집중해야 한다.
4. 긍정적이고 누적적이고 진보적이기 때문에, 과학은 인류 역사에 가장 중요한 기여를 한다. 따라서 역사학자가 가장 중요하게 연구할 만한 것이다. 그렇게 하는 것이 전쟁을 막고, 사람들 사이에, 문화들 사이에 다리를 놓는 데 도움이 될 것이다.

반면 외재주의는 종교, 정치, 경제, 이념 같은 보다 큰 문화적 맥락 속에 과학을 위치시키는 일에 몰두하며, 이것들이 과학적 관념, 가설, 이론, 법칙의 발달에 끼친 영향을 고려한다. 외재주의 전통의 시발점이 된 사람은 1962년 『과학 혁명의 구조』를 쓴 토머스 쿤이었다. 이 책에서 쿤은 '과학적 패러다임'과 '패러다임의 전환'이라는 개념을 도입했다. 내재주의 전통을 되돌아본 뒤, 쿤은 이렇게 결론을 내렸다. "과학사학자들은 자기네 전공 분야의 확립에 큰 역할을 한 고故 조지 사튼에게 막대한 빚을 지고 있다. 그러나 비록 오래전부터 거부되어 오긴 했지만, 사튼이 전파했던 과학사의 전공 이미지는 계속해서 큰 해를 끼치고 있다."(1977, 148쪽)

과학사학자인 리처드 올슨—전공을 물리학에서 과학사로 바꾼 사람이다—은 이 두 입장 사이에서 타협점을 찾아낸다. 올슨은 1991년의 책 『추앙받는 과학과 저항받는 과학』을 시작하면서 내재주의 입장을 간결하게 표현한 심리학자 스키너의 말을 인용한다. "이론의 대상에 변화를 주는 이론은 없다." 올슨은 계속해서 엄격한 내재주의를 거부하는 목소리를 낸다. "설사 이론의 대상이 무생물이라 해도 그런 진술이 참일 수 있는 방식으로 해석되기에는 심각한 문제가 있다. 그러나 인간을 비롯한 생명체에 적용했을 경우에 그 진술이 거짓임은 의심의 여지가 없다." 올슨은 과학을 문화의 산물이자 생산자로 보는 것이 보다 균형 잡힌 입장이라고 말한다. "여러 면에서 볼 때 과학이 보여 준 것은 낡은 신화를 대신해 보다 현대적인 신화를 세계 이해의 기초로 삼았다는 것뿐이다. 과학 이론 자체는 오로지 사회적 및 지적 풍토에서 산출되며, 그 영향에 종속된다. 곧, 과학 이론은 문화의 산물인 동시에 문화를 결정하는 인자이다."(3쪽) 이런 균형이 필요한 까닭은, 모든 지식이 사회적으로 구성되고 문화에서 나온 것이 아니라면 엄격한 내재주의가 불가능하며, 외재주의 입장이 스스로에게 종속되면 결국 무너질 수밖에 없기 때문이다. 모든 지식이 문화적으로 결정되며, 따라서 확실성이 없다는 믿음은 주로 불확실한 문화적 풍토의 산물이다.

극단적 외재주의(강한 상대주의로 부르기도 한다)는 옳을 수 없다. 그러나 올슨 세대의 역사학자들에게서 훈련받은 사람들은(올슨은 내 논문 지도 교수 중 한 사람이었다) 사회 현상과 문화 전통이 이론들에 영향을 끼치며, 이 이론들이 사실을 해석하는 방법을 결정하고, 다시 사실들이 이론들을 강화하며, 이런 식으로 계속 물고 물리다가, 결국 무슨 이유에선가 패러다임의 전환에 이르게 된다는 점을 모두 아주 잘 알고 있다. 그러나 만일 문화가 과학을 결정한다면—곧 유령과 자연 법칙들이 오로지 사람들 마음속에만 존재한다면—과학과 사이비 과학에 무슨 차이가 있을까? 유령과 과학 법칙 사이에는 아무 차이도 없는 걸까?

이런 물음의 고리에서 빠져나오려면, 과학의 특징을 살펴야 한다. 비록 문화의 영향을 받기는 하지만, 과학은 누적과 진보의 성격을 가진 것으로 생각할 수 있다. 다만 이 경우에 '누적'과 '진보'라는 말은 사사로운 판단을 벗어난 엄밀한 의미로 사용된다. 과학의 진보는 시간에 따른 지식 체계의 누적적인 증가이며, 그 과정을 거치면서 검증 가능한 지식을 반박하거나 확증하는 방법을 통해 쓸모 있는 특징들은 보존하고 쓸모 없는 특징들은 버린다. 이 정의에 따르면 과학(그 의미를 넓히면 기술까지)은 진보의 성격을 가진 유일한 문화적 전통이다. 여기서 진보적이라는 것은 도덕적 발달이나 단계적 상승을 의미하는 것이 아니라, 현실적으로 작용하고 있으며 그 범위가 한정적이라는 의미이다. 추앙을 받든 저항을 받든, 과학은 이렇게 누적된다는 의미에서 진보적이다. 이 점이 바로 다른 문화적 전통들, 특히 사이비 과학으로부터 과학을 다르게 해 주는 것이다.

이렇게 엄밀한 의미론적 맥락뿐만 아니라, 역사적 사례들을 살펴도 내재주의와 외재주의 문제에 관한 퍼식의 역설은 해결된다. 과학과 정치의 흥미로운 연관성을 그려 볼 수 있는 사례를 하나 들겠다. 정치 이론가들은 대부분 근대의 가장 중요한 정치서의 하나로 토머스 홉스의 『리바이어던』(1651)을 꼽는다. 그런데 홉스의 정치학이 당대의 과학적 관념 위에 서 있음을 깨닫는 이들은 많지 않다. 사실 홉스는 스스로를 사회학의 갈릴레오 갈릴레이와 윌리엄 하비로 여겼다. 『정체론』(1644)에 바친 홉스의 헌정 서한은 과학의 역사상 가장 무례한 성명의 하나일 것이다. "갈릴레이는······운동의 본성에 관한 지식인 보편적 자연철학의 문을 열어 준 최초의 인물이었다······. 자연과학에서 가장 유익한 분야인 인체 과학은 우리 나라 사람인 하비 박사가 뛰어난 총기를 발휘하여 처음으로 발견해 낸 것이다. 그러므로 자연철학은 아직 어리다. 그러나 시민 철학은 그보다 훨씬 더 어리다. 내가 쓴 『시민론』보다······결코 나이가 많지 않다."(1839~1845, 제1권, 서문 7~9쪽)

홉스가 과학적 사고를 처음 접했을 때 그의 나이는 마흔이었다. 우연히 친구 집에서 에우클레이데스의 『기하학 원본』을 읽은 홉스는 선행하는 정의들과 공준들을 검토한 뒤에야 비로소 이해할 수 있었던 어느 정리에 큰 인상을 받았다. 과학사에서 지극히 중요한 통찰이 이루어진 순간이었으며, 홉스는 기하학의 논리를 사회 이론에 적용하기 시작했다. 에우클레이데스가 제1원리에서 출발해 기하학을 구축했던 것처럼, 홉스도 같은 식으로 사회학을 구축하게 된다. 이때 출발점으로 삼은 제1원리는, 우주는 운동하는 물질적 질료로 구성되어 있다는 것이었다. 제2원리는, 모든 생물은 '생명 운동'에 의존한다는 것이었다. 홉스의 말을 빌리면, "동맥과 정맥 속을 쉬지 않고 순환하는 (이 모습을 처음 관찰했던 하비 박사의 수많은 확실한 기호와 표시들에서 볼 수 있듯이) 피의 운동"(1839~1845, 제4권, 407쪽)이다. 뇌는 감각을 통해 주변 대상들의 역학적 운동을 포착한다. 단순 관념들은 모두 이런 기초적인 감각 운동에서 나오기 때문에, 복합 관념은 단순 관념들의 결합으로부터 나올 수밖에 없다. 따라서 모든 생각은 기억이라고 부르는 뇌 속의 운동 형태이다. 그 운동이 잦아들면, 기억도 흐릿해진다.

인간 또한 운동 상태에 있다. 이때 운동을 이끌어가는 것은 생명 자체가 생명 운동을 유지하고자 하는 정념, 곧 욕구(쾌락)와 혐오(고통)이다. 쾌락을 얻고 고통을 피하려면 힘이 필요하다. 자연 상태에서 모든 사람들은 더 큰 쾌락을 얻기 위해 타인들에게 마음대로 힘을 행사한다. 홉스는 이를 일컬어 자연권이라고 부른다. 자연 상태에서 살아가는 각 개인들의 정념이 모두 똑같지는 않기 때문에, 결국 "만인의 만인에 대한 투쟁" 상태가 된다. 정치론에서 가장 유명한 것으로 꼽히는 문단에서, 홉스는 정부와 국가가 없는 삶을 다음과 같이 그린다. "그런 상태에서는 결실이 불확실하기 때문에 산업 활동이 들어설 자리가 없다……시대에 대한 이해도, 예술도, 문학도, 사고도 없을 것이다. 무엇보다도 나쁜 것은, 사람의 가혹한 생사에 대한 쉼 없는 두려움과 위험, 외로움, 가난함, 험난함, 잔인무도함, 그마저도 생이 짧다는 것이다."([1651] 1968, 76쪽) 홉스의 말에 따르면, 다행히도 인간에게는 이성이 있어서 자연권을 자연법에 순응하게끔 바꿀 수 있다. 그 자연법에서 사회 계약이 나온다. 계약에 따르면, 각 개인들은 (자기 방어권을 제외한) 모든 권리를 군주에게 넘겨줘야 한다. 성서에 나오는 괴물 리바이어던처럼, 군주를 책임지는 존재는 오로지 하느님뿐이다. 만인의 만인에 대한 투쟁과 비교할 때, 군주가 국가를 통치하는 것이 훨씬 우월하며, 큰 규모로 평화와 번영을 얻을 수 있는 이성적 사회의 기초를 형성한다.

홉스의 복잡한 이론 단계들을 지나치게 간단히 설명하긴 했지만, 여기서 요점은 홉스의 추론이 유클리드적이고 체계는 역학적이라는 것이다. 처음에는 형이상학적인 제1원리로 출발했으나, 마지막은 전체적인 사회 구조로 끝을 맺었다. 더군다나 수많은 정치 이론가들이 홉스를 근대의 가장 영향력 있는 사상가로 간주하는 만큼, 홉스가 과학과 정치를 연관시킨 것은 지금까지도 영향력을 발휘하고 있다. 과학과 문화는, 비록 과학자들이 둘 사이를 갈라놓으려고 애쓰고 있지만, 각기 따로 독립해 있는 것이 아니라 상호 작용하는 것이다.

근대 과학 창시자의 한 사람인 아이작 뉴턴은 대작 『자연철학의 수학적 원리』 3판(1726)에서 다음과 같이 주장했다. "지금까지도 나는 중력이 가진 속성들의 원인을 현상들 속에서 찾을 수 없었다. 그래서 나는 어떤 가설도 꾸미지 않았다. 형이상학적이든 물리학적이든, 초자연적 성질을 갖든 역학적 성질을 갖든, 실험 철학에서 가설이 설 자리는 없다."([1729] 1962, 제2권, 547쪽) 그러나 올슨은 뉴턴이 자주 가설들을 꾸몄음을 보여 주었다. 이를테면 "빛은 공 모양이며, 테니스공처럼 생겼다는 추측을 첫 번째 광학 논문에서 분명하게 제시했다."(1991, 98쪽) 올슨의 말에 따르면 뉴턴의 가장 큰 업적인 중력 법칙의 경우에도 뉴턴은 가설을 꾸며 냈다. "뉴턴이 마음속으로뿐만 아니라 글을 통해서도 중력의 원인을 심사숙고했음은 부인할 수 없는 사실이다. 심지어 대단한 확신을 실어 논하기도 했다. 18세기의 실험적 자연철학 연구에 관한 한, 뉴턴의 추측과 가설은……『자연철학의 수학적 원리』의 반가설적 전통보다 더 중요했다."(1991, 99쪽) 사실상 중력이 일으키는 '원격 작용'만큼 초자연적이고 형이상학적인 게 어디 있겠는가. 중력이란 무엇인가? 물체들이 서로를 끌어당기는 경향이다. 왜 물체들은 서로를 끌어당기는가? 중력 때문이다. 동어 반복하는 느낌도 들고, 유령에 가깝다는 느낌도 든다. 그런데 퍼식의 역설을 해결해 주는 것이 바로 이것이다.

　유령은 존재하는가? 과학 법칙들은 존재하는가? 유령과 과학 법칙 사이엔 아무런 차이도 없는가? 물론 차이가 있다. 대부분의 과학자들은 과학 법칙의 존재는 믿지만 유령의 존재는 믿지 않는다. 왜 그럴까? 왜냐하면 과학 법칙은 규칙적으로 반복되는 작용을 기술한 것이며, 반박이나 확증에 열려 있기 때문이다. 과학 법칙은 자연에서 일어나는 시험 가능한 작용을 기술한다. 기술記述이라는 것은 마음속에 있는 것이다. 반복되는 작용은 자연 속에 있는 것이다. 시험을 통해 그 작용이 법칙으로 확증되거나 반박된다. 예를 들어 중력 법칙은 물체들 사이에 반복적으로 나타나는 인력을 기술하며, 외부의 실재에 의거해 거듭 시험되어 왔다. 따라서 확증되어 온 것이다. 반면 유령들은 외부의 실재에 의거한 시험을 통해 성공적으로 확증된 적이 전혀 없다. (여기서 나는 렌즈 왜곡과 광수차로 설명되고 재현할 수 있는 얼룩이 찍힌 흐릿한 사진들은 셈에 넣지 않는다.) 중력 법칙은 사실적인 것으로 간주될 수 있다. 곧, 잠정적인 동의를 표하는 게 합리적이라 할 수 있을 만큼 확증되어 왔다는 뜻이다. 유령은 비사실적인 것으로 간주된다. 왜냐하면 어떤 정도로도 확증된 적이 없기 때문이다. 그렇다면 비록 뉴턴 이전에는 중력 법칙이 존재하지 않았지만, 중력은 존재했다. 유령은 유령을 믿는 자들이 기술한 것을 벗어나서는 결코 존재하지 않는다. 유령과 과학 법칙 사이의 이 차이가 바로 실질적으로 중요한 차이이다. 이렇게 해서 퍼식의 역설은 해결되었다. 곧, 모든 기술은 마음속에 있다. 그러나 과학 법칙은 반복적인 자연 현상들을 기술하는 반면, 사이비 과학의 주장들은 괴이한 것들을 그려 낸다.

사이비 과학과 사이비 역사 가려내기

그래서 유령 운운하는 것은 허튼소리이다. 사이비 과학 항목에 해당하는 다른 대부분의 주장도 마찬가지이다. 여기서 사이비 과학은 뒷받침하는 증거나 개연성이 없으면서도 과학인 양 제시되는 주장을 일컫는다. 외계 생명체 탐사(일명 'SETI'는 외계에서 오는 전파 신호를 찾아내는 계획이다)는 사이비 과학이 아니다. 비록 아직까지 외계 생명체가 있다는 증거가 나오지는 않았지만, 개연성이 있기 때문이다. 반면 외계인 납치 주장은 사이비 과학이다. 물리적인 증거가 없기 때문만은 아니다. 외계인들이 수천 명의 사람에게 광선을 쏘아 지구 상공을 선회하는 우주선으로 끌고 들어갔는데도, 그 우주선을 목격한 사람도 없고 실종 신고도 보고되지 않았다는 게 전혀 개연성이 없기 때문이다.

그렇다면 역사적 사건의 경우는 어떨까? 자연에서도, 실험실에서도 반복되지 않는데, 역사적 사건이 일어났다는 것을 어떻게 알 수 있을까? 13장과 14장에서 보게 되겠지만, 역사와 사이비 역사 사이에는 중요한 차이가 있다. 대부분의 사람들은 역사가 과학이 아니라고 말할 것이다. 그러면서도 홀로코스트 부정론자들과 극단적인 아프리카 중심주의자들이 하는 일이 역사학자들의 일과는 어딘가 다르다고 말할 것이다. 그 차이가 무엇일까? 1장에서 나는 관찰과 시험을 통한 외적 검증이 과학의 한 가지 핵심적인 특징임을 강조했다. 외계인 납치를 믿는 사람들은 자기들의 주장을 시험할 길이 전혀 없다고 말한다. 왜냐하면 어떤 면에서 보면 그 경험은 역사적인 사건이며, 따라서 우리가 직접 가서 관찰할 수 없기 때문이다. 더군다나 외계인 납치 경험 자체는 종종 '최면 퇴행'에 의해 재구성된 기억인데, 이것은 외적 검증을 하기가 훨씬 어렵다.

반면 역사적 사건들은 시험될 수 있다. 외적 검증이 가능하다는 얘기이다. 예를 들어 보자. 고전학자인 메리 레프코위츠는 아프리카 중심주의가 펼치는 주장에 진지하게 대응한 적이 있었다. 아프리카 중심주의는 서구의 문명, 철학, 과학, 예술, 문학 따위가 그리스와 로마에서 기원한 게 아니라 아프리카에서 기원했다고 주장한다. 레프코위츠가 쓴 책 『아프리카에서 오지 않았다』는 미국 전역에 큰 파문을 일으켰으며, 인종주의자라는 소리부터 정치적으로 부당하다는 소리까지 온갖 비난을 들었다. 레프코위츠가 그 책을 쓸 생각을 한 것은, 1993년 그녀가 강의하던 웰즐리 칼리지에서 극단적 아프리카 중심주의자로 유명한 요세프 벤요하난의 강연에 참석한 것이 계기가 되었다. 강연 중에 나온 터무니없는 얘기 중에는, 아리스토텔레스가 서구 철학의 토대가 된 생각들을, 아프리카 흑인들이 철학서들을 쌓아 둔 알렉산드리아 도서관에서 훔쳤다는 주장이 있었다. 묻고 답하는 시간에 레프코위츠는 벤요하난에게, 알렉산드리아 도서관이 지어진 때는 아리스토텔레스 사후였는데, 어떻게 그럴 수 있었느냐고 물었다. 이때의 반응들은 기가 막혔다.

벤요하난 박사는 그 질문에 대답하지 못했다. 대신 질의의 어조가 불쾌하다는 말을 꺼냈다. 강연이 끝난 뒤 학생 몇 명이 내게 다가와 나를 인종수의자라고 비난했다. 말인즉슨 내가 백인 역사학자들에게 세뇌를 당했다는 얘기였다…….
……그것만으로는 충분히 성이 차지 않았던 모양인지, 내 학과 동료들 사이에서도 이상한 침묵이 흘렀다. 벤요하난 박사가 한 말이 사실적으로 틀린 것임을 잘 알고 있는 사람도 몇 명 있었다. 그중 한 사람이 나중에 내게 말하길, 그 강연이 너무나 '구제불능'이라서 아예 아무 말도 안 하기로 마음먹었다는 것이었다……. 당시 칼리지 학장을 찾아가 고대사에 관한 일부 아프리카 중심주의 주장에는 사실적 증거가 전혀 없다고 설명하자, 그녀는 우리 각각은 서로 다르지만 동등하게 타당한 역사관을 갖고 있다고 대답했다…….

……어느 날 학과 회의에서 나는 아리스토텔레스가 이집트의 알렉산드리아 도서관에서 철학을 훔칠 수 없었다고 말했다. 그 도서관은 아리스토텔레스가 죽고 나서야 세워졌기 때문이다. 그러자 한 동료가 이렇게 대답했다. "누가 어디에서 무엇을 훔쳤는지는 상관 않는다."(1996, 2쪽, 3쪽, 4쪽)

문제는 바로 거기에 있다. 우리들은 각각 서로 다른 역사관을 가질 수는 있다. 그러나 그 역사관이 모두 똑같이 타당한 것은 아니다. 진정한 역사인 것도 있고, 사이비 역사인 것도 있다. 여기서 사이비 역사란 뒷받침하는 증거나 개연성이 없는데도 주로 정치적이거나 이념적 목적으로 제시되는 주장을 말한다.

다양한 문헌 자료들이 독립적으로, 아리스토텔레스의 생몰 연대(기원전 384년~기원전 322년)와 알렉산드리아 도서관이 등장한 가장 이른 시기(기원전 323년)를 입증해 준다. 알렉산드리아 도서관이 지어지기 전에 아리스토텔레스가 죽은 것은 사실이다. 만일 이 사실을 바꾸려면, 그 사실을 부정하고 날조하는 대대적인 캠페인을 벌여야 할 텐데, 극단적인 아프리카 중심주의자들이 하는 일이 바로 이것이다. 사람이 저지르지 못할 짓이 거의 없기도 하거니와, 이제까지의 역사적 추론이 잘못되었을 수도 있다. 그렇지만 레프코위츠가 지적한 것처럼, "그것을 뒷받침하는 실제 증거가 전혀 나올 수 없는데도, 음모론을 내세우는 주장을 신뢰해야 할 이유는 전혀 없다."(8쪽)

여기서 우리는 또 하나의 중요한 점을 보게 된다. 곧, 사이비 역사학자와 역사학자는 서로 다른 방식으로 청중을 다루며, 데이터를 사용하는 법도 서로 다르다는 것이다. 만일 벤요하난 박사가 주장하고 싶은 것이, 아리스토텔레스가 그리스와 아프리카에서 회자되는 어떤 생각들을 접했다거나 그 영향을 받았다는 것이라면, 그 이론을 뒷받침할 만한 증거가 있는지 검토하기만 하면 된다. 사실 레프코위츠가 한 일이 바로 그것이다. 그런데 벤요하난은 역사에 맛을 내는 것만큼 역사적인 사실에는 관심이 없고, 아프리카 중심주의의 교조를 고취시키는 것만큼 정식 역사 기술의 미묘한 차이들을 가르치는 데는 흥미가 없다. 그는 이념이 지식에 미치는 영향에 대해서는 타당한 관점을 취하지만, 역사적 사건에 관한 청중의 무지나 무관심 속을 휘젓고 다니며, 약간의 역사적 사실들을 첨가하고 과거사에 대한 괴상한 추리를 보태서 사이비 역사를 만들어 낸다.

역사학은 과거로부터 전해지는 다방면의 방대한 데이터에 뿌리를 두고 있는데, 이 데이터는 비록 재현 불가능하기는 해도, 특정 사건들의 조각을 맞추고, 일반적인 가설들을 확증하는 정보원으로서 타당한 것이다. 과거 사건들을 실제로 관찰할 수 없거나 통제된 실험을 수행할 수 없다고 해도, 고생물학이나 지질학 같은 건전한 과학에선 전혀 장애가 되지 않는다. 사정이 그런데, 하물며 인류의 역사를 다루는 건전한 학문의 경우라고 어찌 다를 수 있겠는가? 여기서 열쇠는 가설을 시험할 수 있느냐의 여부이다. 역사학자들은 과거로부터 전해 내려온 데이터를 기초로 시험적인 가설을 구축한 다음, 역사 자료에서 밝혀낸 '새로운' 데이터와 견주어 가설을 확인한다.

한 가지 예를 들어 보겠다. 한때 나는 몬태나 주 보즈맨의 로키 산맥 박물관 고생물학 분야 큐레이터인 잭 호너와 함께 공룡을 발굴할 기회가 있었다. 『공룡 발굴』에서 호너는 자신이 북아메리카에서 최초로 공룡알을 발굴했던 유명한 사례를 들어 발굴의 두 단계를 기술하면서 역사학의 과정을 되돌아보았다. 첫 단계는 "화석을 지면에서 떼어 내는 것이다. 둘째 단계는 화석을 들여다보고 조사해서, 우리가 관찰한 것을 기초로 가설을 세우고, 그것을 입증하려고 노력하는 것이다."(호너, 고먼 1988, 168쪽) 주변 암석에서 공룡 뼈를 떼어 내는 첫째 단계는 허리가 끊어질 정도로 고된 작업이다. 하지만 처음에 착암기와 손도끼를 들고 작업하다가 점차 치과 도구와 작은 붓으로 도구가 바뀌어 가면서, 달리 말해 뼈가 노출되는 속도에 비례해서, 역사적 해석 작업에 속도가 붙고, 발굴 열기도 더해 간다. 호너는 이렇게 설명했다. "고생물학은 실험 과학이 아니라, 역사학이다. 다시 말해서 고생물학자들이 실험실에서 자신의 가설을 시험해 보기가 힘들다는 얘기이지만, 그래도 우리들은 가설을 시험할 수 있다."(168쪽) 어떻게 가설을 시험할까?

   1981년, 호너는 몬태나 주에서 줄잡아 3천만 개의 마이아사우르 *Maiasaur* 뼈 화석 조각들이 묻힌 장소를 발견했다. 호너의 결론은 이랬다. "신중한 평가치에 따르면, 우리는 1만 마리의 공룡이 묻힌 무덤을 발견한 것이었다."(128쪽) 호너 연구팀은 3천만 개의 화석 조각들을 모두 발굴하는 대신, 화석이 노출된 일부 구역만 선택 발굴해서 가로 약 2킬로미터 세로 0.4킬로미터의 층에 묻힌 뼛조각의 수를 추정했다. 가설 작업은 다음과 같은 물음으로 출발했다. "그 퇴적층이 무엇을 의미할 수 있을까?"(129쪽) 포식자가 뼈를 씹은 흔적은 전혀 없었지만, 길게 세로로 쪼개져 반토막이 난 것들이 많이 있었다. 게

다가 뼈들은 모두 동쪽에서 서쪽으로 배열되어 있었다. 뼈 퇴적층이 길게 형성되어 있었다는 얘기이다. 작은 뼈들은 큰 뼈들과 떨어져 있었고, 갓난 마이아사우르의 뼈는 전혀 없었다. 몸길이가 약 2.7미터에서 7미터 사이의 마이아사우르뿐이었다. 그 사실은 답보다는 물음을 더 안겨 주었다. 뼈가 세로로 길게 쪼개진 원인이 무엇일까? 작은 뼈들이 큰 뼈들에서 떨어져 나간 이유는 무엇일까? 거대한 마이아사우르 떼였을까? 모두 동시에 죽었을까? 여러 해에 걸쳐 죽어 나갔던 것일까?

초기 가설은 마이아사우르 떼가 산채로 진흙에 묻혔다는 것이었는데, 결국 거부되었다. "제아무리 센 진흙의 흐름이 있었다고 해도 뼈를 세로로 쪼갤 수 있다고는 생각하기 어렵다…… 게다가 살아 있는 동물 떼가 진흙에 묻힌 뒤 골격들이 모두 해체되었다는 것도 말이 안 된다." 가설 연역법을 적용해서 호너는 다음과 같은 두 번째 가설을 세웠나. "사선은 이중으로 일어났어야 했다. 한번은 공룡들이 죽어갔고, 또 한번은 뼈들이 쓸려간 것으로 보인다." 화석층 위에 45센티미터 두께의 화산재 층이 있었기 때문에, 공룡의 죽음과 화산 활동을 관련짓게 되었다. 여기서 뼈 화석들은 세로 방향으로만 쪼개졌기 때문에, 죽음을 초래한 사건이 일어나고 한참 뒤에 뼈에 손상이 있었음을 연역했다. 아마 화산 활동 때문이었을 것이다. 무엇보다 화산 활동은 "백악기 후기 로키 산맥에서는 흔하디흔한 일"이었기 때문이다.

결론은 다음과 같다. "마이아사우르 떼는 화산 활동으로 방출된 기체, 연기, 재 때문에 죽었다. 만일 거대한 화산 폭발로 한순간에 마이아사우르 떼가 모두 죽었다면, 주변의 다른 생물도 모두 죽었을 것이다." 청소부 동물이나 포식 동물도 죽었을 거라는 뜻이다. 그다음에는 아마 호수가 터지면서 홍수가 일어났을 것이다. 부패 중인 주검들은 홍수 때문에 하류로 밀려갔고, 그 과정에서 큰 뼈들과 작은 뼈들(가벼운 뼈들)이 서로 분리되며 균일한 방향성을 띠게 되었을 것이다. "마침내 홍수의 흐름이 멈추자, 가벼운 화산재는 현탁액 수면으로 떠올랐을 것이고, 뼈는 바닥으로 가라앉았을 것이다." 갓난 마이아사우르가 없는 문제는 어떻게 설명할 수 있을까? "아마 화산이 폭발하던 그해에 새끼들이 아직 알 속이나 둥지에 있었거나, 아직 둥지를 틀기 전이었을 것이다." 그러나 그 이전 번식기 때 태어난 어린 마이아사우르도 없다는 것은 어떻게 설명할 수 있을까? 호너는 이렇게 인정한다. "이 공룡들이 해마다 번식했는지 확실하게 아는 사람은 아무도 없다."(129~133쪽).

화석을 암석에서 떼어 내는 발굴 첫 단계에서도 가설 연역법은 계속해서 적용된다. 호너의 발굴 캠프에 도착했을 때, 나는 전액 후원을 받는 발굴 책임자가 이리저리 뛰어다니며 사람들에게 큰 소리로 지시를 내리는 분주한 모습을 기대했었다. 그런데 1억 4천만 년 전 아파토사우루스*Apatosaurus*의 경부 척추골 하나를 앞에 놓고 다리를 꼬고 앉아 고심하는 끈기 있는 역사학자의 모습을 보게 되자 깜짝 놀랐다. 조금 있다가 지역 신문사의 기자 하나가 찾아왔다(아무도 주목하지 않는 걸로 봐서 흔한 일인 것 같았다). 기자는 공룡의 역사에서 이 발견이 의미하는 바가 무엇인지 호너에게 물었다. 이 발견으로 호너 선생님의 이론이 바뀌었습니까? 머리는 어디에 있습니까? 이 유적지에 여러 마리가 묻혀 있습니까? 호너의 대답은 신중한 과학자의 대답과 조금도 다르지 않았다. "아직 모르겠습니다." "글쎄요." "증거가 더 필요합니다." "기다려 볼 수밖에 없군요."

역사학이 보여 주는 최선의 모습이 바로 이런 것이다. 꼬박 이틀을 일했지만 내가 파낸 거라곤 딱딱한 암석밖에 없었다. 돌과 뼈를 구분하는 데 서툴렀던 탓에 파낸 것이 돌인 줄 알고 무심히 내던지려 했다. 그러던 찰나, 한 표본 제작자가 갈비뼈의 일부로 보이는 뼛조각이라고 지적했다. 만일 그것이 갈비뼈라면, 암석을 더 깎아나가면 모양이 드러나야 할 것이었다. 30센티미터 정도 깎아나가자, 갑자기 모양이 오른쪽으로 확 벌어졌다. 갈비뼈일까, 다른 뼈일까? 잭이 와서 살펴보며 골반의 일부일 수 있겠다고 추정했다. 만일 그 뼈가 골반의 일부라면, 암석을 더 벗겨 내면 왼쪽으로도 벌어져야 했다. 아니나다를까, 작업을 계속하자 잭의 예측이 맞았음을 알 수 있었다. 매일매일 그런 식으로 흘러갔다. 발굴 작업 전체는 그런 가설 연역적 추론에 의지힌다. 초기 증기에 기초한 예측이 나중의 증거에 의해 김증되거나 부정될 때, 어떤 의미에서 역사학은 실험 과학이 된다. 뼈가 되었든 문서가 되었든, 역사를 발굴하는 일은 역사학자가 가설을 세우고 시험하는 실험 과정이다.

물론 고생물학의 증거와 역사학의 증거 사이에는 차이가 있다. 고생물학적 증거는 대부분 1차 증거이다. 곧, 순전히 물리적이고 자연적인 증거, 자연 법칙들이 현재와 과거에 어떻게 적용되는지 외삽해서 해석한 증거이다. 반면 역사학적 증거는 보통 2차 증거이다. 곧, 증거를 첨가하고, 삭제하고, 바꾸는 고도로 선택적인 사람들에 의해 쓰인 문헌 자료들이다. 역사학자들은 이제까지 역사학적 증거를 고고학이나 고생물학적 증거와 달리 취급하는 법을 익혀 왔다. 따라서 역사학적 증거상의 공백들은, 사람들이 주로 당시 관심 있는 것, 중요하다고 생각한 것들을 쓴다는 사실과 어느 정도 관련이 있음을 인정한다. 역사와는 달리 자연은 사회적으로 주변적인 것이라고 해서 기록을 삭제하거나 하지는 않는다. 그렇지만 1996년에 과학사학자 프랭크 설로웨이는 논쟁적인 책 『타고난 반항아』에서 역사학의 가설들이 시험될 수 있음을 보여 주었다(16장에서 설로웨이의 모델을 논의했다). 예를 들어 지난 수백 년 동안 역사학자들은 사회 계급과 계급 간의 갈등이 정치든 과학이든 혁명의 배후에 깔린 원동력이라는 가설을 세워 왔다. 설로웨이는 수십 번의 혁명에 연루된 수천 명의 사회 계급을 개인별로 코드화한 다음, 정말로 혁명 세력의 양편에 사회 계급상의 중요한 차이가 있는지 확인하기 위해 통계 분석을 써서 마르크스적 가설들을 시험해 보았다. 결과는 부정적이었다. 마르크스가 틀렸음을 입증하는 데는 과학 훈련을 받은 역사학자 한 사람이 단순한 역사학 실험을 수행해서 이러한 사실을 발견하는 것으로 족했다.

누적과 진보

과학과 사이비 과학, 역사와 사이비 역사는 비단 증거와 개연성 여부뿐만 아니라 변화의 방식에서도 서로 다르다. 과학과 역사는 새로운 관찰과 해석을 토대로 세계와 과거에 대한 지식을 끊임없이 개선하고 다듬는다는 점에서 누적과 진보의 성격을 가진다. 사이비 역사와 사이비 과학은 설령 변화가 있다 하더라도 주로 개인적이거나 정치적, 또는 이념적 이유 때문에 일어난다. 그렇다면 과학과 역사에서는 변화가 어떤 식으로 일어날까?

과학의 변화 방식을 다루는 가장 유용한 이론 중의 하나는 토머스 쿤(1962)의 '패러다임 전환' 개념이다. 패러다임이란 한 시대의 '정상과학'―해당 분야의 현역 과학자들 대다수가 인정하는 과학―을 정의하는 개념이고, 전환(또는 혁명)은 충분한 수의 변절자나 이단 과학자들이 현존하는 패러다임을 뒤엎을 만한 충분한 증거와 힘을 얻었을 때 일어날 수 있다. '힘'은 과학의 사회적 및 정치적 측면에서 가시화된다. 이를테면 주요 대학들의 연구 및 교수직, 투자 기관들의 내부 세력, 학술지와 학술 회의 통제, 일류 저서의 출간 등을 들 수 있다. 나는 패러다임을, 과거나 현재에 관찰되거나 추론된 현상들을 기술하고 해석하기 위해 고안된 것으로, 과학 공동체 구성원의 전부는 아니지만 대부분이 공유하며, 반박이나 확증의 여지에 열려 있는 시험 가능한 지식 체계를 형성하는 것을 목적으로 하는 모델이라고 정의한다. 달리 말하면, 패러다임은 다수의 과학자들이 가진 과학적 사고를 표현하는 개념이지만, 대부분의 시간 동안 그 패러다임은 서로 경쟁하는 다른 패러다임들과 공존한다. 이 경쟁하는 패러다임들은 새로운 패러다임이 낡은 패러다임을 대신하게 될 때 필요하다.

과학철학자 마이클 루스는 『다윈주의의 패러다임』(1989)에서 패러다임의 최소한 네 가지 쓰임을 밝힌다.

1 사회학적 패러다임 "서로 같은 견해를 공유한다고 (정말로 그러한지의 여부와는 상관없이) 느끼고, 자신들을 다른 과학자들과 구분하는 과학자들이 모인 집단"(124~125쪽)에 초점을 맞춘 패러다임이다. 사회학적 패러다임에 따르는 훌륭한 예가 바로 심리학의 프로이트 정신분석학자들이다.

2 심리학적 패러다임 패러다임 내의 개인들은 패러다임 밖의 사람들과 말 그대로 다른 눈으로 세계를 본다. 지각 실험을 하면 꼭 등장하는 것이 반전 그림이다. 이를테면 늙은 여자/젊은 여자 그림처럼, 한 그림에 두 모습이 서로 전환되는 것처럼 보이는 그림을 말한다. 반전 그림에서는 하나를 지각하면 다른 하나는 지각하지 못한다. 늙은 여자/젊은 여자 반전 그림을 통한 지각 실험에서, 피험자들에게 강한 '젊은 여자' 이미지를 제시하면 주어진 시간 내내 '젊은 여자' 그림으로 보고, 강한 '늙은 여자' 이미지를 제시하면 주어진 시간의 95퍼센트 시간 동안 '늙은 여자' 그림으로 본다.(리퍼 1935)

이와 비슷하게, 인간의 공격성에 대해서도 주로 생물학적으로 내재된 본질로 보는 연구자들이 있는 반면, 주로 문화적으로 유도된 비본질적인 것으로 보는 연구자들도 있다. 둘 가운데 어느 한쪽을 증명하는 연구에 초점을 맞추는 연구자들은 심리학적 패러다임에 이끌리는 것이다. 곧, 두 관점 모두 뒷받침하는 증거가 있지만, 어느 쪽을 더 믿기로 선택하느냐는 심리적 인자의 영향을 받는다는 얘기이다.

3 인식론적 패러다임 "과학하는 방식은 패러다임과 뗄 수 없다." 왜

냐하면 연구 기법, 문제, 해법은 모두 가설, 이론, 모델에 의해 결정되기 때문이다. 골상학 이론 덕분에 두개골의 융기를 측정하는 골상학 장비가 개발되는 것이 인식론적 패러다임에 이끌린 과학의 한 사례일 것이다.

4 존재론적 패러다임 가장 깊은 의미에서 보았을 때, "무엇이 존재하느냐는 당신이 어떤 패러다임을 갖고 있느냐에 결정적으로 의존한다. 프리스틀리에게는 말 그대로 산소 같은 것은 존재하지 않았다…… 라부아지에의 경우, 그 자신이 산소의 존재를 믿었을 뿐 아니라, 산소 역시 실제로 존재했다."(125~126쪽) 마찬가지로 조르주 뷔퐁과 찰스 라이엘에게 개체군 내의 변종은 처음에 창조된 원종에서 퇴화된 것에 불과했다. 따라서 종의 본질을 보전하기 위해 자연이 변종을 제거했다. 반면 찰스 다윈과 앨프레드 러셀 월리스에게 변종은 진화적 변화에서 열쇠가 되었다. 각가의 관점은 각기 다른 존재론적 패러다임에 의존하고 있다. 뷔퐁과 라이엘이 변종을 진화의 엔진으로 볼 수 없었던 까닭은 그들에게 진화는 존재하지 않는 것이었기 때문이다. 반면 다윈과 월리스가 변종을 퇴화된 것으로 보지 않았던 까닭은 퇴화는 진화와 무관했기 때문이다.

나의 패러다임 정의는 사회학적, 심리학적, 인식론적 쓰임에는 해당된다. 그러나 패러다임이라는 말을 완전히 존재론적으로 쓰게 되면, 모든 패러다임들은 서로 동등하게 좋은 패러다임이라는 의미가 되어 버린다. 왜냐하면 패러다임을 확증하거나 반증할 외적인 근원이 없기 때문이다. 찻잎 읽기와 경제 전망, 양의 간과 기상도, 점성술과 천문학, 존재론적 패러다임에서 보면 양쪽 모두가 동등하게 실재를 규정하게 된다. 틀린 패러다임은 있을 수 없다. 터무니없는 결과이다. 경제학자와 기상학자들이 미래를 예측하는 것이 어렵긴 하지만, 찻잎 읽기나 양의 간을 읽는 점쟁이들보다는 훨씬 잘 해낸다. 점성술사는 별의 내부 작용을 설명하지도, 은하계들이 서로 충돌한 결과를 예측하지도, 목성 탐사 우주선의 항로를 계획하지도 못한다. 천문학자는 할 수 있다. 그 까닭은 간단하다. 자연 자체의 변화무쌍한 참모습과 견주어 끊임없이 다듬어지는 과학적 패러다임 안에서 기능하기 때문이다.

과학이 진보적인 까닭은 과학적 패러다임이 실험, 확증, 반증을 통한 지식의 누적에 의존하기 때문이다. 사이비 과학, 비과학, 미신, 신화, 종교, 예술이 진보적이지 않은 까닭은 과거를 토대로 지식의 축적을 허용하는 목표나 메커니즘을 갖고 있지 않기 때문이다. 그 패러다임들은 전환되지도 않고, 다른 패러다임들과 공존하지도 않는다. 누적의 의미를 가진 진보는 그것들의 목적이 아니다. 이런 말이 비판은 아니다. 그냥 관찰에 의한 결과일 뿐이다. 예술가들은 선배들의 양식을 개선하지 않고 새로운 양식을 만들어 낸다. 사제, 랍비, 목사 역시 스승들의 말씀을 개선하려 하지 않는다. 그들은 그냥 스승들의 말씀을 되풀이하고, 해석하고, 가르친다. 사이비 과학자들은 선배들의 잘못을 고치지 않는다. 그냥 그 잘못을 계속할 따름이다.

그렇다면 내가 말한 누적적 변화라는 것은, 패러다임이 전환될 때 과학자들이 전체 과학을 포기하지 않는다는 뜻을 담고 있다. 기존 패러다임에서 유용한 것으로 남은 것은 새로운 특징들이 첨가되고 새로운 해석들이 주어지면서 그대로 보존된다. 알베르트 아인슈타인은 자신이 물리학과 우주론에 기여한 바를 회고하는 자리에서 이 점을 강조했다. "새로운 이론을 만드는 것은 낡은 헛간을 헐고 그 자리에 고층 건물을 세우는 것과는 다르다. 그보다는 산을 오르는 것과 같다. 산을 오르면서 새롭고 넓은 시야를 얻게 되면, 처음에 출발했던 지점과 그 주변의 각양각색의 풍경 사이에 미처 생각하지 못했던 연관성이 있음을 발견하게 된다. 그래도 처음에 우리가 출발했던 지점은 여전히 존재하며, 시야에서 사라지지도 않는다. 비록 그 모습이 점점 작아지고, 장애를 극복하며 정상을 향하는 길에 얻은 넓은 시야에서 미미한 부분만을 차지할 뿐일지라도."(위버 1987, 133쪽) 비록 다윈이 특수창조의 자리에 자연선택에 의한 진화를 놓긴 했지만, 새로운 이론에서도 린네의 분류법, 기술 지질학, 비교 해부학 등 기존 것들의 상당수는 그대로 보존되었다. 다민 이 다양한 분야들이 역사 속에서 진화론을 통해 서로 연관되는 방식은 바뀌었다. 다시 말해서 누적에 의한 지식의 증가와 패러다임의 변화가 있었던 것이다. 이것이 바로 과학적 진보이다. 과학적 진보란 시간에 따른 지식 체계의 누적적인 증가이며, 그 과정을 거치면서 시험 가능한 지식을 반박하거나 확증하는 방법을 통해 쓸모 있는 특징들은 보존하고 쓸모 없는 특징들은 버린다.

인간이 가진 가장 소중한 도구

비록 내가 과학을 진보적이라고 정의하긴 했지만, 나는 과학적 방법을 써서 밝힌 지식이 절대적으로 확실한지는 알 수 없음을 인정한다. 왜냐하면 외부에서 참모습을 바라볼 수 있는 자리가 우리에게는 전혀 없기 때문이다(달리 말해, 아르키메데스의 점이 없기 때문이다). 한편 과학이 해당 문화의 영향을 크게 받으며, 과학자들 모두 자연을 사고하는 어떤 공통된 편향성을 공유할 것임에는 의심의 여지가 없다. 그렇다고 해서 누적의 의미에서 진보한다는 과학의 본성이 변하는 것은 결코 아니다.

이 점과 관련하여 철학자 시드니 후크는 예술과 과학을 다음과 같이 흥미롭게 비교한다. "라파엘이 없는 라파엘의 시스티나 성당의 성모, 베토벤이 없는 베토벤의 소나타와 교향곡은 생각조차 할 수 없다. 반면 과학에서 이룬 업적의 대부분은 해당 과학자가 아니더라도 아마 그 분야에서 활동하는 다른 사람들이 이루었을 것이다."(1943, 35쪽) 진보를 주요 목표의 하나로 삼는 과학은, 비록 이해에 도달하는 일이 드물기는 하지만 객관적인 방법들을 통한 이해를 꾀하기 때문이다. 예술은 주관적 수단을 통해 감정과 반성을 불러일으키려고 한다. 시도가 주관적일수록 점점 개인적이 되며, 따라서 불가능하지는 않다 하더라도, 누군가 다른 사람이 대신해서 결과를 내놓기가 어렵다. 그러나 시도가 점점 객관적이 될수록, 누군가 다른 사람이 그 업적을 재현할 가능성이 더 커진다. 과학은 사실상 검증을 위한 재현에 의존한다. 다윈이 아니었더라도 다른 과학자에게 자연선택 이론이 떠올랐을 것이다(사실 앨프레드 러셀 월리스가 다윈과 동시에 자연선택 이론을 생각해 냈다). 왜냐하면 과학적 과정은 경험적으로 검증 가능하기 때문이다.

서구 산업 사회에서 과학과 기술의 진보를 강조하는 것은 서구 문화에 깊은 영향을 끼쳤다. 문화가 과학기술의 발달을 고무시킨다는 의미에서 지금은 아예 문화를 진보적이라고 정의할 정도이다. 과학에서는 과학자들의 공동체가 시험 가능한 지식을 확증하거나 반박함으로써 유용한 특징들은 보존하고 무용한 특징들은 버린다. 이런 식으로 과학적 방법은 진보적인 성격을 갖도록 구성된다. 기술에서는 기술을 소비하는 대중에 의해 거부되거나 인정받음으로써 유용한 특징들은 보존되고 무용한 특징들은 포기된다. 기술 역시 진보적인 성격을 갖도록 구성된다. 예술, 신화, 종교 같은 문화적 전통들은 나름의 공동체 안에서나 대중에 의해 인정받거나 거부된다는 점에서 과학과 기술에서 발견되는 일부 특징들을 보일 수는 있지만, 과거를 토대로 하여 누적적인 성장을 주요 목표로 하는 문화적 전통은 없다. 그런데 서구 산업 사회에서 문화는 새로운 모습을 띠게 되었다. 그 제일 목표는 문화적 전통과 산물의 축적이 되었으며, 문화적 전통과 산물은 과학과 기술의 진보를 돕는 데 필요한 것으로서 이용되거나, 이용되지 않거나, 문화 원래의 자리로 돌아간다. 그러나 그 어떤 절대적 의미에서도, 우리는 행복을 진보와, 또는 진보를 행복과 같게 볼 수 없다. 하지만 다양한 지식과 그 산물에서 행복을 느끼고, 새로움과 변화를 소중히 여기고, 서구 산업 사회가 설정한 생활 기준을 존중하는 사람이라면, 과학과 기술의 진보를 동력으로 하는 문화 역시 진보적인 것으로 보게 될 것이다.

최근에 '진보'라는 말은 상대를 깔보는 의미도 담게 되었다. 여기에는 '아직까지 진보하지 못한' 사람, 말하자면 서구 산업 사회에 의해 정의된 삶의 가치와 기준을 채택하지 않은 자들에 대한 우월감이 담겨 있다. 과학기술의 발달을 조장할 능력이나 의지가 없는 자들이라면서 말이다. 나는 여기서 이렇게 상대를 깔보는 의미로 '진보'라는 말을 사용하지 않는다. 과학기술을 추구하느냐의 여부에 따라 한 문화가 다른 문화보다 더 낫다든가, 한 생활 방식이 다른 생활 방식보다 더 도덕적이라든가, 어떤 사람이 다른 사람보다 더 행복한 것은 아니다. 과학기술에는 많은 한계가 있으며, 양날을 가진 검과 같다. 현대 세계를 이룬 것이 과학이긴 하지만, 그 세계를 파괴할 수 있는 것도 과학이다.

물리과학에서 이룬 발전은 플라스틱과 플라스틱 폭탄, 자동차와 탱크, 초음속 항공기와 B-1 폭격기를 함께 안겨 주었다. 사람을 달로 데려가기도 했지만, 지하 격납고에 미사일을 들여놓기도 했다. 과학기술 덕분에 더 빨리 더 멀리 여행할 수 있게 되었지만, 우리가 가진 파괴적 요인들의 속도와 범위도 커졌다. 의술이 발전하면서 우리는 불과 150년 전의 선조들보다 두 배나 오래 살게 되었지만, 그 결과 적절한 해법을 찾지 못하면 파국이 될 수 있는 인구 과잉 문제가 주어졌다. 인류학과 우주론에서 이룬 발견들 덕분에 우리는 종의 기원과 우주의 작용에 대한 통찰을 얻을 수 있었지만, 이런 통찰과 관련 이념이 개인적인 믿음과 종교적인 믿음을 모욕하며, 안온한 현재 상태를 도발적으로 위협한다고 여기는 사람들이 많다. 과학기술의 진보는 인류 역사상 최초로 우리 종을 멸종시킬 수 있는 수많은 방법을 안겨 주었다. 이는 좋은 것도, 나쁜 것도 아니다. 다만 누적되는 지식 체계가 낳은 결과일 뿐이다. 비록 흠이 있기는 하지만, 과학이 해 주었으면 하고 바라는 것을 이루기 위한 방법으로 현재 우리가 가진 것 중에서 최선의 방법이 바로 과학이다. 아인슈타인은 이렇게 말했다. "오랜 세월 살아 오면서 내가 배운 게 하나 있다. 참모습에 비추어 보았을 때, 우리의 과학은 모두 원시적이고 유치하다. 그러나 이는 우리가 가진 것 중에서 가장 소중하다."

CHAPTER
3

이상한 것들을 믿게 만드는
스물다섯 가지 사고의 오류

    1994년, NBC는 〈저편 세계〉라는 뉴에이지 프로그램을 방영하기 시작했다. 초상적인 주장들, 다양한 신비와 기적들, 가지각색의 '이상한' 것들을 탐구하는 프로그램이었다. 나는 들러리 회의주의자로 수도 없이 거기에 출연했다. 말하자면 나는 〈저편 세계〉의 '저편에' 있는 사람이었다. 대부분의 '균형 잡힌' 토크 쇼에는 여섯 명에서 열두 명의 믿는 자들이 있고, 이성의 목소리, 또는 반론의 목소리를 내는 회의주의자가 혼자 외롭게 출연한다. 비록 책임 프로듀서를 비롯해서 상당수의 프로듀서, 쇼 진행자까지도 자기네가 다루는 믿음들에 회의적인 입장을 취했지만, 〈저편 세계〉 역시 보통의 토크 쇼와 전혀 다를 바가 없었다. 한번은 늑대 인간을 다룬 편에 출연했었다. 그 프로그램을 위해 늑대 인간들이 영국 잉글랜드에서 한 사람을 보내 주었다고 했다. 덥수룩한 구레나룻과 상당히 뾰족한 귀를 가진 그 사람의 모습은 정말이지 늑대 인간 영화들에 나오는 모습과 닮은 구석이 있었다. 그런데 그 사람에게 얘기를 건네면서 살펴보니, 자기가 늑대 인간으로 변신한 것을 전혀 기억하지 못했다. 최면 상태에서 그 경험을 되살린 것이다. 내 생각에는 최면술사가 주입했거나 공상으로 꾸며 낸 거짓 기억을 보여 주는 사례에 속했다.

나는 점성술 편에도 출연했다. 프로듀서는 진지한 프로 점성술사를 인도에서 데려왔는데, 그 사람은 표와 지도를 보이며 온통 낯선 용어들로 점성술의 원리를 설명했다. 그러나 그가 너무 진지한 태도로 임했던 탓에, 마지막에는 영화 스타들의 삶에 관해 별의별 예언을 했던 할리우드 점성술사를 출연시켰다. 그 사람도 관객을 상대로 약간의 리딩을 했다. 한 젊은 아가씨에게는 남자들과 장기간 사귀는 데 문제가 있다고 말했다. 쉬는 시간이 되자, 그녀가 내게 와서, 자기는 열네 살이며, 고등학교 급우들과 텔레비전 프로그램이 제작되는 현장을 견학하러 왔다고 말해 주었다.

내가 볼 때 기적, 괴물, 신비를 믿는 사람들 중 대부분은 사기꾼이나 협잡꾼, 광신자가 아니다. 대부분 정상적인 사람들이며, 어떤 식으론가 제대로 된 사고를 하지 못하게 된 사람들이다. 4장, 5장, 6장에서 나는 심령의 힘, 변성된 의식 상태, 외계인 납치에 대해 상세히 다룰 생각이지만, 그 전에 누구든지 이상한 것들을 믿게 만들 수 있는 스물다섯 가지 사고의 오류를 살펴보면서 1부를 마무리하고 싶다. 나는 스물다섯 가지 오류를 네 가지 범주로 묶었고, 범주마다 특정 오류와 문제점들을 열거했다. 그러나 올바른 사고의 가능성도 인정하기 때문에, 내가 흄의 공리라고 부르는 것으로 시작해서 스피노자의 언명이라고 부르는 것으로 끝을 맺을 생각이다.

흄의 공리

회의주의자들은 영국 스코틀랜드의 철학자 데이비드 흄(1711~1776년)에게 큰 신세를 지고 있다. 흄의 『인간 오성에 관한 연구』는 회의적 분석의 고전이다. 이 연구물은 1739년 『인간 본성론』이라는 제목을 달고 익명으로 처음 출간되었는데, 흄의 말에 따르면 그 책은 "인쇄기에서부터 사산되어 나온 책이었다. 크게 대우를 받기는커녕 광신자들의 투덜거림도 불러일으키지 못했다." 글 쓰는 투에 문제가 있다고 생각한 흄은 원고를 다시 손질해서 『인간 본성론 초록』이란 제목으로 1740년에 출간했고, 그 뒤에 『인간 오성에 관한 철학적 시론』으로 제목을 바꿔서 1748년에 다시 출간했다. 그런데도 여전히 아무런 인정을 받지 못하다가 1758년에 『인간 오성에 관한 연구』라는 제목으로 최종판을 내놓았고, 그 책이 오늘날 흄의 가장 위대한 철학서로 간주되고 있다.

흄은 '선행적 회의주의'와 '결론적 회의주의'를 구분했다. 선행적 회의주의는 '선행적先行的으로' 오류 불가능한 믿음의 규준이 없는 것은 무엇이든 의심한다는 르네 데카르트의 방법 같은 회의주의를 말하고, 결론적 회의주의는 우리의 오류 가능한 감각이 산출한 '결론'을 인식하고 이성을 통해 바로잡을 수 있다는 회의주의로, 흄이 수용했던 방법이다. "현명한 사람은 자신의 믿음을 증거와 조화시킬 줄 안다." 회의주의의 좌우명으로 이보다 좋은 말은 없을 것이다.

회의주의를 구분한 것보다 훨씬 중요한 것은, 진위를 달리 입증할 방도가 없는 신비주장을 간단명료하게 분석한 것이다. 초자연적이거나 초상적인 주장을 하는 사람을 만나 자연적인 설명을 당장에 제시하기 어려울 때에 적용할 수 있는 논증을 하나 제시한다. 흄 자신도 이를 매우 중요하다고 생각하여 따로 따옴표 안에 넣고 공리라 불렀다.

명백한 결론은 다음과 같다(그리고 이는 우리가 주목할 만한 일반적 공리이다).

"증언 자체가 기적에 해당하는 경우가 아니라면, 그리고 증언이 거짓일 가능성이 그 증언이 입증하고자 하는 사실보다 더 기적적이라고 할 수 있는 경우가 아니라면, 그 어떤 증언도 기적을 입증하기에는 충분치 못하다."

누가 와서 자기는 죽은 사람이 다시 살아난 것을 보았다고 내게 말한다면, 나는 즉시 어느 쪽이 더 가능성이 있을지 곰곰 생각할 것이다. 곧, 이 사람이 나를 속이려거나 다른 사람에게 속은 것은 아닌지, 또는 그 사람이 말한 사실이 정말로 일어났던 것인지를 따져 볼 것이다. 나는 하나의 기적을 다른 기적과 견주어 보다가 기적의 성격이 더 큰 것을 찾아내고 나서야 내 판정을 말할 것이다. 나는 언제나 기적의 성격이 큰 것을 거부할 것이다. 만일 그 사람의 증언이 거짓일 가능성이 그 사람이 말한 사건보다 더 기적적이라면 바로 그럴 경우에만 그 사람은 나의 믿

음이나 의견이 잘못이라고 주장할 수 있다. ([1758] 1952, 491쪽)

과학적 사고의 문제점

1 이론은 관찰에 영향을 미친다

　노벨상을 수상한 물리학자 베르너 하이젠베르크는 물리 세계를 이해하려는 인간의 탐구를 이렇게 결론지었다. "우리가 관찰하는 것은 자연 자체가 아니라 우리의 탐구 방법에 노출된 자연이다." 양자 역학에서 이런 견해는 양자 작용의 '코펜하겐 해석'(하이젠베르크의 불확정성 원리를 입자와 파동의 이중성을 허용하는 상보성이라는 보다 큰 틀 안으로 포섭하여 양자계를 해석한 것으로, 양자 역학의 핵심 개념들이 정식화되었던 1927년 솔베이 학회에서 닐스 보어가 제시했다―옮긴이)으로 정식화되었다. 곧 "확률 함수는 사건을 지정하는 게 아니라, 측정이 계의 고립을 방해하고 단일 사건이 현실화될 때까지 가능한 사건들의 연속체를 기술한다."(위버 1987, 412쪽) 코펜하겐 해석은 이론과 실재의 일대일 대응을 제거해 버린다. 이론은 부분적으로 실재를 구성한다. 물론 실재는 관찰자와 독립적으로 존재하지만, 실재에 대한 우리의 지각은 우리가 실재를 검토하는 법을 틀 짓는 이론들의 영향을 받는다. 그래서 철학자들은 과학을 '이론 의존적'이라고 부른다.

　이론이 실재에 대한 지각을 형성한다는 것은 비단 양자 물리학에서만 참인 것이 아니라 다른 모든 관찰의 경우에도 참이다. 신세계에 당도했을 때, 콜럼버스는 자기가 아시아에 있다는 이론을 갖고 있었기에 신세계를 아시아로 지각했다. 계피는 값비싼 아시아 향신료였던 탓에 신세계에서 계피 냄새가 나는 관목을 처음 만나자 계수나무라고 단언했다. 서인도 제도에서 향기로운 검보림보나무를 만난 콜럼버스는 지중해의 유향나무와 비슷한 아시아 종이라고 결론을 내렸다. 신세계의 견과는 마르코 폴로가 기술한 코코넛과 일치한다고 생각했다. 콜럼버스의 선의船醫는 선원들이 캐낸 몇 가지 카리브 해의 식물 뿌리를 살펴보고, 중국의 대황大黃을 발견했다고 선언하기까지 했다. 비록 콜럼버스는 아시아에서 지구 반 바퀴나 멀리 떨어져 있었지만, 아시아 이론이 아시아라는 관찰을 낳았던 것이다. 바로 그게 이론의 위력이다.

2 관찰자가 관찰된 것을 변화시킨다

물리학자 존 아치볼드 휠러는 이렇게 적었다. "심지어 전자처럼 지극히 작은 대상을 관찰하려 해도 [물리학자는] 렌즈를 깨트리고, 그 속으로 들어가야만 한다. 그리고 거기에 자기가 선택한 측정 장비를 설치해야 한다…… 더군다나 측정은 전자의 상태를 바꿔 버린다. 그러면 우주는 측정 전의 우주와 결코 같지 않을 것이다."(위버 1987, 427쪽) 달리 말하면 어떤 사건을 조사하는 행위가 그 사건을 바꿔 버릴 수 있다는 얘기이다. 사회과학자는 이런 현상을 흔하게 만난다. 인류학자들이 어떤 부족을 조사하면, 부족민들은 외부인에 의해 관찰되고 있다는 사실 때문에 행동을 바꿀 수 있다. 심리학 실험의 피험자들도 자신을 시험하는 실험적 가설이 무엇인지 안다면 행동을 바꿀 수 있다. 심리학자들이 맹검법과 이중맹검법을 사용하는 이유가 바로 이 때문이다. 초상적인 능력을 시험할 때는 그런 통제가 없는 경우가 허다하다. 이 때문에 사이비 과학에서는 사고가 잘못된 방향으로 가게 된다. 과학은 관찰 행위가 관찰된 것의 행동에 영향을 미친다는 것을 인정하고 최소화하려고 애를 쓰지만, 사이비 과학은 그렇지 않다.

3 장비가 결과를 구성한다

실험에 쓰이는 장비는 흔히 그 결과를 결정하곤 한다. 예를 들어 망원경의 크기가 커지면서 우주의 크기에 관한 이론의 틀이 거듭 바뀌었다. 20세기에 에드윈 허블이 남부 캘리포니아의 윌슨 산에 세운 60인치(약 152센티미터)와 100인치(약 253센티미터)짜리 망원경 덕분에, 천문학자들은 처음으로 다른 은하계들에 있는 별까지 구분할 만큼 충분한 분해능을 갖게 되었다. 그 결과 우리 은하계에 있는 것으로 생각했던 성운이라 부른 흐릿한 천체들이 사실은 별개의 은하계들임이 증명되었다. 19세기에 '두개계측학craniometry'은 지능을 뇌의 크기로 정의하고 그것을 측정할 도구들을 고안했다. 그러나 오늘날에는 지능을 일정한 발달 작업을 하는 능력으로 정의하고 아이큐 테스트라는 도구로 측정한다. 아서 스탠리 에딩턴 경은 이 문제점을 다음과 같은 뛰어난 비유로 설명했다.

한 어류학자가 해양 생명을 탐사하고 있다고 해 보자. 그는 그물을 물속으로 던져 갖가지 물고기들을 끌어올린다. 과학자가 드러난 바를 체계화하는 일반적인 방법을 써서 그는 포획물을 조사한다. 그 결과 다음과 같은 두 가지 일반화에 도달한다.

(1) 몸길이가 5센티미터보다 작은 해양 생물은 없다.
(2) 모든 해양 생물에게는 아가미가 있다.

이 비유를 과학에 적용해 보면, 포획물은 물리과학을 이루는 지식 체계를 나타내고, 그물은 우리가 지식을 얻을 때 사용하는 감각 기관과 지능적인 장비를 나타내며, 그물을 던지는 것은 관찰 행위에 해당한다.
한 구경꾼이 첫째 일반화가 잘못되었다고 반박할 수 있다. "5센티미터보다 작은 바다 생물이 부지기수입니다. 다만 당신의 그물이 그것들을 잡기에 적당하지 않을 뿐이죠." 그 어류학자는 코웃음을 치며 그 반론을 물리쳐 버린다. "내 그물로 잡을 수 없는 것은 사실상 어류학적 지식 범위의 바깥에 있습니다. 따라서 어류학적 지식의 주제로 정의되어 온 어류계의 일부가 아닙니다. 간단히 말해서, 내 그물에 걸려들지 못한 것은 어류가 아니란 말이죠." (1958, 16쪽)

내 망원경으로 볼 수 없는 것은 존재하지 않는 것이며, 내 시험으로 측정할 수 없으면 지능이 아니란 소리도 마찬가지이다. 확실히 은하계와 지능은 존재한다. 그러나 우리가 그것들을 어떻게 측정하고 이해하느냐는 우리가 가진 장비의 영향을 크게 받는다.

사이비 과학적 사고의 문제점

4 일화를 든다고 해서 과학이 되진 않는다

일화—어떤 주장을 뒷받침하려고 열거하는 이야기들—가 과학이 되지는 못한다. 다른 정보원에서 나온 보강 증거가 없다면, 또는 모종의 물리적 증거가 없다면, 일화를 하나 드나 열 개 드나, 열 개 드나 백 개 드나 나을 것이 없다. 일화를 이야기하는 사람은 바로 잘못을 저지를 수 있는 이야기꾼이다. 캔자스 주 퍼커브러시의 농부 밥은 정직한 사람이고, 교회를 다니고, 가정적이며, 절대 미혹에 빠지지 않는 사람일 수 있다. 그러나 새벽 3시에 황량한 시골 도로에 외계인이 착륙해 밥을 납치했다는 이야기만으로는 부족하고, 외계인 우주선이나 외계인의 몸에 대한 물리적 증거가 필요하다. 수많은 의학적 주장들도 마찬가지이다. 메리 이모가 마르크스 형제(20세기 초 미국의 연극, 영화, 라디오에서 큰 인기를 끌었던 코미디언 형제—옮긴이)가 나오는 영화를 보고, 또는 거세한 닭에서 빼낸 간 추출물을 먹고 암이 치유되었다는 이야기는 무의미하다. 암은 저 스스로 완화될 수도 있고, 실제로 암이 저절로 완화되는 경우도 있다. 잘못 진단했을 수도 있다. 또는 이럴 수도 있고, 저럴 수도 있다. 우리에게 필요한 것은 그런 일화들이 아니라 통제된 실험들이다.

제대로 진단하고 진단 결과가 서로 일치하는 100명의 암 환자들을 뽑아서 25명에게는 마르크스 형제들이 나오는 영화를 보게 하고, 25명에게는 앨프레드 히치콕의 영화를 보여 주고, 25명에게는 뉴스를 보게 하고, 25명에게는 아무것도 보여 주지 않는 실험을 할 필요가 있다. 그러고 나서 암의 평균 완화율을 연역한 다음, 피험자 군들 사이에 통계적으로 의미 있는 차이가 있는지 데이터를 분석할 필요가 있다. 만일 통계적으로 의미 있는 차이가 있다면, 기자 간담회를 열어 암이 치유되었음을 공표하기 전에, 우리가 한 실험과는 별개로 독자적인 실험을 수행한 다른 과학자들로부터 확증을 받는 것이 낫다.

5 과학의 언어를 사용했다고 과학이 되는 것은 아니다

'창조과학'처럼 과학이 쓰는 언어나 전문 용어를 써서 어떤 믿음 체계를 과학의 모습으로 꾸몄다고 해도, 그것을 뒷받침할 증거, 실험적 검증, 보강 증거가 없다면 아무 의미도 없다. 우리 사회에서 과학이 대단히 막강한 힘을 갖기 때문에, 사회적 인정을 얻고는 싶으나 증거가 없는 사람은 '과학의' 겉모습과 목소리를 갖춤으로써 증거의 부재를 회피하려는 우회적인 방법을 쓰려고 한다. 〈산타 모니카 뉴스〉에 실린 한 뉴에이지 칼럼이 그 고전적인 사례이다. "이 행성은 지금까지 아득한 세월 동안 잠들어 있었다. 그러다가 고에너지 진동수가 시작되면서 바야흐로 의식과 영성 면에서 깨어나려 하고 있다. 한계의 대가들과 점술의 대가들은 그와 똑같은 창조의 힘을 써서 자신들의 참모습을 현시한다. 하지만 전자는 나선형 하강으로 운동하고 후자는 나선형 상승으로 운동하여, 각자 본래부터 갖고 있던 공명 진동을 증가시킨다." 이게 무슨 말일까? 나는 도무지 무슨 소리인지 알아먹을 수가 없지만, '고에너지 진동수', '나선형 하강과 나선형 상승', '공명 진동' 같은 물리 실험에 나오는 용어를 쓰고 있다. 그러나 이 글귀들은 아무 의미도 없다. 어떻게 작용하는지 엄밀한 용어 정의가 없기 때문이다. 행성의 고에너지 진동수라든가 점술 대가들의 공명 진동을 대체 어떻게 측정한단 말인가? 그건 그렇고 대체 점술의 대가라는 게 무엇이란 말인가?

6 대담하게 진술한다고 주장이 참이 되지는 않는다

만일 뒷받침하는 증거가 지극히 희박함에도 권위와 진실성을 갖추기 위해 무지막지한 주장을 한다면, 그것은 사이비 과학일 확률이 높다. 예를 들어 론 허버드는 『다이어네틱스: 정신 건강에 관한 현대 과학』을 열면서 이렇게 썼다. "다이어네틱스의 탄생은 불의 발견에 비견될 만하며, 바퀴와 아치의 발명보다 뛰어난 획기적인 사건이다."(가드너 1952, 263쪽) 정력精力의 구루 빌헬름 라이히는 자기가 만든 오르고노미Orgonomy 이론을 "코페르니쿠스의 혁명에 견줄 만한 생물학과 심리학의 혁명"(가드너 1952, 259쪽)이라고 불렀다.

내게는 무명 저자들이 쓴 논문들과 편지들을 모은 두꺼운 파일이 하나 있는데, 그 안은 기상천외한 주장들로 가득하다(나는 그 파일을 '만물 이론' 파일이라고 부른다). 과학자들도 이따금 이런 실수를 저지른다. 1989년 3월 23일 오후 1시, 스탠리 폰스와 마틴 플라이슈만은 기자 간담회를 열어 저온 핵융합을 성공시켰다고 세상에 공표했다. 개리 토브스가 저온 핵융합 대소동을 다룬 뛰어난 책을 썼는데, 『나쁜 과학Bad Science』(1993)이라는 적절한 제목을 달아 그 사건에 담긴 함의들을 철저하게 검토했다. 그 하나의 실험으로 지난 50년 동안의 물리학이 잘못이라고 판명될 수도 있는 노릇이었다. 그러나 그 실험이 재현될 때까지는 원자로를 집어던질 필요가 없다. 주장이 상궤를 벗어나면 벗어날수록, 상궤를 벗어날 정도로 잘 시험된 증거가 있어야 하는 게 도리이다.

7 이설異說이라고 다 같이 올바르다고 판명되는 것은 아니다

사람들은 코페르니쿠스를 비웃었다. 사람들은 라이트 형제를 비웃었다. 사람들이 마르크스 형제를 보고 웃었던 것도 사실이다. 웃음거리가 된다고 해서 당신이 옳은 것은 아니다. 빌헬름 라이히는 스스로를 헨릭 입센의 희곡에 나오는 주인공 페르 귄트와 견주었다. 사회와 어울리지 못하고 관습에서 자유로웠던 천재, 생각이 옳음이 증명될 때까지 오해받고 조롱받았던 페르 귄트 말이다. "지금까지 당신네들이 내게 한 짓이 무엇이든, 앞으로 당신네들이 내게 할 짓이 무엇이든, 당신네들이 나를 천재로 추앙하든 정신병원에 처넣든, 나를 당신네들의 구세주로 숭배하든 간첩이라며 목을 매달든 간에, 조만간 당신네들은 내가 정말로 인생의 법칙들을 발견했음을 납득할 수밖에 없게 될 것이다."(가드너 1952, 259쪽)

홀로코스트 부정론자들의 기관지인 〈역사 비평 저널〉 1996년호 1/2월호 재판본에는 19세기 독일 철학자 아르투르 쇼펜하우어의 유명한 말이 실려 있는데, 이는 과학의 변경에 있는 사람들이 즐겨 인용하는 말이다. "모든 진리는 세 단계를 거친다. 첫째, 조롱받고, 둘째, 격렬한 반대에 부딪치고, 셋째, 자명한 것으로 인정된다." 그러나 '모든 진리들'이 이런 단계를 거치는 것은 아니다. 격렬하든 아니든, 조롱이나 반대 없이도 인정받은 참된 생각들이 많이 있다. 처음

한동안 아인슈타인의 상대성 이론은 크게 무시되다가 1919년 실험적 증거가 나와 그의 생각이 옳았음이 증명되면서 받아들여졌다. 아인슈타인은 조롱을 받지도 않았고 그의 생각을 격렬하게 반대한 사람도 없었다. 쇼펜하우어의 말을 인용하는 것은 그냥 합리화일 뿐이다. 조롱을 받거나 격렬한 반대를 받는 사람들이 다음과 같이 말할 수 있는 근사한 길을 열어 주는 것이다. "두고 보라고, 틀림없이 내 말이 맞을 테니까." 그러나 그렇지 않다.

역사를 보면 동료들은 아랑곳하지 않고 외롭게 연구하는 과학자가 해당 분야의 정론에 도전장을 내밀었다는 이야기들로 그득하다. 그러나 대부분은 잘못된 것으로 판명되었고 그런 과학자들의 이름은 기억되지도 않는다. 고문 도구를 눈으로 보면서도 과학적 진리를 옹호했던 갈릴레이 같은 사람이 하나 나타날 때마다, 다른 과학자들의 검열을 통과하지 못한 '진리들'을 주장한 무명의 학자들이 천 명(아니면 만 명)은 나타난다. 과학 공동체가 허황된 주장—특히 너무 많은 것들이 논리적으로 모순되는 주장—을 일일이 시험해 줄 거라는 기대는 할 수 없다. 만일 당신이 과학을 하고 싶다면, 반드시 과학의 게임 법칙을 익혀야 한다. 이를테면 해당 분야의 과학자들이 누가 있는지 알아서, 비공식적으로는 데이터와 생각들을 동료들과 나누고, 공식적으로는 회의록, 사전 심사가 이루어지는 학술지, 책 등을 통해 그 결과를 제시하는 식으로 해야 한다.

8 증명의 부담

누가 누구에게 무엇을 증명해야 할까? 색다른 주장을 하는 사람은 자기 믿음이 거의 모든 사람이 인정하는 믿음보다 더 타당성이 있음을 전문가들과 전체 공동체에 증명해야 하는 부담이 있다. 당신 의견을 들어줄 사람을 찾아가 만나고 다녀야 한다. 그다음에는 전문가들을 당신 편으로 만들고, 그들이 이제껏 지지해 왔던 주장을 엎고 당신의 주장을 지지하도록 다수의 사람들을 확신시킬 수 있어야 한다. 마침내 당신이 그 다수에 속하게 되면, 증명의 부담은 색다른 주장으로 당신을 걸고넘어지고 싶어 하는 주변인에게로 넘어간다. 다윈 이후 반세기 동안 진화론자들은 증명의 부담을 갖고 있었지만, 지금은 그 증명의 부담이 창조론자들에게로 넘어가 있다. 진화론이 왜 틀리고 창조론이 왜 옳은지 보여 주는 것은 창조론자들의 몫이다. 진화론자들에게는 더 이상 진화론을 변호할 부담이 없다. 마찬가지로 홀로코스트 부정론자들에게는 홀로코스트가 일어나지 않았음을 증명할 부담이 있는 반면, 홀로코스트를 인정하는 역사학자들에게는 홀로코스트가 일어났다는 걸 증명할 부담이 없다. 이렇게 말할 수 있는 근거는, 진화론도 홀로코스트도 사실임을 증명하는 증거들이 산더미처럼 많기 때문이다. 그런데 증거를 갖는 것만으로는 충분하지 않다. 그 증거의 타당성을 다른 사람들에게 확신시켜야만 한다. 당신이 주변인으로 있다면, 당신이 옳든 그르든 상관없이 이것은 반드시 치러야 하는 대가이다.

9 소문과 실상은 같지 않다

"어디에서 읽은 건데……", "누구에게 들은 소린데……" 하면서 소문은 시작한다. 그러다가 "……라고 알고 있어"라는 식으로 사람에서 사람으로 전해지면서 오래지 않아 소문은 진실이 되어 버린다. 물론 소문이 참일 수도 있겠지만 대개의 경우는 그렇지 않다. 보통 소문은 큰 이야기로 부풀려진다. 정신 병원에서 갈고리 손을 단 미치광이가 도망쳐 나와 연인들이 사랑을 나누는 곳에 불쑥 출몰한다는 이야기처럼 '진실'인 소문도 있다. 또 '사라진 히치하이커' 전설도 있다. 어느 운전자가 길에서 여인 하나를 태웠는데, 운전자의 겉옷과 그 여인이 감쪽같이 차에서 사라졌다. 지역 주민들이 운전자에게 들려준 이야기에 따르면, 차에 태운 그 여인은 일 년 전 바로 그날에 죽은 여인이었다고 한다. 결국 운전자는 그녀의 무덤에서 자기 겉옷을 발견한다. 그런 이야기들은 삽시간에 퍼지며 결코 사라지지 않는다.

캘리포니아 공과대학의 과학사학자 댄 케블스가 한번은 나와 저녁을 함께 하면서 전거가 의심스럽다는 이야기를 들려주었다. 스키 여행을 떠났던 학생 두 명이 최종 시험 시각까지 돌아오지 않았다. 그 전날부터 그날 밤까지 꼬박 스키를 타느라 정신이 없었던 것이다. 두 학생은 교수를 찾아가 타이어가 펑크나서 그랬노라고 변명을 했고, 교수는 이튿날 두 학생이 재시험을 치를 수 있도록 했다. 두 학생을 각각 다른 방에 앉힌 교수는 단 두 문제만 냈다. (1) "5점짜리 문제. 물의 화학식이 무엇인가?" (2) "95점짜리 문제. 어느 쪽 타이어인가?" 저녁 식사를 함께 했던 손님들 중 두 명은 그것과 비슷한 이야기를 들은 적이 있다고 했다. 이튿날 나는 내 학생들에게 그 이야기를 들려주었다. 그런데 결정적인 대목을 말하려던 찰나, 세 학생이 불쑥 동시에 말하는 것이었다. "어느 쪽 타이어인가?" 도회지를 도는 전설과 줄기차게 이어지는 소문은 어디에나 널려 있다. 다음에 몇 가지 예를 들어 보았다.

- 닥터페퍼의 비밀 성분은 프룬주스(말린 자두에서 수분을 추출한 음료. 변비에 효과가 있다고 한다―옮긴이)다.
- 어떤 여인이 푸들을 전자레인지에 넣고 말리다가 그만 죽이고 말았다.
- 폴 매카트니는 이미 죽었고, 쏙 빼닮은 사람이 폴 매카트니 행세를 하고 있다.
- 거대한 앨리게이터들이 뉴욕시 하수구에 살고 있다.
- 달 착륙은 조작된 것이며, 할리우드의 영화 스튜디오에서 찍은 것이다.
- 조지 워싱턴의 이는 나무로 만든 의치였다.
- 〈플레이보이〉 표지의 'P' 자 속에 있는 별의 수는 간행자인 휴 헤프너가 화보 속 여인과 섹스를 한 횟수를 나타낸다.
- 뉴멕시코에 비행접시가 한 대 불시착했는데, 외계인들의 시체를 공군에서 거두어 은밀한 창고에 보관하고 있다.

여러분은 얼마나 많은 이야기를 들었는가? 그리고 사실이라고 믿는 것은 얼마나 되는가? 그러나 지금까지 확증된 것은 아무것도 없다.

10 설명되지 않는다고 해서 설명이 불가능한 것은 아니다

자기가 무언가를 설명할 수 없다면, 그것은 틀림없이 설명 불가능한 것이며, 따라서 초상적인 것에 속하는 진정한 신비라고 생각할 만큼 스스로를 과신하는 사람들이 많다. 한 아마추어 고고학자는 자신이 피라미드의 건축 방식을 설명할 수 없기 때문에, 피라미드는 틀림없이 외계인들이 세운 것이라고 단언한다. 이보다 이성적인 사람들조차 적어도 무언가를 전문가들이 설명할 수 없다면, 그것은 틀림없이 설명 불가능한 것이라고 생각해 버린다. 숟가락을 구부리거나 불 위를 걸어가는 것, 또는 텔레파시 같은 묘기들은 대부분의 사람들이 설명할 수 없다는 이유로 흔히 초상적이거나 신비적인 성질을 가진 것으로 생각되곤 한다. 그런데 그것들을 설명하면 사람들은 이런 반응을 보인다. "물론 그렇겠지." 또는 "일단 당신이 직접 보면 딴소리 못할 거야." 불 위를 걷기가 적절한 예가 될 것 같다. 사람들은 고통과 열을 이기는 초자연적인 힘이나 고통을 차단하고 화상을 방지하는 신비로운 뇌의 화학 성분들에 대해서 줄기차게 생각해 왔다. 그러나 간단히 설명할 수 있다. 경량 석탄의 열용량은 대단히 낮다. 그리고 경량 석탄에서 발바닥으로 전달되는 열전도율도 아주 낮다. 석탄 위에 오래 서 있지만 않는다면, 화상을 입지 않을 것이다. 오븐 속에 케이크를 넣고 섭씨 232도로 굽는 것을 생각하면 된다. 오븐 속 공기, 케이크, 오븐 팬의 온도는 모두 섭씨 232도지만, 금속으로 된 팬에 손을 댔을 때에만 화상을 입을 것이다.

공기는 열용량이 매우 낮고, 열전도율도 낮다. 그래서 케이크를 만져 보려고 얼마간 오븐 속에 손을 넣어도 화상을 입지 않는다. 케이크의 열용량은 공기보다 크게 높지만, 전도율은 낮기 때문에 잠깐 동안 만져도 화상을 입지 않는다. 금속 팬의 열용량은 케이크와 비슷하지만 전도율이 높다. 그래서 팬을 만지면 화상을 입게 된다. 마술사들이 마술의 비밀을 말해 주지 않는 이유가 바로 이 때문이다. 그들이 사용하는 술수들 대부분이 원리적으로는 비교적 단순하기 때문에(실제로 그 원리를 사용하기가 극히 어려운 경우가 많긴 하지만), 비밀을 알고 나면 마술이 더 이상 마술로 보이지 않게 된다.

세상에는 정말로 풀리지 않는 신비들이 많이 있기 때문에 이렇게 말해도 상관없다. "아직은 모르지만 언젠가는 알게 될 거야." 그러나 문제는, 우리들 대부분은 풀리지 않거나 설명되지 않은 신비들을 그대로 두고 살아가는 것보다는, 제아무리 설익었다 할지라도 확신을 가지는 것을 더 편하게 여긴다는 것이다.

11 실패를 합리화하다

과학에서는 부정적 성과―실패―의 가치는 크게 강조되지 않는다. 대개의 경우 원하지 않은 결과이기 때문에 발표까지 되지는 않는다. 그러나 실패는 진리에 더 가까이 갈 수 있는 길이다. 정직한 과학자는 기꺼이 자기 실수를 인정하겠지만, 모든 과학자들은 어떤 부정을 저지르든 동료 과학자들이 밝혀낼 것임을 알기 때문에 규칙을 준수한다. 그런데 사이비 과학자들은 그렇지 않다. 그들은 실패를 무시하거나 합리화한다. 특히 실패가 노출되었을 경우에는 더 그런다. 실제로 속임수가 들통 나면(자주 있는 일은 아니다) 그들은 자기 힘이 여느 때는 발휘되지만 항상 발휘되는 것은 아니라고 주장한다. 그래서 텔레비전 프로그램이나 실험실에서 해 보라는 압박을 받을 때면 이따금 속임수에 의지하기도 한다.

그들은 자기 능력을 보여 주는 데 아예 실패할 경우를 대비해 미리 기발한 설명거리를 여럿 마련해 둔다. 이를테면 실험에서 너무 많은 통제가 부정적인 결과를 야기했다느니, 회의주의자가 있는 데선 능력 발휘가 안 된다느니, 전자 장비들이 있는 데선 제대로 힘을 쓸 수 없다느니, 힘은 들어올 때도 있고 나갈 때도 있는데 지금은 힘이 나가 버린 경우라느니 어떻게든 설명을 한다. 그러고는 만일 회의주의자들이 모든 것을 설명할 수 없다면 거기에는 틀림없이 무언가 초상적인 것이 있다고 주장한다. 다시 말해 그들은 설명되지 않는 것은 설명할 수 없다는 오류에 기대는 것이다.

12 사후 추론

라틴어로 "post hoc, ergo propter hoc"으로도 알려져 있는데, 말 그대로 "이것 다음에 일어났기 때문에 이것이 원인"이라는 뜻이다. 아주 기본적으로 보았을 때 이는 미신의 한 형태이다. 야구 선수는 면도를 하지 않아야 홈런을 두 방 날릴 수 있다. 도박사는 행운의 신발을 신는다. 과거에 그 신발을 신고 돈을 딴 적이 있기 때문이다. 보다 미묘하게는 과학적 연구도 이런 오류의 희생양이 될 수 있다. 1993년, 모유로 키운 아이들의 아이큐가 더 높다는 연구 결과가 나왔다. 모유 속의 어떤 성분이 지능을 높이느냐를 두고 큰 소동이 벌어졌다. 우유로 아기를 키운 엄마들은 그것 때문에 죄책감을 느끼게 되었다. 그러나 얼마 가지 않아 연구자들은 모유로 키운 아기들이 다른 식의 보살핌을 받은 것은 아닌지 의심을 하기 시작했다. 어쩌면 모유를 수유하는 엄마들이 아기들 곁에 항상 있어 주며 더 많은 시간을 함께 보내는 것이 아이큐 차이를 낳는 원인일 수 있었다. 흄의 가르침대로, 두 사건이 순서대로 일어났다고 해서 인과적으로 연관되어 있다는 뜻은 아니다. 다시 말해 서로 상관되었다고 해서 인과적으로 연결되었다는 뜻은 아니다.

13 우연의 일치

초상적인 세계에서 우연의 일치는 흔히 깊은 의미를 지닌 것으로 간주된다. 마치 어떤 신비로운 힘이 배후에 작용하는 것처럼 '동시성'이 발현되는 것이다. 그러나 나는 동시성을 우연의 한 형태로밖에는 보지 않는다. 이렇다 할 사전 계획 없이 두 개 이상의 사건들이 결부된 것으로 본다는 얘기이다. 우리가 가진 확률 법칙에 대한 직관으로 미루어 보아 불가능하게 보이는 방식으로 연관성이 이루어지면, 우리는 어떤 신비로운 것이 작용하고 있다고 생각하는 경향이 있다.

그러나 대부분의 사람들은 확률 법칙을 거의 제대로 이해하지 못하고 있다. 도박사가 연거푸 여섯 번을 따게 된다면, 그는 "또 따게 되겠지"라고 생각하거나 "곧 잃게 되겠지"라고 생각할 것이다. 방 안에 서른 명이 있는데, 그중 두 사람이 생일이 같다는 것을 알게 되면, 무언가 신비로운 것이 작용하고 있다고 결론을 내린다. 당신은 친구 밥에게 전화를 하려고 전화기 쪽으로 간다. 마침 전화벨이 울려서 받아 보니 바로 밥이다. 당신은 이렇게 생각한다. "와, 이럴 수가 있나? 이건 단순한 우연의 일치일 리가 없어. 어쩌면 밥과 내가 텔레파시로 통하고 있는지도 몰라." 그러나 사실 이런 것들은 확률 법칙이 말하는 우연의 일치가 아니다. 도박사는 가능한 두 가지 결과를 모두 예측한 셈이다. 꽤 안전한 내기가 아닌가! 방 안에 있는 서른 명 가운데 둘의 생일이 같을 확률은 71퍼센트이다. 당신은 밥에게 전화를 할 상황에서 밥이 전화를 하지 않았거나 다른 사람이 전화했던 적, 또는 당신이 밥을 생각하고 있지 않았을 때 밥이 전화를 한 적이 얼마나 많았는지를 잊고 있다. 행동심리학자 스키너가 실험으로 보여 준 것처럼, 사람의 마음은 사건들 사이의 관계성을 찾으려 하고, 관계가 전혀 없을 때조차 관계들이 있다고 여기는 경우가 흔히 있다. 슬롯머신은 스키너의 간헐 강화의 원리를 기초로 하고 있다. 어리석은 쥐와 마찬가지로, 어리석은 사람이 계속해서 손잡이를 잡아당기게 하려면 그저 가끔씩 먹이를 던져 주기만 하면 된다. 나머지는 사람 마음이 다 알아서 할 것이다.

14 대표성

아리스토텔레스의 말마따나 "우연의 일치들을 모두 합하면 확실함과 같아진다." 우리는 무의미한 우연의 일치들은 대부분 잊어버리고 의미 있는 일치들만 기억한다. 맞는 것만 기억하고 안 맞는 것을 무시하는 우리네 습성은 매년 1월 1일에 수백 가지씩 예언을 쏟아 내는 심령술사, 예언자, 점쟁이들의 자양분이다. 그들은 처음에 "캘리포니아 남부에 큰 지진이 있을 것이다"라든가 "영국 왕실에 문제가 있는 것이 보인다" 같은 지극히 일반적인 확실한 내기를 걸어 적중률을 높인다. 그러다가 이듬해 1월이 되면, 맞힌 것은 발표하고 못 맞힌 것은 무시해 버린다. 누군가 추적해서 성가시게 하지 않길 바라면서.

예사롭게 보이지 않는 사건들이 일어났을 때, 우리는 반드시 그 사건이 일어난 보다 큰 맥락을 기억해야 한다. 그리고 항상 해당 현상의 대표성을 따지며 그 사건들을 분석해야 한다. 선박과 비행기가 '수수께끼처럼' 사라지는 곳이라는 대서양의 한 해역인 '버뮤다 삼각해역'을 말할 때, 우리는 무언가 이상한 것이나 외계인이 배후에 있다고 가정을 한다. 그러나 그 해역에서 일어난 사건들이 얼마나 대표적인지를 고려해야만 한다. 주변 해역보다 버뮤다 삼각해역을 통과하는 선박 항로들이 훨씬 많기 때문에, 사고나 재난, 실종 같은 일들이 일어날 가능성이 더 크다. 사실 버뮤다 삼각해역에서 일어난 사고율이 주변 해역의 사고율보다 더 낮다고 밝혀졌다. '비-버뮤다 삼각해역'이라고 불러야 할 정도이다. (래리 쿠셰는 그의 책 『버뮤다 삼각해역의 수수께끼를 풀다』(1975)에서 이 수수께끼를 해결하는 과정을 모두 설명해 주었다.) 흉가를 조사할 때도, 우리는 거기서 일어나는 일들이 예사롭지 않다고 (따라서 신비롭다고) 말하기 이전에 반드시 소음이나 삐걱거림 같은 사건들을 기본적으로 따져 보아야 한다. 내 집의 벽에서도 두들기는 소리가 흔히 들린다. 유령일까? 아니다. 허술한 배관 때문이다. 지하실에서 뭔가를 긁어대는 소리가 들릴 때도 있다. 폴터가이스트일까? 아니다. 쥐들 짓이다. 다른 편 세상의 설명으로 눈을 돌리기 이전에, 먼저 이편 세상에서 가능한 설명이 무엇인지 철저하게 이해하라고 충고하고 싶다.

사고의 논리적 문제점

15 감정적인 말과 잘못된 유비

감정적인 말은 감정을 불러일으키기 위해 사용되곤 하는데, 어떤 때는 이성을 흐리게 하려고도 사용된다. 감정적인 말들은 모성, 조국, 성실, 정직처럼 긍정적인 감정을 불러일으키는 말일 수도 있고, 강간, 암, 악, 공산주의자처럼 부정적인 감정을 불러일으키는 말일 수도 있다. 마찬가지로 은유와 유비도 감정을 불러일으키거나 우리를 곁길로 빠지게 함으로써 사고를 흐리게 할 수 있다. 어떤 학자는 인플레이션을 "사회의 암"으로 표현하거나 산업이 "환경을 강간한다"고 말하기도 한다. 1992년 민주당 후보 지명 연설에서 앨 고어는 병든 아들 얘기와 병든 미국 사이에 교묘한 유비를 구성했다. 사경을 헤매고 있던 자기 아들이 아버지와 가족의 보살핌으로 다시 건강을 되찾았던 것처럼, 레이건 대통령과 부시 대통령이 집권했던 12년이 흐르면서 사경에 처한 미국 역시 새로운 행정부가 들어서면 다시 건강해질 것이라는 얘기였다. 일화의 경우처럼 유비와 은유 역시 증명을 구성하지는 않는다. 그것들은 단지 말을 꾸미는 도구들일 뿐이다.

16 무지에의 호소

이것은 무지나 무식에 호소하는 것으로, 증명 부담의 오류와 설명되지 않는 것은 설명할 수 없다는 오류와 관련이 있다. 달리 말해, 어떤 주장을 논박할 수 없다면 그 주장은 참일 수밖에 없다고 논증하는 것을 말한다. 예를 들어 어떤 심령의 힘도 없음을 증명할 수 없다면, 심령의 힘은 있어야 한다는 것이다. 산타클로스가 존재하지 않음을 증명할 수 없다면 산타클로스는 틀림없이 존재해야 한다는 논증을 보면, 그 어리석음이 뚜렷하게 다가올 것이다. 정반대로 산타클로스의 존재를 증명할 수 없다면, 틀림없이 산타클로스는 없는 것이라고 주장할 수도 있다. 과학에서 믿음은 주장을 뒷받침하는 긍정적인 증거에서 나와야 하며, 주장을 증명하거나 논박하는 증거가 없다는 데서 나와서는 안 된다.

17 대인 논증과 피장파장 논증의 오류

라틴어로 'Ad Hominem'과 'Tu Quoque'는 각각 '사람에게'와 '당신도 마찬가지'라는 뜻이다. 이런 오류들은 주장을 벗어나, 주장하는 사람에게로 초점을 바꿔 버린다. 사람을 공격하는 목적은 주장하는 사람의 신뢰를 무너뜨려서 그 주장의 신뢰까지 무너뜨리려는 것이다. 누구를 무신론자라고, 공산주의자라고, 아동 학대자라고, 신나치라고 부른다고 해서 그 사람의 주장이 반박되는 것은 결코 아니다. 누가 특정 종교를 갖고 있다거나 특정 이념을 갖고 있음을 아는 게 도움이 될 수도 있다. 어느 쪽으로든 연구에 편향성이 생길 수 있기 때문이다. 그러나 주장을 반박할 때는 직접적으로 반박해야지 간접적으로 반박해서는 안 된다. 예를 들어 홀로코스트 부정론자들이 신 나치거나 반유대주의자라면, 분명 역사적 사건들 중 어떤 것을 강조하고 어떤 것을 무시하느냐를 선택하는 데 영향이 있을 것이다. 그러나 홀로코스트 부정론자가 히틀러에게는 유럽의 유대인을 말살할 계획이 없었다고 주장할 때, "그럼 그렇지, 신 나치이기 때문에 그런 소리를 하는 것이다"라고 반응한다 해서 그 논증을 논박하는 것이 아니다. 히틀러에게 그런 계획이 있었느냐의 여부는 역사학적으로 해결할 수 있는 물음이다. 피장파장의 오류도 이와 마찬가지이다. 누군가 당신이 탈세했다고 비난할 때, "너도 그러잖아"라고 대답하는 것은 아무리 봐도 증명이라고 할 수 없다.

18 성급한 일반화의 오류

논리학에서 성급한 일반화는 부적절한 연역의 한 형태이다. 일상 생활에서는 편견이라고 불린다. 성급한 일반화의 경우든 편견의 경우든, 사실이 정당화되기 이전에 결론을 도출한다. 어쩌면 우리 뇌가 사건들과 원인들 사이의 연관성을 끊임없이 살피는 쪽으로 진화했기 때문에 가장 흔한 오류의 하나가 성급한 일반화의 오류인지도 모른다. 악질 교사가 두세 명 있으면 그 학교는 나쁜 학교이고, 불량 자동차가 몇 대 있으면 그 차종은 미덥지 못하다는 둥 집단 내 구성원 중 소수가 전체 집단을 판단하는 기준으로 사용되는 것이다. 과학에서는 결론을 공표하기 이전에 가능한 한 많은 정보를 신중하게 모아야 한다.

19 권위에 지나치게 의존하기

우리 문화에서는 권위, 특히 지적 능력이 높다고 생각되는 권위에 대단히 크게 의존하는 경향이 있다. 지난 반세기 동안 지능 지수는 거의 신비에 가까울 정도의 지위를 차지했다. 그러나 나는 멘사—지능 지수가 전체 인구의 상위 2퍼센트에 드는 사람들로 이루어진 동아리—회원들 사이에서도 초상현상에 대한 믿음이 드물지 않음을 주목했다. 어떤 회원들은 심지어 자기들은 '심령 지수 Psi-Q'도 월등히 높다는 주장까지 한다. 마술사 제임스 랜디는 박사학위를 가진 권위자들을 자주 비꼬았다. 랜디의 말에 따르면, 그들은 일단 박사학위를 받으면 "나는 모른다"와 "내가 틀렸다"라는 두 마디를 말하는 게 거의 불가능하다고 생각한다. 해당 분야에서 쌓은 전문적 식견 덕분에 권위자들이 그 분야에서 옳을 가능성은 클 것이다. 그러나 이것이 언제나 확실히 보장되는 것은 아니며, 전문적인 식견을 가졌다고 해서 다른 영역에서 결론을 이끌어 낼 자격을 필히 갖추었다고 할 수도 없다.

다르게 말하면 누가 주장하느냐가 차이를 만든다. 만일 그 사람이 노벨상 수상자라면 우리는 그 말에 주목할 것이다. 이전에 그 사람이 말이 대체로 맞았기 때문이다. 반면 사기꾼의 말에는 크게 웃고 말 것이다. 이전에 그 사람 말이 대체로 틀렸기 때문이다. 쭉정이와 알곡을 분별하는 데 전문적 식견이 유용하기는 하지만 (1) 단지 우리가 존경하는 사람이 지지한다고 해서 잘못된 생각을 받아들이거나(잘못된 긍정), (2) 단지 우리가 무시하는 사람이 지지한다고 해서 옳은 생각을 거부할(잘못된 부정) 가능성이 있다는 점에서 권위에 의존하는 것은 위험하기도 하다. 그런 잘못을 어떻게 하면 피할 수 있을까? 증거를 검토하면 된다.

20 이것 아니면 저것, 양자택일의 오류

부인否認의 오류나 잘못된 딜레마로도 알려진 이 오류는, 어느 한쪽 입장을 믿지 않는다면 다른 쪽 입장을 인정할 수밖에 없도록 세계를 이분하는 경향을 말한다. 이것은 창조론자들이 즐겨 사용하는 책략이다. 창조론자는 생명이 신에 의해 창조되었거나 진화되었다고 주장한다. 그런 다음 대부분의 시간을 진화론을 무너뜨리는 데 바친다. 진화론이 틀렸기 때문에 창조론이 맞을 수밖에 없다고 주장할 수 있도록 말이다. 그러나 이론상의 취약점을 지적하는 것만으로는 충분하지 않다. 만일 실지로 어떤 이론이 우월하다면, 그 이론은 낡은 이론으로 설명되는 '정상' 데이터는 물론이고, 낡은 이론으로는 설명되지 않는 '이상' 데이터까지도 설명해야 한다. 새로운 이론에는 단순히 상대 이론을 반박하는 증거만이 아니라, 그 새로운 이론을 뒷받침하는 증거도 필요하다.

21 순환 논증

중복의 오류, 논점 회피, 동어 반복으로도 알려진 이 오류는, 결론이나 주장이 단순히 전제로 삼은 것 중 하나를 다시 말한 것에 불과할 때 일어나는 오류다. 기독교 변증론은 동어 반복으로 가득 차 있다. 하느님은 있는가? 그렇다. 어떻게 아는가? 성서에서 그렇게 말하기 때문이다. 성서가 옳음을 어떻게 아는가? 하느님의 영감을 받아 만들어진 책이기 때문이다. 달리 말하면 하느님이 있기 때문에 하느님이 있다는 말이다. 과학에서도 이런 식의 중복을 찾을 수 있다. 중력이 무엇인가? 물체들이 서로를 끌어당기는 경향이다. 왜 물체들은 서로를 끌어당기는가? 중력 때문이다. 달리 말하면 중력이 있기 때문에 중력이 있다는 것이다. (사실 뉴턴 시대에는 중세의 비과학적인 신비주의 사고로 후퇴했다 하여 뉴턴의 중력 이론을 거부한 사람들도 있었다.) 동어 반복적인 조작적 정의가 여전히 쓸모 있을 수 있음은 분명하다. 그러나 어렵더라도, 우리는 시험 가능하고, 오류 여부를 밝힐 수 있고, 확증과 논박 가능성에 열려 있는 조작적 정의들을 구성하려고 노력해야 한다.

22 귀류법과 미끄러운 비탈길

귀류법은 논증을 논리적 한계까지 끌고 가서 부조리한 결론으로 귀착시킴으로써 논증을 논박하는 것이다. 논증의 결과가 부조리하다면, 당연히 그 논증은 거짓이어야 할 것이다. 비록 논증을 끝까지 밀어붙이는 것이 비판적 사고에 유용한 훈련일 때가 있긴 하지만, 이는 논박에만 사용되는 방법이 아니라 주장의 타당성을 찾아내려고 할 때 흔히 쓰는 방법이기도 하다. 특히 실제 그런 결론으로 환원되는지 시험해 보는 실험이 가능한 경우에 자주 쓴다. 귀류법과 마찬가지로 미끄러운 비탈길의 오류 역시, 하나를 끝까지 밀고 가서 지나치게 극단적인 결론이 도출되면 아예 첫째 단계부터 피해야 마땅하다는 내용을 구성하는 논증이다. 예를 들어 보자. 벤앤드제리 아이스크림을 먹으면 몸무게가 불 것이다. 몸무게가 불어나면 비만이 될 것이다. 금방 160킬로그램이 넘을 것이고, 심장병으로 죽게 될 것이다. 따라서 벤앤드제리 아이스크림을 먹으면 죽게 되니 입에 댈 생각도 하지 마라. 논증은 이런 식으로 구성된다. 벤앤드제리 아이스크림 한 술 먹는 것으로도 비만의 요인이 될 수 있음은 확실하다. 또 극히 드문 경우이긴 해도, 비만 때문에 죽음에 이를 수도 있다. 그러나 그 전제들로부터 반드시 그런 결론이 귀결되는 것은 아니다.

사고의 심리적 문제점

23 부실한 노력과 확실성, 통제, 단순성에 대한 욕구

사람들은 대부분 거의 언제나 확실성을 원하고, 주변을 통제하고 싶어 하며, 친절하고 깔끔하고 단순한 설명을 바란다. 이 모두가 어떤 진화적인 토대를 깔고 있을 수도 있지만, 문제들이 복잡하게 얽혀 있는 다종다양한 사회에서 이런 특징들은 극단적으로 실재를 단순화하고 비판적 사고와 문제 해결을 어렵게 만들 수 있다. 예를 들어, 나는 시장경제 사회에서 초상적인 믿음과 사이비 과학적인 주장들이 성황을 이루는 이유는 시장의 불확실성 때문이라고 생각한다. 제임스 랜디에 따르면, 러시아에서는 공산주의가 붕괴된 후 그런 믿음들이 크게 증가했다고 한다. 전보다 자유롭게 사기와 술수로 서로를 속이려는 데 그치지 않고, 자기들이 진짜 이 세계의 본성에 대해 무언가 확고하고 중요한 것을 발견했다고 믿는 사람들도 많아졌다. 자본주의는 공산주의에 비해 사회 구조가 훨씬 불안정하다. 그처럼 불확실하기 때문에 사람들은 시장(그리고 삶 일반)의 변덕과 우연성을 어떻게든 설명할 길을 찾고 싶어 하고, 그 마음은 종종 초자연적이고 초상적인 것으로 향하곤 한다.

과학적이고 비판적인 사고는 자연스럽게 얻는 것이 아니다. 훈련, 경험, 노력이 필요하다. 앨프레드 맨더는 『백만 인을 위한 논리』에서 이렇게 설명했다. "사고란 솜씨를 요하는 일이다. 아무런 학습도 훈련도 하지 않고, 자연적으로 명료하고 논리적으로 사고할 수 있는 능력을 갖게 되는 것은 아니다. 아무런 학습도 훈련도 하지 않은 사람이 훌륭한 목수, 골프 선수, 브리지 선수, 피아니스트가 되길 기대할 수 없는 것처럼, 정신을 훈련하지 않은 사람들이 명료하고 논리적으로 사고하길 기대할 수 없다."(1947, 서문 7쪽) 절대적으로 확실한 것을 찾고 완벽하게 통제하려는 욕구, 어떤 문제에 대해 단순한 해답을 요구하고 아무 노력 없이 해답을 얻으려는 성향을 우리는 쉬지 않고 억눌러야 한다. 어쩌다 단순한 해답이 있을 수 있겠지만, 대개는 그렇지 않다.

24 부실한 문제 풀이

어떤 면에서 보면 비판적이고 과학적인 사고란 문제 풀이라고 할 수 있다. 문제 풀이의 부실함을 야기하는 심리적 방해 인자들은 수없이 많다. 심리학자 배리 싱어는, 사람들에게 특정한 추측들의 옳고 그름을 사전에 알려 준 다음, 문제를 하나 내고 옳은 답을 찾으라는 과제를 주었다. 사람들의 문제 풀이 방식은 다음과 같았다.

A. 곧장 가설을 세우고 그 가설을 확증하는 사례들만 찾는다.
B. 그 가설을 반박하는 증거는 찾지 않는다.
C. 틀린 것이 명백할 때조차 가설을 바꾸는 데 매우 더디다.
D. 정보가 너무 복잡하면 지나치게 단순한 가설이나 풀이 전략을 채택한다.
E. 해답이 없거나 문제가 속임수여서 '맞음'과 '틀림'이 임의적으로 주어지는 것이면, 자기들이 관찰한 우연히 일치하는 관계들에 대한 가설을 세우며, 항상 인과 관계를 찾아낸다.(싱어, 아벨 1981, 18쪽)

만일 이것이 일반적으로 모든 사람들에게 해당된다면, 과학이나 인생의 문제들을 풀 때 이런 부실함을 극복하기 위해 모두 노력해야 할 것이다.

25 이념적 면역, 또는 플랑크 문제

과학에서처럼 일상 생활에서도 우리는 모두 근본적인 패러다임의 변화에 저항한다. 사회학자 제이 스튜어트 스넬슨은 이런 저항을 일러 이념적 면역 체계라고 불렀다. "교양 있고 지성적이고 성공한 성인들은 자기들의 가장 근본적인 전제들을 좀처럼 바꾸지 않는다."(1993, 54쪽) 스넬슨에 따르면, 개인들이 더 많은 지식을 쌓고 자기네 생각들의 토대를 다질수록(우리 모두는 반증이 아니라 확증의 증거를 찾고 기억하는 경향이 있음을 기억하라), 각자가 가진 이념에 대한 자신감은 더욱 커진다. 하지만 그 결과는 기존의 것을 보강해 주지 못하는 새로운 생각들에 저항하는 '면역성'을 키우는 셈이 되고 만다. 과학사학자들은 이를 물리학자 막스 플랑크의 이름을 따서 플랑크 문제라고 부른다. 플랑크는 과학에서 혁신이 일어나기까지 무슨 일이 벌어지는지 살피다가 이런 생각을 하게 되었다. "중요한 과학적 혁신이 조금씩 상대를 설복해 개종시키는 식으로 이루어지는 경우는 별로 없다. 즉 사울이 바울이 되는 경우는 별로 없다. 정말로 일어나는 일은 그 상대들이 서서히 사라져 가고, 처음부터 그 혁신적인 생각들에 친숙해진 세대가 점점 성장하는 것이다."(1936, 97쪽)

심리학자 데이비드 퍼킨스는 흥미로운 상관성 조사를 했는데, 조사 결과 지능(표준 아이큐 테스트로 측정한 지능)과, 어떤 관점을 취하고 그 입장을 옹호하는 근거를 제시하는 능력 사이에 강한 긍정적 상관성을 발견했다. 그뿐 아니라 지능과, 다른 대안적 관점들을 고려하는 능력 사이에 강한 부정적 상관성도 발견했다. 다시 말해서 지능이 높을수록 이념적 면역 가능성이 커진다는 얘기이다. 이념적 면역은 과학 정신 속에도 형성되어 있다. 과학에서 이념적 면역 체계는 기존의 것을 압도할 가능성이 있는 참신한 생각에 저항하는 일종의 필터 구실을 한다. 과학사학자 I. B. 코언은 이렇게 설명했다. "새롭고 혁명적인 과학 체계는 두 손 들어 환영받기보다는 저항을 받는 경향이 있다. 왜냐하면 성공한 과학자들은 모두 현재 위치를 유지하는 데 있어 지적, 사회적, 심지어 재정적으로도 기득적인 이해 관계를 갖고 있기 때문이다. 만일 새롭고 혁명적인 생각들이 모두 환영받는다면 그 결과는 완전한 혼돈일 것이다."(1985, 35쪽)

결국 역사는 (적어도 잠정적으로) '옳은' 사람들에게 보상을 준다. 변화는 정말 일어난다. 천문학에서는 프톨레마이오스의 지구 중심적 우주관이 서서히 코페르니쿠스의 태양 중심적 우주관에게 자리를 내주었다. 지질학에서는 조르주 퀴비에의 격변론이 보다 확실한 증거를 갖춘 제임스 허튼과 찰스 라이엘의 동일 과정론에 의해 서서히 밀려났다. 생물학에서는 다윈의 진화론이 창조론자들의 종의 불변성에 대한 믿음을 폐기했다. 지구과학에서는 알프레드 베게너의 대륙 이동설이 대륙은 고정되고 안정적이라는 공인된 정론을 극복하기까지 거의 반세기가 걸렸다. 과학에서나 일상 생활에서나 이념적 면역은 극복될 수 있는 것이지만, 새로운 생각을 뒷받침하는 보강 증거와 아울러 시간도 필요하다.

스피노자의 언명

회의주의자들은 우리가 이미 엉터리라고 생각하는 것을 폭로하기를 즐기는 대단히 인간적인 성향을 지니고 있다. 그러나 다른 사람들의 추론에서 오류를 찾아내는 일이 재미있기는 해도, 그게 전부는 아니다. 회의주의자이자 비판적 사고자인 우리는 감정적인 대응을 넘어서야만 한다. 다른 사람들이 어떤 식으로 잘못 사고하게 되는지, 과학이 어떤 식으로 사회적 통제와 문화적 영향을 받는지 이해함으로써, 우리는 이 세계의 운행 방식을 더욱 잘 이해할 수 있기 때문이다. 우리가 과학뿐만 아니라 사이비 과학의 역사까지 이해하는 것이 그토록 중요한 까닭이 바로 이 때문이다. 이런 운동들의 전개 양상을 보다 큰 그림으로 그려 보면, 그리고 그네들의 사고가 어떻게 잘못되어 갔는지를 헤아려 보면, 우리는 그들과 같은 실수를 하지 않을 것이다. 17세기 네덜란드의 철학자 스피노자가 이 점을 가장 훌륭하게 말해 주었다. "내가 지금까지 쉬지 않고 노력해 온 목적은 사람의 행동을 조롱하기 위해서도, 통탄하기 위해서도, 모욕하기 위해서도 아니다. 바로 사람의 행동을 이해하기 위해서이다."

PART

2

사이비 과학과 미신

| 규칙 1 |

우리는 자연의 사물들이 나타나는 방식을 설명하는
참되고 충분한 원인들 이상의 원인은 인정하지 않는다.

이런 취지에서 철학자들은 이렇게 말한다. 자연은 분에 넘치는 일은 결코 하지 않는다.

모자라도 되는데 넘치는 것은 사치이다. 자연은 단순한 것을 좋아하며,

불필요한 원인들로 치장하는 것을 싫어하기 때문이다.

아이작 뉴턴 "철학의 추론 규칙들" 『자연철학의 수학적 원리』 (1687)

CHAPTER 4

통계와 확률이 설명하는 에드거 케이시의 초능력

통계 분야에서 가장 자주 인용되는 문구 중에는 디즈레일리가 분류하고 마크 트웨인이 명쾌하게 풀어낸 거짓말의 세 종류가 있다. 바로 "거짓말, 망할 놈의 거짓말, 통계"이다. 물론 진짜 문제는 통계를 오용하는 데 있다. 보다 일반적인 문제는, 실제 세계를 다루는 방편으로 쓰이는 통계와 확률을 오해하는 것이다. 어떤 일이 일어날 가능성을 평가해야 할 처지가 되면, 대부분의 사람들은 확률을 지나치게 높게 평가하거나 지나치게 낮게 평가한다. 그렇게 되면 정상적인 사건들인데도 정상을 벗어난 현상, 즉 초상적인 현상처럼 보이게 만들어 버릴 수 있다. 버지니아 주 버지니아 비치에 위치한 에드거 케이시Edgar Cayce(1877~1945, '미국에서 가장 불가사의한 사람' '세기 최고의 예언자' '미국 최고의 영매'라 불린 심령술사―옮긴이)의 연구 계몽 협회(Association for Research and Enlightenment)를 방문했을 때, 나는 이런 오해를 보여 주는 고전적인 사례를 접하게 되었다. 어느 날 도심에 있었던 나는 근처 버지니아 웨슬리언 칼리지의 클레이 드리스 교수와 함께 그곳을 찾아가려 했다. 마침 우리가 갔던 날은 다행스럽게도 협회 측에서 초감각 지각(ESP) '실험'을 하나 거행하느라 비교적 분주했다. 그들은 초감각 지각이 과학적으로 증명될 수 있다고 주장했기 때문에, 회의주의자들에게도 공정한 게임이 될 것이라고 생각했다.

그들의 문헌 자료에 따르면 연구 계몽 협회는 20세기의 가장 유명한 '심령술사'의 한 사람인 "에드거 케이시의 리딩reading(말 그대로 '읽기'라는 뜻이지만, 심령술사나 점술가 등이 상대의 마음을 알아맞히거나 과거를 알아내고 미래를 예견하는 것을 특별히 표현하는 말로도 쓰인다. 이 의미를 살리기 위해 그대로 '리딩'이라고 표기했다―옮긴이)을 보존하고 연구하고 일반인이 접할 수 있도록 하기 위해 1931년에 창설된" 단체였다. 같은 취지로 세워진 다른 많은 단체들처럼, 연구 계몽 협회 역시 과학의 겉모습을 많이 띠고 있었다. 건물의 크기나 외관은 현대적이며 권위적인 분위기를 풍겼고, 에드거 케이시의 심령 리딩 자료는 물론 상당히 훌륭한 과학 및 사이비 과학 장서들을 갖춘(이런 식으로 장서가 분류된 것은 아니다) 널따란 연구 도서관이 있었으며, 초상현상을 다룬 온갖 종류의 저서들을 파는 서점도 있었다. 그 책들을 둘러보니 영적인 삶, 자기 발견, 내면의 손길, 전생, 건강, 장수, 치료, 원주민의 지혜, 미래 등에 관한 것들이었다. 연구 계몽 협회는 스스로를 "꾸준히 정보를 색인하고 서지 목록화하며, 조사 및 실험을 발족하고, 회의, 세미나, 강연을 진행시키는 연구 기관"으로 묘사한다.

갖가지 믿음들에 관한 소장 자료를 모은 것을 보니, 마치 초상적인 것에 관한 온갖 인물들, 온갖 것들을 A부터 Z까지 다 갖춘 것처럼 보였다. 회람용 도서관 색인표에는 케이시가 행한 심령 리딩 목록이 줄줄이 나열되어 있다. 몇 가지만 열거해 보면, 천사와 대천사, 지구상의 경험에 미치는 점성술적 영향, 경제 치료, 심령술 재능 평가, 직관, 환영과 꿈, 카르마와 은총의 법칙, 자기磁氣치료, 예수의 누락된 생애, 삶과 죽음의 통일성, 행성들의 위치와 점성술, 심령과학의 원리, 환생, 영혼 퇴행, 진동 등이 있다. '리딩'은 각각, 케이시가 의자에 기대어 앉는 것, 눈을 감는 것, '변성된 상태'에 들어가는 것, 리딩한 주제에 대한 구술 시간으로 이루어져 있었다. 평생 케이시는 무려 만 가지가 넘는 주제에 대해 14,000건의 심령 리딩을 구술했다! 별도로 마련된 의학 도서관에는 따로 회람용 색인표가 비치되어 있었다. 거기에는 상상할 수 있는 모든 질병과 치료법을 다룬 케이시의 심령 리딩이 열거되어 있었다. 그중 하나가 "에드거 케이시의 유명한 '검은 책Black Book'"이다. 이 책은 "상처를 없애는 간단한 공식"을 하나 제공하고, "최상의 수면 시간"을 설명해 주고, "최고의 운동법"을 말해 주고, "기억력에 도움이 될" 것들을 명시해 놓고, 209쪽에서는 의학의 수수께끼 중 가장 큰 수수께끼인 "나쁜 숨을 몰아내는 법"을 해결해 놓았다.

연구 계몽 협회는 독자적인 출판사를 갖추고 있고, '초개인 연구 애틀랜틱 대학교'를 법인으로 운영하고 있다. 그 대학교에서는 '독립적인 연구 프로그램'을 제공하는데, 다음과 같은 과정들이 포함되어 있다. "TS 501 — 초개인 연구 입문"(케이시, 에이브러햄 매슬로, 빅터 프랭클의 저서와 불교 경전을 다룬다), "TS 503 — 인간 의식의 기원과 발달"(고대의 마술사들과 대모신大母神을 다룬다), "TS 504 — 영성 철학과 인류의 본성"(영적 창조와 진화를 다룬다), "TS 506 — 내면의 삶: 꿈, 명상, 이미지화"(문제 해결 도구로서의 꿈), "TS 508 — 종교의 전통들"(힌두교, 불교, 유대교, 이슬람교, 기독교), "TS 518 — 모든 것을 판정하는 길, 점술"(점성술, 타로 카드, 주역, 필적 분석, 손금 보기, 심령 리딩).

잡다한 강연과 세미나는 추종자들의 믿음을 고무시키고, 초심자들을 끌어들일 기회를 마련한다. 아흐메드 페이드가 진행하는 "이집트, 신화, 전설" 강연은 그다지 알려지지 않은 주제인 고대 이집트에서의 케이시의 생을 해명한다. "이름 말하기: 예수 그리스도를 당신의 살아 있는 스승으로 선택하기"는 연구 계몽 협회가 전통적인 종교들에 열려 있음은 물론 어떤 믿음 체계가 되었든 차별하지 않음을 보여 준다. "소리 내기와 상음 영창" 세미나는 당신이 "권능과 변성의 도구"를 갖추게 할 것을 약속한다. "전생 기억의 치유력"이라고 불리는 사흘짜리 세미나는 특히 레이먼드 무디가 중심이 되어 진행하는데, 그는 임사 체험은 저편 세상으로 건너가는 다리라고 주장하는 인물이다.

에드거 케이시는 어떤 인물이었을까? 연구 계몽 협회의 문헌 자료에 따르면, 케이시는 1877년 켄터키 주 홉킨스빌 인근 농장에서 태어났다. 젊었을 적의 그는 "오감을 뛰어넘어 확장된 지각 능력을 발휘했다. 마침내 그는 전 시대를 통틀어 가장 많은 기록을 남길 심령술사가 될 것이었다." 소문에 따르면, 스물한 살 때 케이시를 담당했던 의사들은 "목소리를 잃게 될지도 모르는 점진적인 마비"의 원인과 치료법을 찾아낼 수 없었다고 한다. 그러자 케이시는 '최면 상태'에 들어가 스스로 치료법을 찾아 권고했으며, 그의 말에 따르면 효과가 있었다고 한다. 변성된 의식 상태에서 병을 진단하고 해법을 내놓는 능력을 발견한 케이시는 정식으로 자리를 잡고 몸에 이상이 있는 사람들을 위해 그 능력을 쓰게 되었다. 이어서 병뿐만 아니라, 우주며 세계며 인류며 할 것 없이 생각할 수 있는 모든 측면들을 아우르는 수천 가지 문젯거리들을 놓고 두루 심령 리딩을 하는 데까지 이르게 되었다.

에드거 케이시를 다룬 책들이 무수히 쏟아져 나왔는데, 무비판적인 추종자가 쓴 책들도 있고(서미나라 1967; 스턴 1967), 회의주의자들이 쓴 책들도 있다(베이커, 니켈 1992; 가드너 1952; 랜디 1982). 회의주의자 마틴 가드너는 케이시가 젊었을 적부터 종종 천사들과 얘기를 나눈다거나 죽은 할아버지의 환영을 본다거나 하는 등 환상에 빠지기 쉬운 성향을 가졌음을 입증한다. 9학년 이후로 정규 교육을 받지 않았던 케이시는 왕성한 독서를 통해 방대한 지식을 쌓았고, 이 지식을 토대로 정교한 이야기들을 꾸미고, 트랜스 상태에서 상세한 진단을 내놓았다. 초기의 심령 리딩은 정골 요법사가 있는 자리에서 행해졌다. 케이시가 쓰는 용어의 상당 부분은 바로 이 정골 요법사에게서 차용한 것들이었다. 아내가 결핵에 걸리자, 케이시는 이런 진단을 내놓았다. "몸속 상태가 지금까지와는 많이 다르다……머리에서부터, 둘째, 다섯째, 여섯째 흉추에서부터, 첫째와 둘째 요추에서부터 고통이 몸 구석구석으로 퍼진다……여기가 불통 상태이고, 근섬유와 신경섬유에서 병변이, 즉 측면 병변이 여기저기 옮겨 다니고 있다." 가드너는 이렇게 설명한다. "정골 요법사가 아니고서는 거의 아무도 알아먹기 힘든 얘기이다."(1952, 217쪽)

제임스 랜디가 케이시에게서 본 것은 심령술 쪽에서는 지극히 친숙한 술수들이다. "케이시는 '나는 이러저러하게 느낀다' 라든가 '아마도' 라는 표현을 즐겨 사용한다—이런 말들은 이건 이렇고 저건 저렇다는 단정을 피하려고 사용하는 완화 어투이다."(1982, 189쪽) 케이시의 치료책을 보면 꼭 중세 시대 본초학자가 내놓은 처방전 같다는 느낌이 든다. 다리 헌 데에는 스모크오일(oil of smoke, 무엇을 뜻하는지 명확하지 않으나, 너도밤나무를 증류하여 만든 유액을 뜻하는 것으로 보인다. 옛날에 건선을 치료하는 것으로 알려졌다고 한다—옮긴이), 아기가 경기를 일으키면 복숭아나무 습포, 수종水腫에는 빈대즙, 관절염에는 땅콩기름 마사지, 아내의 결핵에는 대나무를 태운 재를 처방했다. 과연 케이시의 심령 리딩과 진단이 맞았을까? 그가 내린 처방이 효과가 있었을까? 뭐라고 말하기 어렵다. 몇몇 환자들의 증언만으로는 통제된 실험을 대표하지 못한다. 그런데 케이시에게 편지를 쓴 시각과 케이시가 심령 리딩을 한 시각 사이에 죽은 환자들이 여럿 있다는 것은 케이시의 실패를 보다 분명하게 보여 준다. 그런 사례를 하나 들어 보자. 어떤 소녀에 대해서 심령 리딩을 했던 케이시는 소녀의 질병을 치유할 복잡한 영양 프로그램을 권했다. 그리고 이런 주의를 주었다. "오늘부터 당장 시행해야 할 것이 있습니다. 효과가 있고 없고는 거기에 달려 있습니다. 아시겠습니까?" 하지만 소녀는 이

그림 4 연구 계몽 협회에 있는 ESP 기계. (사진: 마이클 셔머)

미 그 전날에 사망한 상태였다. (랜디 1982, 189~195쪽)

"우리가 신과 인간에 대한 사랑을 분명히 보여 주기를"이라고 쓰인 현판을 본 우리는 굉장한 기대를 품고 에드거 케이시의 유산인 회관 안으로 들어갔다. 내부에는 실험실도 과학 장비도 없었다. 있는 거라곤 ESP 기계 하나뿐으로, 로비 벽에 자랑스럽게 전시되어 있었다(그림 4). 기계 바로 옆에는 옆방에서 곧 ESP 실험이 있을 예정이라는 안내문이 크게 붙어 있었다. 기다리고 기다리던 것이었다.

ESP 기계에서 중심이 되는 것은 표준 제너 카드이다. 제너 카드는 K.E. 제너가 만든 것으로, 각각 쉽게 구분되는 모양을 하고 있으며, 심령 실험에서 해석의 용도로 사용된다. 기계에는 더하기 부호, 네모, 별, 원, 물결선, 이렇게 다섯 가지 기호를 각각 누르는 버튼이 있다. 연구 계몽 협회 이사 한 사람이 ESP, 에드거 케이시, 심령의 힘에 대한 강의를 시작했다. 그의 설명에 따르면 심령술의 자질을 갖고 태어난 사람도 있는 반면, 다른 사람들은 연습이 필요하다고 했다. 그러나 우리 모두는 어느 정도 능력을 갖고 있다고 했다. 실험에 참가할 사람이 필요하다고 하자 나는 수신자로 자원했다. 그런데 심령 메시지를 어떻게 수신해야 하는지 아무런 지시가 없어 강사에게 물었더니, 발신자의 이마에 생각을 집중해야 한다고 설명해 주었다. 방 안에 있던 다른 서른네 명의 사람들도 같이 해 보라고 말했다. 또 우리는 모두 ESP 시험 득점 기입표를 받았다(그림 5). 표에는 우리가 선택한 것과 정답—실험이 끝난 뒤에 불러 주었다—을 맞추게끔 두 줄의 세로 칸이 있었다. 우리는 두 차례 시험을 쳤는데, 각각 스물다섯 번씩 카드를 맞히는 것이었다. 1차 시도에서 나는 7점을 맞았다. 솔직히 말해서 1차 때에는 메시지를 수신해 보려고 노력했다. 2차 시도에서는 3점을 맞았는데, 이때는 모든 기입란에 더하기 부호를 표시했다.

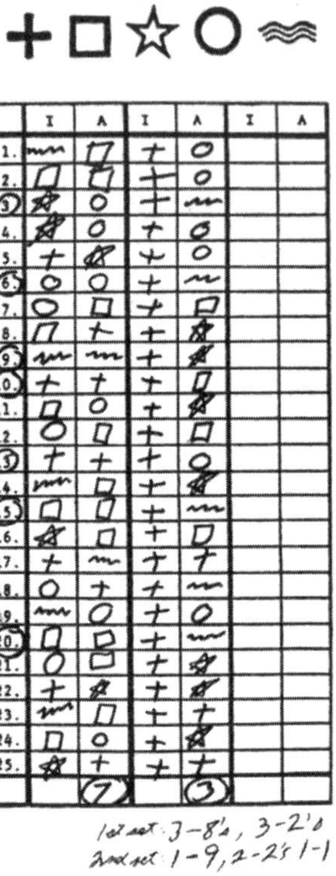

그림 5 마이클 셔머의 ESP 시험 득점 기입표

강사는 이렇게 설명했다. "5점은 평균이고, 3점과 7점 사이는 우연입니다. 7점만 넘으면 ESP가 있다는 증거입니다." 나는 물었다. "3점부터 7점이 우연이고 7점을 넘으면 ESP가 있다는 증거라고 말씀하셨는데, 3점 아래를 맞은 사람은 어떤 사람입니까?" 강사는 이렇

게 대답했다. "그건 마이너스 ESP를 보여 주는 것입니다." (그게 무엇인지 강사는 말해 주지 않았다.) 나는 방 안에 있는 사람들을 조사해 보았다. 1차 시도에서 세 명이 2점을 맞았고, 8점을 맞은 사람이 세 명 있었다. 2차 시도에서는 9점을 맞은 사람도 하나 있었다. 그렇다면 심령의 힘이 내게는 없지만, 최소한 다른 네 사람에게는 있다는 뜻이었다. 정말 그럴까?

점수가 높으면 ESP 능력이 높다는 결론을 내리기 전에, 순전히 우연으로 어떤 점수들을 얻을 것인지 살필 필요가 있다. 우연으로 얻을 점수는 확률 이론과 통계 분석으로 예측할 수 있다. 과학자들은 통계적으로 예측된 시험 결과와 실제 시험 결과를 비교해서 그 실제 결과가 의미 있는 결과인지, 곧 우연에 의한 결과보다 더 나은 결과인지를 판정한다. ESP 시험 결과는 예상된 무작위 결과의 패턴과 딱 들어맞았다.

나는 사람들에게 이렇게 설명했다. "1차 시도에서 2점 맞은 사람이 셋, 8점이 셋, 다른 사람들(스물아홉 명)은 모두 3점과 7점 사이입니다. 2차 시도에서는 9점이 하나, 2점이 둘, 1점이 하나입니다. 1차 시도와 2차 시도의 고득점자 저득점자는 각각 다른 사람입니다! 평균 5점 주변에서 정상 분포를 보이는 것 같지 않습니까?" 강사는 내게 고개를 돌려 미소를 지으며 이렇게 말했다. "엔지니어거나 무슨 통계학자 같은 분이신가 보죠?" 사람들이 웃었다. 강사는 다시 강단으로 돌아가 연습을 통해 ESP 능력을 향상시키는 방법을 강의했다.

강사가 사람들에게 질문할 것이 없냐고 물었다. 나는 더 이상 사람들에게서 질문이 나오지 않을 때까지 기다린 다음에 이렇게 질문했다. "선생님은 연구 계몽 협회에서 수십 년 동안 연구하셨다고 했습니다. 맞습니까?" 강사는 고개를 끄덕였다. "그리고 선생님은 경험을 쌓으면 ESP를 높일 수 있다고 말했습니다. 맞습니까?" 순간 그는 내가 무슨 의도로 그런 질문을 하는지 알아채고는 이렇게 말했다. "그건……" 나는 강사의 말문을 가로막고 이렇게 결론을 내렸다. "지금쯤이면 선생님은 틀림없이 이런 종류의 시험에 아주 능숙하실 것입니다. 우리가 저 기계로 선생님에게 신호를 보내 보면 좋을 텐데요. 선생님이라면 최소한 25개 가운데 15개는 맞히실 수 있을 것으로 생각합니다." 내 제안을 들은 강사는 전혀 재밌어 하지 않았다. 자기는 오랫동안 ESP 훈련을 하지 않았다고 말한 강사는 실험 시간이 끝났음을 알렸다. 그는 서둘러 사람들을 해산시켰다. 그런데 몇 사람이 내게 몰려와서 "평균 5점 주변의 정상 분포"가 무슨 뜻인지 설명해 달라고 부탁했다.

나는 종잇조각에다 정상 분포 곡선을 하나 투박하게 그렸다. 흔히 '벨 곡선'으로 더 많이 알려진 곡선이다(그림 6). 나는 정답(적중)의 평균, 즉 중간 수치가 우연에 의한 예상치인 5라고 설명했다(25개 중 5개). 적중 수치가 우연에 의해 표준 평균 5에서 벗어나게 될 편차는 2이다. 따라서 이 정도 크기의 집단인 경우, 누구는 8점을 맞고 누구는 1~2점밖에 맞지 못했다는 사실에 특별한 의미를 둘 필요가 없다. 우연에 의해 일어날 것으로 예측한 것과 정확히 일치하기 때문이다.

시험 결과가 보여 준 것은 우연이 작용하고 있다는 것뿐이다. 이 실험의 경우 평균에서 벗어난 편차는 우리가 예측할 수 있는 편차와 전혀 다를 바가 없다. 만일 텔레비전 쇼처럼 청중의 규모가 수백만

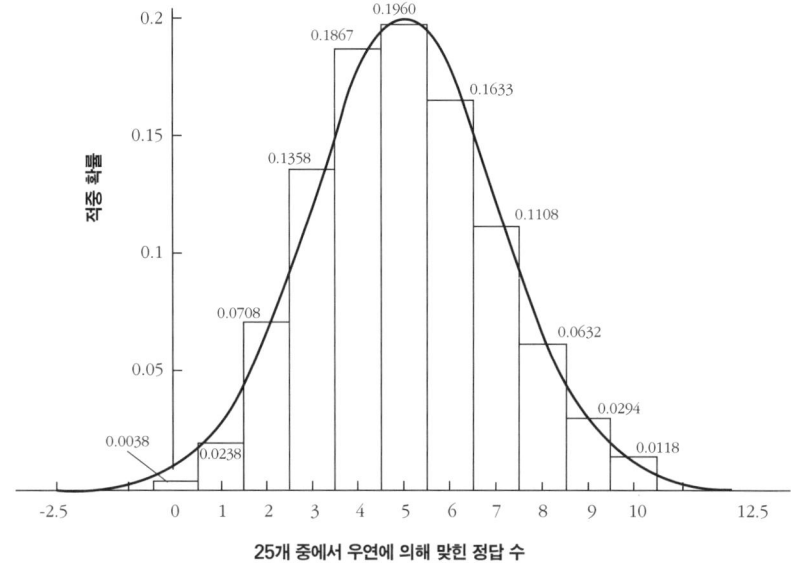

그림 6 각각 가능한 답이 다섯 가지인 25문항 시험 결과를 표시한 벨 곡선. 우연이 작용하고 있다면, 확률 상으로 이렇게 예측된다. 대부분의 사람들(79퍼센트)은 3점과 7점 사이를 맞을 것이며, 8점 이상을 맞을 확률은 10.9퍼센트이다(그래서 인원이 25명인 집단에서는 순전히 우연에 의해 이 범위에 드는 점수를 맞는 사람늘이 항상 있다). 그리고 15점을 맞을 확률은 90,000명에 1명 꼴, 20점을 맞을 확률은 50억 명에 1명 꼴, 25점 만점을 맞을 확률은 300×10^{15}명에 1명 꼴 정도이다.

명으로 확대된다면, 고득점을 잘못 해석할 가능성이 훨씬 커질 것이다. 이 정도 크기의 집단인 경우, 평균을 벗어난 표준 편차가 3인, 즉 11점을 맞은 사람도 극소수이지만 있을 것이고, 이보다 훨씬 적다고 해도 표준 편차가 4인, 즉 13점을 맞은 사람도 있을 것이다. 이 모두는 우연과 큰 수의 무작위성을 기준으로 예측한 것과 같다. 심령의 힘을 믿는 자들은 (통계적인 의미에서) 가장 편차가 심한 피험자들의 결과에만 초점을 맞추기 마련이며, 심령의 힘이 있다는 증거로 선전한다. 그러나 통계학자의 말에 따르면, 충분히 큰 집단이 주어졌을 경우, 매우 높은 점수를 맞을 사람이 있을 수밖에 없다는 것이다. 거짓말 중에는 그냥 거짓말도 있고 망할 놈의 거짓말도 있겠지만, 사이비 과학이 멋모르는 사람들 속을 파고들 때 진실을 밝힐 수 있는 것은 바로 통계이다.

ESP 실험이 끝난 뒤, 방을 나온 한 여성이 나를 따라와 이렇게 물었다. "당신은 회의주의자군요. 그렇죠?"

"예, 그렇습니다."

이 대답을 들은 그녀는 이렇게 응수했다. "음, 그렇다면 제가 친구에게 전화를 걸려고 하는데 딱 맞춰서 친구가 제게 전화를 건 경우 같은 우연의 일치는 어떻게 설명하실 거죠? 심령 소통의 한 예가 아닐까요?"

나는 이렇게 말했다. "그렇지 않습니다. 그것은 통계적 일치의 한 예입니다. 당신에게 이렇게 물어보겠습니다. 당신이 친구에게 전화를 걸려 했는데 그 친구가 전화하지 않았던 적이 얼마나 되죠? 당신이 먼저 전화를 걸지 않았는데 그 친구가 당신에게 전화를 걸었던 적은 또 얼마나 되죠?"

그녀는 생각해 봐야겠다며 나중에 다시 오겠노라고 말했다. 얼마 뒤, 나를 찾아낸 그녀는 내 말이 무슨 말인지 이해했다고 말했다. "제가 기억하는 것은 이 사건들이 일어났을 때뿐이었습니다. 당신이 말한 다른 사건들은 모두 잊고 있었죠."

"빙고!" 나는 개종자를 얻었다는 생각에 이렇게 외쳤다. "맞습니다. 그건 단순히 선택적 지각의 문제일 뿐입니다."

그러나 나는 너무 낙관했었다. "그렇지 않아요." 그녀는 이렇게 결론을 내렸다. "이건 그냥 심령의 힘이 가끔씩 작용한다는 걸 증명할 뿐, 다른 게 아닙니다."

제임스 랜디는 이렇게 말한다. 초상적인 것을 믿는 사람들은 "가라앉지 않는 고무 오리" 같다고.

볼 수 없는 세계로

저승이 어떠한지 지레 짐작해 보려고
볼 수 없는 세계 속에 내 영혼을 보냈더니
이윽고 돌아온 영혼, 이렇게 답을 했네
"내 자신이 천국이요, 지옥일러라"

오마르 카이얌 『루바이야트』(『루바이야트』(민음사, 2005)의 번역을 따름―옮긴이)

1980년, 나는 오리건 주의 클러매스 폴스에서 열린 주말 세미나에 참석했다. 주제는 "내면 상태의 자의적 통제"였으며, 주최자는 대체 의학과 변성된 의식 상태의 수행자로 유명한 잭 슈워츠였다. 세미나 홍보 자료에 따르면, 잭은 나치 강제 수용소에서 살아남은 사람으로, 수년 간 고립된 세월을 보내고, 참혹한 조건을 견디고, 신체 고문을 당하면서 자기 몸을 초월해 고통이 없는 곳으로 가는 법을 터득했다고 한다. 세미나의 취지는 명상을 통한 마인드 컨트롤의 원리를 가르치는 것이었다. 이 원리에 정통하면 맥박 속도, 혈압, 고통, 피로, 출혈 등의 신체 기능을 마음대로 통제할 수 있다고 한다. 그것을 입증하는 극적인 사례가 있었다. 잭은 약 25센티미터 길이의 녹슨 돛바늘을 꺼내 이두근 속으로 밀어 넣었다. 그는 눈 하나 깜짝하지 않았다. 바늘을 뽑은 다음에 보니 구멍에 미량의 핏방울만 맺혀 있었다. 나는 그 모습에 큰 감명을 받았다.

세미나 과정의 1부는 교육이었다. 우리는 차크라(신체 영역과 심령 영역이 교차하는 에너지의 중심)의 색깔, 위치, 힘을 배웠고, 이 차크라를 이용해 신체를 통제하는 마음의 힘, 시각화를 통한 병의 치유, 물질과 에너지의 상호 작용을 통한 우주와의 합일 따위의 놀라운 것들을 배웠다. 2부는 실습이었다. 우리는 명상하는 법을 배운 다음, 에너지를 집중시키기 위해 만트라 같은 것을 읊었다. 이 과정은 한참 동안 진행되었다. 잭은 아주 놀라운 감정을 겪는 사람도 있을 거라고 설명했다. 힘껏 애를 썼지만 나는 불가능했다. 그런데 다른 사람들은 확실히 그랬다. 여러 여자들이 의자에서 떨어져 바닥에서 몸부림치기 시작했다. 가쁘게 숨을 쉬면서 신음을 토하는 것이, 내 눈에는 마치 오르가슴 상태처럼 보였다. 심지어 남자들 몇 명도 그런 상태에 빠졌다. 차크라와 조화를 이루도록 거들 요량으로 한 여자가 벽면이 거울로 된 욕실로 나를 데려가 문을 닫고 불을 끄고는, 우리 몸을 두르고 있는 에너지 오라를 보여 주려고 애를 썼다. 나는 있는 힘껏 열심히 쳐다보았지만 아무것도 보이지 않았다. 어느 날 밤, 우리는 한

적한 오리건 고속도로를 따라 드라이브를 했다. 그러던 중 그녀가 도로가에 작은 광체光體가 있다며 손가락으로 가리켰다. 이번에도 나는 아무것도 볼 수 없었다.

나는 잭의 세미나에 몇 번 더 참가했다. 그때는 내가 '회의적'이 되기 전이었기 때문에, 솔직히 말해 다른 사람들이 겪은 것을 몸소 겪어 보기 위해 애를 썼노라고 말할 수 있다. 그러나 그 경험은 언제나 나를 비껴갔다. 돌이켜 보면 당시 벌어졌던 일은, 사람에 따라 환상에 빠지기 쉬운 사람도 있고, 암시와 집단 영향을 받기 쉬운 사람도 있고, 마음을 변성된 의식 상태로 빠지게 하는 일을 잘하는 사람도 있다는 사실과 관련이 있다고 생각한다. 내 생각에 임사 체험이 바로 변성된 의식 상태에 속하기 때문에, 이 개념을 검토해 보려 한다.

변성된 의식 상태란 무엇인가?

신비적인 경험과 영성 경험은 환상과 암시의 산물에 불과하다는 점에서 대부분의 회의주의자들과 내 생각은 일치할 것이다. 그러나 변성된 의식 상태에 대한 나의 제3의 관점에 대해서는 많은 회의주의자들이 문제 삼을 것이다. 제임스 랜디와 나는 이 주제를 놓고 오랜 시간 의견을 나누었다. 심리학자인 로버트 베이커(1990, 1996) 같은 회의주의자들처럼 랜디 역시 변성된 의식 상태 같은 것은 없다고 믿는다. 왜냐하면 변성되지 않은 상태에서 (다시 말하면, 정상적인 상태, 깨어 있는 상태, 의식 상태에서) 할 수 없으나 이른바 변성 상태에서 할 수 있는 것은 아무것도 없기 때문이다. 예를 들어 최면은 흔히 변성 상태의 한 유형으로 간주된다. 그러나 최면술사인 '디 어메이징' 크레스킨은 일상적인 깨어 있는 상태에서 할 수 없는 일을 최면 상태에서 할 수 있게 하는 사람에게 10만 달러를 내걸었다. 베이커, 크레스킨, 랜디 등의 사람들은 최면이란 환상의 역할 연기에 불과하다고 생각한다. 그런데 내 생각은 다르다.

변성된 의식 상태라는 표현은 1969년에 초심리학자 찰스 타트가 처음 만들어 썼지만, 한동안 주류 심리학자들도 마음이 단순한 의식적 자각 상태 이상의 것이라는 사실을 알고 있었다. 심리학자 케네스 바워스는 실험을 해 보면 "상황의 지각된 요구에 자의적이고 의도적으로 응하는 것에 비해 최면 행동에는 훨씬 전반적이고 미묘한 무언가가 있음"이 증명되며, "'조작 가설'은 최면을 전적으로 부당하게 해석하는 것"이라고 주장한다.(1976, 20쪽) 스탠포드의 실험심리학자 어니스트 힐가드는 최면을 통해 마음속의 '숨은 관찰자'를 발견했다. 숨은 관찰자는 무슨 일이 일어나는지를 알고는 있지만, 의식 수준에서 아는 것은 아니다. 힐가드는 또한 "위계적으로 조직되어 있지만, 서로서로 분리된 상태가 될 수 있는 복합적인 기능 체계"가 존재함을 알아냈다.(1977, 17쪽) 보통 힐가드는 피험자에게 이런 지시를 내렸다.

(당신이 최면 상태에 들어간 뒤) 제가 당신 어깨에 손을 얹으면, 저는 당신 몸에서 일어나는 일을 알고 있는 당신의 숨은 일부에게 말을 걸 수 있을

것입니다. 그 일은 제가 지금 말을 거는 당신의 일부는 모르고 있는 것입니다. 제가 지금 말을 걸고 있는 당신의 일부는 당신이 제게 하는 얘기도 모를 것이며, 당신이 얘기를 하고 있다는 것조차도 알지 못할 것입니다…… 당신이 기억하게 될 것은, 현재 진행 중인 많은 것을 알고 있으면서도 당신의 정상적인 의식이나 최면 상태에 빠진 당신의 일부에게는 숨겨져 있을 수 있는 당신의 일부가 있다는 것입니다.(녹스, 모건, 힐가드 1974, 842쪽)

이렇게 숨은 관찰자의 분리는 일종의 변성 상태이다.
변성 상태나 변성되지 않은 상태를 정확히 무슨 의미로 사용할까? 양적인 차이―정도의 차이―와 질적인 차이―종류의 차이―를 구분하는 것이 도움이 될 것이다. 사과 여섯 개와 사과 다섯 개는 양적으로 다르며, 사과 여섯 개와 오렌지 여섯 개는 질적으로 다르다. 의식 상태들 사이의 차이는 대부분 질적인 차이가 아니라 양적인 차이다. 달리 말하면 각 의식 상태 모두 어떤 것이 존재하지만, 양에 있어서만 차이가 날 뿐이라는 얘기이다. 예를 들어 보자. 우리는 잠잘 때에도 생각한다. 꿈을 꾸기 때문이다. 잠잘 때에도 우리는 기억을 형성한다. 꿈을 기억할 수 있기 때문이다. 잠잘 때에도 우리는 비록 상당히 약하기는 하지만 주변을 민감하게 느낀다. 어떤 사람은 잠든 상태에서 걷기도 하고 말을 하기도 한다. 우리는 잠을 통제할 수 있다. 몇 시에 일어나겠다고 마음먹으면 꽤 미덥게 해낼 수 있다. 달리 말하면 양만 더 적을 뿐이지 우리는 잠든 상태에서도 깨어 있을 때 하는 일을 그대로 하는 것이다.

잠이 훌륭한 사례가 되는 또 다른 이유는 잠든 상태와 깨어 있는 상태가 너무나 달라서 대개는 두 상태를 혼동하지 않기 때문이다. 양적인 차이가 너무 크기 때문에 두 상태가 질적으로 다른 상태라고 생각하며, 따라서 변성 상태에 해당한다고 여길 수 있다. 〈그림 7〉에서 보는 것처럼 뇌파가 양적으로만 차이나는데도 불구하고, 그 차이가 너무 커서 뇌파가 나타내는 상태들을 각각 다른 종류의 상태로 간주할 수 있을 것이다. 만일 혼수상태가 변성 상태가 아니라면, 나는 대체 그게 어떤 상태인지 알지 못할 것이다. 게다가 혼수상태는 의식 상태에서 재현될 수 있는 상태가 아니다.

의식에는 두 가지 성질이 있다. "첫째, 우리 자신과 우리 주변을 감시하여 지각한 것, 기억한 것, 생각한 것을 자각 상태에서 정확하게 표상할 수 있도록 해 준다. 둘째, 우리 자신과 우리 주변을 통제하여 신체 활동과 인지 활동을 시작하고 끝맺게 해 준다."(킬스트롬 1987, 1445쪽) 그렇다면 변성된 의식 상태는 지각한 것, 기억한 것, 생각한 것에 대한 정확한 감시를 방해할 뿐만 아니라, 주변 환경 내에서 일어나는 행동과 인지에 대한 통제까지 무너뜨려야 할 것이다. 변성된 의식 상태는 우리 주변 환경에 대한 감시와 통제에 의미 있는 간섭이 있을 때 존재한다. '의미 있다'는 말은 '정상적인' 기능을 크게 벗어났다는 뜻이다. 수면과 최면이 바로 이러하며, 환각, 임사 체험, 유체 이탈, 그리고 다른 변성 상태도 마찬가지이다.

심리학자 배리 베이어스테인은 이와 비슷한 논증을 펼치며, 변성된 의식 상태를 "질병, 반복적인 자극, 정신적 조작, 또는 화학 물질 복용에 의해" 특정 신경계가 "우리 자신과 세계에 대한 지각이 심대

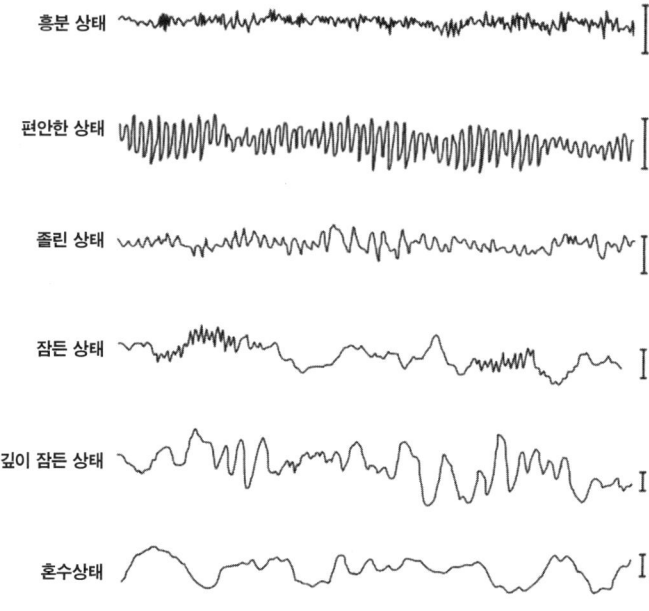

그림 7 각기 다른 여섯 가지 의식 상태의 뇌파 기록

하게 변성될 수 있을" 정도로 변경된 상태라고 정의한다.(1996, 15쪽) 심리학자 앤드루 네어(1990)는 변성된 의식 상태를 '초월 상태'라고 부른다. 네어는 초월 상태를, 그 상태를 겪는 사람을 충분히 압도할 만큼 강렬하고, 갑작스럽고, 예기치 못한 의식의 변성으로 정의한다. 여기서 열쇠가 되는 것은 경험의 강도와 의식 변성의 심도이다. 변성되지 않은 의식 상태에서 할 수 없는 일을 변성된 상태에서 할 수 있을까?

그렇다. 일례로 꿈은 깨어 있는 상태의 사고와 백일몽과는 현저하게 다르다. 평상시에 우리는 두 상태를 결코 혼동하지 않는데, 이는 두 상태가 질적으로 다르다는 것을 가리킨다. 나아가 환각은 극도의 스트레스, 약물, 수면 박탈 같은 중간 변수가 있지 않고서는 안정적으로 깨어 있는 상태에서 경험되지 않는 게 보통이다. 임사 체험과 유체 이탈은 너무나 색다르기 때문에 삶의 전환점이 되는 사건으로 꼽히는 경우가 자주 있다.

그러나 이 상태들 사이에는 오직 양적인 차이만 있을 뿐이다. 양적으로 다르다고 해도, 그 차이가 너무 커서 질적인 차이가 있다고 주장할 수 있을 것이다. 당신은 내가 정상적인 의식 상태일 때와 심각한 환각 상태일 때의 뇌파 기록이 오직 양적으로만 차이가 있음을 보여 줄 수 있다. 그러나 나는 아무 문제없이 그 극적인 차이를 경험하고 인식한다. 이제 그 예로 임사 체험을 살펴보도록 하자.

죽음을 경험하다

종교, 신비주의, 영성주의, 뉴에이지 운동, ESP와 심령의 힘에 대한 믿음의 배후에서 작용하는 원동력 중에는 물질세계를 초월하고자 하는 욕망, 지금 여기를 뛰어넘어 보이지 않는 것을 관통해 감각 너머의 또 다른 세계로 들어가고자 하는 욕망이 있다. 그런데 그런 저편 세계가 대체 어디에 있으며, 그곳에 도달할 수 있는 방법은 무엇일까? 전혀 아는 바가 없는 곳이 풍기는 매력이란 게 무엇일까? 죽음이란 단지 저편 세계로 넘어가는 것에 불과할까?

믿는 자들의 주장에 따르면, 우리는 임사 체험이라 불리는 현상을 통해 저편 세계에 대해 무언가를 알 수 있다고 한다. 임사 체험은 단짝인 유체 이탈 체험과 더불어 심리학에서 가장 흥미로운 현상에 속한다. 죽음을 가깝게 만날 때 일부 사람들의 경험 내용이 너무나 비슷해서, 많은 사람들이 사후 세계가 있다거나 죽음은 유쾌한 경험이라거나, 아니면 둘 다라고 믿을 정도이다. 1975년에 레이먼드 무디의 책 『다시 산다는 것』이 출간되면서 그 현상이 대중에게 널리 알려지게 되었으며, 다른 사람들에게서 나온 보강 증거에 의해 실증되었다. 예를 들어 심장 전문의 F. 슈메이커(1979)의 보고에 따르면, 그가 18년 동안 담당했던 2천 명 이상의 환자 가운데 50퍼센트가 임사 체험을 했다고 한다. 1982년 여론 조사에서는 미국인 스무 명 중 한 명 꼴로 임사 체험을 한 것으로 나타났다(갤럽 1982, 198쪽). 딘 셰일스(1978)는 문화에 따른 임사 체험의 성질을 연구했다.

  임사 체험이 처음 부각되었을 때에는 희귀하고 색다른 사건으로 인식되었고, 과학자들과 의사들은 상상력이 풍부한 사람이 큰 스트레스를 받은 상태에서 떠벌린 허풍이나 환상 비행으로 치부해 버렸다. 그러다가 1980년대에 이르러, 엘리자베스 퀴블러로스의 연구를 통해 임사 체험이 신뢰를 얻게 되었다. 퀴블러로스가 제시했던 다음의 사례는 이제 고전이 되었다.

슈워츠 부인이 병원으로 와서 자기가 어떻게 임사 체험을 했는지 말해 주었다. 인디애나 주 출신의 주부였던 그녀는 지극히 평범하고 순진한 여성이었다. 그녀는 암이 많이 진행된 데다 출혈까지 있어 개인 병원으로 실려 갔다. 죽은 거나 다름없는 상태였다. 의사들은 45분 동안 소생술을 펼쳤지만, 생명 신호가 잡히지 않았기 때문에 결국 사망 선고를 내렸다. 그녀가 나중에 내게 들려준 얘기에 따르면, 의사들이 자기를 붙들고 씨름하는 동안 육체를 벗어나 그야말로 둥둥 뜨는 경험을 했다고 한다. 침대 위 몇 미터 높이에서 떠다니면서 의사들이 필사적으로 소생술을 펼치는 모습을 지켜보았다고 한다. 그녀는 의사들이 맨 넥타이의 디자인을 묘사했고, 한 젊은 의사가 했던 농담까지 다시 들려주었다. 그녀는 그 모든 것을 전부 기억하고 있었다. 그녀는 그 의사들에게 하고 싶은 말이 있었다고 한다. 긴장을 푸세요, 서두르지 마세요, 괜찮아요, 그렇게 힘들게 할 필요 없어요. 그다음, 그녀의 말을 빌리면, 그들에 대해서 '포기했고' 의식을 잃었다고 한다. 의사들이 그녀의 사망을 선고했을 때, 그녀는 의식을 회복했고, 1년 반을 더 살았다. (1981, 86쪽)

전형적인 임사 체험이다. 보고된 바에 따르면, 가장 흔하게 나타나는 임사 체험의 특징은 세 가지인데, 위에서는 그 한 가시 특성이 보이고 있다. (1) 둥둥 떠 있는 유체 이탈 체험. 아래를 내려다보면 당신 몸이 보인다. (2) 터널이나 나선형 방을 통해 환한 빛을 향해 간다. '저편 세계'로의 초월을 나타낸다. (3) 저편 세계로 건너가서 이미 세상을 떠난 사랑하는 사람을 보거나 신 같은 형상을 본다.

환각적인 소망 사고 경험이 분명한 것으로 보이는데도, 퀴블러 로스는 무리하게 이런 이야기들을 검증하려 들었다. "심각한 교통사고를 당해 생명 징후가 없었던 사람들이 자기들을 파손된 차에서 꺼낼 때 썼던 용접기가 몇 개나 되는지 말해 주기도 했다."(1981, 86쪽) 이보다 더욱 괴상한 이야기는, 장애를 입었거나 병든 몸이 임사 체험 동안에는 다시 멀쩡해진다는 것이다. "사지마비 장애인들은 더 이상 마비 상태를 느끼지 않았고, 오랫동안 휠체어 신세를 졌던 다발성 경화증 환자는 자기 몸에서 벗어났을 때 노래도 하고 춤도 출 수 있었다고 말한다." 예전의 멀쩡했던 몸에 대한 기억이 아닐까? 당연히 그렇다. 내 친한 친구 중에는 자동차 사고를 당한 뒤에 하반신 마비가 된 친구가 있는데, 멀쩡한 몸 상태가 된 꿈을 꾸곤 했다고 한다. 아침에 잠에서 깨어 침대에서 벌떡 일어나리라는 예상은 그 친구에게 전혀 이상할 것이 없었다. 그러나 퀴블러로스는 이런 따분한 설명을 받아들이지 않는다. "빛 지각도 갖고 있지 않고, 회색의 밝기도 구분 못하는 전맹全盲인 사람을 생각해 보자. 만일 그들이 임사 체험을 한다면 사고 현장이나 병실의 정경을 정확히 말할 수 있다. 그들은 믿을 수 없을 정도로 자세한 것들까지 묘사했다. 이를 어떻게 설명할 것인가?"(1981, 90쪽) 간단하다. 임사 체험 동안 주변의 다른 사람들이 얘기했던 것들이 기억되어 시각 이미지로 전환되고, 그다음 다시 말로 표현되는 것이다. 더욱이 외상이나 수술 상태에 있는 환자들이 완전히 의식을 잃지 않거나 완전 마취가 되지 않은 채 자기들 주변에서 무슨 일이 벌어지고 있는지 자각하는 경우도 꽤 흔하다. 만약 대학 부속 병원이라면, 수술을 집도하는 촉탁의나 수석 레지던트가 다른 레지던트들에게 수술 절차를 기술할 것이고, 그러면 임사 체험 피험자는 그 상황을 다시 정확하게 기술할 수 있다.

임사 체험 상태에서는 몹시 설명이 필요한 무언가가 일어나는데, 그게 대체 무엇일까? 내과의인 마이클 새봄은 1982년의 책 『죽음의 회상』에서 임사 체험을 겪은 많은 사람들의 상관성을 조사한 결과를 발표했다. 그는 조사 대상자들의 나이, 성별, 직업, 학력, 종교는 물론, 임사 체험에 대한 사전 지식이 있었는지, 종교적이거나 사전에 가진 의학적 지식의 결과로 설명할 수 있는지, 고비 상황의 유형은 어떤 것이었는지(사고나 구속 상태였는지), 고비 상황이 일어났던 장소는 어디였는지, 어떤 소생술이 시행되었는지, 무의식 상태로 얼마나 있었는지, 경험의 기술 내용은 어떠한지 등등을 비교했다. 새봄은 여러 해 동안 피험자들을 추적 조사하며, 피험자들은 물론 가족들과도 거듭 인터뷰를 하면서 피험자들의 이야기가 바뀌지는 않았는지, 설명할 다른 방도를 찾아내지는 않았는지를 살폈다. 그런데 여러 해가 지났어도 피험자들은 모두 그때의 임사 체험을 아주 강렬하게 느끼고 있었으며, 그 사건이 정말로 일어났었다고 확신하고 있었다. 대부분의 피험자들이 임사 체험 덕분에 삶을 바라보는 시각과 죽음에 대한 인식에 결정적인 변화가 있었다고 진술했다. 그들은 더 이상 죽음을 '두려워하지도', 사랑하는 사람의 죽음을 '슬피하지도' 않았다. 죽음이란 즐거운 경험이라고 확신했기 때문이다. 각 피험자는 제2의 기회가 주어졌다고 느꼈다. 비록 모든 피험자가 '종교인'이 된 것은 아니었지만, 그들 모두 "주어진 새로운 삶으로 무언가를 할 필요"를 느끼고 있었다.

믿음이 있든 없든 모두 비슷한 경험을 했다고 적고 있는 새봄은 우리 모두가 유대 기독교적 세계관에 노출되어 왔다는 사실을 주목하지 못했다. 의식적으로 종교를 갖든 안 갖든, 우리는 신이라든가 천국이나 지옥 같은 사후 세계에 관한 비슷비슷한 관념들을 줄곧 들어왔다. 새봄은 사람들이 가진 종교가 무엇이냐에 따라 임사 체험 동안에 보는 종교적인 이미지가 서로 다르다는 점도 놓쳤다. 이는 임사 체험이 마음 밖이 아니라 마음 안에서 일어나는 현상임을 암시한다.

임사 체험을 자연적으로 설명할 길이 없을까? 심리학자 스타니슬라프 그로프(1976; 그로프, 핼리팩스 1977)는 초기에 사변적인 이론을 하나 내놓았다. 그의 주장에 따르면, 모든 사람은 이미 임사 체험의 특징들, 이를테면 부유하는 느낌, 터널 통과, 환한 빛으로 나가는 경험을 했다. 그것은 바로 탄생의 순간이다. 탄생이라는 외상적 사건이 영구적으로 우리들 마음에 각인되어 있다가, 나중에 이와 동일한 외상적 사건인 죽음을 겪을 때 그 기억들이 다시 유발되는 것 같다는 얘기이다. 과연 탄생 전후의 기억들로 임사 체험 동안에 겪는 것들을 설명할 수 있을까? 그럴 것 같지는 않다. 무엇이 되었든 갓 태어났을 때의 기억을 갖고 있다는 증거는 전혀 없다. 게다가 산도産道는 터널처럼 생기지도 않았고, 보통의 경우 태아의 머리는 아래를 향하고 있는 데다 눈까지 감고 있다. 그런데 제왕절개로 출생한 사람들도 임사 체험을 하는 까닭이 무엇일까? (당시 그로프는 피험자들에게 LSD 실험을 하고 있었다. LSD는 그 자체로 환상을 만들어 내기 때문에 기억을 상기시키는 방법으로는 전혀 미덥지 않다.)

이것보다 가능성 있는 설명은 생화학적 원인과 신경생리학적 원인을 살피는 것이다. 예를 들어 우리는 아트로핀이나 여타 벨라도나 알칼로이드가 날아다니는 느낌의 환각을 유발한다는 것을 알고 있다. 이 물질 중 일부는 맨드레이크와 흰꽃독말풀에서 발견되는데, 일찍이 유럽의 마녀들과 아메리카 인디언 샤먼들이 사용했던 것이다. 유체 이탈은 케타민 같은 해리성 마취제로 쉽게 일으킬 수 있다. 디

메틸트립타민(DMT)은 세상이 부풀거나 쪼그라드는 듯한 환각을 일으킨다. 메틸렌디옥시암페타민(MDA)은 연령 퇴행 느낌을 자극해서 오랫동안 잊고 있던 것들을 기억하게 해 준다. 리세르그산디에틸아미드(LSD)는 시각과 청각적인 환각을 유발하며, 특히 우주와 합일된 느낌을 만들어 낸다.(굿맨, 길먼 1970; 그린스푼, 바칼라 1979; 레이 1972; 세이건 1979; 시겔 1977 참고)

뇌 속에 이렇게 인공적으로 처리된 화학 물질을 위한 수용체 부위들이 있다는 것은 뇌 속에 자연적으로 만들어진 화학 물질들이 있음을 의미하고, 어떤 조건에 처하면(외상 스트레스나 교통사고 따위), 전부든 아니든 전형적인 임사 체험 관련 경험을 야기할 수 있음을 의미한다. 임사 체험과 유체 이탈 체험은 어쩌면 죽음에 이르렀을 때의 극도의 외상에 의해 야기된 투박한 '여행'에 불과한지도 모른다. 올더스 헉슬리의 『지각의 문들』(록 그룹 도어스The Doors가 여기서 이름을 땄다)에 흥미로운 얘기가 나온다. 저자인 헉슬리는 메스칼린에 취한 상태에서 꽃병에 꽂힌 꽃을 이렇게 묘사했다. "아담이 처음 창조되었던 날 아침에 보았던 것을 보고 있다. 순간순간이 발가벗은 존재의 기적이다."(1954, 17쪽)

심리학자 수전 블랙모어(1991, 1993, 1996)는 서로 다른 사람들이 터널 통과 같은 효과를 비슷하게 경험하는 이유를 입증함으로써 환각 가설을 한 발짝 더 끌고 나갔다. 뇌의 뒷부분에 있는 시각피질은 망막에서 들어온 정보를 처리하는 곳이다. 환각제와 뇌의 산소 결핍(죽음이 임박했을 때 가끔 일어나는 일이다)은 시각피질 신경세포의 정상적인 발화율을 방해할 수 있다(신경세포가 받은 입력 신호를 축색돌기를 통해 다른 신경세포에게 전달하는 것을 발화fire라고 하며, 그 비율을 발화율이라고 한다—옮긴이). 이런 일이 일어나면 뉴런 활동의 '선들stripes'이 시각피질을 가로질러 이동하는데, 뇌는 이것을 동심원이나 나선형으로 해석한다. 나선형은 터널로 '보일' 수도 있다. 유체 이탈 체험 역시 현실과 환상을 혼동한 것이다. 꿈에서 처음 깼을 때 꿈인지 생시인지 분간 못하는 것처럼 말이다. 뇌는 사건들을 재구성하려고 하며, 이 과정에서 사건들을 위에서 내려다보는 관점으로 시각화한다. 이는 스스로를 '탈중심화decentering'할 때 우리 모두 정상적으로 하는 과정이다. 이를테면 벤치에 앉아 있는 자기 사진을 찍을 때나 산을 오르는 모습을 찍을 때 보통 사진기를 위로 들어 위에서 아래를 내려다보는 관점을 취하는 것과 마찬가지이다. 환각제에 취해 있을 때, 피험자들은 〈그림 8〉과 같은 이미지들을 보았다. 이런 이미지들이 임사 체험의 터널 통과 효과를 만들어 낸다.

마지막으로 임사 체험에서 '저편 세계 모습'은 저편 세계를 상상하거나, 예전에 죽은 사랑하는 사람의 모습을 그리거나, 개인적으로 믿는 신을 본다거나 하는 환상이 지배했을 때 생겨나는 것이다. 그런데 임사 체험에서 돌아오지 못한 사람들에게는 무슨 일이 생기는 걸까? 블랙모어는 다음과 같이 죽음을 재구성한다. "산소 공급이 안 되면 먼저 탈억제에 의해 활동이 증가하게 된다. 그러나 마침내는 모든 게 정지한다. 의식의 근원인 마음 모델들을 낳는 것이 바로 이 활동이기 때문에, 이 모든 것도 그치게 될 것이다. 더 이상 아무런 경험도, 자기도 없을 것이다. 그것이……끝이다."(1991, 44쪽) 뇌무산소증(산소결핍), 저산소증(불충분한 산소), 또는 과탄산혈증(지나치게 많은 이산

그림 8 임사 체험의 나선형 방과 선형 터널 통과 효과. 이런 효과들은 환각제를 썼을 때에도 나타난다.

화탄소)은 모두 임사 체험을 유발하는 원인으로 지목되어 왔다.(사베드라 아길라, 고메즈 제리아 1989) 그러나 블랙모어는 이런 조건에 전혀 처하지 않은 사람들도 임사 체험을 했음을 지적한다. 그녀는 이렇게 인정한다. "아직까지 임사 체험을 최선으로 설명할 방도는 분명하지 않다. '사후 세계' 가설과 '죽어가는 뇌' 가설의 논쟁을 영원히 잠재울 증거는 아무것도 없다."(1996, 440쪽) 임사 체험은 심리학에서 여전히 풀리지 않은 큰 수수께끼의 하나이며, 우리에게 다시 흄의 물음을 던진다. 임사 체험은 아직까지 설명되지 못한 뇌의 한 현상이라는 주장, 우리가 늘 진실이기를 바라 왔던 것, 곧 영생을 뒷받침하는 증거라는 주장, 이 가운데 어떤 것이 더 개연성이 높은가?

영원히 살고 싶은 욕망

죽음, 또는 적어도 삶의 끝, 이것은 우리 의식이 닿을 수 없는 한계이자 가능성의 끝인 것으로 보인다. 죽음은 궁극적인 변성 상태이다. 죽음은 끝일까? 더 이상 시작이 없는 완전한 끝일 뿐일까? 『구약성서』의 욥은 이런 물음을 던졌다. "사람이 죽으면 어찌 다시 살겠습니까?" 죽음이 끝인지 아닌지 확실히 아는 사람은 아무도 없다. 그런데도 수많은 사람들은 자기들이 그 답을 알고 있다고 생각하고, 그들 중 또 많은 사람들은 거리낌 없이 자신의 답이 옳다고 다른 사람들을 설득하려 한다. 이 세상에 말 그대로 수천 개의 종교 조직이 있어서 각기 죽음 뒤에 올 것에 대한 배타적인 지식을 주장하는 근거의 하나가 바로 이 물음이다. 인본주의자로서 로버트 잉거솔(1879)은 이렇게 적었다. "내가 아는 한에서 또 다른 삶이 있다는 유일한 증거는, 첫째, 우리에겐 아무 증거도 없다는 것, 둘째, 우리에게 증거가 없다는 것은 무척이나 유감스럽기에 우리에게 증거가 있기를 바란다는 것이다." 하지만 많은 사람들은 무엇이든 믿지 않으면 이 세계가 무의미하고 불안하다고 생각한다. 철학자 조지 버클리의 글이 그런 정서를 분명하게 보여 준다. "앞으로 천 년의 행복이 나를 기다리고 있음을 숙고한다면, 지금 현재의 순간적인 슬픔은 쉽게 넘어갈 수 있다. 이런 생각이 아니었다면, 나는 차라리 사람보다는 굴이 됐을 것이다."

우디 앨런의 한 영화에서 의사는 그에게 살날이 한 달밖에 안 남았다고 말한다. 그는 이렇게 비탄한다. "오, 안 돼요. 앞으로 살날이 30일밖에 없다니요?" 의사는 이렇게 대답한다. "아니지요, 28일입니다. 2월이니까요." 우리도 이처럼 낙담할까? 그럴 때도 있을 것이다. 소크라테스가 사약을 마시기 직전에 보였던 사려를 우리 모두가 갖춘다면, 그거야말로 근사한 일일 것이다. "제군들, 죽음을 두려워하는 것은 스스로가 현명하지 않은데도 현명하다고 생각하는 것이나 다를 바 없다네. 죽음을 알지도 못하면서 안다고 생각하기 때문이지. 죽음이 인간에게 가장 큰 축복으로 밝혀질지 어떨지 아무도 모른다네. 그러나 사람들은 마치 죽음이 가장 큰 악이라고 확실히 알고 있는 것처럼 죽음을 두려워하고 있네."(플라톤 1982, 211쪽) 그러나 버클리와 굴 이야기가 대부분의 사람들에게는 더 가깝게 느껴질 것이다. 잉거솔이 자주 지적했던 것처럼, 바로 그래서 우리는 종교를 갖는 것이다. 그러나 종교를 가진 사람들만 영생을 추구하는 것은 아니다. 가능한 한 오래 살고 싶은 것이 인지상정 아니겠는가? 우리는 간접적으로 그리 될 수 있다. 만일 과학이 영생의 희망을 이룰 수 있다면, 아마 정말 그리 될 수도 있을 것이다.

인간 복제와 냉동 보존술

순수하게 종교적인 영생 이론—이성이 아니라 신앙에 기초한—은 시험 불가능하기 때문에, 여기서 그걸 논하지는 않겠다. 프랭크 티플러의 『영생의 물리학』은 다방면의 분석이 필요하기 때문에 16장에서 따로 다룰 것이다. 지금 이 자리에선 대부분의 사람들이 '영생'이라는 말로 의미하는 것은 단순히 어떤 식으로든 유산遺産의 형태를 통해서 계속 살아가는 것이 아니라는 점만 말해 두겠다. 우디 앨런은 이렇게 말했다. "나는 나의 작품을 통해 영생을 얻고 싶지는 않다. 나는 불사를 통해 영생을 얻고 싶다." 유전적 구성에서 가장 중요한 부분이 자식들의 유전자에 살아남는다는 의미에서 부모는 죽지 않는다는 얘기에 만족할 사람은 별로 없을 것이다.

진화의 관점에서 보았을 때, 한 사람의 유전자의 50퍼센트는 자식에게 남고, 손자에 이르면 25퍼센트가 남고, 증손자에 이르면 12.5퍼센트가 남는다. 그러나 거의 모든 사람이 생각하는 '진정한' 영생은 바로 죽지 않고 영원히 사는 것이다. 또는 적어도 평균보다 상당히 오래 사는 것이다. 여기서 장애가 되는 것은 노화와 죽음이 생명의 진행에서 유전적으로 프로그램된 정상적인 과정임이 확실하다는 것이다. 진화생물학자 리처드 도킨스(1976)의 시나리오에 따르면, 일단 우리가 번식 연령을 지나면 (또는 적어도 활발하고 규칙적으로 성적 활동에 관여하는 시기를 지나면) 유전자는 더 이상 몸에 쓸모없는 것이 된다. 노화와 죽음은 더 이상 유전적으로 쓸모가 없으면서도, 그 뒤를 이어 유전자를 전달하는 임무를 가진 개체들과 한정된 자원을 놓고 여전히 경쟁하는 자들을 제거할 수 있도록 종이 선택한 방법일 수 있다.

수명을 크게 늘리기 위해서는 죽음의 원인을 이해해야 한다. 기본적으로 죽음의 원인에는 세 가지가 있다. 교통사고 같은 외상, 암이나 동맥경화 같은 질병, 그리고 엔트로피, 곧 노쇠(노화)가 있다. 노쇠는 자연적으로 일어나며, 성인 초기에 시작된 여러 다양한 생화학적 기능 및 세포 기능이 점차적으로 쇠퇴하여 결국 외상이나 질병으로 죽을 가능성이 높아지게 된다.

우리는 얼마나 오래 살 수 있을까? 최대 잠재 수명은 종의 구성원

가운데 가장 오래 산 구성원이 죽음에 이른 나이를 말한다. 인간의 경우 지금까지의 최고 기록은 120세로, 일본의 하역 인부 이즈미 시게치요가 세웠다. 비공식적으로 150세 이상, 심지어 200세까지 산 사람이 있다는 주장이 많이 있지만, 아버지와 아들의 나이를 함께 셈하는 것 같은 문화적인 관습에 해당되는 경우가 종종 있다. 공식적인 100세인(100세까지 산 사람들)에 대한 데이터를 보면, 인구 21억 명당 한 사람만이 115세까지 살 것으로 나타난다. 오늘날의 인구가 50억 명을 약간 넘는다고 볼 때, 115세까지 살게 될 사람은 겨우 두세 명밖에 되지 않을 것이다.

수명은 사고나 질병으로 조기 사망하지 않을 때 평균적인 개체들이 사망하기까지의 나이를 말한다. 사람의 경우 수명은 약 85세~95세인데, 수백 년 동안—아마 수천 년 동안—변동이 없었다. 최대 잠재 수명처럼 수명 역시 아마 각 종에게 고정된 생물적 상수常數일 것이다. 기대 수명은 사고나 질병까지 고려한 상태에서 평균적인 개인이 사망하기까지의 나이를 말한다. 1987년 서구 세계 여성의 기대 수명은 78.8세였고 남성의 경우 71.8세였다. 남녀를 합한 전체 기대 수명은 75.3세였다. 전 세계를 놓고 보았을 때, 1995년의 기대 수명은 62세로 산정되었다. 수치는 지속적으로 상승하고 있다. 미국에서는 1940년에 기대 수명이 47세였다가, 1950년에 이르자 68세로 높아졌다. 일본의 경우, 1984년에 태어난 여아들의 기대 수명은 80.18세인데, 이것으로 80선을 넘은 최초의 나라가 되었다. 그러나 85세~95세를 넘어서까지 기대 수명이 계속 높아질 것 같지는 않다.

비록 노화와 죽음이 피할 수 없는 것으로 보이기는 하지만, 인간의 생체 기능을 최대한 연장시키려는 시도들이 처음에는 과학의 변두리에 있다가 서서히 정당한 과학의 영역으로 들어오고 있다. 장기 교체, 향상된 수술 기법, 대부분의 주요 질병에 대한 면역성 획득, 발전된 영양학적 지식, 건강에 미치는 운동 효과에 대한 자각 등이 모두 기대 수명의 급상승에 이바지했다.

미래에 있을 수 있는 또 하나의 가능성은 클로닝cloning이다. 곧 체세포에서 유기체를 정확하게 복제해 내는 것이다(체세포는 전체 유전자 집합을 가진 이배체이고, 생식세포는 절반의 유전자 집합만 가진 반수체이다). 하등 생물 복제는 성공을 거두었지만, 인간 복제는 과학적으로나 윤리적으로나 장벽이 있다. 이 장벽이 낮아지면, 복제는 수명 연장에서 중요한 구실을 하게 될 것이다. 장기 이식의 큰 문제점 가운데에는 이질적 조직에 대한 거부 반응이 있다. 그러나 클론을 통해 장기를 복제하면 이 문제는 사라질 것이다. 말하자면 장기의 건강을 유지하기 위해, 클론을 무균 환경에서 키운 뒤 당신의 노화된 장기들을 더 싱싱하고 건강한 클론의 장기로 대체하기만 하면 된다.

이런 시나리오에서 걸리는 윤리적인 문제들은 그리 만만치 않다. 몇 가지만 열거해 보자. 클론은 인간인가? 클론에게도 권리가 있는가? 클론에게도 노동조합이 있어야 하는가? 미국 클론 자유 연맹ACLU은 어떨까?(미국 시민 자유 연맹American Civil Liberties Union(ACLU)에 빗대서 표현한 것이다—옮긴이) 클론도 각각 독립적인 개인인가? 만일 아니라면, 두 몸 속에 당신 한 사람이 살고 있는데, 당신의 개인성을 어떻게 말해야 하는가? 두 사람의 '당신'이 있는 것인가? 당신이 원래 갖고 있던 장기가 모두 없어졌다고 할 정도로 많은 장기를 교체했다면, 당신은 그래도 여전히 '당신'인가? 유대 기독교식의 영생을 믿는다면 당신 자신을 복제했을 때 영혼은 하나인가 둘인가?

마지막으로 냉동 보존술이라는 매력적인 분야가 있다. 앨런 해링턴은 이를 '냉동 상태로 부활을 기다리는' 과정이라고 부른다. 처리 과정의 원리는 비교적 단순하지만, 응용은 단순하지 않다. 심장이 멈추고 공식적으로 사망이 선고되면, 체내의 혈액을 모두 제거하고 어떤 액체를 대신 채워 넣어, 냉동 상태에 있는 동안 장기와 조직을 보존하는 것이다. 그렇게 되면 사망 원인이 무엇이든—사고든 질병이든 간에—조만간 미래의 기술이 우리를 소생시켜서 치료하는 일을 감당할 수 있을 것이다.

냉동 보존술은 아직은 아주 새롭고 실험적인 단계이기 때문에 아직까지 대중 차원에서 윤리적인 문제들이 제기되지 않고 있다. 지금 현재 정부는, 냉동 보존을 매장의 한 형태로 간주하고 있으며, 결코 개인의 선택이 아니라 자연적인 요인에 의한 사망이라고 법적으로 선고된 이후에야 냉동될 수 있다. 만일 냉동 보존학자들이 냉동된 사람을 소생시키는 일에 성공할 수 있다면, 산 자와 죽은 자의 구분이 모호해질 것이다. 이제까지처럼 삶과 죽음이 불연속적인 상태가 아니라 일종의 연속적인 상태가 될 것이다. 죽음에 대한 정의도 다시 쓰여야 할 것은 확실하다. 그렇다면 영혼의 문제는 어떻게 될까? 영혼이란 것이 있다면, 육체가 냉동 보존 상태에 있는 동안 영혼은 어디로 가는 걸까? 어떤 사람이 진짜로 죽기 전에 냉동 보존 상태에 들어가기로 선택한다면, 과연 시술자는 살인을 저지르는 것일까? 아니면 냉동 보존된 사람을 소생시키는 절차가 실패했을 경우에만 살인이 되는 걸까?

 만일 냉동 보존 기술이 냉동 보존학자의 바람과 기대에 정말로 부합한다면, 마음먹은 대로 냉동 상태를 선택하고 부활하는 것이 실현될 수 있을 것이다. 여러 차례 반복할 수도 있을 것이다. 백 년마다 다시 깨어나 십 년 동안 사는 일을 거듭한다면, 본질적으로 천 년 이상을 살 수 있게 될지도 모른다. 천 년 전에 살았던 사람의 입으로 구술된 역사를 기록할 미래의 역사학자를 상상해 보라. 그러나 아직 그 분야는 전체적으로 하이테크 과학의 사변으로만 머물러 있다. 다시 말해서 아직 원시 과학의 단계에 있다는 것이다. 냉동 보존술의 몇 가지 문제점들을 생각해 보자.

 1. 지금까지 냉동 상태에 들어간 사람이나 가까운 미래에 냉동 상태에 들어갈 사람이 정말 성공적으로 소생할지 알지 못한다. 고등 생물을 정말로 얼렸다가 다시 살아나게 한 사례는 없다.

 2. 냉동 기술은 뇌세포에 심각한 손상을 줄 것으로 보인다. 그런데 뇌 손상의 정확한 성질이나 정도에 대해 아직까지 아무것도 규명되지 않은 상태이다. 그것을 시험해 볼 수 있게 다시 살아난 사람이 아무도 없기 때문이다. 설사 뇌의 물리적 손상이 경미하다고 해도, 기억과 개성까지 회복될 것인지는 지켜봐야 할 문제이다. 기억과 개성이 어디에 어떻게 저장되는지 현재의 과학적 이해 수준은 아주 미천하다. 신경생리학자들이 오랫동안 기억의 저장과 복구를 설명하려고 했지만, 그들이 내놓은 이론은 아직 결코 완전하지 않다. 그리 가능성이 있어 보이지는 않지만 설사 냉동된 몸이 완전히 회복된다 해도 여전히 기억 손실이 있을 수 있다. 실제 시험 사례가 없이는 아무것

도 알 수 없다. 만일 냉동 상태에서 소생했다 해도 개인적 기억과 개성이 회복되지 않는다면 무슨 의미가 있을까?

3. 현재로선 냉동 보존 과학의 모든 면을 미래의 기술 발전에 의존하고 있다. 냉동 보존학자 마이크 다윈과 브라이언 와우크는 이렇게 설명한다. "지금까지 알려진 최고의 냉동 보존 기술을 쓴다고 해도 현재의 기술로서는 뇌 손상을 피할 수 없다. 뇌의 냉동 보존 기술이 완벽해지기 전까지, 냉동 보존학자들은 그냥 조직을 대체하는 것뿐만 아니라, 환자의 생존에 필수적인 조직 복구까지 미래의 기술에 기대게 될 것이다."(1989, 10쪽) 이것이 냉동 보존술의 가장 큰 결점이다. 과학기술의 역사가 오해받은 독불장군, 뜻밖의 발견들, 혁명적으로 새로운 생각에 대한 독단적 폐쇄성을 보여 주는 이야기로 넘쳐나고 있음을 상기시키는 목소리를 냉동 보존학 문헌 어디서나 들을 수 있다. 그 이야기들이 모두 맞기는 하지만, 냉동 보존학자들이 무시하는 것이 있다. 곧, 혁명적인 새로운 생각이라고 해서 모두 옳은 것은 아니었다는 것이다. 냉동 보존학자들에게는 불행한 얘기겠지만, 어느 분야든 과거의 성공이 미래의 진보를 보장하지는 않는다. 현재 냉동 보존학자들이 의존하고 있는 기술은 바로 나노기술이다. 곧, 컴퓨터로 조종되는 미세한 기계를 구축하는 것이다. 에릭 드렉슬러(1986)가 보여 주었고, 일찍이 1959년에 리처드 파인먼이 입증했던 것처럼, 분자 수준의 기술의 경우 "바닥에는 여유 공간이 많다." 그러나 이론과 응용은 별개의 문제이다. 아무리 논리적으로 보이고, 누가 인정을 하더라도, 과학적 결론은 이러저러할지도 모른다는 생각에 기초해서는 안 된다. 증거를 손에 넣기 전까지는 판단을 보류하는

게 마땅할 것이다.

역사를 통해 영원히 살 수는 없을까?

역사를 통한 초월이 하찮은 것이라면 종교를 가지지 않은 사람들은 이처럼 무의미하게 보이는 세상 어디에서 의미를 찾을 수 있을까? 육체를 떠나지 않은 채 삶의 진부함을 초월할 수는 없을까? 개인의 사사로운 이야기들을 넘어서 시간을 가로질러 나타나는 인간의 활동을 생각하는 분야의 하나가 바로 역사이다. 역사는 상당히 오랜 과거와 거의 무한한 미래를 통해서 지금-여기를 초월한다. 역사는 사건들이 나름의 방식으로 함께 일어나 이어지면서 만들어진 산물이다. 그 사건들이 대부분 인간의 활동이기 때문에, 제아무리 자연법칙, 경제의 힘, 인구 변화, 문화적 관습 같은 선결 조건들에 의해 제약된다고 해도, 개개의 인간 활동이 함께 모여 미래를 만들어 나가며, 그 길이 낳은 산물이 바로 역사이다. 우리는 자유롭지만 그렇다고 무엇이든 할 수 있는 것은 아니다. 그리고 역사를 이루는 사건들의 순서에서 언제 일어났느냐에 따라 인간 활동의 의미 역시 제한된다. 순서상 일찍 일어날수록, 그 순서는 작은 변화에 더욱 민감해진다. 이른바 나비 효과이다.

역사를 통한 초월에 이르는 열쇠는, 당신이 역사상 어느 시점에 있는지 알 수 없고(역사는 연속적인 탓에), 현재의 활동이 미래의 결과에 미칠 효과가 무엇일지 알 수 없기 때문에, 긍정적인 변화를 이루려면 무엇보다 당신 스스로의 활동을 슬기롭게 선택할 필요가 있다는 것이다. 당신이 내일 할 일이 역사의 과정을 바꿀 수도 있다. 비록 당신이 세상을 뜬 지 한참 뒤라도 말이다. 비교적 무명인 채로 세상을 떠났던 과거의 유명 인사들을 떠올리면 된다. 오늘날에 와서 그들은 자기들이 살았던 시대를 초월했다. 무슨 중요한 일을 했는지 그들 자신이 깨닫지 못했다 해도, 오늘날의 우리는 그들의 활동이 역사를 변화시켰음을 인식하기 때문이다. 역사에 영향을 줌으로써, 곧 생물학적 존재를 넘어 널리 영향을 주는 활동을 함으로써 초월성을 획득할 수 있다. 이런 관점에 대한 대안적 관점이라면, 타인들과 세상에 영향을 미친 사람들에 대해 냉담하거나, 과학이 아무런 증거도 내놓을 수 없는 또 다른 삶의 존재를 믿는 것이겠지만, 이런 관점을 가지면 이편의 삶에서 대단히 중요한 무언가를 놓치게 될 수도 있다. 우리는 매슈 아널드가 『에트나 산의 엠페도클레스』(1852)에서 말한 아름다운 구절을 마음에 새겨야 한다.

그처럼 하찮은 일인가? 햇볕을 즐겼다는 것,
봄에 경쾌하게 살았다는 것,
사랑했다는 것, 생각했다는 것, 일했다는 것,
진정한 친구의 뒤를 밀어주고, 못된 적을 때려눕혔다는 것이—
있을지 없을지 모르는 미래 어느 날의 행복을 꾸며야 하는가?
이것을 꿈꾸다가 우리의 모든 현재를 잃어버려야 하는가?
우리의 안식과는 동떨어진……세계들로 물러나야 하는가?

CHAPTER

6

외계인에게 납치되다!

　1983년 8월 8일 월요일. 그날 나는 외계인들에게 납치되었다. 늦은 밤에 나는 사이클을 타고 한적한 시골 고속도로를 달리고 있었다. 네브래스카 주의 소도시 헤이글러가 가까워질 무렵, 커다란 우주선 한 대가 환한 빛을 비추며 나란히 날다가 나를 멈추게 했다. 외계 생명체가 우주선 밖으로 나와선 나를 꼬드겨 거기에 타도록 했다. 우주선 안에서 무슨 일이 있었는지는 기억나지 않는다. 정신을 차렸을 땐 다시 도로를 타고 있었다. 그사이 90분이 날아가 버린 것이다. 외계인에게 납치된 사람들은 그걸 '잃어버린 시간'이라고 부르고, 납치된 사건은 '미지와의 조우'라고 부른다(원래 뜻은 '제3종족과의 근접 만남'이지만, 스티븐 스필버그의 영화 제목이기도 해서 '미지와의 조우'로 옮겼다―옮긴이). 그때의 경험은 결코 잊지 못할 것이다. 외계인에게 납치됐던 다른 피랍자들처럼, 텔레비전에서 상세하게 얘기했으며, 만나는 사람들에게 수도 없이 그 이야기를 들려주었다.

내가 만난 외계인

이렇게 말하니 회의주의자의 말치고는 좀 괴상하게 들릴 것이다. 무슨 사정이었는지 자세히 말해 보겠다. 1장에서 말했다시피, 나는 여러 해 동안 초장거리 프로 사이클 선수로 활동했었다. 주력했던 경기는 3,000마일(약 4,800킬로미터)을 쉬지 않고 달려 미대륙을 횡단하는 것이었다. 여기서 '쉬지 않고'라는 말은, 하루 스물네 시간 중 평균 스물두 시간을 달리면서 잠을 자지 않고 긴 코스를 달린다는 뜻이다. 스트레스, 수면 박탈, 신경 쇠약을 연속해서 실험하는 것이나 다름없는 경기였다.

정상적인 수면 조건에서는 잠에서 깨어 의식을 차리면 꿈에서 일어난 일은 즉시 잊혀지거나 꽤 빠르게 희미해져 버린다. 그런데 극도의 수면 박탈 상태에서는 현실과 환상을 가르는 벽이 무너진다. 그러면 일상 생활에서 감각하고 지각하는 것만큼이나 현실적으로 느껴지는 심각한 환각을 겪게 되며, 환각 상태에서 듣거나 말한 것들을 정상적인 기억인 것처럼 떠올리는 것이다. 환각 상태에서 보는 사람들 역시 현실 속의 사람들만큼이나 구체적인 모습이다.

1982년 제1회 미대륙 횡단 경주를 하는 동안, 나는 처음 이틀 동안 각각 세 시간씩 잠을 잤다. 그 결과 선두에 뒤처지고 말았다. 선두

선수는 그야말로 아주 조금만 잠을 자고도 경기를 치를 수 있음을 보여 주고 있었다. 뉴멕시코 주에 이르자 나는 선두를 따라잡기 위해 잠을 자지 않고 달리기 시작했다. 환각이 일어나리라고는 미처 생각지도 못했다. 그 환각들은 대부분 피곤에 찌든 트럭 운전사들이 종종 경험하는 흔해 빠진 환각들이었다. 트럭 운전사들은 그 현상을 '백선열white-line fever'이라고 부른다. 도로변의 덤불들은 살아 있는 동물 형상으로 보이고, 도로에 난 균열은 의미심장한 무늬를 이루고, 우체통은 사람처럼 보인다. 내가 본 것은 기린과 사자였다. 우체통에게는 손을 흔들어 주었다. 심지어 뉴멕시코 주 투쿰카리 근처에 이르러서는 유체 이탈까지 경험했다. 그때 나는 40번 주간州間도로의 갓길을 달리고 있는 내 모습을 위에서 내려다보았다.

그해 3등으로 경기를 마친 나는, 1983년에는 선두가 될 때까지 한숨도 자지 않고 달리든가 아니면 쓰러지기로 다짐했다. 산타모니카 피어를 출발하여 여든세 시간을 달려 네브래스카 주 헤이글러에 약간 못 미친, 경주 구간 2,026킬로미터 지점에서 나는 그만 자전거 위에서 잠이 들고 말았다. 지원 팀(모든 선수에게는 지원 팀이 있었다)이 나를 자전거에서 끌어내려 45분 동안 잠을 자도록 했다. 45분 뒤 눈을 뜬 나는 다시 자전거에 올라탔으나, 여전히 잠에 크게 취한 상태여서 지원 팀은 다시 나를 모터홈에 태우려고 했다. 바로 그때였다. 일종의 변성된 의식 상태에 빠진 나는 지원 팀 사람들이 모두 다른 행성에서 온 외계인들이라고 확신했고, 그들이 나를 죽이려 한다고 생각했다. 이 외계인들은 아주 영리해서 길보습이며 옷차림이며 말투를 내 지원 팀 사람들과 똑같이 꾸몄다. 나는 팀원 하나하나에게 그들의 세세한 사생활과, 외계인이라면 전혀 알지 못할 자전거에 대해서 질문을 던졌다. 정비공에게는 내 자전거 바퀴를 스파게티 소스로 땜질했느냐고 물었다. 그가 클레멘트 접착제(이것도 빨간색이다)로 땜질했다고 대답하자, 나는 외계인들이 이미 사전 조사를 해 두었다는 인상을 강하게 받았다. 다른 질문들이 이어졌고 올바른 대답들이 나왔다.

이런 환각이 생긴 맥락에는 1960년대의 텔레비전 프로그램 〈침입자들〉이 있었다. 여기서 외계인들은 다른 것은 인간과 아주 똑같이 생겼는데, 다만 새끼손가락이 뻣뻣한 것만 달랐다. 나는 팀원들 새끼손가락도 뻣뻣할 것이라고 예상했다. 환한 빛을 발하는 모터홈은 외계인들의 우주선이 되었다. 팀원들이 가까스로 나를 침대에 눕혀 45분을 더 자게 했다. 나는 맑은 정신으로 눈을 떴고, 그것으로 문제는 해결되었다. 어쨌든 오늘까지도 어느 기억 못지않게 그때의 환각은 생생히고 뚜렷하게 남아 있다.

그렇다고 외계인에게 납치된 경험을 했던 사람들이 모두 수면 박탈된 상태였다든가 극도의 육체적·정신적 스트레스 상태였다고 주장하는 것은 아니다. 그러나 만일 이런 조건들에서 외계인 납치 체험이 일어날 수 있다면, 다른 조건들에서도 충분히 일어날 수 있다고 생각한다. 분명 나는 외계인들에게 납치된 것이 아니었다. 그렇다면 다음 중 어느 쪽이 더 개연성이 있을까? 내 경우와는 다른 변성 상태나 색다른 상황에서 다른 사람들도 나와 비슷한 경험을 했다는 설명과, 정말로 다른 세계의 외계인들이 우리를 은밀히 방문했다는 설명, 어느 쪽이 더 그럴듯한가? "증언 자체가 기적에 해당하는 경우가 아니라면, 그리고 증언이 거짓일 가능성이 그 증언이 입증하고자 하는 사실보다 더 기적적이라고 할 수 있는 경우가 아니라면, 그 어떤 증언도 기적을 입증하기에는 충분치 못하다"는 흄의 판단 기준에 의거하면, 우리는 첫 번째 설명을 선택할 수밖에 없다. 물론 외계인들이 수천 광년을 여행해 아무도 눈치 못 채게 지구를 방문하지 못하리라는 법은 없을 것이다. 그러나 사람들이 변성된 의식 상태에서 본 것을 오늘날 우리 문화에서 유행하는 것, 말하자면 우리가 만든 외계인 이미지의 맥락에서 해석한다는 것이 훨씬 더 말이 되는 설명이다.

로스웰 사건

인류는 우주비행도 해냈고, 태양계 밖으로 우주선을 보내기까지 했다. 그렇다면 우리가 한 일을 다른 지능체가 하지 못할 까닭이 어디 있겠는가? 어쩌면 그들은 별과 별 사이의 어마어마한 거리를 광속이 넘는 속도로 여행하는 법을 알아냈을지도 모른다. 비록 우리가 알고 있는 모든 자연법칙들이 이를 금하지만 말이다. 그들은 그처럼 어마어마한 속력으로 여행하는 우주선을 산산조각낼 수도 있는 우주 먼지와 우주 입자들과의 충돌 문제를 해결했는지도 모른다. 그리고 자기들 식의 전쟁과 대학살로 스스로를 파멸시키지 않으면서도 그처럼 대단한 기술적 성취를 이루었을지도 모른다. 이런 것들은 해결하기가 대단히 어려운 문제들이다. 그러나 1903년 라이트 형제가 조그마한 비행기를 12초 동안 공중에 띄운 이래, 인류가 얼마나 대단한 기술적 진전을 이루었던가. 이 우주에 오로지 우리만이 존재할 뿐이며, 오로지 우리만이 그런 문제들을 해결할 수 있으리라고 생각할 정도로 오만해도 되는 걸까?

이는 과학자, 천문학자, 생물학자, 공상과학 소설가들이 오랫동안 자세하게 논의해 왔던 주제이다. 천문학자 칼 세이건(1973, 1980) 같은 사람들은 우주가 생명으로 충만해 있을 가능성이 충분하다고 믿었다. 우리 은하계 안에 수천억 개의 별이 있고, 또 우리에게 알려진 우주 안에 다시 수천억 개의 은하계가 있다면, 지능 있는 생명체가 진화한 곳이 지구뿐일 가능성이 대체 얼마나 된단 말인가? 반면 우주론자 프랭크 티플러(1981) 같은 사람들은 외계인이 존재하지 않는다고 확신한다. 그들이 존재한다면 지금쯤 지구에 왔어야 하기 때문이다. 인류 진화의 시간대에 어떤 특별한 점이 없다고 가정하면, 만일 다른 곳에서도 지능체가 진화했을 경우 적어도 그중 절반은 생물적 진화 면에서 우리를 앞서 있을 것이며, 따라서 과학적으로나 기술적으로나 우리를 아주 한참 앞서 있어야만 하고, 그렇다면 지금쯤 그들이 이미 지구를 찾아내지 않았겠느냐는 것이다.

어떤 사람들은 외계인이 지구를 찾아낸 것에서 그치지 않고 1947년 뉴멕시코 주의 로스웰 인근에 불시착했으며, 외계인 모습을 찍은 필름까지 있다는 주장을 한다. 1995년 8월 28일, 폭스 네트워크는 '로스웰 사건'으로 알려져 왔던 이야기를 다큐멘터리로 찍어 방영했다. 다큐멘터리에는 외계인으로 보이는 주검을 부검하는 장면이 담겨 있었다(그림 9). 필름의 출처는 런던을 거점으로 활동하는 비디오 프로듀서인 레이 샌틸리였다. 그의 주장에 따르면, 엘비스 프레슬리를 다

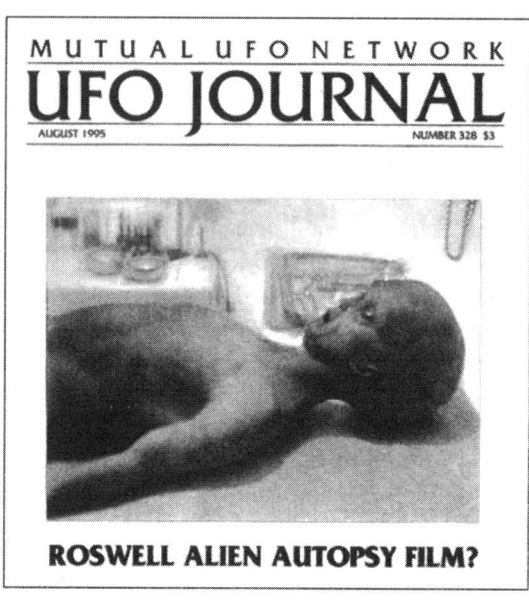

그림 9 외계인 부검 필름에 등장하는 외계인. (뮤추얼 UFO 네트워크 제공)

룬 다큐멘터리에 쓰일 필름을 구하기 위해 미군 자료를 검색하던 중 (엘비스는 18개월 동안 군 복무를 했다), 우연히 그 흑백 필름을 발견하게 되었고, 익명의 인물—미국 정부 소유물을 파는 것은 불법이기 때문—에게서 10만 달러에 그 필름을 구입했다고 주장한다. 뒤이어 샌틸리는 필름 사용권을 폭스 사에 팔았다.

미 공군의 발표에 따르면, 로스웰의 잔해는 대기권 상층에서 소련의 핵 실험을 감시하기 위해 띄운 극비 감시 기구—'모굴 프로젝트'—가 추락한 것이라고 했다. 냉전이 가열되고 있던 1947년 상황을 감안한다면, 당시 공군에서 그 추락 사고를 입 밖에 내기 꺼렸던 건 하등 이상할 바가 없다. 그러나 그 때문에 수십 년 동안 UFO 신봉자들, 특히 음모론에 집착하는 사람들이 별별 억측을 내놓았다. 이 외계인 부검 필름을 외계인과의 조우를 뒷받침하는 증거로 삼기에는 문제점들이 많다.

1. 샌틸리는 원본 부검 필름의 중요한 샘플을 필름 연대 추정 장비를 갖춘 신뢰할 만한 기관에 제공할 필요가 있다. 이제까지 코닥에서 접수한 것은 아무 필름에서나 떨어져 나왔을 법한 몇 센티미터짜리 리더에 불과했다. 만일 샌틸리가 진정으로 그 필름이 1947년에 촬영된 것임을 증명하고자 한다면, 왜 별 특징도 없는 부분만, 그것도 약간만 코닥 측에 보냈던 것일까? 코닥에서는 구식 사진기를 들고 오는 사람들에게 언제든지 필름의 날짜를 확인해 준다.

2. 폭스에서 방영한 다큐멘터리에 따르면, 정부에서 외계인 시체를 담을 작은 관을 주문했다고 한다. 만일 정부가 외계인의 흔적을 모두 없애 버리길 원했다면 매장보다는 화장이 더 효과적이었을 것이다. 작은 관을 주문했다는 기록도 없을 테고, 나중에 해명해야 할 괴상한 골격도 없을 테니 말이다. 그리고 아무리 편집증적이라 하더라도, 왜 정부는 추락 사고가 있고 며칠 뒤에 외계인 시체들을 그냥 묻어 버리려 했을까? 전 세계의 전문가들이 두고두고 조사할 만한 역사상 가장 중요한 발견 중 하나일 텐데 말이다.

3. 외계인 시체들을 발견하고, 격리시키고, 운반하고, 처리하고, 촬영하고, 부검하고, 보존하고, 매장하는 데 관련되었을 사람들 수를 고려해 보면, 대대적으로 비밀을 유지해야 했을 것이다. 그런데 과연 정부가 그처럼 굉장한 사건을 대중이 모르도록 숨길 수 있었을까? 대체 그 많은 사람들 입을 어떻게 막을 수 있을까?

4. 폭스 다큐멘터리를 보면 잔해들이 발견되었다는 사실을 말해서도 안 되고 글로 써서도 안 된다는 주의, 위협, 경고를 받았던 것으로 기억하는 사람들이 많다. 충분히 예상할 수 있는 일이다. 지금 우리가 알게 된 바에 따르면, 극비 임무와 관련된 계획이 수행 중이었고, 비밀 유지에 만반의 노력을 기울이던 시기였기 때문이다.

5. 어쩌면 인류 역사상 가장 중요한 일이 될지도 모르는 일을, 손에 들고 찍는 필모 카메라를 사용해서, 그마저 흑백 필름을 끼운 채로, 이리저리 부딪치며 초점도 제대로 맞추지 못하는 촬영 기사가 찍었다는 사실을 진지하게 믿을 사람이 누가 있을까?

6. 다른 행성에서 온 (따라서 다른 진화를 밟은) 외계인이 사람 꼴을 하고 있으리라고는 기대하기 힘들다. 여기 지구만 해도 우리를 대신할 만한 갖가지 꼴과 조합을 갖춘 생명체가 엄청나게 다양한데, 그 가운데 어떤 것도 다른 행성에서 왔다는 그 외계인들만큼 사람 꼴과 가까운 것은 없다. 반면 그 반대일 가능성은 그야말로 어마어마하다.

7. 다큐멘터리에 나오는 외계인의 손가락과 발가락은 여섯 개이다. 그런데 1947년에 기록된 '최초의 증언'은 외계인들의 손가락과 발가락이 네 개라고 보고하고 있다. 그렇다면 과연 증언에 문제가 있는 걸까? 필름에 문제가 있는 걸까? 아니면 둘 다일까? 혹 두 종의 외계인이 걸린 문제일까?

8. 외계인의 세세한 모습들은 모두 외계인 피랍자들이 되새긴 모습과 일치한다. 이를테면 키가 작고, 머리카락이 없고, 눈이 크다. 1975년 NBC가 제작한 영화 〈UFO 사건〉에서 이런 생김새의 외계인이 만들어졌는데, 그때 이후 피랍자들이 줄곧 묘사해 왔던 외계인의

생김새가 바로 이런 모습이었다.

9. 부검 도중, 흰 옷을 입은 두 남자는 외계인의 장기들에 별 관심을 보이지 않는다. 두 사람은 장기를 측정하거나 검사하려는 시도를 전혀 하지 않을뿐더러, 심지어 뒤집어 보지도 않는다. 그냥 주검에서 잡아 빼 접시에 털썩 내려놓을 뿐이다. 스틸 사진 촬영 기사도 없고, 의료 삽화가도 자리하고 있지 않다. 게다가 그들이 입은 옷도 방사능 보호복이 아니고, 주변에 방사능 검출기나 가이거 뮐러 계수기도 전혀 눈에 띠지 않는다.

10. 비닐로 만든 외계인 인형은 분장실에서 쉽게 얻을 수 있을 것이다. 그 방에 있는 다른 모든 소품들도 마찬가지이다.

11. 텍사스 주 휴스턴의 병리학자 에드 유스먼은 다큐멘터리를 본 소감을 다음과 같이 말했다.(1995년 9월 7일, 인터넷에 게시된 글)

그런 경우에 처한 병리학자라면 누구나 소견을 기록하는 데 집착할 것이다. 관절이 어떤 식으로 움직이는지, 눈꺼풀이 감겨 있는지의 여부를 보여 주며 차근차근 체계적으로 소견을 설명할 것이다. 또 카메라맨에게는 모든 위치에서 촬영할 것을 지시할 텐데, 여기서 카메라맨은 마치 그 자리에 아예 있지도 않은 듯 완전히 무시되고 있다. 병리학자의 행동은 카메라맨과 협심하여 사진 기록을 남기는 여느 병리학자보다는 카메라 앞에 선 배우에 더 가까웠다.

부검의가 가위를 다루는 솜씨는 병리학자나 외과의보다는 재단사에 더 가깝다. 그 사람은 가위를 엄지손가락과 집게손가락으로 잡았는데, 병리학자와 외과의는 가위 손잡이의 한 쪽 구멍에는 엄지손가락을 집어

넣고, 다른 쪽 구멍에는 가운뎃손가락이나 약손가락을 집어넣는다. 집게손가락은 가위가 흔들리지 않도록 가윗날 윗부분을 지탱하는 데 사용한다.

피부를 처음 절개하는 방식은 좀 지나치게 할리우드식이었다. 즉 살아 있는 환자를 시술하는 것처럼 지나치게 조심스러웠다는 얘기이다. 부검 시에 절개는 그보다 더 깊고 빠르게 이루어진다.

12. 독일의 개업 외과의이자 국제 로스웰 발의의 공동 발기인인 요아힘 코흐는 다음과 같이 말했다.(1995년 9월 12일, 인터넷에 게시된 글)

만일 로스웰에서 예비 부검이 먼저 실시되고, 다른 장소에서 최종 해부(샌틸리의 필름에 나타난 것처럼)가 있었다면, 1차 부검 시의 봉합 부위가 필름에서 나타난 2차 부검 때에도 보여야 하는데, 그렇지 않았다.

'외계인'의 신체적 특징들을 살펴보자. 극도로 비대한 머리, 널따란 눈과 깊은 눈구멍, 넓게 퍼진 코, 과도하게 발달된 두개저부, 윗 속눈꺼풀의 초승달 모양의 피부 접힘, 눈꺼풀의 몽골로이드 축, 눈썹 사이에 털이 없음, 크기가 작은 바깥귀(外耳)의 내려앉음, 작은 입술, 미숙한 아래턱, 타고난 것으로 보이는 저체중과 작은 키, 내부 장기의 기형, 비례가 맞지 않는 성장, 다지증 내지 육지증(손가락과 발가락이 여섯 개)임. 이런 것들은 외계인의 특징이 아니다. 바로 미국 의학 문헌에서 '오피츠 트리고노케팔리 신드롬Opitz trigonocephaly syndrome'이라 부르는 'C-증후군'에 걸린 사람의 특징이다. 지금까지 공식적으로 기술된 C-증후군 사례는 몇 개 되지 않는다. 그마저도 모두 아주 어려서 사망했다.

현재까지 제시된 것 중 외계인과의 조우를 뒷받침하는 최고의 물리적 증거인 이 필름이 정작 대부분의 외계인 신봉자들에게는 크게 인정받지 못한다는 건 흥미로운 일이다. 왜 그럴까? 회의주의자들처럼 그들 역시 속임수가 아닐까 의심하고 있으며, 반짝 스타와 얽히는 걸 바라지 않는다. 그런데 만일 이것이 그들이 가진 최상의 증거라면 그들이 이 증거를 외면하는 현상이 무엇을 말해 줄까? 불행하게도 물리적 증거가 없다는 것은 진짜 신봉자들에게는 별 문제가 되지 않는다. 그들은 서로가 공유하는 일화들이 있고, 개인적인 경험이 있으며, 그들 대부분에게는 이것만으로도 충분하다.

외계인에게 납치된 사람들

1994년 NBC에서는 〈저편 세계〉를 방영하기 시작했다. 다양한 신비와 기적, 특이한 현상들은 물론, 외계인 납치 주장까지도 탐구했던 뉴에이지 쇼였다. 나는 허수아비 회의주의자로 그 쇼에 수도 없이 출연했다. 그중에서 가장 나의 관심을 끌었던 것은 UFO와 외계인 납치를 다룬 2부작 프로그램이었다. 외계인 피랍자들이 내세우는 주장은 정말이지 상당히 놀라운 것이었다. 그들은 이제까지 말 그대로 수백만 명의 사람들이 '광선을 타고' 외계인 우주선으로 올라갔다고 진술한다. 침실에서 벽과 천장을 뚫고 곧바로 올라간 사람도 있었다고 한다. 한 여자는 외계인들이 생식 실험에 쓰기 위해 자기 난자들을 꺼냈다고 말했지만, 어떻게 꺼냈는지 밝힐 만한 아무런 증거도 내놓지 못했다. 또 어떤 여자는 외계인들이 실제로 인간 외계인 잡종을 자기 자궁에 이식했으며, 그 아이를 출산했다고 말했다. 그렇다면 그 아이는 지금 어디 있는가? 그녀는 외계인들이 도로 데려갔다고 말했다. 한 남자는 바짓가랑이를 들어 올려 다리에 난 상처들을 보여 주며, 외계인들이 남긴 상처라고 주장했다. 그러나 내 눈에는 보통의 상처와 별로 다르게 보이지 않았다. 또 어떤 여자는 외계인들이 자기 머리에 추적 장치를 이식했다고 말했다. 생물학자들이 돌고래나 새를 추적하기 위해 다는 장치처럼 말이다. 그러나 그녀의 머리를 MRI 검사해 본 결과 추적 장치는 보이지 않았다. 또 한 남자는 외계인들이 자기 정자를 가져갔다고 말했다. 그가 잠들어 있을 때 외계인에게 납치되었다고 했었기 때문에, 나는 그들이 정자를 가져갔다는 걸 어떻게 아느냐고 물었다. 그 사람은 그때 자기가 오르가슴을 느꼈기 때문에 알고 있다고 말했다. 나는 이렇게 반문했다. "그냥 몽정을 한 것일 수도 있지 않을까요?" 그러자 그 남자의 표정이 굳어졌다.

  녹화가 끝난 뒤, 열두어 명의 '피랍자들'은 저녁식사를 하러 나갔다. 본디 기질이 우호적이고, 회의주의자치고는 대치 상황을 피하려는 성향을 지녔으며, 고함이 오가는 것—토크 쇼 프로듀서들이 원했던 게 이런 것이었다—을 싫어했기에, 나는 그들 사이에 낄 수 있었다. 새로운 것을 깨우쳐 준 자리였다. 생각과는 달리 그들이 전혀 미친 사람도, 무지한 사람도 아님을 알게 되었던 것이다. 그들은 지극히 분별 있고, 이성적이고, 지적인 사람들이었다. 다만 비합리적인 경험을 하나 공통적으로 갖고 있을 뿐이다. 그들은 그 경험을 진짜로 겪었다고 확신했다. 환각이니 자각몽이니 거짓 기억이니 내가 내놓을 수 있었던 그 어떤 합리적인 설명도 그들을 달리 설득하지 못했다. 한 남자는 눈물을 글썽거리면서 그 납치 경험이 얼마나 큰 외상을 남겼는지 얘기했다. 어떤 여자는 그 경험 때문에 부유한 텔레비전 프로듀서와의 행복한 결혼 생활까지 포기했다고 말해 주었다. 나는 이런 생각이 들었다. "여기서 잘못된 게 뭘까? 이런 주장들이 참임을 뒷받침할 증거는 한 조각도 없다. 그런데도 정상적이고 이성적인 이 사람들의 삶이 그 경험으로 인해 돌이킬 수 없을 만큼 변했다니."

내 생각에 외계인 납치 현상은 특이하게 변성된 의식 상태의 산물이며, 외계인과 UFO를 다룬 영화, 텔레비전 프로그램, 공상과학 소설로 넘쳐나는 문화적 맥락에서 해석될 수 있다. 또한 지난 40년 동안 우리가 태양계를 탐사하고, 외계 지능체의 신호를 탐색해 왔다는 사실도 한몫 한다. 이런 맥락을 감안하면, 사람들이 UFO를 본다거나 외계인과의 조우를 경험한다고 해도 전혀 놀라울 것이 없다. 타블로이드판에 실릴 만한 이야기들에 골몰한 대중 매체들 덕분에, 외계인 납치 현상은 이제 플러스 되먹임 고리feedback loop에 들어가 있다. 이런 특이한 정신적 경험을 한 사람들이 그와 비슷한 사건들을 외계인에 의한 납치로 해석하는 다른 사람들 이야기를 더 많이 보고 읽을수록, 자기들 체험담을 자기들만의 외계인 납치 이야기로 전환할 가능성이 더 커지는 것이다.

1975년 말, 베티 힐과 바니 힐의 외계인 납치 꿈을 다룬 NBC의 영화 〈UFO 사건〉을 수백만 명이 보게 되면서, 되먹임 고리는 강한 추진력을 얻게 되었다. 1975년 이후 많은 외계인 피랍자들이 보고했던 외계인의 모습은 큰 민둥 머리에 눈은 〈UFO 사건〉에 나온 전형적인 외계인 모습이었다. 이런 모습은 NBC의 분장사들이 프로그램을 위해 만든 것이었다. 뉴스에서 외계인 납치 사건이 점점 더 많이 보도되고, 대중 서적, 신문, 타블로이드판, UFO와 외계인 납치만을 다루는 전문 간행물들이 거듭 이런 이야기를 다루면서, 정보 교환의 속도에 날개가 달렸다. 외계인의 생김새뿐만 아니라, 외계인들이 인간의 생식 체계에 집착한다는(보통 여성은 외계인들에게 성적으로 농락당하곤 한다) 데 의견이 일치하는 것으로 보이면서 되먹임 고리는 더욱 빨라졌다. 외계 생명체의 존재 가능성에 우리가 매혹되기 때문이기도 하고, 우주 어딘가에 외계 생명체가 존재할 가능성(외계인이 여기 지구에 왔다는 것과는 다른 문제이다)이 정말로 있을 수 있기 때문에, 이 열기는 아마 대중문화의 판세에 따라 부침을 거듭할 것이다. 〈ET〉나 〈인디펜던스 데이〉 같은 블록버스터 영화, 〈스타 트렉〉이나 〈X-파일〉 같은 텔레비전 시리즈물, 휘틀리 스트리버의 『교감』이나 존 맥의 『납치』 같은 베스트셀러들이 그 기세를 꾸준히 키우고 있다.

피랍자들과 저녁을 함께 하는 동안, 나는 매우 의미심장한 사실을 알아냈다. 그들 중에는 자기가 외계인에게 납치되었다는 기억을 피랍 경험을 한 직후에 떠올린 사람이 하나도 없었던 것이다. 여러 해가 지나고 나서야 그 경험을 '기억해 낸' 사람들이 대부분이었다. 어떻게 해서 그 기억이 되살아났던 것일까? 바로 최면 상태에서였다. 다음 장에서 보게 되겠지만, 기억이라는 것은 단순하게 비디오테이프를 되감는 것처럼 '회복'되지 못한다. 기억은 왜곡, 삭제, 첨가, 어떤 때는 완전한 허위를 수반하는 복잡한 현상이다. 심리학자들은 이것을 작화(作話)라고 부른다. 곧, 환상과 실제를 판별할 수 없을 정도로

서로 뒤섞는다는 얘기이다. 심리학자 엘리자베스 로프터스(로프터스, 케첨 1994)는 아이의 마음에 거짓 기억을 심는 일이 얼마나 쉬운지 보여 주었다. 어떤 암시를 그냥 반복하다 보면, 아이가 그것을 실제 기억으로 짜 넣는 것이다. 이와 비슷한 실험 사례가 있다. 앨빈 로슨 교수는 롱비치의 캘리포니아 주립대학 학생들에게 최면을 걸어 변성 상태에 이르게 한 뒤, 그들이 외계인에게 납치되었다는 말을 거듭해서 들려주었다. 납치 상황을 자세히 설명해 보라고 하자, 학생들은 이야기를 진행하다가 점점 살을 붙이며 아주 세세한 이야기를 꾸며 냈다(세이건 1996). 부모들에게는 모두 자기 아이들이 지어낸 환상 이야기가 있다. 한번은 내 딸애가 아내에게 그날 우리가 소풍갔던 지방의 작은 산에서 자주색 용을 보았다는 이야기를 하기도 했다.

물론 외계인 납치 이야기들이 모두 최면 상태에서만 기억되는 것은 아니지만, 거의 모든 외계인 납치는 늦은 밤 잠들어 있을 때 일어난다. 보통의 환상이나 자가몽 외에, 드물기는 하지만 잠든 직후에 일어나는 입면시 환각과 잠에서 깨기 직전에 일어나는 출면시 환각으로 알려진 심리 상태도 있다. 이 특이한 상태에 처한 피험자들은 몸을 벗어나 둥둥 떠다닌다든가 마비 상태를 느낀다든가, 이미 세상을 떠난 사랑하는 사람을 본다든가, 유령이나 폴터가이스트를 목격한다든가, 외계인에게 납치되었다든가 하는 다양한 경험을 보고한다. 심리학자 로버트 베이커는 다음과 같은 피험자의 보고를 전형적인 사례로 제시한다. "침대에서 잠이 들었습니다. 아침이 가까워질 어느 무렵에 무언가가 저를 깨웠습니다. 눈을 떴지요. 완전히 잠에서 깨어났지만 움직일 수가 없다는 걸 알았습니다. 거기에, 침대 발치에 제 어머니가 평소 좋아하시던 옷을 입고 서 계셨습니다. 그 옷은 우리가 어머니를 묻을 때 입혀 드린 것이었지요."(1987/1988, 157쪽) 베이커는 또한 휘틀리 스트리버가 외계인과 조우한 이야기(납치담에서 유명한 이야기의 하나이다)를 이렇게 설명한다. "그 이야기는 고전적이고 교과서적으로 졸면서 환각을 기술한 것이다. 평소와 다름없이 잠들었다가 깨어나는 것, 자신이 깨어 있다는 것과 실재에 대한 강한 감각, 마비(몸의 신경 회로들이 근육을 이완시켜 수면 상태를 유지하려 하기 때문에 일어난다), 낯선 존재와의 만남을 모두 갖추고 있다."(157쪽)

퓰리처상을 수상한 하버드의 정신의학자 존 맥은 1994년에 『납치: 인간과 외계인의 조우』를 출간하여, 외계인 납치 기류에 큰 힘을 실었다. 결과적으로 대단히 훌륭한 기관에 있는 주류 학자가 외계인과의 조우가 실제로 있다는 믿음에 신뢰성(과 자신의 명성)을 실어 준 것이었다. 맥은 피랍자 이야기들의 공통점, 이를테면 외계인의 신체묘사, 성적 학대, 금속 탐침 따위에 큰 인상을 받았다. 그러나 나는 피랍자들 이야기에 일관성을 기대할 수 있다고 생각한다. 왜냐하면 피랍자들 중 아주 많은 수가 같은 최면술사를 찾아가고, 똑같이 외계인과의 조우를 다룬 책들을 읽고, 같은 공상과학 영화를 보고, 많은 경우 서로서로 알고 지내거나 '조우' 단체들에 소속되어 있기 때문이다. 서로 공유하는 정신 상태와 사회적 정황을 고려했을 때, 피랍자들이 공유하는 납치 경험에 중심이 되는 특성들이 공통적이지 않다면, 그것이 더 놀라울 것이다. 게다가 한결같이 확고한 물리적 증거가 없다는 것에 대해서는 어떻게 말해야 할까?

마지막으로 외계인 납치 경험에 들어 있는 성적인 부분에 대한 언급이 필요하다. 인류학자들과 생물학자들 사이에서는, 인간이 (설사 모든 포유류 중에서는 아닐지라도) 모든 영장류 중에서 가장 성적이라는 사실이 잘 알려져 있다. 인간은 다른 대부분의 동물과는 달리, 섹스 문제에 있어서만큼은 생체 리듬이라든가 계절 주기에 구애받지 않는다. 우리는 언제 어디서든 섹스를 좋아한다. 우리는 성적인 시각 신호에 자극을 받으며, 광고, 영화, 텔레비전 프로그램 등 우리 문화 전반에 걸쳐서 중요한 요소가 되는 것이 바로 성이다. 인간은 성에 대해서 강박적이라고 말해도 좋을 정도이다. 따라서 외계인 납치 경험에 성적 접촉이 흔히 들어간다는 사실은, 그 경험이 외계인에 관계된 것이라기보다는 인간에게 더 관계된 것임을 말해 준다. 다음 장에서 보게 되겠지만, 16세기와 17세기의 여성들은 종종 이방의 존재─이 경우에 '이방의 존재aliens'는 보통 악마를 말한다─와 부정한 성관계를 가졌다고 고발당하곤 했다(심지어 직접 악마와 성관계를 가졌다고 자백하기도 했다). 그러면 이 여성들은 마녀라면서 화형을 당했다.

19세기, 영국 잉글랜드와 아메리카에서 영성주의 운동이 부상하던 즈음에는 많은 사람들이 유령이나 영들과 성관계를 가졌다고 보고했다. 20세기에는 '악마 숭배의 제의적 학대' 같은 현상이 일고 있다. 다시 말해 컬트 의식에서 아이들과 청년들을 성적으로 학대한다는 얘기가 떠돌고 있다. '회복된 기억 증후군'도 있다. 성인 남녀들이 수십 년 전에 있었던 성적 학대에 대한 기억들을 '회복한다'는 것이다. '소통보조자facilitator에 의한 의사소통'에서는 자폐아들이 소통보조자(선생이나 부모)를 통해 '의사소통'을 하는데, 소통보조자는 아이의 손을 잡아 타자기나 컴퓨터 키보드 위에 올려놓고 그 아이들이

성적으로 학대를 받았다는 메시지를 출력한다.

여기에서도 우리는 흄의 공리를 적용해 볼 수 있다. 악마, 영, 유령, 외계인이 끊임없이 인간을 성적으로 학대해 왔다는 설명, 사람들은 환상을 겪으며 각자의 나이와 문화의 사회적 맥락 속에서 그 환상을 해석한다는 설명, 이 중 어느 쪽이 더 개연성이 있는가? 나는 그런 경험들이 지극히 인간적인 현상이며, (비록 색다르기는 해도) 자연적으로 완벽하게 설명된다고 말하는 게 이성적이라고 생각한다. 내게는 사람들이 그런 경험을 한다는 것이, 적어도 외계 지능체의 존재 가능성만큼이나 매혹적이고 신비롭게 다가온다.

CHAPTER
7

중세와 현대의 마녀 광풍

1944년 8월 31일 목요일, 일리노이 주의 소도시 매툰. 한 여자가 늦은 밤 자기 침실에 이상한 사람이 들어와서 스프레이 가스로 다리를 마취시켰다고 말한다. 이튿날, 그녀는 그 사건을 증언하면서 자신이 일시적인 마비 상태에 빠졌다고 주장했다. 매툰의 〈데일리 저널 가제트〉 토요일판은 "마취제를 가진 좀도둑이 돌아다니고 있다"는 제목으로 1면 기사를 내보냈다. 이후에도 그 같은 사례들이 여러 차례 보고되자, 신문에서는 이 신종 사건을 "미치광이 마취 의사가 또다시 습격하다"라는 표제로 다루었다. 범인에게는 "매툰의 유령 마취 의사"라는 이름이 붙었다. 얼마 가지 않아 매툰 전역에서 비슷한 사건들이 일어났다. 주 경찰이 투입되었고, 남편들은 장전한 총을 들고 보초를 섰으며, 직접 목격했다는 이야기도 숱하게 들렸다. 13일

동안 총 스물다섯 건의 사례가 보고되었다. 그러나 2주가 지나도록 잡힌 사람도 없었고, 화학적인 실마리도 발견되지 않았다. 경찰에서는 '엉터리 상상'이라고 발표했고, 신문에서는 '집단 히스테리'의 특징을 보여 주는 사례로 다루기 시작했다.(존슨 1945; W. 스미스 1994)

이런 이야기를 전에 어디서 들어 본 적이 없는가? 만일 이 이야기가 친숙하게 들린다면, 그것은 아마 외계인 납치 경험과 똑같은 요소들을 갖고 있기 때문인지도 모른다. 다만 여기서는 마비시키는 범인이 외계인이 아니라 미친 마취 의사라는 것만 다를 뿐이다. 밤만 되면 급증하는 이상한 것들—이것들은 시대와 아울러 희생자들이 속한 문화의 맥락에서 해석된다—이 소문과 가십을 통해 하나의 현상으로 돌변했다. 지금 말하는 것은 현대판 중세의 마녀 광풍이다. 사람들은 이젠 더 이상 마녀의 존재를 믿지 않으며, 오늘날엔 화형당하는 사람도 없다. 그러나 초기의 마녀 광풍을 이루었던 요소들은 오늘날 사이비 과학의 성격을 띤 수많은 후예들에게 고스란히 살아 있다.

1. 희생자는 주로 여성, 가난한 사람, 지능 지체 장애인, 사회의 변두리에 자리한 사람들이다.
2. 성관계나 성적 학대가 흔히 관련된다.
3. 잠재적인 범인이라는 고발만으로도 유죄가 된다.
4. 죄를 부인하면 유죄임을 보여 주는 또 다른 증거로 간주된다.
5. 일단 공동체 내에서 희생을 요구하는 주장이 널리 퍼지게 되면, 비슷한 다른 주장들이 갑자기 등장한다.
6. 고소·고발이 빗발치면서 운동이 최고 임계점에 도달한다. 그

러면 사실상 모든 사람들이 잠재적인 용의자가 되고, 거의 아무도 혐의를 벗어나지 못한다.
7. 그러다가 추가 다른 쪽으로 향한다. 결백한 사람이 법이나 다른 수단을 통해 고발인들에게 반격하기 시작하고, 고발인들이 도리어 고발당하는 경우도 생겨나며, 회의주의자들이 고발의 부당성을 입증하기 시작한다.
8. 마침내 운동은 수그러들고, 대중도 관심을 잃고, 지지자들—결코 완전히 사라지지는 않는다—은 믿음의 주변부로 옮겨 간다.

중세 시대 마녀 광풍의 경우에도 그랬다. 그리고 1980년대의 '악마 숭배의 공포'나 1990년대의 '기억회복 운동' 같은 현대판 마녀 광풍의 경우에도 그렇게 될 공산이 있다. 그런데 수천이나 되는 악마 숭배의 컬트가 우리 사회에 은밀히 침투해 왔고, 회원들이 수만 명의 아이들과 동물들을 고문하며, 손발을 자르고, 성적으로 학대하고 있다는 게 정말 가능하기나 한 일일까? 그렇지 않다. 수백만 명의 성인 여성들이 어렸을 때 성적으로 학대당했는데도, 학대에 대한 기억이 모두 억압되어 왔다는 게 정말 가능할까? 그렇지 않다. 외계인 납치 현상과 마찬가지로, 이것들은 실제 있었던 게 아니라, 마음이 만들어 낸 것들이다. 그것들은 되먹임 고리라고 불리는 진기한 현상을 통해 돌고 도는 사회적 어리석음과 정신적 환상들이다.

마녀 광풍이 반복해서 일어나는 까닭은?

대체 왜 그런 운동이 일어나는 걸까? 겉으로는 서로 닮지 않은 운동들이 비슷한 과정을 거치는 까닭이 무엇일까? 최근에 부각되고 있는 혼돈 과학과 복잡성 이론에서 도움이 될 만한 모델을 가져올 수 있다. 마녀 광풍 같은 사회적 계를 비롯한 수많은 계들은 되먹임 고리를 통해 자기 조직된다. 되먹임 고리에서는 출력과 입력이 서로 연관되면서, 두 쪽 모두에 대응하여 변화가 일어난다. 되먹임이 일어나는 확성 음향 시스템(실내든 실외든 사람이 많은 장소에서 사용하는 전기 증폭 시스템을 말한다. 마이크에서 증폭된 소리가 스피커로 나오고, 스피커의 소리가 마이크로 들어가 다시 증폭되어 스피커로 나오는 등 되먹임 효과가 작용할 수 있는데, 그럴 경우 날카롭고 찌르는 듯한 소리가 난다―옮긴이), 주식을 사고파는 시세 동요에 의해 야기되는 주식 시장의 호·불황 등이 그 예이다.

마녀 광풍을 돌고 돌리는 기초적인 메커니즘은 닫힌 계를 통한 정보의 순환이다. 중세 시대에 마녀 광풍이 일었던 까닭은 되먹임 고리의 내적 및 외적 요소들이 주기적으로 함께 일어나면서 치명적인 결과를 낳았기 때문이다. 어느 집단―권력을 가진 집단―이 다른 집단에 가하는 사회적 통제, 자제력과 개인적 책임을 상실했다는 정서의 만연, 불행에 대한 책임을 달리 떠넘길 곳이 있어야 한다는 필요 따위가 내적인 요소들에 해당한다. 사회·경제적 긴장, 문화적 및 정치적 위기, 종교 분쟁, 도덕적 혼란 따위가 외적 조건들에 해당한다(맥펄레인 1970; 트레버로퍼 1969). 그런 사건들과 조건들이 결합되면서 계가 자기 조직되고, 성장하고, 정점에 이르고, 마침내는 붕괴하는 과정을 이끌어 낼 수 있다. 17세기에는 사람들의 입을 통해, 20세기에는 대중 매체를 통해, 제의적 학대가 있다는 일부 주장이 계에 유입된다. 그리고 악마와 한패라고 고발당하는 사람이 생겨난다. 피고인은 혐의를 부인한다. 그러나 혐의를 부인하는 것 자체가 유죄를 뒷받침하는 증거 구실을 한다. 침묵을 하나 자백을 하나 결과는 마찬가지이다. 17세기처럼 피고인이 물로 시험을 당하든(물에 뜨면 유죄, 가라앉으면 무죄), 오늘날처럼 여론의 법정에 서든, 고발당했다는 것 자체가 유죄나 다름없다(널리 알려진 성적 학대 사례를 아무거나 고려해 보면 된다). 이렇게 해서 되먹임 고리가 자리를 잡는다. 마녀나 악마 숭배의 제의적 아동 학대자는 반드시 공범자들의 이름을 불어야 한다. 풍문이나 언론 매체를 통해 정보의 양과 흐름이 증가하면서, 계는 복잡성을 띠며 성장한다. 마녀들이 줄을 이어 화형당하고, 학대자가 줄을 이어 감옥으로 향하면서 계는 임계 상태에 도달하고, 사회적 조건이 변화하고 사회적 압박이 가해지면서 마침내 계는 붕괴하게 된다(그림 10). '매툰의 유령 마취 의사'는 그런 과정을 보여 주는 고전적인 사례이다. 그 현상이 자기 조직되고, 임계 상태에 도달하고, 플러스 되먹임 고리에서 마이너스 되먹임 고리로 전환되고, 마침내 붕괴하기까지, 모든 과정이 단 두 주 만에 이루어졌다.

 이 모델을 뒷받침하는 데이터가 있다. 예를 들어 〈그림 11〉을 보자. 1560년부터 1620년까지 잉글랜드 종교 재판소들에 접수된 고발 건수의 오르내림을 표시한 것이다. 〈그림 12〉는 잉글랜드 매닝트리에서 1645년에 시작된 마녀 광풍의 고발 패턴이 보이는 다양한 측면

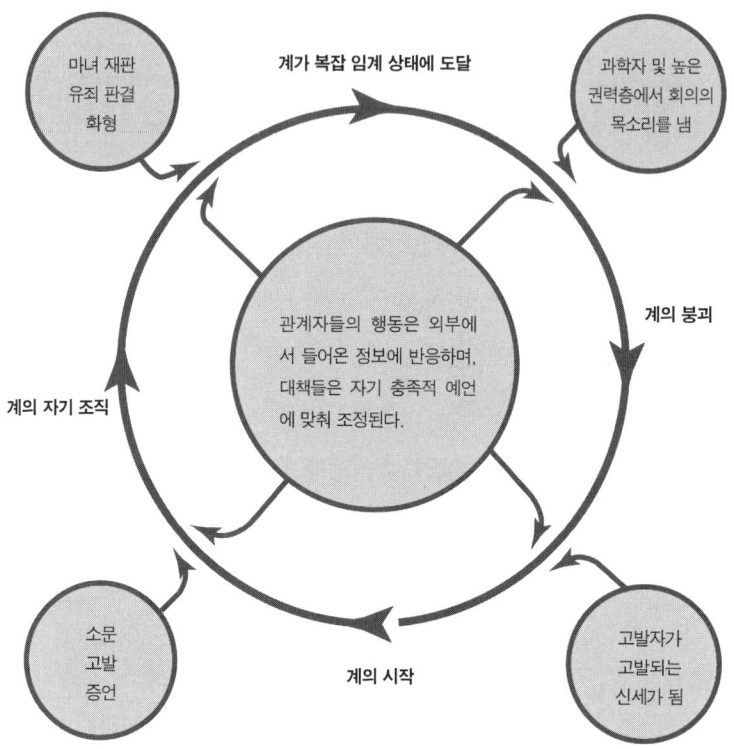

그림 10 마녀 광풍의 되먹임 고리

들을 추적한 것이다. 고발의 밀도가 높아지면서 되먹임 고리가 자기 조직되고 임계 상태에 이르게 된다.

19세기 동안 수십 명의 역사학자, 사회학자, 인류학자, 신학자들이 중세의 마녀 광풍 현상을 설명하고자 여러 이론들을 내놓았다. 마녀가 실제 존재하기 때문에 교회는 실제 위협에 대응했을 뿐이라는 신학적인 설명은 제일 먼저 제쳐 놓아도 된다. 마녀가 존재한다는 믿음은 중세의 마녀 광풍이 있기 수백 년 전부터 있었으며, 교회에서

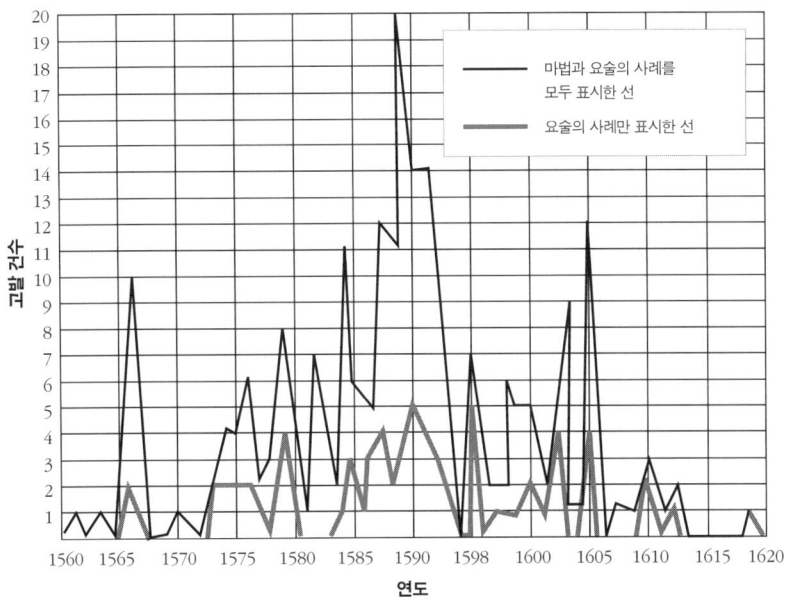

그림 11 1560~1620년까지 영국 잉글랜드 종교 재판소들에 접수된 마녀 고발 건수.
(맥펄레인 1970)

집단 박해를 벌이지도 않았었다. 교회 밖에서 내놓은 설명들은 저자의 상상력이 허용하는 것만큼이나 다양하다. 초기에 제기된 설명으로, 헨리 리(1888)는 마녀 광풍의 원인이 신학자들의 풍부한 상상력 때문이었고, 마침 교회 권력이 확립되었던 상황과 결부되었다고 생각했다. 보다 최근에 와서는, 메리언 스타키(1963)와 존 데모스(1982)가 정신분석학적 설명을 내놓았다. 앨런 맥펄레인(1970)은 통계를 풍부하게 사용하여 희생양 만들기가 마녀 광풍의 중요한 한 요소였음을 보여 주었으며, 최근에 로빈 브릭스(1996)는 평범한 사람들이 불평불만을 해결하는 한 수단으로 어떻게 희생양 만들기를 이용했는지를 보여 줌으로써 맥펄레인의 이론을 강화했다.

마녀 광풍의 시기를 가장 잘 다룬 사람에 해당하는 키스 토머스(1971)는 마녀 광풍의 원인이 마술의 몰락과 대규모로 정형화된 종교의 부상이라고 주장했다. 미델포르트는 마을 내 개인 간의 갈등 및 여러 마을 사이의 갈등이 그 원인이었다는 이론을 펼친다. 바버라 에렌라이히와 데어드르 잉글리시(1973)는 마녀 광풍을 산파에 대한 억압과 관련시켰다. 린다 카포라일(1976)은 세일럼의 마녀 광풍이 암시에 약하고 환각 물질에 취한 청소년들 때문에 일어났다고 주장했다. 볼프강 레더러(1969), 조지프 클라이츠(1985), 앤 바스턴(1994)이 내놓은 설명이 더 가능성이 높다. 이들은 여성 혐오와 성차별적 정치가 결합하면서 마녀 광풍이 일었다는 가설을 검토했다.

갖가지 이론과 책들이 꾸준한 비율로 계속 나오고 있다. 한스 제발트의 생각에 따르면, 중세의 이 같은 집단 박해 사건은 "단일 원인의 틀 안에서는 설명될 수 없다. 다양한 변수가 있는 증후군으로 이루어져 있다고 설명하는 것이 가장 가능성이 높다. 여기에는 중요한 심리적·사회적 조건들이 서로 맞물려 있다."(1996, 817쪽) 나는 이런 생각들에 동의하지만, 몇 가지 사회 문화적 이론들을 마녀 광풍의 되먹임 고리와 접목시키면 더욱 깊은 이론적 수준에 이를 수 있다는 생각을 덧붙이고 싶다. 신학적인 상상력, 교회 조직의 권력, 희생양 만들기, 마술의 몰락, 정형화된 종교의 부상, 개인 간의 갈등, 여성 혐오, 성차별적 정치, 심지어 환각제까지도 모두 정도의 차이는 있지만 되먹임 고리의 요소들이었다. 이 요소들이 계에 입출력되면서 계의 과정을 이끌었다.

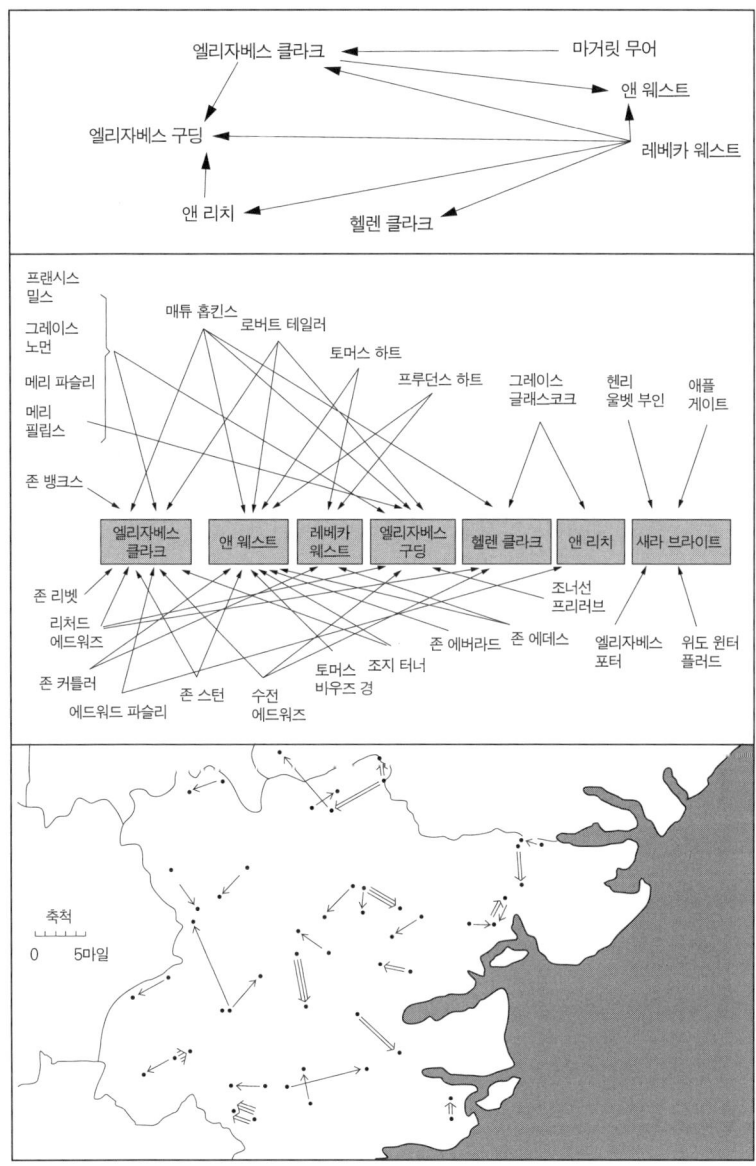

그림 12 1645년 잉글랜드 매닝트리에서 시작된 마녀 광풍. (위) 마녀 용의자들이 다른 마녀 용의자들을 고발한다. (가운데) 마을의 다른 주민들이 마녀 용의자들(상자 속 이름들)을 고발한다. (아래) 광풍이 퍼져 나간다. 화살표는 고발당한 마녀가 사는 마을에서 마녀로 추정되는 다른 희생자들이 있는 마을 쪽으로 향하고 있다. 〈그림 10〉의 되먹임 고리를 써서 모델을 만든 것으로, 이 데이터는 광풍이 어떻게 시작되고, 퍼져 가고, 임계 상태에까지 도달하는지를 보여 준다. (맥펄레인 1970)

휴 트레버로퍼는 『유럽의 마녀 광풍』에서 되먹임 고리의 범위와 강도가 확대되면서 어떻게 혐의와 고발이 서로 꼬리에 꼬리를 물었는지를 보여 준다. 그는 로레인 카운티의 사례를 들어 마녀들의 집회라고 얘기되던 모임의 빈도수가 어떻게 부풀려지는지를 보여 준다. "처음에 심문자들은……마녀들의 집회가 일주일에 한 번, 목요일에만 있다고 생각했다. 그러나 늘 그랬던 것처럼 더 많은 증거가 강요될수록, 결과는 더욱 악화되었다. 결국 마녀들의 집회는 월요일, 수요일, 금요일, 일요일에도 열리는 것으로 생각되었고, 얼마 안 가 화요일까지 주간 집회 일정이 잡혀 있다고 생각했다. 굉장히 위협적인 수준이었기 때문에, 영적인 경찰이 보다 강력하게 감시할 필요가 있음을 보여 주는 것이었다."(1969, 94쪽) 되먹임 고리가 얼마나 빨리 자기 조직되어서 마녀 광풍의 절정으로 치닫는지 놀랄 정도이다. 그 체계에 도전한 회의주의자들은 어떤 대접을 받았을까? 사료를 읽어 본 트레버로퍼는 그 내용에 소름이 끼쳤다.

마법에 대한 백과사전 자료들을 읽어 가는 일은 끔찍한 경험이다. 한결같이 악마주의의 기괴한 면모를 자세히 늘어놓고 그것이 모두 진실이며, 회의주의는 반드시 억압되어야 하며, 마녀들을 변호하는 회의주의자들과 법률가들은 그 자체로 마녀들이고, '선' 하든 '악' 하든 모든 마녀들을 화형에 처해야 하며, 어떤 변명이나 정상 참작도 허용되어서는 안 되고, 마녀 한 사람의 사소한 규탄만으로도 다른 마녀를 태워 죽이기에 충분한 증거가 된다고 주장하고 있다. 또한 기독교 왕국에서 마녀들이 믿을 수 없을 정도로 크게 늘어나고 있으며, 그 이유는 재판관들의 부당한 관대함, 악마의 공범자들에 대한 부당한 면책, 회의주의자들 때문이라고 한목소리를 내고 있다.(151쪽)

중세의 마녀 광풍에서 특별히 호기심을 끄는 것은, 마녀 광풍이 일어났던 시기가 바로 실험 과학이 기틀을 마련하고 인기를 얻어 가던 시기였다는 사실이다. 보통 우리는 과학이 미신을 몰아낸다고 생각하고 과학이 성장하면서 마녀니, 악령이니, 영이니 하는 것들에 대한 믿음이 약해졌을 거라고 흔히 생각하기 때문에, 이 사실이 신기하게 보일 것이다. 그런데 그렇지 않다. 오늘날의 예를 들어 보자. 초상적인 것이나 기타 사이비 과학적인 현상을 믿는 사람들은 제 겉모습을 과학인 것처럼 꾸미려고 애쓴다. 왜냐하면 과학이 바로 우리 사회를 지배하는 힘이기 때문이다. 그러나 그렇게 꾸민다고 해도, 그들은 여전히 자기네 믿음을 버리지 않는다.

역사적으로 보면, 과학의 중요성이 커져 가면서 모든 믿음 체계들의 생사 여부는 실험적 증거가 있느냐 없느냐와 직접적으로 결부되기 시작했다. 그래서 마녀 광풍 시대의 과학자들은 엄격하고 과학적이라 여긴 방법들을 써서 흉가를 조사하고, 고발당한 마녀들을 시험했다. 마녀의 존재를 보여 주는 실험적 데이터는 악마에 대한 믿음을 뒷받침했을 것이며, 이것은 다시 신에 대한 믿음에 버팀목이 되었을 것이다. 그러나 종교와 과학의 동맹 관계는 위태위태했다. 무신론은 실용적인 철학적 입장으로서 인기를 얻어 가고 있었고, 교회 권력은 과학자들과 지성인들의 반응에 의존하면서도 그들을 경계해야 하는 이중 구속 상태에 빠졌다. 17세기에 대럴이라는 영국인의 마녀 재판을 본 어느 관찰자는 이렇게 적었다. "요즘 무신론자들이 많이 있다. 그리고 마법의 존재는 의심받고 있다. 빙의도 마법도 〔존재하지〕 않는다면, 악마가 있다고 생각할 까닭이 어디 있겠는가? 악마가 없다면, 신도 없다."(워커 1981, 71쪽)

1980년대 미국을 휩쓴 악마 숭배의 공포

현대판 마녀 광풍을 보여 주는 제일 좋은 예는 1980년대의 '악마 숭배의 공포'일 것이다. 사람들은 수없이 많은 악마 숭배 컬트들이 미국 전역에서 은밀히 활동하면서, 동물들을 희생양으로 삼고 사지를 자르고, 아동을 성적으로 학대하고, 악마 숭배의 제의를 거행한다고 믿었다. 『악마주의의 공포』에서 제임스 리처드슨, 조엘 베스트, 데이비드 브롬리는 성적 학대, 악마 숭배, 연쇄 살인, 아동 포르노 따위에 관한 대중적인 담론이 더욱 큰 사회적 공포와 불안을 보여 주는 잣대임을 설득력 있게 논한다.

악마 숭배의 공포는 도덕적 공황 상태의 한 예였다. 도덕적으로 공황에 빠지면, "어떤 조건, 사건, 개인, 또는 개인들이 모인 단체가 사회적 가치와 이익에 위협이 되는 것으로 정의되기 시작한다. 그리고 대중 매체를 통해 그것들의 정체가 양식화되고 상투적인 방식으로 제시된다. 그런 다음, 편집자, 주교, 정치가, 양식 있는 사람들에 의해 도덕적 장벽이 마련된다. 그러면 사회적으로 명망 있는 전문가들이 진단과 처방을 내놓는다. 갖가지 대처 방안들이 제기되거나, 방

안 마련을 호소한다. 그러다가 그 조건이 사라지거나 잠적하거나 쇠퇴한다."(1991, 23쪽) 정치적인 당락이 걸려 있을 때에는, 그런 사건들과 결과들이 "다양한 정치 집단들의 유세에" 무기로 사용된다.『악마주의의 공포』저자들에 따르면, 널리 만연된 악마 숭배 컬트, 마녀들의 집회, 제의적인 아동 학대와 동물 살해에 대한 증거는 사실상 존재하지 않는다. 물론 토크 쇼에서 인터뷰하거나, 검은 옷을 입고 향을 피우거나, 푸시업 브래지어를 입고 심야 영화를 소개하는 갖가지 인물들이 있기는 하지만, 이 사람들이 사회를 혼란케 하고 인류의 도덕성을 타락시키는 잔인한 범죄자의 모습이라고 하기는 힘들다. 대체 그들이 있다고 말하는 사람들은 누구일까?

여기서 열쇠는 "악마 숭배 컬트가 필요한 사람이 누구일까?"라는 물음에 달려 있다. 그들은 바로 "토크 쇼 진행자들, 출판업자들, 반컬트 집단들, 근본주의자들, 일부 종교 단체들"이다. 모두 악마 숭배 컬트가 있다는 주장을 토대로 번영을 누리고 있다. 저자들은 이렇게 적고 있다. "종교를 가진 방송인들과 '쓰레기 텔레비전' 토크 쇼들에서 오랫동안 입에 오르내렸던 화제인 악마 숭배가 네트워크 뉴스 프로그램과 황금 시간대 프로그램까지 파고들어 악마 숭배 컬트를 다루는 뉴스 보도, 다큐멘터리, 텔레비전 영화가 제작되고 있다. 점점 많은 수의 경찰관, 아동 보호 인력, 기타 공직자들이 악마 숭배자들의 위협에 맞서는 공식적인 훈련을 받기 위해 세금을 들여 가며 워크숍에 참석하고 있다."(3쪽) 이렇게 해서 되먹임 고리에 연료를 주입하고 마녀 광풍을 보다 높은 복잡성 수준으로 끌어올리는 정보 교류가 이루어지는 것이다.

현상뿐만 아니라 동기도 역사적으로 세기에 세기를 이어 되풀이되는데, 바로 개인적 책임의 전가가 그것이다. 곧, 개인의 문제들을 가장 가까운 적에게 떠넘기는 것이며, 그 적은 악하면 악할수록 좋다. 그렇다면 악마는 물론, 악마의 여성 공범자인 마녀만큼 마침맞은 상대가 누가 있겠는가? 사회학자 카이 에릭슨은 이렇게 말했다. "아마 사회의 분열과 변화를 보여 주는 지표로서 역사상 그보다 더 나은 형태의 범죄는 없을 것이다. 왜냐하면 마녀광들이 들고 일어서는 일은, 종교적 초점의 변화를 겪는 사회 — 경계들의 재배치에 직면한 사회라고 말해도 될 것이다 — 에서는 일반적으로 일어나기 때문이다." (1966, 153쪽) 16세기와 17세기의 마녀 광풍에 대해서 인류학자 마빈 해리스는 이렇게 말했다. "마녀사냥 체계가 낳은 중요한 결과는, 가난한 사람들이 자기네를 농락하는 자들은 군주들과 교황들이 아니라 마녀와 악마라고 믿게 되었다는 것이다. 지붕이 새는가? 소가 송아지를 유산했는가? 귀리 농사를 망쳤는가? 포도주가 시금털털해졌는가? 머리가 아픈가? 아기가 죽었는가? 그것은 모두 마녀들의 소행이었다. 악령들이 벌이는 공상 속의 활동에 마음을 빼앗긴 나머지, 걱정이 가실 날이 없고 소외되고 가난에 찌든 민중들은 부패한 성직자들과 날강도 같은 귀족들 대신 광포한 악마에게 탓을 돌렸다." (1974, 205쪽)

제프리 빅터의 책 『악마 숭배의 공포: 이 시대 전설의 탄생』은 이제껏 이 주제를 다룬 책 중에서 최고의 분석서이며, 부제는 이 현상에 대한 논제를 요약해 주고 있다. 빅터는 소문을 원동력으로 하는 다른 공포 현상 및 집단 히스테리와 비교하여 악마 숭배 컬트의 전설이 어떤 과정을 거쳐 전개되는지 추적하고, 그런 현상에 얼마나 개개인이 쉽게 사로잡힐 수 있는지를 보여 준다. 여기에는 다양한 심리적 인자들과 사회적 힘들이 개입하며, 이것들은 과거와 현대의 역사적 사료에서 입력된 정보와 결합된다. 1970년대에는 위험한 종교적 컬트들, 가축 훼손, 악마 숭배 컬트의 제의적 동물 희생에 대한 이야기들이 나돌았다. 1980년대에는 다중 인격 장애, 프록터앤갬블 사의 '악마'를 상징하는 로고, 제의적 아동 학대, 맥마틴 유치원 사건(1980년대 미국을 떠들썩하게 했던 사건. 캘리포니아에서 유치원을 운영하던 맥마틴 가 사람들이 원생들을 성학대한 혐의로 기소되었으나 6년 간의 법정 공방을 거쳐 모두 무죄 선고되었다—옮긴이), 악마 숭상 따위를 다룬 책, 기사, 텔레비전 프로그램들이 봇물 터지듯 쏟아져 나오면서 정신을 못 차렸다. 1990년대에는 잉글랜드에서 제의적 아동 학대 공포가 있었고, 모르몬교에 비밀 악마 숭배자가 침투하여 제의 때 아이들을 성적으로 학대했다는 보고들이 있었으며, 샌디에이고에서도 악마 숭배의 제의적 학대 공포가 일었다.(빅터 1993, 24~25쪽) 이런저런 경우들이 되먹임 고리를 계속해서 진행시켰다. 그러나 지금은 상황이 역전되고 있다(이 책이 출간된 해는 1997년이었다—옮긴이). 예를 들어 1994년에 영국의 보건부 장관이 조사를 벌였지만, 영국에서 악마 숭배 제의적 아동 학대를 목격했다는 주장을 뒷받침할 그 어떤 독립적인 보강 증거도 찾아내지 못했다. 런던 정경대학교 교수 장 라퐁텐에 따르면, "악마 숭배 제의 때 어린아이들을 학대했다는 폭로에는 어른들의 개입이 있었다. 소수의 경우, 연루된 아이들은 어머니의 압력이나 지시를 받은 아이들이었다." 그렇게 만든 원동력은 무엇이었을까? 라퐁텐은 바로 복음주의 개신교도들 때문이라고 말했다. "신흥 종교 운동에 반대하는 복음주의 개신교 캠페인이 강한 영향력을 행사하여 악마 숭배적 학대가 실제 있음을 증명해야 한다는 분위기를 조장해 왔다."(서머 1994, 21쪽)

진실과 거짓 사이, 기억회복 운동의 위험

중세의 마녀 광풍과 섬뜩한 짝을 이룰 만한 것이 바로 '기억회복 운동'이다. 기억회복이란, 어린 시절에 성적 학대를 당한 기억을 피해자가 억압해 오다가 수십 년 뒤에 암시성 질문, 최면, 최면에 의한 연령 퇴행, 시각화 요법, 소듐아미탈('자백제') 주사, 꿈 해석 같은 특별 요법을 써서 그 기억을 회상해 내는 것을 말한다. 이 운동이 되먹임 고리를 형성하게 된 까닭은 가속적인 정보 교환 때문이다. 치료사는 보통 고객들에게 기억 회복에 관한 책들을 읽게 하고, 관련 토크쇼를 녹화한 비디오를 보게 하고, 기억을 회복한 다른 여성들과 집단 상담에 참여하게 한다. 치료를 시작할 때에는 아무 기억이 없다가, 특별 요법을 몇 주 내지 몇 달 동안 적용하면 곧 유년기의 성적 학대에 대한 기억이 만들어진다. 그러면 아버지나 어머니, 할아버지나 삼촌, 남자 형제, 아버지의 친구 등 학대자의 이름을 댄다. 그 다음에는 서로 간의 대질이 있다. 상대방은 당연히 혐의를 부인하고, 서로의 모든 관계는 끝장나고 만다. 그 결과는 가정 파괴이다.(호크먼 1993)

관련 전문가들은 1988년 이후에만 최소한 백만 명이 성적 학대에 대한 기억을 '회복한' 것으로 추정한다. 이 수치에는 정말로 유년기 때 성적으로 학대당했고 결코 그 기억을 잃어버리지 않은 사람들은 포함되어 있지 않다.(크루스 외 1995; 로프터스, 케첨 1994; 펜더그라스트 1995) 『프로이트가 틀린 까닭』(1995)이라는 흥미로운 책을 쓴 저술가 리처드 웹스터는 그 운동을 추적하다가 그것이 보스턴 지역의 정신 치료사 단체에 닿아 있음을 알아냈다. 1980년대에 그 정신 치료사들은 정신의학자 주디스 허먼의 1981년도 책 『부녀간의 근친상간』을 읽은 뒤에, 근친상간을 겪은 사람들을 위한 치료 집단을 하나 만들었다. 성적 학대는 실제 있는 비극적인 현상이기 때문에, 사회적 관심을 이끌어 내는 데 이 치료 집단이 큰 구실을 했다. 그런데 안타깝게도, 허먼이 "이전에는 억압되어 있던 성적 학대에 대한 기억들"을 치료 중에 재구성한 한 여성의 사례를 기술한 것을 기초로 해서, 잠재의식이 억압된 기억을 가두고 있다는 생각까지 제시되었다. 집단 치료를 시작할 초기에는 구성원들 대부분이 자기들이 학대받았던 기억을 잃지 않았던 사람들이었다. 그런데 웹스터가 지적한 대로, 점차 치료를 통해 기억을 재구성하는 과정이 끼어들게 되었다.

이 여성들의 증상을 설명해 줄 것으로 생각되는 숨겨진 기억들을 추적하면서, 치료사들은 이따금 시간 제한 형식의 집단 요법을 쓰기도 했다. 10회 내지 12회의 주간 모임이 시작될 때, 치료사는 환자들에게 나름의 목표를 설정할 것을 권장하곤 했다. 근친상간 기억이 없는 많은 환자들에게는 그 기억을 회복하는 것이 목표였다. 일부는 "저는 그냥 이 모임에 있고 싶어요. 소속감을 느끼고 싶거든요." 라는 말로 사실상 자기네 목표를 정의하기도 했다. 5차 모임을 갖고 나서, 치료사는 치료가 중간에 이르렀음을 집단에게 상기시키면서 시간이 다해 가고 있음을 분명하게 시사한다. 이런 식으로 압박감이 가중되자, 아무 기억이 없던 여성들은 아버지나 다른 어른들이 관련된 성적 학대의 이미지들을 자주 보기 시작했다. 그러면 이 이미지들은 기억이나 '플래시백'의 의미로 해석되곤 했다.(1995, 519쪽)

이렇게 해서 기억회복 운동의 되먹임 고리가 자기 조직되기 시작했고, 정신 치료사 제프리 매슨의 1984년도 책 『진실에 대한 공격』이 그 기세를 부채질했다. 책에서 매슨은 유년기의 성적 학대가 환상이라는 프로이트의 주장을 반박하고, 프로이트의 초기 입장, 곧, 환자들이 자주 얘기했던 성적 학대가 실제 있었고, 여성들이 널리 겪은 것이며, 따라서 성인 여성의 신경증에 책임이 있다는 입장이 올바른 것이라고 논했다. 1988년 엘렌 배스와 로라 데이비스의 책 『치료할 용기: 유년기 성적 학대를 견딘 여성들을 위한 안내서』가 출간되면서 기억회복 운동은 완전한 마녀 광풍으로 변모했다. 책이 내린 결론 중에는 이런 것이 있었다. "당신이 학대당했다고 생각하고, 당신의 인생이 그 징후를 보여 준다면, 당신은 학대받은 것이다."(22쪽) 그 책은 75만 부 이상이 팔렸고, 수십 권에 달하는 유사한 책들, 토크 쇼 프로그램, 잡지와 신문 기사 따위가 관련된 일종의 기억회복 산업을 촉발시켰다.

그 기억이 회복된 기억이냐 거짓 기억이냐는 논쟁은 아직도 심리학자, 정신의학자, 법률가, 언론 매체, 일반 대중 사이에서 격렬하게

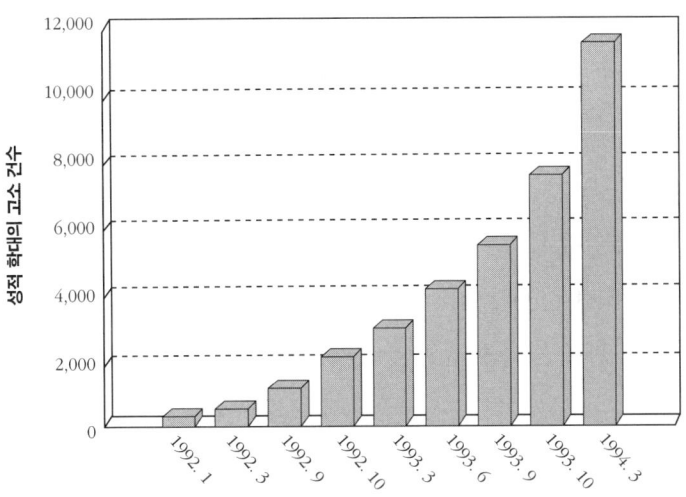

그림 13 1992년 3월부터 1994년 3월까지, 성적으로 학대했다며 부모를 상대로 낸 등록된 고소 건수.
〔거짓 기억 증후군 협회 제공〕

일고 있다. 유년기 성적 학대가 실제로 일어나기 때문에—아마 우리 생각보다 더 빈번하게 일어날 것이나—피해자라고 주장하는 사람들의 고소·고발 자체를 무시해 버리면 문제가 클 것이다. 그러나 우리가 기억회복 운동을 통해 만나게 되는 문제는, 정말로 유년기의 성적 학대가 만연해 있다는 게 아니라, 고소·고발이 전염병처럼 번지고 있다는 것이다(그림 13). 다시 말해서 성적 광풍이 문제가 아니라 마녀 광풍이 문제라는 얘기이다. 추정된 수치만으로도 우리는 회의적이 될 수밖에 없다. 배스와 데이비스 등은 전체 여성의 3분의 1에서 2분의 1 정도가 유년기에 성적으로 학대당했다고 산정한다. 백분율을 어림해 보면, 이 수치는 미국에서만 4,290만 명의 여성이 성적 학대를 당했다는 뜻이다. 그 여성들을 누군가 학대했을 것이기 때문에,

4,290만 명의 남성이 성범죄자라는 뜻이기도 하다. 둘을 합하면 총 8,580만 명의 미국인들이 성적 학대의 피해자거나 가해자라는 소리이다. 게다가 많은 경우 그것을 묵인한 어머니, 그 일에 가세한 친구, 친척이 연루되어 있다고 한다. 이것까지 고려하면 성적 학대에 연루된 미국인 수치가 무려 1억 명 이상으로까지 올라갈 것이다(총인구의 약 38퍼센트에 해당한다). 있을 수 없는 일이다. 설사 이 추정치를 절반으로 줄인다 해도 믿기 어려운 것은 마찬가지이다. 여기에는 무언가 다른 것이 작용하고 있다.

　이 운동은 단지 누구나 고소·고발당할 수 있다는 사실 때문만이 아니라, 결말이 극단적이기—투옥—때문에 모두를 더욱 두렵게 한다. 오로지 회복된 기억만을 근거로 성적 학대를 했다는 유죄 선고를 받은 뒤, 수많은 남성들은 물론 다수의 여성들도 교도소로 보내졌고, 일부는 아직도 수감 중이다. 여기에는 문제의 소지가 있기 때문에, 반드시 계속해서 극도의 신중을 기해야 한다. 다행히 정신의학의 역사에서 기억회복 운동이 부끄러운 한 장으로 격하되고 있다고 기대해도 좋을 만큼 시류가 바뀌고 있는 것 같다. 1994년 딸 홀리 라모나에게 고소당한 아버지 게리 라모나는 딸의 두 치료사 마르셰 이사벨라와 리처드 로즈를 상대로 건 소송에서 승소했다. 두 치료사는 홀리가 어렸을 때에 아버지의 강요를 못 이겨 집에서 키우는 개에게 오럴 섹스를 한 사건을 '기억하도록' 도운 사람들이었다. 배심은 게리 라모나에게 청구액 800만 달러 중 50만 달러를 지급할 것을 재정했다. 금액 산정의 주요 근거는, 그 참담한 일을 겪은 결과 로버트 몬다비 포도주 양조장의 연봉 40만 달러짜리 직장을 잃었기 때문이었다.

피고인들뿐만 아니라, 고소인들도 거짓 기억을 이식했다 하여 치료사들을 상대로 소송을 제기하여 승소를 하고 있다. 한때 자기가 유년기 성적 학대의 희생자라고 믿었던 로라 패슬리(1993)는 나중에 그 회복된 기억을 철회하고, 치료사를 상대로 소송을 걸어 승소했다. 그녀의 이야기는 대중 매체에 실려 사람들 입에 널리 회자되었다. 다른 많은 여성들도 지금은 원래 주장을 번복하고 치료사들을 상대로 소장을 작성하고 있다. 이 여성들은 '철회자'라는 이름으로 알려지게 되었으며, 심지어 치료사였다가 철회자가 된 사람도 한 명 있다.(펜더그라스트 1996) 법률가들은 법체계를 통해 치료사들에게 책임을 물음으로써 되먹임 고리를 역전시키는 데 일조를 하고 있다. 지금은 플러스 되먹임 고리가 마이너스 되먹임 고리로 전환되어 가고 있으며, 패슬리 같은 사람들과 '거짓 기억 증후군 협회' 같은 단체들 덕분에 정보 교환의 방향이 역전되고 있다.

되먹임 고리의 역전에 박차를 가하게 한 또 다른 사건이 1995년 10월에 있었다. 미네소타 주 램지 카운티의 6인 배심은 세인트폴의 정신의학자 다이앤 베이 휴머넌스키 박사가 비네트 하만과 그녀의 남편에게 270만 달러를 배상금으로 지급해야 한다고 선고했다. 박사가 하만 부인에게 유년기의 성적 학대에 대한 거짓 기억을 심었다는 혐의를 놓고 6주 동안 공판을 한 결과였다. 1988년에 하만은 일반적인 불안증이 있어 휴머넌스키를 찾아갔는데, 당시 그녀에게는 유년기의 성적 학대 기억이라곤 아무것도 없었다. 그런데 1년 동안 휴머넌스키에게 치료를 받고 난 뒤, 하만은 다중 인격 장애 진단을 받았다. 휴머넌스키는 하만에게서 무려 100개나 되는 서로 다른 인격들을 '발견했다.' 대체 하만이 그렇게 많은 다른 사람이 된 까닭이 무엇이었을까? 휴머넌스키에 따르면, 하만은 어머니, 아버지, 할머니, 삼촌들, 이웃들, 다른 많은 사람들에게 성적으로 학대당했다는 것이었다. 그 외상으로 인해 하만이 그 기억들을 억압했다는 얘기였다. 휴머넌스키는 치료를 통해 하만의 과거 기억을 재구성했는데, 거기에는 심지어 죽은 아기들이 '뷔페 식' 식사거리로 차려지는 형태의 악마 숭배의 제의적 학대의 기억까지 포함되어 있었다. 배심은 그것을 인정하지 않았다. 1996년 1월 24일, 휴머넌스키가 또 다른 고객인 E. 칼슨에게 250만 달러를 지급해야 한다고 선고했던 배심 역시 그것을 인정하지 않았다.(그린펠드 1995, 1쪽)

마지막으로, 억압된 기억과 연관된 가장 유명한 소송 사건 중 하나가 최근에 기각되어 피고인이 감옥에서 석방된 일이 있었다. 1989년, 에일린 프랭클린립스커는 어렸을 적 친구 수전 네이슨을 자기 아버지 조지 프랭클린이 1969년에 살해했다고 경찰에게 말했다. 그녀가 내놓은 증거가 무엇이었을까? 20년 뒤에 회복한 기억이었다. 그 기억을 근거로 (다른 증거는 없이) 1991년 1월, 프랭클린에게 1급 살인 유죄 평결이 내려졌고, 무기 징역이 선고되었다. 프랭클린립스커는 당시 살해당했던 친구 나이 또래의 자기 딸과 놀다가 옛날 기억이 되돌아왔다고 주장했다. 그러나 1995년 4월에 지방 법원 판사 로웰 젠슨은, 피고 측이 프랭클린립스커에게 범죄의 상세한 내용을 제공했을지도 모르는 살인 관련 신문 기사를 증거로 제출하려는 것을 원심에서 거부했기 때문에, 피고 프랭클린이 정당한 재판을 받지 못했다고 판결했다. 달리 말하면, 그녀의 기억은 회복된 것이 아니라 구성된 것일 수도 있다는 것이었다. 게다가 증인석에 선 프랭클린립스커의 언니 재니스 프랭클린은 아버지의 공판이 있기 전에 기억을 '높이기' 위해 동생과 함께 최면을 받았다는 사실을 털어놓았다.

막판에 가서는 프랭클린립스커가 자기 아버지가 두 건의 살인을 더 저지른 것으로 기억한다고 말했지만, 수사관들은 그 어느 것에도 프랭클린을 연결시킬 수 없었다. 그중 한 기억은 너무나 일반적인 얘기였기 때문에 그것과 부합하는 실제 살인 사건을 찾을 수조차 없었다. 다른 하나는, 프랭클린이 1976년에 18살 소녀를 강간·살해했다는 것이었다. 그러나 수사관들은 살인이 있었다던 시각에 프랭클린이 동창회에 있었음을 알아냈고, DNA와 정액 검사도 프랭클린의 무죄를 확인해 주었다. 1990년 공판 때 프랭클린의 반대편에서 증언했던 아내 리는 이제 억압된 기억이라는 개념을 더 이상 믿지 않는다고 말하며 증언을 철회했다. 프랭클린의 변호사는 이렇게 결론을 내렸다. "조지는 6년 7개월 4일 동안 수감되어 있었습니다. 완전한 코미디이자 비극입니다. 이건 조지에게 카프카적('카프카적kafkaesque'이라는 말은 프란츠 카프카의 작품 세계 성격을 지칭하는데, 일반적으로는 '부조리한 권력이나 현실, 이해할 수 없는 힘과 논리에 속절없이 당하는 상황'을 묘사할 때 쓰인다—옮긴이)인 경험이었습니다." (커티어스 1996) 말이 나와서 말인데, 기억회복 운동이란 것 자체가 카프카적인 경험이다.

트레버로퍼가 중세 마녀 광풍의 진행 방식을 기술한 것에 필적하는 사례를 고려해 보면 섬뜩할 정도이다. 1995년 워싱턴 주 이스트

웨너치에서 있었던 일이다. 로버트 페레즈 형사는 성범죄 전담 수사관으로, 성적 학대의 전염병이 휩쓸고 있다고 믿었던 도시 이스트웨너치에서 아이들을 구하는 것을 사명으로 여긴 사람이었다. 그는 이렇게 말 그대로 전혀 믿을 수 없는 주장을 펼치며, 시골 주민들을 고발하고, 혐의를 씌우고, 유죄를 선고하고 겁에 질리게 했다. 한 여성에게는 3,200가지가 넘는 성적 학대 행위 혐의를 씌우기도 했다. 나이 지긋한 한 남자에게는 하루에 열두 번이나 성교를 했다는 혐의를 씌웠다. 이 점에 대해서는 그 사람이 설사 십 대였을 때조차도 불가능했을 일임을 인정했다.

고소·고발당한 사람은 대체 어떤 이들이었을까? 중세 마녀 광풍의 경우처럼, 그들은 주로 돈을 내고 적절한 법률 상담을 받을 수 없는 빈민 남녀들이었다. 그렇다면 고소·고발을 한 사람은 누구였을까? 페레즈 형사와 많은 시간을 함께 보낸, 상상력이 풍부한 어린 소녀들이었다. 대체 페레즈는 어떤 사람이었을까? 경찰 측의 평가서에 따르면, 페레즈는 경범죄와 가정불화의 이력이 있었다. 또 평가서는 그를 "오만 방자한 접근 태도"를 가진 "건방진" 사람으로 묘사했다. 또한 페레즈가 "사람들을 골라 표적으로 삼는" 것처럼 보인다는 진술도 들어 있었다. 재직하고 얼마 되지 않아 페레즈는 취약하고, 문제가 있는 소녀들을 부모도 부르지 않은 상태에서 심문하기 시작했고, 당연히 심문 내용을 녹음하지도 않았다. 소녀들을 대신해 직접 고소장을 작성하면, 소녀들은 거기에 서명을 했다. 보통의 경우 그 사이 여러 시간 동안 무자비한 심문이 이어졌다(칼슨 1995, 89~90쪽).

이스트웨너치에서 화형당한 사람은 없었지만, 이 어린 소녀들—

가장 많은 고소·고발을 한 아이는 열 살이었다—은 페레즈의 영향력과 경찰관으로서의 권세를 빌어 스무 명이 넘는 어른들을 교도소로 보냈다. 투옥된 사람들 중 절반 이상이 가난한 여성이었다. 흥미롭게도 개인 변호사를 고용한 사람은 아무도 구속되지 않았다. 이 사례가 전하는 메시지는 분명하다. 맞서 싸우라는 것이다. 열 살짜리 소녀의 경우, 페레즈는 그 애를 학교에서 끌어내어 네 시간 동안 심문한 다음, 그 애의 엄마가 연루된 섹스 파티의 피해자였음을 자백하지 않으면 엄마를 체포하겠다는 협박을 했다. 페레즈는 그렇게만 한다면 집에 보내 주겠다는 약속을 하며, 이렇게 강요했다. "진실을 털어놓을 때까지 10분을 주겠다." 결국 소녀는 자백서에 서명을 했고, 페레즈는 즉시 그 애의 엄마를 체포해 교도소로 보내 버렸으며, 여섯 달 동안 소녀는 엄마를 볼 수 없었다. 마침내 그 엄마가 변호사를 고용하자, 168가지 혐의가 모두 풀려 버렸다. 이스트웨너치는 마녀 광풍의 되먹임 고리에 단단히 갇혔고, 고소·고발이 전염병이 대중 매체—여기에는 한 시간짜리 ABC 특집과 〈타임〉의 보도도 있다—에 보도되었을 때에는 임계 상태에 도달해 있었다. 페레즈의 만행이 폭로되면서 피고인들은 페레즈와 맞서고 있고, 소녀들은 자기들이 했던 고소·고발을 취하하고 있다. 피해자들과 가정이 파괴된 피해자 가족들은 소송을 제기하고 있다. 이렇게 해서 되먹임 고리는 역전되었다.

지난 몇 년 동안 미국을 휩쓸었던 이 특별한 광풍과 성적 학대 히스테리에서 걱정스러운 측면은, 일부 진짜 성범죄자들까지 그 공포 현상에 대한 불가피한 반발 효과로 풀려나 자유롭게 활보할 수 있게 될지도 모른다는 것이다. 유년기의 성적 학대는 실제로 일어난다. 그러나 그것이 일종의 마녀 광풍으로 변질된 이상, 사회에서 그 문제를 다룰 만한 균형 감각을 찾기까지는 시간이 걸릴 것이다.

CHAPTER 8

『아틀라스』의 저자 아인 랜드와 개인숭배

　정신분석학자들에 따르면, 투사는 자기 생각이나 느낌, 태도의 책임을 다른 사람이나 대상에게 돌리는 과정을 말한다. 이를테면 간통의 죄를 진 자가 자기 배우자를 간통죄로 고소한다든가, 동성애를 혐오하는 사람이 실은 은밀히 동성애 성향을 숨기고 있다든가 하는 것이다. 근본주의자들이 비종교적 인본주의와 진화론을 '종교적'이라고 비난하거나, 회의주의 자체가 컬트이며, 이성과 과학에 컬트적인 속성이 있다고—정의상 컬트가 이성과는 180도 다르다는 점을 감안하면 터무니없는 주장이다—선언할 때, 거기에는 미묘한 형태로 투사가 작용하고 있다. 아마 지금쯤 독자들은 내가 강하게 과학과 이성의 편에 서 있다는 사실을 분명히 알았겠지만, 나는 최근의 어느 역사적인 현상을 보면서 사실, 이론, 증거, 논리에 매혹된다는 것 역시 그 체계 안에 몇 가지 흠을 감출 수 있음을 확인하게 되었다. 그것은 진리의 추구보다 진리를 더 중요하게 여길 경우, 탐구의 과정보다 탐구가 내놓은 최종 결과들을 더 중요하게 여길 경우, 누군가의 믿음을 이성이 지나치게 절대적으로 확신한 나머지 그 믿음에 찬성하지 않은 사람들이 모두 반대자로 파문당하게 될 경우, 지성적 탐구가 개인숭배의 기초가 되어 버릴 경우에 어떤 일이 벌어지는지 교훈을 던지는 사례가 된 현상이었다.

이야기는 1943년 미국으로 거슬러 올라간다. 러시아에서 이민 온 한 무명의 작가가 연거푸 고배를 마신 뒤 처음으로 성공적인 소설을 발표했다. 그러나 곧바로 성공을 거둔 것은 아니었다. 사실 서평은 가혹했고, 초기 판매량도 저조했다. 그러다가 서서히 그 소설을 중심으로 지지층이 형성되었다. 소설이 잘 쓰였기 때문이 아니라(잘 쓴 소설은 아니었다), 소설에 담긴 생각이 가진 힘 때문이었다. 입소문은 가장 효과적인 홍보 수단이 되었고, 결국 저자는 두터운 지지층을 거느리기 시작했다. 1쇄에 7,500부를 찍었던 것이 쇄를 거듭하면서 5,000부, 10,000부에 이르렀고, 1950년까지의 판매 부수는 50만 부였다.

그 책의 제목은 『마천루 Fountainhead』, 저자는 아인 랜드였다(원래 제목은 '샘의 근원'이지만, 우리 나라에서는 '마천루'라는 제목으로 번역되었다—옮긴이). 상업적인 성공 덕분에 그녀는 충분한 시간과 여유를 갖고 대작 『아틀라스—지구를 떠받치기를 거부한 신』을 써서 1957년에 출간했다. 『아틀라스』는 살인 미스터리 소설인데, 여기서 살해된 것은 사람의 몸이 아니라 사람의 정신이며, 자기가 이 세상의 이념적 원동기를 멈춰 버리겠다고 말하는 한 협객이 등장한다. 결국 그가 자기 뜻을 성사시키자 문명은 파노라마처럼 붕괴했다. 그러나 문명의 불꽃은 소수의 영웅적 인물들에 의해 계속해서 타오르고 있었다. 그들의 이성과 도덕이 문화를 붕괴시키기도 했고, 이어서 다시 회복시키기도 했다.

『마천루』 때처럼 평론가들은 『아틀라스』도 신랄하게 혹평했지만, 책, 저자, 저자의 생각에 대한 지지자들의 믿음만 강화시키는 것 같았다. 그리고 『마천루』의 경우와 마찬가지로, 『아틀라스』의 판매 실적 역시 처음에는 고전을 하다가, 천천히 상승세를 그렸으며, 마침내 매년 일정하게 30만 부 이상이 팔리는 고지까지 이르렀다. 랜덤하우스 사장 베넷 서프는 이렇게 그때를 회고했다. "내 출판 인생을 통틀어 그런 경우는 처음이었습니다. 그처럼 무섭게 빗발치는 반대를 돌파하고 성공을 거두다니요!"(브랜든 1986, 298쪽) 그것이 바로 한 개인적 영웅과……길트직 성격의 지지층이 발휘하는 힘이다.

그처럼 아군과 적군을 막론하고 정서적인 자극을 주었던 이 소설들에서 랜드가 제시한 철학이 과연 무엇일까? 『아틀라스』가 출판되기 전, 랜덤하우스에서 열린 판매 회의에서 한 영업부 직원이 랜드에게 객관주의라고 부르는 그녀의 철학의 본질을 요약해 줄 수 없겠느냐고 부탁했다. 그러자 그녀는 다음과 같이 요약했다.(랜드 1962, 35쪽)

1. 형이상학: 객관적 실재
2. 인식론: 이성

3. 윤리학: 자기 이익

4. 정치학: 자본주의

풀면 이런 뜻이다. 실재는 인간의 사고와 독립적으로 존재한다. 실재를 이해하기 위해 유일하게 가능한 방법은 이성이다. 모든 인간은 자기의 행복을 추구해야 하며, 자기 자신을 위해 존재해야 하고, 누구도 타인을 위해 자기를 희생하거나, 자기를 위해 타인을 희생시켜서는 안 된다. 자유방임적 자본주의는 앞의 세 가지가 가장 훌륭하게 힘을 발휘할 수 있는 정치·경제적 체계이다. 랜드의 말에 따르면 이것들이 결합되어야 사람들은 "서로를 피해자와 가해자로서, 주인과 노예로서가 아니라, 자기 의지에 따라 자유롭게 서로의 이득을 거래하는 상인으로서 대우하게 된다." 그렇다고 "아무거나 해도 된다"는 뜻은 아니다. 이렇게 자유로운 거래가 이루어지면, "어느 누구도 타인에게 물리력을 행사해서 거래를 트지는 않을 것이다."(랜드 1962, 1쪽) 랜드의 저서들을 관통해 울리는 소리는 개인주의 철학, 개인적 책임, 이성의 힘, 도덕성의 중요함이다. 사람은 저 스스로 생각해야 하며, 무슨 권위가 되었든, 특히 정부나 종교 같은 집단들의 권위가 무엇이 진리라고 정하게끔 허용해서는 결코 안 된다. 도덕적으로 고귀하게 행동하는 방법으로 이성을 사용하는 사람들, 결코 호의나 동정을 요구하지 않는 사람들, 이들은 비합리적이고 비이성적인 사람들보다 성공과 행복을 찾을 가능성이 훨씬 크다. 객관주의는 순결한 이성과 순수한 개인주의를 드높이는 궁극의 철학이다. 랜드는 『아틀라스』의 중심인물인 존 골트의 입을 통해 이렇게 말했다.

사람은 지식을 얻지 않고서는 생존할 수 없다. 그리고 지식을 얻기 위한 수단으로 사람이 가진 유일한 것은 이성이다. 이성은 감각이 제공하는 감각 자료들을 지각하고, 확인하고, 통합하는 능력이다. 감각이 하는 일은 존재의 증거를 주는 것이지만, 그것을 확인하는 일은 이성에게 속한다. 감각은 오로지 무언가가 있다는 것만 말해 줄 뿐이지만, 그것이 무엇인지는 정신을 사용하여 알아내야만 한다.(1957, 1016쪽)

그대 안에 있는 최고의 선의 이름으로 말하건대, 가장 악한 것을 지닌 자들을 위해 이 세상을 희생시키지 마라. 그대를 살아 있게 하는 가치들의 이름으로 말하건대, 자신의 본질에 이르지 못한 자들에게 있는 추악한 것, 비겁한 것, 무분별한 것 때문에 사람을 보는 그대의 시선이 왜곡되지 않도록 하라. 사람이 가진 고유한 자산은 직립한 자세, 타협을 모르는 정신, 끝이 없는 길을 걸어가는 걸음이라는 그대의 지식을 잃지 마라. '대충 이럴 테지', '별로야', '아직은 아니야', '전혀 없어', 이런 희망 없는 수렁에 빠져서도 그대의 불을 꺼뜨리지 말고 이 세상에 둘도 없는 불꽃으로 불을 피우라. 그대가 마땅히 가졌으나 아직까지 한 번도 도달하지 못했던 삶에 대해 외로운 좌절에 빠져 그대 영혼 속의 영웅을 죽게 하지 마라. 그대 가는 길과 그대가 벌이는 싸움의 본성을 살피라. 그대가 욕망하는 세계를 얻을 수 있을 것이요, 그 세계는 존재하며, 실재하고, 가능하며, 그대의 것이다. (1957, 1069쪽)

이처럼 고도로 개인주의적인 철학이 어떻게 해서 집단적 사고, 다른 의견에 대한 불관용, 지도자의 힘에 기대 번성하는 컬트의 기초가 될 수 있었던 걸까? 그 컬트의 지도자가 궁극적으로 바라는 것은 추종자들이 제 스스로 생각하고, 집단을 벗어나 개인으로서 존재하는 것인데도.

1960년대는 반체제, 반정부, 개인 발견의 시대였다. 랜드의 철학은 온 나라에 급속하게 퍼졌다. 특히 대학 캠퍼스는 랜드에게 열광했다. 『아틀라스』는 유일한 읽을거리가 되었다. 비록 1,168쪽에 이르는 엄청난 분량이었지만, 독자들은 그 속의 인물들, 줄거리, 철학에 탐닉했다. 이 책은 독자들의 감정을 휘저었으며, 행동을 촉발했다. 수백 개 대학에서 아인 랜드 동아리가 생겼다. 교수들은 객관주의 철학과 랜드의 문학 작품을 강의했다. 랜드의 친구들로 이루어진 측근 세력이 성장했고, 그중 한 사람이 너새니얼 브랜든이었다. 그는 1958년에 너새니얼 브랜든 연구소(NBI)를 설립해서, 뉴욕을 기점으로 전국적으로 객관주의에 대한 강의와 강좌를 후원했다.

랜드의 인기가 하늘을 찌르면서, 랜드의 철학과 추종자들의 철학에 대한 신뢰도 하늘 높은 줄 모르고 치솟았다. 수천수만 명이 NBI 강좌를 들었고, NBI 사무실에는 수천수만 통의 편지가 쇄도했으며, 책들은 수백만 부씩 팔려 나갔다. 1948년에 이르자 『마천루』는 게리 쿠퍼와 퍼트리샤 닐이 주연한 영화로 만들어져 흥행에 성공했으며, 『아틀라스』에 대한 영화 제작권도 협상 중에 있었다. 힘과 영향력을 얻어 가는 랜드의 모습은 정말 기적과도 같았다. 독자들은 그녀의 소설, 특히 『아틀라스』가 자기네 인생과 사고방식을 바꿔 놓았다고 말했다. 그들의 말을 몇 가지 들어 보자(브랜든 1986, 407쪽부터 415쪽 곳곳에 인용되어 있음).

- 스물네 살의 한 '전통적인 주부'(그녀는 스스로 이렇게 소개했다)는 『아틀라스』를 읽고 이렇게 말했다. "대그니 태거트[소설의 중심적인 여주인공]는 제게 영감을 주는 인물이 되었습니다. 그녀는 위대한 페미니스트 역할 모델이죠. 아인 랜드의 작품들은 제가 꿈꿨던 사람이 될 수 있는, 꿈꿨던 일을 해 볼 수 있는 용기를 주었습니다."
- 한 법과 대학원생은 객관주의에 대해 이렇게 말했다. "아인 랜드를 공부하는 것은 정신 기능에 관한 박사후 과정을 밟는 것 같았습니다. 그녀가 작품 속에서 창조한 세상은 희망을 던져 주었으며, 사람 내면의 최고선을 일깨워 주었습니다. 그녀가 지닌 명민함과 총명함은 너무나 강렬한 불빛이었기에, 그걸 어떻게 말로 표현할 방도가 없을 거라고 생각합니다."
- 한 철학 교수는 이렇게 결론을 내렸다. "아인 랜드는 내가 이제까지 접해 본 사상가들 중에서 가장 독창적인 사상가에 해당했다. 그녀가 제기한 문제들을 피해갈 길은 없다. 최소한 대부분의 철학적 관점들의 정수만큼은 다 배웠다고 생각했을 때, 그녀를 만나게 되자……갑자기 내 지적 생활의 방향 전체가 변화되었고, 다른 모든 사상가들을 새로운 관점에서 보게 되었다."

1991년 11월 20일자 〈국회 도서관 뉴스〉는 국회 도서관과 '이달의 책 클럽'이 독자들의 '평생 독서 습관'에 관해 수행한 한 조사 결과를 보고했다. 조사에 따르면, 독자들의 인생에 미친 중요성 면에서 『아틀라스』가 『성서』에 이어 2위에 자리했다. 그러나 랜드를 둘러싸고 보호하는 측근 세력들(조금 얄궂게도 그들은 스스로를 '조직the

Collective'이라고 불렀다)에게 지도자 랜드는 그냥 영향력이 대단한 정도를 넘어서 숭상의 대상이 되었다. 전지全知하게 보이는 그녀의 생각에는 오류가 있을 수 없었다. 그녀라는 인물이 가진 힘 자체가 대단한 설득력을 발휘했기에, 어느 누구도 감히 그녀에게 도전하지 못했다. 그리고 객관주의는 순수한 이성을 통해 유도된 것이기 때문에, 궁극의 진리를 밝히고 절대적 도덕성을 일러 주는 것이었다.

랜드의 객관주의 철학에 나타난 컬트적인 흠은 이성의 사용, 개인성의 강조, 사람은 마땅히 합리적 자기 이익을 동기로 해야 한다는 관점, 자본주의가 이상적인 체계라는 확신에 있는 것이 아니다. 객관주의의 오류는 바로 이성을 통해 절대적인 지식과 궁극의 진리에 이를 수 있으며, 따라서 절대적으로 옳고 그른 지식이 있고, 절대적으로 도덕적이고 비도덕적인 생각과 행동이 있다고 믿는 데에 있다. 객관주의자들에게는, 일단 어떤 원리가 (객관주의의) 이성에 의해 진리인 것으로 발견되면, 그걸로 논의는 끝이 난다. 만일 당신이 그 원리에 동의하지 않는다면, 당신의 추론에 결함이 있는 것이다. 당신의 추론에 결함이 있다면, 수정될 수 있을 것이다. 그러나 당신의 추론을 수정하지 않는다면(다시 말해서 그 원리를 받아들이려 하지 않는다면), 당신에게 결함이 있는 것이고, 더 이상 집단의 일원이 되지 못한다. 개혁되지 않는 이단자들을 해결할 최후의 방법은 바로 파문이다.

랜드의 최측근에 속하는 너새니얼 브랜든은 젊은 철학도로서, 일찍이 『아틀라스』가 출간되기 전에 조직에 합류했다. 『심판의 날』이라는 제목의 자서전에서 브랜든은 이렇게 회고했다. "우리 세계에서는 측근 세력 전원이 찬동했던 암묵적인 전제들이 있었고, 우리는 그것을 NBI 학생들에게 전파했다." 믿을 수 없는 일이지만, 바로 여기서 철학 운동이 개인숭배로 돌연변이한 것이다. 너새니얼 브랜든이 밝힌 그들의 신조는 다음과 같다.

- 아인 랜드는 이제까지 살았던 사람 중에서 가장 위대한 사람이다.
- 『아틀라스』는 세계 역사상 인류가 이룩한 가장 위대한 업적이다.
- 철학적 천재성을 갖춘 아인 랜드는 이성적인 것은 무엇이고, 도덕적인 것은 무엇이고, 사람살이에 적합한 것은 무엇인지, 모든 문제의 결정자이다.
- 일단 아인 랜드와 그녀의 작품을 만나게 되면, 미덕을 판단하는 척도는 근본에서부터 랜드와 결부되게 된다.
- 아인 랜드가 좋아하는 것을 좋아하지 않고, 아인 랜드가 싫어하는 것을 싫어하지 않는 사람은 훌륭한 객관주의자가 될 수 없다.
- 무엇이든 근본적인 문제에 대해서 아인 랜드와 뜻이 다른 사람은 온전한 개인주의자가 될 수 없다.
- 아인 랜드가 너새니얼 브랜든을 '지적 후계자'로 지명했으며, 그녀 철학의 이상적인 대변인임을 거듭해서 천명했기 때문에, 아인 랜드보다 아주 약간 덜할 뿐 브랜든도 그녀에 버금가는 공경을 받아야 한다.
- 그러나 대부분의 항목은 명확하게 입 밖에 내지 않는 것이 최선이다(처음의 두 항목은 예외가 될 것이다). 그리고 오로지 이성에 의해서만 믿음에 도달할 수 있음을 항상 주지해야 한다.(1989, 255~256쪽)

랜드와 추종자들은 한창 잘 나가던 시절에 컬트라는 비난을 받았고, 당연히 그들은 혐의를 부인했다. 한때 랜드는 인터뷰에서 이렇게 말했다. "저의 추종 세력은 컬트가 아닙니다. 저 역시 컬트적 인물이 아닙니다." 랜드의 평전 『아인 랜드의 열정』을 쓴 바버라 브랜든은 이렇게 적었다. "비록 객관주의자 운동에는 아인 랜드의 인물됨을 강화·확대하고, 온갖 주제에 대한 랜드의 개인적 의견을 지나치게 순순히 받아들이고, 쉼 없이 교화하는 등 분명히 컬트적 면모가 많이 있기는 하지만, 그럼에도 불구하고 근본적으로 객관주의가 끌어당기는 힘은……종교적 숭배와는 정반대의 것이었다는 점이 중요하다." (1986, 371쪽) 너새니얼 브랜든은 그 문제를 이런 식으로 언급했다. "문자 그대로, 사전적 의미 그대로 보았을 때 우리는 컬트가 아니었다. 그러나 확실히 우리 세계에는 컬트적 측면이 있었다. 우리는 강력하고 카리스마 있는 지도자를 중심으로 조직된 단체였으며, 구성원들은 주로 지도자와 지도자의 생각에 대한 충성도를 기준으로 서로의 품성을 판단했다."(1989, 256쪽)

그러나 컬트의 정의에서 '종교적인' 요소를 떼어 쓰임을 넓힌다면, 다른 많은 비종교적 단체들처럼 과거와 현재의 객관주의 역시 컬트의 한 유형―개인숭배―임이 분명해진다. 컬트의 특징은 다음과 같다.

지도자에 대한 숭상: 사실상 성인이나 신으로 떠받들 정도로 지도자를 찬미한다.

지도자의 완전무결함: 지도자는 틀릴 수 없다는 믿음을 가진다.

지도자의 전지함: 철학적인 것부터 사소한 것까지 모든 주제에 대해

지도자가 가진 믿음과 견해를 받아들인다.

설득술: 자비를 베푸는 것부터 위압적인 모습을 보이는 것까지, 새 추종자들을 모집하고 현 추종자들의 믿음을 강화하기 위해 쓰이는 방법들이 있다.

숨겨진 문제: 장차 추종자가 될 사람들과 일반 대중에게는 집단의 믿음과 계획의 진정한 본성이 모호하게 감춰지거나 완전히 드러나지 않는다.

기만: 새 추종자들과 현 추종자들은 지도자와 집단 내 측근 세력에 대해서 알아야 할 것들을 모두 듣지 못한다. 특히 불안 요소가 있는 결함이나 장차 동요를 일으킬 여지가 있는 사건 및 상황은 숨겨진다.

재산 및 성적 착취: 새 추종자들과 현 추종자들을 설득해 돈과 자산을 바치게 한다. 또 지도자는 한 명 이상의 추종자들과 성관계를 갖기도 한다.

절대적 진리: 어떤 주제가 되었든 지도자 및 집단이 궁극의 지식을 발견했다고 믿는다.

절대적 도덕성: 생각의 옳고 그름, 구성원들과 비구성원들 모두에게 적용 가능한 행동 체계를 지도자 및 집단이 개발했다고 믿는다. 그 도덕률을 엄격하게 따르는 사람은 구성원이 되거나 그대로 구성원으로 남지만, 그러지 않는 사람은 버림을 받거나 처벌을 받는다.

랜드의 도덕적 절대주의에 대한 최종적인 성명은 너새니얼 브랜든의 책 속표지에 실려 있다. 랜드는 이렇게 말한다.

"너희가 심판을 받지 않으려거든, 남을 심판하지 말아라." 이 말은 도덕적 책임을 포기하는 말이다. 이는 자기 자신이 도덕적 백지수표를 갖기를 기대하는 대가로 한 사람이 다른 사람들에게 주는 도덕적 백지수표이다. 사람들은 선택을 해야만 한다는 사실에서 벗어날 길이 없으며, 도덕적 가치들에서 벗어날 길도 없다. 도덕적 가치들이 위태로운 상태에 있는 한, 그 어떤 도덕적 중립성도 가능하지 않기 때문이다. 고문한 자에게 죄를 묻는 일을 포기한다면, 이는 희생자를 고문하는 것은 물론 그 희생자를 살해하는 일을 방조하는 것이다. 따라서 채택해야 할 도덕 원리는 다음과 같다. "심판하라. 그리고 심판받을 채비를 하라."

지극히 사소한 일에까지 랜드가 추종자들을 어떻게 심판했는지를 보면, 위와 같은 생각이 얼마나 어처구니없는 지경에까지 이를 수 있는지 알 수 있다. 예를 들어 랜드는 음악적 취향은 객관적으로 정의될 수 없다고 주장했다. 그런데 바버라 브랜든은 이렇게 적고 있다. "만일 그녀를 따르는 젊은 친구들 중에 랜드처럼 라흐마니노프를 좋아하는 사람이 있으면……그녀는 그 사람과의 연대감에 각별한 의미를 두었다." 랜드의 한 친구가 자기는 리하르트 슈트라우스의 음악을 좋아한다고 말한 적이 있었는데, 그때 이야기를 바버라는 이렇게 전한다. "저녁이 끝날 즈음 그 사람이 자리를 뜨자, 아인 랜드는 이렇게 말했다(당사자가 없는 자리에서 이러쿵저러쿵하는 것이 점차 일상이 되어 갔다). '이제야 저 친구와 내가 결코 진정한 마음의 벗이 될 수 없는 이유를 알았다. 삶에 대한 감각의 차이가 너무 크기 때문이다.' 그러나 당사자가 자리를 뜨기 전에 그런 말을 한 적도 자주 있었다."(1986, 268쪽)

랜드에 대한 바버라의 평가를 보든 너새니얼 브랜든의 평가를 보든, 어느 쪽에서나 우리는 컬트가 가지는 특징들을 모두 알 수 있다. 그렇다면 기만과 성적 착취도 있었을까? 이 경우 착취라는 말은 지나치게 강한 말일 것이다. 그렇다 해도 착취라 할 만한 일이 있었고, 기만도 횡행했다. 1953년에 시작되어 1958년까지 계속된(관점에 따라 여기에 10년을 더 보태기도 한다) 객관주의자 운동의 짧은 역사에서 지금은 알 만한 사람은 다 아는 가장 큰 스캔들이 되었던 얘기가 있다.

랜드는 스물다섯 살 연하인 너새니얼 브랜든과 연인 사이였다. 이 사실은 두 사람의 배우자를 제외한 모든 사람들에게 비밀로 부쳐졌다. 두 사람의 판단에 따르면, 그 연애는 궁극적으로 '이성적인' 것이었다. 왜냐하면 두 사람은 사실상 세상에서 가장 위대한 지성인들이었기 때문이다. "우리가 어떤 사람인지 총체적으로 감안하면, 사랑과 섹스의 의미가 무엇인지 총체적으로 감안하면, 우리 두 사람은 서로를 사랑할 수밖에 없습니다." 브랜든의 아내 바버라 브랜든과 자신의 남편 프랭크 오코너에게 랜드는 이렇게 자기 입장을 합리화했다. "당신들 두 사람이 어떤 느낌을 가지든, 저는 당신들의 지성을 알고 있습니다. 저는 우리 두 사람의 서로에 대한 느낌이 가진 합리성을 당신들이 알아줄 것이라고 생각합니다. 당신들에게 이성보다 높은 가치는 없을 테니까요."(브랜든 1986, 258쪽) 놀랍게도 두 배우자는 이런 논리를 받아들였고, 랜드와 너새니얼이 일주일에 한 번씩 오후와 저녁에 섹스와 사랑을 하는 데 동의했다. 뒷날 바버라는 이렇게 말했다. "그렇게 해서 우리는 모두 파국을 향해 갔다."

1968년, 너새니얼이 이미 다른 여자와 사랑에 빠져 살까지 섞기 시작했다는 사실을 랜드가 알게 되면서 파국이 찾아왔다. 비록 랜드와 너새니얼의 관계는 이미 오래전부터 시들했지만, 절대적 도덕의 이중 잣대를 가진 스승은 그런 부정한 행실을 참지 못했을 것이다. 이 소식을 들은 랜드는 이렇게 소리쳤다. "당장 그 녀석을 이리 데려와. 아니야, 내가 그 놈을 직접 여기로 끌고 올 거야." 바버라의 말에 따르면, 너새니얼은 랜드의 아파트로 슬금슬금 기어들어가 심판의 날을 맞았다고 한다. 랜드는 너새니얼에게 이렇게 말했다. "너의 모든 짓거리는 끝장났다! 네 감투는 내가 씌워 준 것이니, 벗기는 것도 내가 하지! 나는 공개적으로 너를 비난할 것이요, 내가 너를 창조했으니 내가 너를 파멸시킬 것이다! 그게 내게 어떤 결과를 가져오든 상관하지 않을 거야. 내 덕분에 얻었던 출세도, 직함도, 부도, 명성도 더 이상 가지지 못하게 하겠다. 너는 빈털터리가 될 것이다." 그 집중 포화는 몇 분 동안 계속되었고, 마침내 마지막 저주를 선언하며 끝을 맺었다. "만일 네 안에 티끌만큼이라도 도덕성이 남아 있다면, 티끌만큼이라도 심리적으로 건강하다면, 너는 앞으로 20년 동안 발기 부전이 될 것이다."(1986, 345~347쪽)

이어서 랜드는 여섯 쪽짜리 공개서한을 추종자들에게 돌렸다. 랜드는 편지에서 브랜든 부부와 완전히 끝났다고 설명하고, 자세한 상황을 생략하는 거짓말을 통해 기만을 크게 확대했다. "약 두 달 전에……브랜든 씨가 제게 서면으로 진술서를 보냈습니다. 내용이 너무나 비이성적이고 모욕적이어서 저는 그와의 개인적인 관계를 끊을 수밖에 없었습니다." 무슨 모욕이었는지 별다른 힌트도 주지 않은 채, 랜드는 계속 말을 이었다. "약 두 달 뒤, 브랜든 부인은 브랜든 씨가 사생활의 추악한 행동과 비이성적인 행위 몇 가지를 내게 숨겨 왔노라고 갑자기 털어놓았습니다. 객관주의자의 도덕성에 크게 위배되는 내용이었습니다." 너새니얼의 첫 번째 정사는 도덕적이라고 심판받았지만, 두 번째 정사는 비도덕적이라고 심판받았다. 이 파문에 뒤이어, NBI의 부강사들이 너새니얼을 집중적으로 비난했다. 그 비난의 포화는 사건의 진상을 전혀 알지도 못한 상태에서 퍼부어졌고, 그 울림은 교회에서의 그것과 전혀 다를 바가 없었다. "너새니얼 브랜든과 바버라 브랜든은 일련의 행위를 통해 객관주의의 근본 원리들을 위반했기 때문에, 우리는 두 사람을 결연하게 규탄하며 의절한다. 이들과의 모든 관계는 끝장났다."(브랜든 1986, 353~354쪽)

측근 조직은 물론 일반 회원들 사이에서도 혼란이 일었다. 죄명도 없는 죄에 대해서 그처럼 소스라칠 비난이 쏟아지는 것을 보고 무슨 생각을 할 수 있었을까? 몇 달 뒤, 컬트적 사고가 논리적 극단에 이른 모습을 극명하게 보여 주는 일이 있었다. 바버라 브랜든의 말에 따르면, "반은 실성한 NBI의 예전 학생 한 명이⋯⋯아이에게 고통을 준 대가로 너새니얼을 암살하는 게 도덕적으로 적합한지의 여부를 따지는 문제를 제기했다. 그 남자의 결론은, 비록 실천적인 근거에서 보면 해서는 안 될 일이나, 도덕적으로는 정당하다는 것이었다. 다행히도 그 생각에 아연실색한 다른 일군의 학생들 덕분에 그는 즉시 입을 다물었다."(1986, 356쪽의 주석)

그때부터 랜드의 오랜 쇠퇴와 몰락이 시작되었고, 측근 조직을 쥐고 흔들던 탄탄한 장악력도 서서히 잃어가기 시작했다. 한 사람 한 사람 죄를 지었고, 죄목이 점점 사소해질수록 비난의 목소리는 흉포함을 더했다. 결국 한 사람 한 사람 랜드 곁을 떠나거나 떠나 달라는 말을 들었다. 1982년 랜드가 세상을 떠났을 때, 주변에 남은 친구는 몇 사람뿐이었다. 지금 현재는 랜드가 지명한 자산 관리인 레너드 페이코프가 남부 캘리포니아에 근거를 둔 아인 랜드 협회의 객관주의 진흥 센터에서 그 운동을 수행하고 있다. 랜드 집단이 가진 컬트적 성질 때문에 측근 세력은 와해되었지만, 창시자의 경솔함, 부정함, 도덕적 모순을 무시하고, 대신 그녀 철학의 긍정적인 측면에 초점을 맞춘 수많은 추종자들은 남았다(지금도 남아 있다). 랜드의 철학에는 감탄할 만한 것이 많이 있다. 설사 그 철학 전체를 받아들일 필요는 없다고 하더라도 말이다.

객관주의자 운동을 분석한 결과, 컬트, 회의, 이성을 다룰 때 두 가지 주의할 것이 있음을 알 수 있다. 첫째, 어떤 철학의 창시자나 추종자를 비판한다고 해서 그 철학을 이루는 것까지 부정하는 것은 아니다. 일부 종파가 나름의 도덕률을 크게 어겼다고 해서, "살인하지 마라", "남이 너희에게 해 주길 바라는 대로 너희도 남에게 해 주라" 같은 율법이 부정되는 것은 아니다. 어떤 철학을 이루는 요소들이 성립하느냐 안 하느냐는 그 철학의 창시자나 추종자들의 변덕스러운 사람됨이나 도덕적 모순성과는 상관없이 그 요소들 자체의 내적 일관성이나 경험적 증거를 근거로 해야 한다. 대부분의 설에 의하면, 뉴턴은 심술쟁이였고, 가까이 하기에 썩 기분 좋은 사람은 아니었다.

그러나 그런 사실은 뉴턴의 자연 철학 원리들의 참·거짓과는 아무 상관도 없다. 랜드의 경우처럼 창시자나 지지자들이 도덕 원리들을 제시한 경우에는 이 주의 사항을 적용하기가 더 힘들다. 그들도 그들 나름의 기준에 따라 살아갈 것이라 기대할 수 있기 때문이다. 그래도 마땅히 이 주의 사항을 적용해야 한다. 둘째, 철학의 일부를 비판한다고 해서 그 철학 전체를 부정하는 것은 아니다. 기독교 철학에서 도덕적 행위를 다룬 부분은 거부하면서도 다른 부분들은 포용할 수 있다. 예를 들어 남이 내게 해 주기를 바라는 대로 남에게 해 주려고 하면서도, 동시에 교회에서 여성은 침묵을 지켜야 한다느니 여성은 남편에게 복종해야 한다느니 하는 믿음은 거부할 수 있다. 마찬가지로 랜드의 절대적 도덕성을 부정하면서도, 그녀가 제시한 객관적 실재의 형이상학, 이성의 인식론, 자본주의의 정치 철학을 수용할 수 있다(아마 객관주의자들은 이것들 모두 한 치의 어긋남 없이 그녀의 형이상학에서 따라 나온다고 말할 것이다).

 랜드를 비판하는 사람들은 좌파, 우파, 중도파 등 정치적 입장을 가리지 않고 고루 포진해 있다. 전문 소설가들은 대개 랜드의 문체를 멸시한다. 또 일반적으로 전문 철학자들은 랜드의 철학을 진지하게 취급하려 들지 않는다(그녀가 대중들을 상대로 글을 썼기 때문이기도 하고, 그녀의 작품이 완전한 철학으로 간주되지 않기 때문이기도 하다). 랜드를 추종하는 사람들보다는 비판하는 사람들이 더 많다. 그런데 개중에는 『아틀라스』를 읽어 보지도 않고 그 책을 공격하는 사람도 있고, 객관주의에 대해 아무것도 모르면서 그 철학을 배격하는 사람도 있다. 보수적인 지식인 윌리엄 버클리 2세는 『아틀라스』를 "생기 없는 철학"이고 어조가 "지극히 오만하다"고 말했으며, "미스 랜드의 철학은 본질적으로 무미건조하다"고 비웃었지만, 나중에 가서는 이렇게 털어놓았다. "나는 그 책을 읽어 본 적이 없다. 서평을 읽어 보고 책의 두께를 보고선 아예 그 책을 빼어 들지도 않았다."(브랜든 1986, 298쪽)

나는 『아틀라스』는 물론 『마천루』도 읽었고, 랜드가 쓴 논픽션 작품들도 모두 읽었다. 나는 랜드의 철학을 많은 부분 받아들이지만, 전부를 받아들이지는 않는다. 이성에 천착한 것은 확실히 존중할 만하다(비록 과학이 아니라 철학임이 분명하지만). 얼른 생각해도, 개인들이 자기 행동에 개인적으로 책임을 질 필요가 있다는 것에 대부분 사람들이 동의하지 않겠는가? 그녀 철학에서 가장 큰 흠은 도덕을 절대적인 규범이나 기준의 지위로까지 올릴 수 있다는 믿음이다. 이런 믿음은 과학적으로 문제될 것이 많다. 도덕은 자연에 존재하지 않으며, 따라서 발견될 수 있는 것이 아니다. 물리적 작용, 생물적 작용, 인간의 행동 등 자연에는 오로지 행동·작용만이 있을 뿐이다. 개인적으로 행복을 어떻게 정의하느냐에 관계없이 사람들은 자기의 행복을 증진시키기 위해 행동한다. 그 행동이 도덕적이냐 비도덕적이냐의 여부는 오직 다른 사람들의 판단에 달려 있다. 따라서 엄밀히 말하면 도덕성은 인간이 만든 것이며, 인간이 만든 다른 것들처럼, 모든 종류의 문화적 영향 및 사회적 구성에 종속된다. 사실상 사람마다 집단마다 인간의 옳은 행동과 그른 행동이 무엇인지 알고 있다고 주장하며, 각각이 제시하는 도덕이 정도의 차이만 있을 뿐 모두 서로 다르기 때문에, 전부 올바를 수는 없다고 말해 줄 것은 오로지 이성뿐이다. 음악에 절대적으로 옳은 형태가 있지 않은 것처럼, 인간의 행동에도 절대적으로 옳은 행동은 없다. 인간의 행동은 서로서로 너르게 이어진 연속체이기 때문에, 법률과 도덕률이 요구하는 것 같은 명확한 잣대로 옳은 것과 그른 것을 딱딱 끊을 수 없다.

그렇다면 인간의 모든 행동이 도덕적으로 동등하다는 얘기일까? 물론 아니다. 인간이 만든 음악이 모두 동등하지 않은 것과 같다. 우리는 좋아하거나 싫어하는 것, 욕망하거나 거부하는 것에 대해 서열을 만들고, 그 기준들에 의거해서 판단을 내린다. 그러나 그 기준들 자체는 인간이 만든 것이지, 자연에서 발견할 수 있는 것이 아니다. 어떤 사람들은 록 음악보다 서양 고전 음악을 더 좋아해서, 무디 블루스보다 모차르트가 뛰어나다고 판단한다. 또 어떤 사람들은 부권父權의 지배를 선호해서, 남성의 권리가 도덕적으로 더 명예롭다고 판단한다. 그러나 모차르트도 남성도 절대적으로 좋은 것은 아니다. 오직 특정 집난의 기준에 의해서 판단될 때에만 좋다고 생각될 뿐이다. 예를 들어 여성에 대한 남성의 소유 의식은 한때 도덕적이라고 생각되었지만, 지금은 비도덕적으로 생각되고 있다. 그런 변화가 일어난 까닭은 여성에 대한 소유 의식이 비도덕적임을 발견했기 때문이 아니라, (일차적으로 여성들의 노고가 있었던 덕분에) 여성이 남성에게 속박될 때 여성에게 그것을 거부할 권리와 기회가 있어야 한다는 것을 사회가 깨달았기 때문이다. 사회의 절반이 더 행복해진다면, 그 집단의 전반적인 행복도 크게 증가하기 마련이다.

도덕성은 도덕의 기준틀에 따라 상대적이다. 도덕성이 인간 문화의 영향을 받아 인간이 구성한 것임을 이해하기만 한다면, 다른 사람들의 믿음 체계에 대해서, 나아가 타인에 대해서도 더욱 관용을 베풀 수 있을 것이다. 그런데 타인의 행동에 대한 최종적인 도덕적 조정자로 자처하고 나서는 집단이 있다면, 특히 그 집단의 구성원이 자기들이 옳고 그름의 절대적인 기준을 발견했다고 믿는다면, 그때부터 관용은 물론 이성과 합리성의 몰락이 시작된다. 다른 무엇보다도 컬트, 종교, 국가 등 개인의 자유에 위해가 되는 모든 집단들이 가지는 특징이 바로 이것이다. 그런 절대주의가 아인 랜드의 객관주의의 가장 큰 흠이며, 그 결과 객관주의는 역사상 가장 컬트답지 않은 컬트가 된 것이다. 랜드의 집단과 철학이 역사적으로 전개된 양상과 최종적인 몰락이 바로 객관주의가 컬트라는 평가를 입증하는 경험적 증거이다.

다른 모든 인간 활동으로부터 과학을 구분하는 것은 (그리고 도덕성이 결코 성공적으로 과학적 토대 위에 자리할 수 없게 하는 것은) 바로 과학이 내린 모든 결론이 본질적으로 시험적이라는 것이다. 과학에서는 최종적인 정답이란 없다. 오직 다양한 정도의 확률만 있을 뿐이다. 과학적 '사실' 조차도 잠정적으로 동의를 표하는 게 합리적이라 할 수 있을 정도로만 확증된 결론일 따름이며, 그렇게 이루어진 합의는 결코 최종적이지 않다. 과학은 일련의 믿음들에 대한 긍정이 아니라, 끊임없이 반박과 확증에 열려 있는 시험 가능한 지식 체계를 구축하는 것을 목표로 하는 탐구의 과정이다. 과학에서 지식은 유동적이고, 확실성은 잡을 수 없는 것이다. 이것이 결정적으로 과학을 제약하는 것이며, 또한 과학이 가진 가장 큰 힘이기도 하다.

PART

3

진화론과 창조론

나는 지금까지 내가 할 수 있는 최선을 다해서 증거를 제시했다.

하지만 온갖 고귀한 품성을 갖춘 인간,

지극히 저질의 것들에 대해서도 동정을 느끼는 인간,

타인들뿐만 아니라 지극히 하찮은 생물들에게까지도 자비심을 베푸는 인간,

신을 닮은 지성으로 태양계의 운동과 구성을 꿰뚫어 보는 인간,

이처럼 모든 고상한 힘을 갖춘 인간이지만,

여전히 인간의 육체적 틀 속에는 하등한 것에서 기원했다는

지울 수 없는 낙인이 찍혀 있음을 인정해야 한다고 생각한다.

찰스 다윈 『인류의 유래』(1871)

CHAPTER 9

태초에 하느님이 천지를 창조하셨다

1995년 3월 10일 저녁, 나는 로스앤젤레스 캘리포니아 대학교의 400석 규모의 강연장에 들어섰다. 논쟁이 시작되기 5분 전이었다. 강연장에는 빈자리가 없었고, 복도도 사람들로 채워지기 시작했다. 다행히 나는 연단에 마련된 자리를 찾아 앉았다. 창조론의 권위자이며 창조 연구 협회―샌디에이고의 크리스천 헤리티지 칼리지의 '연구' 지부―이사의 한 사람인 듀에인 기시와 대적하기 위해 길게 늘어선 논객들 중 나는 맨 끝 순서였다. 나로선 처음으로 창조론자와 논쟁을 벌이는 자리였으나, 기시는 이미 300회가 넘게 진화론자와 논쟁을 벌인 인물이었다. 기시를 상대했던 수백 명의 사람들이 미처 말하지 못한 무언가를 내가 말할 수나 있었을까?

그때를 대비하여 나는 창조론 문헌을 많이 읽었고, 성서도 다시 읽었다. 20년 전, 페퍼다인 대학교 (심리학으로 전공을 바꾸기 전) 신학생이었던 나는 성서를 아주 꼼꼼하게 읽은 적이 있었다. 1970년대 초반에 많은 사람들이 그랬던 것처럼, 나 역시 기독교인으로 거듭난 사람이었으며, 비신자들에게 '간증'도 하면서 아주 열정적으로 기독교를 받아들였다. 그러다가 풀러턴의 캘리포니아 주립대학교 대학원에서 실험심리학과 동물행동학을 공부하던 중, 똑똑하지만 괴짜였던 베이어드 브래트스트롬과 통찰력 있고 현명한 메그 화이트를 만나게 되었다. 세계 일류의 행동파충류학 전문가인 브래트스트롬은 현대의 생물학과 과학에 대한 철학적 논쟁에 정통했다. 화요일 야간 수업이 끝나면 301클럽(301클럽이라는 나이트클럽 이름을 딴 것이다)으로 우리를 데리고 가서 몇 시간 동안이고 맥주와 포도주에 대한 철학적 사색의 기쁨을 누리게 해 주었다. 301클럽에서 신과 인간의 진화를 논의했던 브래트스트롬과 동물 행동의 진화를 행동학적으로 설명했던 화이트 사이를 오가다가 어디쯤에선가 나의 기독교도 익투스(icthus, 1970년대에 기독교인들이 공개적으로 자기네 신앙을 알리기 위해 달았던, 그리스어 문자가 들어간 물고기 문양)가 떨어져 나갔고, 덩달아 내 종교도 떨어져 나갔다. 과학이 나의 믿음 체계가 되었으며, 진화론이 나의 교의가 되었다. 그때부터 내게 성서가 의미를 잃어갔던 터라, 기시와의 논쟁을 대비해 다시 읽으니 새로운 기분이었다.

추가적인 대비책으로 나는 옥시덴탈 칼리지의 동료 돈 프로테로를 비롯하여 기시와 성공적으로 논쟁을 벌였던 사람들과 인터뷰도 하고, 기시와의 초기 논쟁들을 찍은 비디오도 보았다. 그런데 비디오를 보다 보니 눈에 들어온 것이 있었다. 상대가 누구인지, 상대가 무슨 전략을 쓰는지, 심지어 상대가 무슨 말을 하는지 전혀 아랑곳하지 않고 기시는 아주 똑같은 논법을 구사했던 것이다. 서두도 똑같고, 상대방 입장을 바라보는 가정도 똑같고, 구닥다리 논의 전개도 똑같고, 심지어 하는 농담도 똑같았다. 나는 내가 먼저 얘기를 시작할 경우 그 사람의 농담을 가로채 써먹을 요량으로 그것들을 적어 두었다. 누가 먼저 시작할지는 동전 던지기로 정했다.

갖가지 논쟁 방식에 닳고 닳은 사람과 정면 대결을 펼치기보다는, 논쟁에 휘말리는 것을 피하면서 무하마드 알리 식의 '링에 기대 기회를 노리는 rope-a-dope' 전략을 써 보기로 마음먹었다. 달리 말해서 종교와 과학의 차이에 대한 메타 논쟁 쪽으로 끌고 갈 생각이었다. 나는 회의주의자의 목적이 단순히 주장들을 폭로하는 데 그치는 게 아니라, 믿음 체계들을 검토해서 사람들이 어떤 식으로 그 주장들의 영향을 받는지 이해하고자 하는 것도 있다는 설명으로 서두를 꺼냈다. 나는 스피노자의 말을 인용했다. "내가 지금까지 쉬지 않고 노력해 온 목적은 사람의 행동을 조롱하기 위해서도, 통탄하기 위해서도, 모욕하기 위해서도 아니다. 바로 사람의 행동을 이해하기 위해서이다." 그리고 나의 진짜 목표는 기시와 창조론자들을 이해하는 것이며, 나아가 진화론이라는 훌륭하게 확증된 이론을 그들이 거부하는 까닭을 이해하고자 함이라고 설명했다.

나는 성서에 나오는 창조 이야기(창세기 1장)의 일부를 청중들에게 읽어 주었다.

태초에 하느님이 천지를 창조하셨다.

땅이 혼돈하고 공허하며, 어둠이 깊음 위에 있고, 하느님의 영은 물 위에 움직이고 계셨다.

하느님이 말씀하시기를 "빛이 생겨라" 하시니, 빛이 생겼다……. 하느님이 빛과 어둠을 나누셔서, 빛을 낮이라고 하시고, 어둠을 밤이라고 하셨다. 저녁이 되고 아침이 되니, 하루가 지났다.

하느님이 말씀하시기를 "하늘 아래에 있는 물은 한곳으로 모이고, 뭍은 드러나거라" 하시니, 그대로 되었다.

하느님이 말씀하시기를 "땅은 푸른 움을 돋아나게 하여라. 씨를 맺는 식물과 씨 있는 열매를 맺는 나무가 그 종류대로 땅 위에서 돋아나게 하여라" 하시니, 그대로 되었다.

하느님이 커다란 바다짐승들과 물에서 번성하는 움직이는 모든 생물을 그 종류대로 창조하시고, 날개 달린 모든 새를 그 종류대로 창조하셨다. 하느님 보시기에 좋았다.

하느님이 말씀하시기를 "땅은 생물을 그 종류대로 내어라. 집짐승과 기어 다니는 것과 들짐승을 그 종류대로 내어라" 하시니, 그대로 되었다.

하느님이 말씀하시기를 "우리가 우리의 형상을 따라서, 우리의 모양대로 사람을 만들자. 그리고 그가, 바다의 고기와 공중의 새와 땅 위에 사는 온갖 들짐승과 땅 위를 기어 다니는 모든 길짐승을 다스리게 하자" 하시고, 하느님이 당신의 형상대로 사람을 창조하셨으니, 곧 하느님의 형상대로 사람을 창조하셨다.

이어서 성서에서는 재창조 이야기가 나온다(창세기 7장~8상).

노아는 홍수를 피하려고, 아들들과 아내와 며느리들을 데리고, 함께 방주로 들어갔다.

사십 일 동안 밤낮으로 비가 땅 위로 쏟아졌다.

새와 집짐승과 들짐승과 땅에서 기어 다니는 모든 것과 사람까지, 살과 피를 지니고 땅 위에서 움직이는 모든 것들이 다 죽었다.

땅에서 물이 줄어들고 또 줄어들어서, 백오십 일이 지나니, 물이 많이 빠졌다.

창조와 재창조, 탄생과 재탄생에 관한 이런 이야기들은 서구 역사에서 가장 장엄한 신화에 속하는 것들이다. 서구 문화는 물론 다른 모든 문화에서도 이런 신화나 이야기들은 중요한 구실을 한다. 세계 곳곳에서 수천 년을 이어 내려온 이야기들은 세부적인 면에선 다양하면서도 다음의 몇 가지 유형으로 수렴된다.

창조가 없음: "세계는 지금 모습 그대로 늘 존재하며, 영원히 불변한다."(인도 자이나교)

죽은 괴물로 창조: "세계는 죽은 괴물의 시체 토막들로 창조되었다." (길버트 제도, 그리스, 인도차이나, 아프리카의 커바일 족, 한국, 수메르-바빌로니아)

최초의 부모에 의한 창조: "세계는 최초의 부모들이 살을 섞어 창조되었다."(쿡 제도, 이집트, 그리스, 루이세뇨 족 인디언, 타히티, 주니 족 인디언)

우주의 알에서 창조: "세계는 알에서 나왔다."(중국, 핀란드, 그리스,

힌두교, 일본, 페르시아, 사모아)

말로 내린 명령에 의한 창조: "세계는 신의 명령에 의해 생겨났다." (이집트, 그리스, 헤브라이인, 마이두 족 인디언, 마야, 수메르)

바다 기원의 창조: "세계는 바다에서 창조되었다." (버마, 촉토 족 인디언, 이집트, 아이슬란드, 하와이 마우이 족, 수메르)

노아의 홍수 이야기는 사실 바다 기원의 창조 이야기가 변주된 한 형태에 불과하다. 다만 재창조의 신화라는 것만 다를 뿐이다. 우리에게 알려진 가장 초기 형태의 이야기는 성서 이야기보다 천 년 이상은 앞선 것이다. 기원전 2800년경, 한 수메르 신화에서는 제사장이자 왕이었던 홍수 신화의 영웅 지우수드라가 등장한다. 그는 배를 한 척 만들어 대홍수에서 살아남았던 인물이다. 기원전 2000년~기원전 1800년 경, 유명한 바빌로니아의 『길가메시 서사시』의 주인공은 우트나피시팀이란 이름의 조상에게서 홍수 이야기를 듣는다. 대지의 신 에아는 신들이 홍수를 일으켜 모든 생명을 파괴하려 한다고 경고하면서, 우트나피시팀에게 한 변이 120큐빗(약 55미터)인 정육면체 모양의 방주를 건조하라고 지시한다. 방주 안에는 일곱 개의 층이 있고, 각 층은 아홉 개의 칸으로 나뉘어 있으며, 생물마다 각각 한 쌍씩 태우게 된다. 길가메시의 홍수 이야기는 수백 년 동안 근동 지역 전역에 널리 퍼져 있었으며, 헤브라이인들이 도착하기 이전 팔레스타인에도 알려져 있었다. 문헌 자료를 비교 검토해 보면 그 홍수 이야기가 노아의 홍수 이야기에 영향을 끼쳤음을 분명하게 알 수 있다.

우리는 문화의 지형적인 요소가 그 문화의 신화에 영향을 끼친다는 것을 알고 있다. 예를 들어 티그리스 강과 유프라테스 강이 주기적으로 범람하는 수메르와 바빌로니아처럼 큰 강들이 범람해서 주변의 마을과 도시들이 파괴되는 문화에서는 홍수 이야기가 전해진다. 건조 지역이라고 해도 비주기적으로 급작스럽게 홍수가 일어나는 곳에선 홍수 이야기가 전해진다. 이와는 대조적으로 큰 수계水系가 없는 문화에서는 대개 아무런 홍수 이야기도 전하지 않는다.

그렇다면 결국 성서의 창조와 재창조 이야기가 거짓이라는 얘기일까? 그런 물음을 던지는 것마저도 신화의 요점을 놓치는 것이다. 이 점을 해명하려고 조지프 캠벨(1949, 1988)은 평생을 바쳤다. 홍수 신화들은 재창조와 재생과 결부되어 더욱 깊은 의미들을 가진다. 신화는 진실을 말하는 것이 아니다. 신화는 시간과 인생의 큰 경과―탄생, 죽음, 결혼, 유년기에서 성년기로, 노년기로 옮겨 가는 것―를 이해하려는 인간의 치열한 노력에 관한 것이다. 신화는 과학과는 전연 무관한 인간의 심리적이거나 영적인 본성의 필요를 충족시킨다. 신화를 과학으로 바꾸거나, 과학을 신화로 바꾸는 것은 신화에 대한 모욕이며, 종교에 대한 모욕이며, 과학에 대한 모욕이다. 창조론자들이 하는 일이 바로 이것이다. 그들은 신화가 가지는 의의, 의미, 숭고한 본성을 놓쳐 버렸다. 창조론자들은 창조와 재창조에 대한 아름다운 이야기를 가졌으면서도, 그것을 망쳐 버렸다.

신화를 과학으로 바꾸려는 시도가 얼마나 어리석은 짓인지 보려면, 수백만 종에 이르는 생물을 각각 둘씩 짝지어―먹이는 차치하고―길이 약 137미터, 폭 23미터, 높이 14미터짜리 배 한 척에 몰아넣는 게 가능하기나 한지 생각해 보기만 하면 된다. 그 모든 동물들을 졸졸 따라다니며 먹이를 주고, 물을 주고, 몸을 씻기는 일을 생각해보라. 동물들이 서로서로 잡아먹는 것을 어떻게 막을 수 있을까? 포식자 전용 갑판이라도 만들었는가? 혹자는 어류와 공룡 시대의 수생 파충류가 왜 홍수 때 빠져 죽었느냐고 물을지도 모른다. 그래도 창조론자들 기는 꺾이지 않는다. 방주에 태운 종은 '오직' 30,000종뿐이었으며, 나머지는 이 초기의 생물들에서 '발생되어 나온 것들'이라는 것이다. 또 방주에는 실제로 포식자와 피식자를 따로 수용한 갑판이 있었으며, 심지어 공룡을 위한 특별 갑판까지 있었다고 말한다(그림 14). 그렇다면 어류는? 홍수의 급류 때문에 진창이 된 실트(모래와 찰흙의 중간 굵기인 흙—옮긴이)가 아가미를 막아서 죽었다는 것이다. 신앙만 가지면 무엇이든 믿을 수 있다. 신은 못 이루시는 게 없기 때문에.

과학연하는 믿음 체계 중에서 창조론보다 괴상한 것은 찾기 힘들 것이다. 창조론에서 하는 주장들은 진화생물학뿐만 아니라, 초기 인류 역사의 상당 부분은 말할 것도 없고, 우주론, 물리학, 고생물학, 고고학, 역사지질학, 동물학, 식물학, 생물지리학의 대부분을 부정하기 때문이다. 〈스켑틱〉에서 다루었던 온갖 주장들 중에서, 나는 쉽고 확실하게 창조론과 견줄 만한 것을 딱 하나 찾을 수 있었다. 바로 홀로코스트 부정론이다. 홀로코스트 부정론 역시 현존하는 지식의 상당 부분을 무시하거나 버리라고 요구한다. 게다가 추론 방법에서 보이는 둘 사이의 유사성은 놀랄 정도이다.

1. 홀로코스트 부정론자들은 역사학자들의 학문에서 오류를 찾아

그림 14 캘리포니아 주 샌디에이고의 창조 연구 협회 박물관에 있는 노아의 방주 그림. 앞쪽에 칸막이 위로 살짝 보이는 스테고사우루스의 골판에 주목하라. 〔사진 제공: 버나드 레이킨드〕

낸 다음, 그들의 결론이 틀린 것처럼 보이게 한다. 마치 역사학자들은 전혀 잘못을 저지르지 않는다는 것처럼. 진화론 부정론자들(창조론자보다 더 적합한 이름이다)은 과학에서 오류를 찾아낸 다음, 과학의 모든 것이 틀린 것처럼 보이게 한다. 마치 과학자들은 전혀 잘못을 저지르지 않는다는 것처럼.

2. 홀로코스트 부정론자들은 나치 지도부, 유대인, 홀로코스트 학자들을 인용하길 좋아한다. 대개 맥락에서 벗어나서 인용을 하는데, 마치 그들이 홀로코스트 부정론자의 주장을 지지하는 것처럼 들리게 한다. 진화론 부정론자들은 스티븐 제이 굴드나 에른스트 마이어 같은 일류 과학자들을 인용하길 좋아한다. 그러나 맥락을 벗어난 인용을 함으로써, 그 과학자들이 철저하게 진

화의 실재를 부정하는 것처럼 보이게 한다.
3. 홀로코스트 부정론자들은 홀로코스트 학자들 사이의 순수하고 허심탄회한 논쟁이 바로 그들 역시 홀로코스트를 의심하거나 자기들의 이야기를 납득하지 못한다는 뜻이라고 주장한다. 진화론 부정론자들은 과학자들 사이의 순수하고 허심탄회한 논쟁이 그 과학자들조차도 진화를 의심하거나 그들의 과학을 납득하지 못한다는 뜻이라고 주장한다.

이런 유비에서 얄궂은 점이 있다면, 홀로코스트 부정론자들에게는 적어도 옳다고 할 만한 부분이 있지만(예를 들어 아우슈비츠에서 죽임을 당한 유대인 수에 가장 근사한 추정치가 계속 바뀌었다는 주장), 진화론 부정론자들에게는 옳다고 할 만한 구석이 한군데도 없다. 일단 과학적 과정에 신의 개입을 허용하게 되면, 자연법칙에 대한 모든 가정들은 물론 과학까지도 무용지물이 되어 버린다.

과학과 종교의 '전쟁', 특히 '진화론 대 창조론', 이 경우에는 '셔머 대 기시'의 전쟁처럼 보일 수 있는 것이 사실은 대부분의 사람들 생각에는 전쟁이 아님을 이해하는 것도 중요하다. 찰스 다윈조차도 자기 이론과 당대에 만연했던 교의를 통합하는 데 아무 어려움도 없다고 생각했다. 만년에 그는 어느 편지에서 이렇게 썼다. "열렬한 유신론자이면서 진화론자가 될 수 있음을 의심하는 것은 어리석게 보인다. 어떤 사람을 유신론자라고 불러야 하는지는, 그 용어를 어떻게 정의하느냐에 따라 다르겠지만, 여기서 뭐라 말하기에는 너무 큰 주제이다. 제아무리 마음이 크게 흔들렸을 때조차도, 이제껏 나는 신의 존재를 부인한다는 의미에서 무신론자였던 적은 없었다. (항상은 아니었지만, 점차 나이가 들어 갈수록) 나는 대체적으로 내 마음 상태를 기술하는 말로 불가지론자가 더 올바른 말이라고 생각한다."(1883, 107쪽)

저명한 회의주의자들 가운데에는 종교에 적대적이지 않은 사람도 있고, 그 자신이 신자인 사람도 있다는 걸 알면 아마 놀랄 창조론자들이 많을 것이다. 한때 스티븐 제이 굴드는 이렇게 적었다. "적어도 내 동료들의 절반이 멍청이가 아닌 이상, 가장 질박하고 경험적인 근거에서 볼 때 과학과 종교 사이에는 아무런 갈등도 있을 수 없다." (1987a, 68쪽) 스티브 앨런은 이렇게 설명했다. "신 존재에 관한 현재의 내 입장은, 비록 신이 존재한다는 게 완전히 허황된 것으로 보이기는 해도 그것을 받아들인다는 것이다. 왜냐하면 그것을 대신하는 견해들이 그것보다 훨씬 더 허황된 것처럼 보이기 때문이다."(1993, 40쪽) 회의주의자 중의 회의주의자인 마틴 가드너(1996)는 스스로를 신앙주의자라고 불렀는데, 이는 크레도 콘솔란스credo consolans—내 마음을 달래 주기 때문에 믿는다—라고 말하는 철학적 유신론자를 일컫는 말이다. 가드너의 말에 따르면, (신 존재처럼) 과학이나 이성으로 해결할 수 없는 형이상학적 문제가 주어졌을 때, 신앙의 도약을 인정할 수 있다는 것이다. 이런 말들은 도대체가 적대적이라고 하기 힘들다.

교황 요한 바오로 2세도 1996년 10월 27일 로마의 교황청 과학원 연설에서 자신은 진화가 자연의 사실임을 받아들인다고 선언했으며, 과학과 종교 사이에 아무 전쟁도 없다고 지적했다. "다양한 종류의 지식에 쓰이는 방법을 고려하면, 화해가 불가능해 보이는 두 관점들의 화합이 가능해집니다. 관찰 과학은 생명의 다중적인 발현을 더욱 정밀하게 기술하고 측정합니다……반면 신학은……창조자의 설계에 따라 그 최종적인 의미를 추출해 냅니다." 그러나 과학과 종교의 전쟁 모델을 밀어붙이던 창조론자들과 개신교는 교황의 발언에 즉각 신경질적인 반응을 보였다. 창조 연구 협회 명예 회장인 헨리 모리스는 이런 반응을 보였다. "교황은 그저 영향력 있는 인물일 뿐, 그 자신이 과학자는 아니다. 진화를 뒷받침하는 과학적 증거는 없다. 실제 있는 튼튼한 증거들은 모두 창조를 뒷받침하고 있다." 보수 우익의 저자 칼 토머스는 자기가 기고하는 〈로스앤젤레스 타임스〉 칼럼에서 이렇게 적었다. 교황은 공산주의에 반대하는 입장을 취함에도 불구하고 "공산주의의 핵심에 자리한 철학은 받아들였다." 토머스는 결론에서 교황이 생각의 오류를 저지른 원인을 이렇게 설명했다. 교황은 "만년에 이르러 우리 인간이 원숭이의 친척이라고 주장하는 진화과학자들의 횡포에 굴복하고 말았다."(이 문단의 모든 인용은 다음의 자료에서 인용했다. 〈스켑틱〉 제4권 4호, 1996)

전쟁 모델은 일부 신자들에게 과학과 종교 중에서 문명의 해악에 책임 있는 쪽이 어느 쪽인지 양자택일하도록 강요한다. 자애롭고 전능하신 신께서 우리 주변에 만연한 악의 원인일 수는 없을 것이기에, 원인을 어떻게 설명할지는 분명하다. 조지아 항소 법원 판사 브래스웰 딘은 창조론을 공립학교에서 가르치는 문제에 대한 소견서에 이렇게 적었다. "성적 방종, 난교, 마약, 성병 예방 기구, 성도착증, 임신, 낙태, 포르노그래피, 오염, 중독, 온갖 종류의 범죄 확산의 원인

은 다윈의 원숭이 신화이다."(〈타임〉 3월 16일, 1981, 82쪽)

창조과학 연구 센터의 넬 세그레이브스의 태도는 더없이 완강했다. "창조과학 연구 센터에서 수행한 연구는, 과학적 데이터를 진화론적으로 해석한 결과들이 결국 법칙과 질서의 전반적인 붕괴로 이어질 것임을 입증했다. 이런 원인과 결과 관계의 뿌리는, 이혼, 낙태, 성병의 만연처럼 진화론의 믿음 체계와 연루된 것들과 관련해서 정신 건강의 도덕적 부패와 참살이에 대한 감각을 상실한 데 있다." (1977, 17쪽) 피츠버그 창조학회가 내놓은 진화의 나무(그림 15)를 보면 과학 대 종교, 진화론 대 창조론의 전쟁 모델이 집약되어 있다. 곧, 인본주의의 사악함, 음주, 낙태, 컬트, 성교육, 공산주의, 동성애, 자살, 인종주의, 음란 서적, 상대주의, 마약, 도덕 교육, 테러리즘, 사회주의, 범죄, 인플레이션, 세속주의, 저 악 중의 악인 하드 록과 당치도 않은 여성 해방 및 아동 해방과 아울러 진화론은 반드시 무너져야 한다는 것이다.

기시를 비롯한 창조론자들의 마음을 정말로 어지럽힌 것은 바로 윤리와 종교 면에서 진화론이 담고 있다고 생각되는 함의들이다. 창조론자들에게는 진화론에 관한 다른 논의들은 모두 부차적인 것이다. 그들은 어떤 식이 되었든 진화론을 믿으면 신앙을 잃게 되고 온갖 종류의 사회악을 일으킨다고 확신하는 것이다. 이런 두려움을 어떻게 대해야 할까? 간략하게 네 가지 대답을 마련해 보았다.

- 어떤 이론이 이용되거나 오용된다고 해서 그 이론 자체의 타당성이 부정되는 것은 아니다. 한때 마르크스는 자신은 마르크스

그림 15 믿음 없음에 뿌리를 내리고 나쁜 열매를 맺은 나무로 비유한 진화론. 〔펜실베이니아 주 베어드포드의 피츠버그 창조학회에서 배포한 전단에서. 투미 1994에서 다시 그렸다.〕

주의자가 아니라고 주장했었다. 또 만일 20세기에 들어서 마르크스주의부터 자본주의, 파시즘까지 진화론이 온갖 종류의 이념들을 정당화하는 도구로 쓰이게 된 사실을 알았다면, 아마 다윈은 분명 무덤 속에서 현기증을 느낄 것이다. 히틀러가 우생학 프로그램을 수행했다고 해서 유전학 이론이 부정되는 것은 아니다. 마찬가지로 신앙의 상실과 진화에 대한 믿음 사이에 무슨 상관성이 있다고 해도 진화론을 해칠 수는 없다. 과학 이론은 중립적이다. 그러나 이론의 쓰임새는 중립적이지 않다. 그 둘은 전혀 별개의 문제이다.

- 성적 난교, 포르노, 낙태, 영아 살해, 인종주의 등 창조론자들이 사회 문제로 열거한 것들은 분명 다윈과 다윈의 진화론이 등장하기 오래전부터 있어 온 것들이다. 다윈이 나타나기 이전 수천 년 동안 유대교나 기독교 등 조직적인 종교는 이런 사회 문제들을 해결하는 데 실패했다. 진화과학이 무너진다고 해서 사회 병폐들이 줄어들거나 근절되리라는 증거는 아무것도 없다. 우리가 안고 있는 사회적·도덕적 문제들의 책임을 다윈, 진화론, 과학에게 묻게 되면, 이런 복잡한 사회 문제들을 보다 심도 있게 분석하고 이해하는 일이 어려워지고 만다.

- 진화론은 신앙과 종교를 대체할 수 없다. 과학은 신앙과 종교를 대체할 수 있는 체하는 데에는 조금의 관심도 없다. 진화론은 과학 이론이지 종교적 교의가 아니다. 오로지 증거를 기초로 해서만 성립되거나 무너질 뿐이다. 그 정의에 따르면 종교적 신앙은 증거가 없거나 중요하지 않을 때에 믿음에 의존하는 것이다.

과학과 신앙은 인간의 정신에서 서로 다른 자리를 차지하고 있는 것들이다.
- 진화론을 두려워하는 것은 신앙의 부족을 암시한다. 종교적 믿음을 정당화할 과학적 증거를 기대하는 것도 마찬가지이다. 만일 창조론자들이 자기네 종교에 참된 신앙을 갖고 있다면, 과학자들이 무슨 생각을 하든 무슨 말을 하든 상관할 필요가 없으며, 신이나 성서 이야기들을 뒷받침하는 과학적 증거가 있는지 관심을 둘 필요가 전혀 없을 것이다.

나는 메타 논쟁 분석을 끝내면서, 회의주의자 학회의 명예 회원직을 기시에게 선사할 의사가 있다며 내 선의를 표했다. 그러나 나중에 나를 무신론자로 성격 규정한 것을 철회해 달라는 부탁을 기시가 거절하자, 나 역시 그 제안을 무를 수밖에 없었다. 다윈이 말한 것처럼 "내 마음 상태를 기술하는 말로 불가지론자가 더 올바른 말이라고 생각한다." 기시는 상대방(무신론자인 경우가 보통이었다)을 무너뜨리는 일종의 기술로서 무신론의 사악함에 대한 이야기로 발표의 상당 부분을 할애한다는 걸 알았기 때문에, 나는 논쟁에 들어갈 때 큰 소리로 분명하게 무신론자가 아님을 강조했다. 게다가 반기독교 자료를 나눠 준 사람—그때는 앞줄에 앉아 있었다—에게 청중의 주의를 환기시키며, 그런 일은 좋은 일이라기보다는 해로운 일에 가깝다고 말하기까지 했다. 그런데도 기시는 서두에서 나를 무신론자라고 불렀고, 무신론을 매도하는 판에 박힌 얘기를 이어갔다.

기시가 발표한 나머지 것들은 구태의연한 농담 몇 개와 진화론에

잽을 날리는 것이었다. 그는 전이 화석(진화 과정을 보여 주는 중간 단계의 화석—옮긴이)을 하나 요구했고(나는 여러 개를 제시했다), 폭탄먼지벌레가 독성 분사 물질을 진화시킬 수 없었을 것이라고 논했고(진화시킬 수 있었다), 진화가 열역학 제2법칙을 거스른다고 주장했고(그렇지 않다. 왜냐하면 지구는 닫힌계가 아니라 태양에서 끊임없이 에너지를 받는 열린계이기 때문이다), 진화과학도 창조과학도 과학적이지는 않다고 말했다(스스로를 창조과학자라고 부르는 사람 입에서 나온 말치고는 이상한 말이다). 그런 식으로 발표가 이어졌다. 나는 그가 지적한 것들을 모두 반박했다. 다음 장에서 기시의 논점들을 하나씩 요약해서 보여 줄 것이며, 각각에 대한 진화론자의 대답을 제시할 것이다.

과연 논쟁의 승자는 누구였을까? 누가 알겠는가? 그러나 과연 회의주의자들과 과학자들이 이런 논쟁에 끼어들어야 하는지를 묻는 게 더 중요할 것이다. 비주류 집단과 비상식적인 주장에 어떻게 대응해야 하는지를 결정하는 일은 항상 난감하다. 〈스켑틱〉에서 우리가 하는 일은 그 주장들을 조사해서 사기인지 아닌지 밝혀내는 것이지만, 그 과정에서 그런 주장들의 품격을 높여 주고 싶은 마음은 없다. 우리가 〈스켑틱〉에서 사용하는 원리는 다음과 같다. 어떤 비주류 집단이나 비상식적인 주장이 대중에게 널리 노출되면, 적절한 반박도 대중에게 널리 노출되어야 마땅하다는 것이다. 기시를 지지하려고 왔던 사람들 몇이 논쟁이 끝난 다음 내게 와서 최소한 자기들을 이해하려고 노력해 준 점에 대해 고마워하긴 했지만, 과연 나의 메타-논쟁 작전이 기시에게 효과를 거두었는지는 알 도리가 없다. 그러나 바로 이 사람들, 어느 쪽에 의지해야 할지 확신을 갖지 못한 어중간한 상태에 있는 이 사람들에게, 이런 논쟁이 변화를 줄 수 있을 것이라고 나는 생각한다. 겉보기에 초자연적인 현상으로 보이는 것에 대해 자연적인 설명을 제공할 수 있다면, 그리고 과학과 비판적 사고에 대한 서너 가지 간단한 요점들을 들어서 무엇을 생각하느냐보다 어떻게 생각하느냐가 중요함을 배우게 할 수 있다면, 나는 이런 노력이 충분한 가치가 있을 것이라고 믿는다.

CHAPTER

10

창조론자를 잠재우는 진화론자의 스물다섯 가지 답변

만년에 찰스 다윈은 신과 종교에 대한 견해를 묻는 편지를 수없이 많이 받았다. 예를 들면, 1880년 10월 13일, 다윈은 진화론과 자유 사상에 관한 어느 책의 편집자가 보낸 편지에 답장을 썼다. 편집자는 책을 다윈에게 바치고 싶어 했다. 그러나 책이 반종교적인 경향을 띠고 있음을 안 다윈은 이렇게 에둘러 말했다. "더욱이 저는 모든 주제에 대해 자유롭게 사고할 것을 강력하게 옹호하는 사람이긴 하지만, 기독교와 유신론을 (옳게 하든 잘못 하든) 직접적으로 논박하는 것은 대중에게 별 효과가 없어 보입니다. 과학이 발전하면서 점차적으로 사람의 마음을 조명하게 되면 사고의 자유는 가장 잘 촉진될 것입니다. 그래서 저는 종교에 대해 글을 쓰는 일을 항상 피하려 했으며, 주제를 과학에만 국한시켜 왔습니다."(데이먼드, 무어 1991, 645쪽)

나는 과학과 종교의 관계를 세 가지로 분류하고 싶다.

같은 세계 모델: 과학과 종교는 동일한 주제를 다루며, 서로 겹치며 절충되는 부분만 있는 것이 아니라, 언젠가 과학이 종교를 완전히 포섭하게 될 것이다. '인간 원리 anthropic principle' (우주의 탄생, 진화, 운명을 인간 중심적으로 설명하는 것으로, 지구상의 지적 생명체인 인간 존재가 우주의 여러 조건에 개입하여 제약한다는 의미를 담고 있다—옮긴이)와, 궁극적으로 아주 먼 미래에 슈퍼컴퓨터의 가상 세계 안에서 모든 인류가 부활하게 되리라는 생각을 기초로 깔고 있는 프랭크 티플러의 우주론(1994)이 그 한 예이다. 많은 인본주의자들과 진화심리학자들은 과학이 종교의 목적을 설명할 수 있을 뿐만 아니라, 실질적인 세속적 도덕과 윤리로 종교를 대신하게 될 때가 올 것이라고 예견하고 있다.

다른 세계 모델: 과학과 종교가 다루는 주제는 서로 다르며, 충돌하거나 중복되지도 않는다. 따라서 과학과 종교는 서로 평화롭게 공존해야만 한다. 찰스 다윈, 스티븐 제이 굴드 등 많은 과학자들이 이 모델을 지지한다.

충돌하는 세계 모델: 한 쪽은 옳고 다른 쪽은 그르기 때문에, 두 가지 관점 사이에 화해란 있을 수 없다. 종종 서로를 사갈시하는 무신론자들과 창조론자들이 크게 견지하는 모델이다.

이렇게 분류를 해 보면 한 세기 전과 마찬가지로 오늘날에도 다윈의 충고가 먹힌다. 따라서 창조론자들의 논증을 반박한다고 해서 종교를 공격하는 게 아님을 분명히 하자. 또한 창조론은 과학에 대한 공격—진화생물학뿐만 아니라 과학의 모든 면에 대한 공격—이기 때문에, 이 장에서 제시된 반론들은 창조론의 반과학에 대한 대응이며, 반종교와는 아무런 관련이 없음을 분명히 하자. 만일 창조론자들이 옳다면, 물리학, 천문학, 우주론, 지질학, 고생물학, 식물학, 동물학 등을 비롯하여 생명 과학의 모든 분야에 심각한 문제가 있게 된다. 과연 이 모든 과학이 똑같은 방향으로 잘못될 수 있을까? 당연히 그럴 수 없다. 그런데도 창조론자들은 그렇다고 생각하며, 설상가상으로 자기네 반과학을 공립학교에서 가르치기를 원한다.

창조론자들과 종교적 근본주의자들은 과학으로부터 자기들의 믿음을 지키기 위해서라면 어떤 황당한 짓이라도 할 것이다. 국립 과학 교육 센터의 〈리포츠Reports〉 1996년 여름 호는 켄터키 주 마샬 카운티의 초등학교 교육감 케네스 섀도웬이 5학년과 6학년 과학 교과서의 성가신 문제를 해결할 이주 독특한 해법을 찾아냈다고 싣고 있다. 그에게 '이단적인' 교과서 『디스커버리 워크스Discovery Works』는 우주가 빅 뱅으로 시작했다고 주장하면서도 다른 '대안들'에 대해서는 아무 언급도 하지 않는 것으로 보였다. 마주 보는 두 쪽에 걸쳐 빅 뱅이 설명되고 있었기 때문에, 섀도웬은 교과서를 모두 회수해서 그 눈엣가시 같은 두 쪽을 풀로 붙여 버렸다. 섀도웬은 〈루이스빌 쿠리어 저널〉에서 "우리는 어떤 이론은 가르치고 어떤 이론은 안 가르치는 짓은 하지 않을 것"이라면서, 교과서 회수는 "검열 같은 것과는 아무런 상관도 없다"고 말했다.(8월 23일, 1996, A1, 1쪽) 그런데 섀도웬이 정상 상태 우주론(우주가 똑같은 상태를 영원히 유지한다는 뜻이다. 1948년에 프레드 호일, 토머스 골드, 헤르만 본디가 제시한 이론으로, 우주의 시작과 끝을 상정하지 않으며, 우주가 늘 팽창하면서도 필요한 물질을 연속적으로 생성하기 때문에, 우주의 평균 물질 밀도에는 변함이 없다고 주장한다—옮긴이)이나 인플레이션 우주론(1979년에 앨런 구스가 제시한 이론으로, 우주 초기의 어느 순간에 우주의 급격한 팽창이 있었다고 가정한다—옮긴이)에 대해서도 균등 시간을 할당해 가르치려는 노력을 기울였는지는 의심스럽다. 아마 섀도웬은 기독교도들에게 책을 교정하는 방법을 제시한 사서 레이 마틴의 「백과사전을 검토하고 교정하기」를 참고해서 그 해법을 찾아냈을 것이다.

수많은 학교 도서관에서 백과사전은 중요한 자리를 차지한다…… [백과사전들은] 현대 인본주의자들의 철학을 대표한다. 이 점은 회화, 예술, 조각을 설명하는 데 사용되는 그림들을 뻔뻔하게 실은 것을 보면 분명해진다…… 교정이 필요한 부분 중 하나는 알몸과 자세에서 비롯된 천박함이다. 이런 것들을 교정하려면, 인물에 옷을 그려 넣거나 그림 전체를 매직펜으로 지워 버리면 된다. 이때 백과사전을 인쇄할 때 쓰이는 광택지 위에서 매직펜이 지워질 수 있기 때문에 신중을 기할 필요가 있다. 이 난관을 극복하려면, 안전면도날을 써서 종이의 광택이 사라질 때까지 가볍게 종이 표면을 긁어내면 된다…… [진화론과 관련해서] 제거될 부분이 평상시에 책을 펴고 덮을 때 책등을 손상시키지 않을 정도의 두께라면 그 부위를 오려 내면 된다. 교정이 필요한 부위가 너무 두꺼우면, 교정할 생각이 없는 부분까지 더럽히지 않게끔 신중을 기하면서 풀로 붙이면 된다. (〈기독교 학교 만들기〉, 1983년 봄호, 205~207쪽)

다행히도 반-진화론 친-창조론 법안을 통과시키려는 창조론자들의 하향식 전략은 실패했다(최근에 오하이오 주, 테네시 주, 조지아 주에서는 창조론 법률 제정을 거부했다). 그러나 창세기를 공립학교 교과 과정에 끼워 넣으려는 밑으로부터의 풀뿌리 캠페인은 성공을 거두었다. 예를 들어 1996년 3월, 주지사 팝 제임스는 납세자들이 낸 세금으로 마련한 판공비로 필립 존슨의 반-진화론적 책 『심판대에 선 다윈』을 구입해 앨라배마 주의 모든 고등학교 생물 교사에게 보냈다. 그러나 그들이 성공을 거두었다고 해서 놀랄 일은 아니다. 정치적으로 미국은 우파 쪽으로 급선회했으며, 종교적 우익이 가진 정치적 영향력이 커졌던 것이다. 그렇다면 우리가 할 수 있는 일이 무엇일까? 우리 역시 우리 나름의 문헌 자료로 맞받아치면 된다. 예를 들어, 국립 과학 교육 센터에서는 주지사 제임스에 대한 대응으로 창조론자들의 활동을 추적하는 것을 전문으로 하는 유진 스콧이 이끄는 버클리 대학교 팀이 존슨의 책을 비평하는 편지를 보냈다. 또한 언제 어디서 창조론자를 만나든 대적할 준비를 갖추려면, 문제가 무엇인지 철저하게 이해해야 한다.

다음에 열거한 것들은 창조론자들이 내놓은 논증과 진화론자들이 내놓은 답변들이다. 창조론자들의 논증은 일차적으로 진화론을 공격하며, 이차적으로는 (사소하지만) 창조론자들 자신의 믿음을 긍정하는 진술들을 공격하기도 한다. 논증과 답변은 지면의 제약 때문에 간략하게 제시했다. 그렇다 해도 창조론 대 진화론 논쟁의 요점이 무엇인지 개괄해 볼 수 있을 것이다. 그러나 논증과 답변 목록이 비판적 읽기를 대신하는 것은 아니다. 비록 이 답변들이 가벼운 대화에는 적절할 수 있으나, 잘 훈련된 창조론자와 맞붙는 공식적인 논쟁에서는 부적절할 수 있다. 전체적으로 논쟁을 다룬 책들은 수없이 많이 있다.(예를 들면 다음의 책들을 참고하라. 베라 1990; 보울러 1989; 이브, 해럴드 1991; 후투이마 1983; 길키 1985; 갓프리 1983; 굴드 1983a, 1991; 린드버그, 넘버스 1986; 넘버스 1992; 루스 1982; 스트랄러 1987)

진화론은 무엇인가?

진화론을 공격하는 창조론자들의 논증을 검토하기에 앞서, 진화론이 무엇인지 간략하게 요약하는 것이 도움이 될 것이다. 1859년 『자연선택에 의한 종의 기원』에서 틀이 잡힌 다윈의 이론을 다음과 같이 요약해 볼 수 있다.(굴드 1987a; 마이어 1982, 1988)

진화: 시간이 흐르면서 유기체들은 변화한다. 화석 기록과 오늘날의 자연을 살피면 이 점을 분명하게 알 수 있다.

변형을 동반한 유래: 진화는 보통의 유래 과정을 통해 가지를 뻗으며 진행된다. 자손들은 부모와 비슷하지만 정확히 똑같은 복사본은 아니다. 덕분에 끊임없이 변화하는 환경에 적응하는 데 필요한 변이들이 만들어진다.

점진주의: 변화는 천천히, 지속적으로, 장엄하게 이루어진다. 'Natura non facit saltum' 곧, 자연은 도약을 하지 않는다. 충분한 시간이 주어진다면, 진화로 종의 변화를 설명할 수 있다.

종분화의 증식: 진화는 단순히 새로운 종을 낳는 것으로 그치지 않고, 점점 많은 수의 새로운 종을 낳는다.

자연선택: 다윈과 앨프레드 러셀 월리스가 공동 발견한 진화에 의한 변화의 메커니즘은 다음과 같이 작동한다.

A. 개체군은 2, 4, 8, 16, 32, 64, 128, 256, 512…… 와 같은 식으로 기하급수적으로 무한정 증가하는 경향이 있다.

B. 하지만 자연환경에서 개체군의 수는 일정 수준에서 안정 상태를 이룬다.

C. 따라서 틀림없이 '생존 경쟁'이 있을 것이다. 왜냐하면 생겨난 모든 유기체들이 살아남을 수는 없기 때문이다.

D. 종마다 변이가 있다.

E. 생존 경쟁에서 환경에 더 잘 적응하는 변이를 가진 개체들이, 환경에 더 못 적응하는 변이를 가진 개체들보다 더 많은 자손을 남긴다. 전문 용어로 차별적 번식 성공differential reproductive success이라고 한다.

여기서 항목 E가 중요하다. 자연선택—말하자면 진화에 의한 변화—은 일차적으로 국지적인 수준에서 작용한다. 그것은 누가 가장 많은 자손을 남길 수 있느냐 하는 게임일 뿐이다. 다시 말해서 누가 가장 성공적으로 자기 유전자를 다음 대에 전파하느냐는 게임이다. 자연선택은 진화의 방향성, 종의 진보성, 또는 인류 탄생의 불가피성이나 지능의 필연적인 진화 같은 목적론적인 면에 대해서는 아무 말도 하지 않는다. 꼭대기에 인간이 자리하는, 진보하는 진화의 사다리 같은 것은 전혀 없다. 그저 울창하게 가지를 뻗은 덤불만 있을 뿐이며, 거기서 인간의 자리는 수백만 개의 가지 중 자잘한 잔가지 하나에 불과할 뿐이다. 인간의 특별함을 보여 주는 것은 아무것도 없다. 우리는 어쩌다가 우연히 극도로 훌륭하게 차별적 번식에 성공했을 뿐이다. 다시 말해서 우리는 많은 자손들을 남겨서 훌륭하게 성체로 키워 낸 것이다. 이것은 결국 인류의 종언을 불러올 수 있는 특징이기도 하다.

다윈 이론의 다섯 가지 요점 중에서 오늘날 가장 논쟁거리가 되는 것이 바로 점진주의이다. 나일즈 엘드리지(1971, 1985; 엘드리지, 굴드 1972)와 스티븐 제이 굴드(1985, 1989, 1991)와 그 지지자들은 단속 평형이라는 이론을 밀고 있는데, 점진적인 변화 대신 급격한 변화와 안정 상태가 등장한다. 그리고 엘드리지와 굴드 등의 학자들은 개체 수준의 자연선택뿐만 아니라 유전자, 군#, 개체군 수준에서의 변화도 주장함으로써, 자연선택의 유일무이함을 내세운다. 그 반대 진영에서는 대니얼 데닛(1995), 리처드 도킨스(1995) 등의 학자들이 점진주의와 자연선택의 엄격한 다윈주의 모델을 채택한다. 논쟁은 격화되고 있지만, 창조론자들은 두 쪽 모두 나가떨어지길 기대하면서 방관하고만 있다. 그러나 그런 일은 일어나지 않을 것이다. 그 과학자들이 논쟁을 벌이는 문제는 정말로 진화가 일어나느냐의 여부가 아니라, 진화에 의한 변화의 속도와 메커니즘에 관한 것이다. 이 상황이 모두 종료되면, 진화론은 어느 때보다도 더욱 강력해질 것이다. 새로운 연구 분야들을 자극하고, 생명의 기원과 진화 방식에 대한 지식을 미세 조정하면서 과학은 꾸준히 전진해 가고 있는데, 창조론자들은 핀 머리에서 얼마나 많은 천사들이 춤출 수 있는지, 방주에는 얼마나 많은 동물들을 넣을 수 있는지 같은 중세식 논쟁의 수렁 속에서 꼼짝없이 발버둥치고만 있다는 게 서글프다.

철학을 바탕으로 한 논증과 답변

1 창조론자: 창조과학은 과학이다. 그러므로 공립학교 과학 교과 과정에서 가르쳐야만 한다.

진화론자: 창조과학은 이름만 과학이다. 과학적 방법을 써서 시험될 수 있는 이론이라기보다는, 과학의 옷만 헐렁하게 걸친 종교적 입장이다. 그러므로 공립학교 과학 교과 과정에서 가르치기에는 부적절하다. 이슬람 과학, 불교 과학, 기독교 과학이라고 부른다고 해서 과학 교과 과정에 균등 시간을 할당할 필요가 있다는 뜻이 아닌 것과 마찬가지이다. 창조 연구 협회에서 내놓은 다음의 성명은 협회 구성원들과 연구자들이 반드시 숙지해야 하는 것으로, 창조론자의 믿음이란 게 무엇인지 강력하게 조명해 준다. "구약과 신약의 성구들은 어떤 주제를 다루든 오류가 없으며, 자연스러운 의미는 물론 의도된 의미도 인정되어야 한다…… 우주의 삼라만상은 창세기에 기술된 엿새의 특수 창조 기간에 하느님에 의해서 창조되고 지어진 것이다. 창조론자의 설명은 사실적이고, 역사적이고, 명쾌한 것으로 인정되며, 따라서 창조된 우주 내에 있는 모든 사실과 현상을 이해하는 데 근본적인 것이다."(로어 1986, 176쪽)

과학은 반증에 열려 있으며, 새로운 사실들과 이론들이 우리의 관점을 재형성하면서 끊임없이 변하고 있다. 반면 창조론은 제아무리 이론과 모순적인 경험적 증거가 있을 수 있다 하더라도, 성서의 권위를 신봉하는 쪽을 택한다. "범세계적으로 일어난 대홍수가 역사적 사실이며, 지질학적 해석의 일차적인 수단이라고 주장하는 주된 이유는, 하느님의 말씀이 그 사실을 똑똑하게 가르쳐 주기 때문이다! 지질학적으로 문제가 된다 하더라도—실재하는 문제이든 가상의 문제이든—성서에 분명하게 쓰인 진술과 필연적인 추론보다 우선시하여서는 안 된다."(로어 1986, 190쪽) 이것과 비견되는 경우가 있다. 캘리포니아 공과대학의 교수들은 다윈의 『종의 기원』이 교리이고, 그 책과 저자의 권위는 절대적이며, 진화를 뒷받침하거나 부정하는 경험적 증거가 더 나온다 하더라도 이 사실에는 조금도 변함이 없다고 선언한다.

2 창조론자: 과학은 오직 지금 여기만을 다루기 때문에, 우주의 창조, 생명과 인류의 기원 같은 역사적인 물음에는 답할 수 없다.

진화론자: 과학, 특히 우주론, 지질학, 고생물학, 고인류학, 고고학 같은 역사 과학은 과거의 현상들을 다룬다. 과학에는 실험 과학도 있고 역사 과학도 있다. 각기 다른 방법론을 사용하지만, 두 쪽 모두 인과관계를 추적해 갈 수 있다. 진화생물학 역시 타당하고 정당한 역사 과학이다.

3 창조론자: 교육은 논점의 모든 측면을 익히는 과정이다. 따라서 공

립학교 과학 교과 과정에서 창조론과 진화론을 나란히 가르치는 게 적절하다. 그렇게 하지 않으면, 교육의 원칙은 물론이요, 창조론자들의 시민 자유권을 어기는 것이다. 우리는 우리의 말을 들려줄 권리가 있다. 도대체 양쪽의 견해를 듣는 것이 무슨 해가 되는가?

진화론자: 실제로 일반적인 교육 과정에서는 논점들이 가진 수많은 측면들을 접할 수 있도록 해 주는 것이 필요하다. 그렇기 때문에 종교나 역사, 심지어 철학 교과 과정에서는 창조론을 논의하는 게 적절할 것이다. 그러나 과학 교과 과정에서 가르칠 만한 것이 아님은 아주 확실하다. 마찬가지로 생물학 교과 과정에 아메리카 원주민의 창조 신화 수업이 들어갈 수 없다. 창조과학을 과학으로 가르치게 되면 심각한 해가 생긴다. 종교와 과학의 경계가 모호해지게 되고, 그렇게 되면 과학적 패러다임이 무엇이며 어떻게 적절하게 적용할 것인지 학생들이 이해하지 못하게 되기 때문이다. 게다가 창조론의 바탕에 깔린 가정들은 진화생물학뿐만 아니라 모든 과학에 대해 양면 공격을 가하고 있다. 첫째, 만일 우주와 지구의 나이가 불과 만 년 정도밖에 되지 않는다면, 우주론, 천문학, 물리학, 화학, 지질학, 고생물학, 고인류학, 초기 인류의 역사가 모두 무효가 되어 버린다. 둘째, 초자연적인 힘이 개입해서 한 가지 종만이라도 창조했다고 인정하는 즉시, 자연법칙들은 물론 자연의 운행에 관한 추론들이 모두 공허해져 버린다. 어느 쪽이 되었든, 모든 과학이 무의미해진다.

4 창조론자: 자연의 사실들과 성서에서 말하는 일들 사이에는 놀라운 상관성이 있다. 그러므로 창조과학 책들과 성서를 공립학교 교과 과

정의 참고서로 쓰고, 성서를 자연책은 물론 과학책으로 연구하는 것이 적절하다.

진화론자: 그러나 성서에서는 말하지만 자연에는 없는 일들과 자연에는 있지만 성서에서는 말하지 않는 사실 사이에도 놀라운 상관성이 있다. 만일 한 무리의 셰익스피어 학자들이 셰익스피어의 희곡들에서 우주가 설명된다고 믿는다면, 과연 과학 교과 과정에 셰익스피어의 작품 읽기를 포함시켜야 할까? 셰익스피어의 희곡은 문학이다. 그리고 성서에 담긴 성구들은 여러 종교에서 성스럽게 여기는 것이다. 그렇다고 어느 쪽도 과학책이 되거나 과학적 권위를 요구할 자격은 없다.

5 창조론자: 자연선택 이론은 동어 반복적이다. 곧, 순환 논증의 형태를 띤다. 생존한 것들은 가장 잘 적응한 것들이다. 가장 잘 적응한 것들은 무엇인가? 생존한 것들이다. 마찬가지로 암석은 화석의 연대를 측정하는 데 쓰이며, 화석은 암석의 연대를 측정하는 데 쓰인다. 동어 반복으로는 과학이 될 수 없다.

진화론자: 동어 반복이 과학의 처음을 이룰 때도 있지만, 결코 끝이 될 때는 없다. 중력은 동어 반복적일 수 있지만, 중력 이론 덕분에 물리적 결과와 현상을 정확하게 예측할 수 있다는 점에서 중력에 대한 추론은 정당하다. 마찬가지로 자연선택과 진화론 역시 예측 능력이 있느냐 없느냐에 따라 검증 가능한 것이 되기도 하고 오류 가능한 것이 되기도 한다. 예를 들어 집단 유전학은 개체군에서 일어나는 변화에 자연선택이 영향을 줄 때와 주지 않을 때를 아주 분명하게 수학적으

로 예측한다. 과학자들은 자연선택 이론을 기초로 예측을 하고, 예측한 것을 시험할 수 있다. 이것이 바로 앞서의 예에서 유전학자들이 하는 일이며, 고생물학자들이 화석 기록을 해석할 때에도 하는 일이다. 이를테면 삼엽충이 나타나는 지층에서 사람과科 화석이 발견된다면 그 이론을 반증하는 증거가 될 것이다. 암석으로 화석 연대를 측정하든 화석으로 암석 연대를 측정하든, 지질 주상도(지층의 순서를 수직적으로 그려낸 단면도로, 층서를 시간적·공간적으로 알아볼 수 있게 해 준다—옮긴이)가 정립된 연후에야 가능한 일일 것이다. 그러나 어디에서도 지질 주상도는 완벽한 모습으로 존재하지 않는다. 왜냐하면 허물어지거나 뒤엉키는 등 지층들은 갖가지 이유 때문에 항상 불완전하기 때문이다. 그러나 층서는 결코 무작위적이지 않으며, 다양한 기법들을 써서 연대순으로 정확하게 조각 맞추기를 할 수 있다. 화석은 그 방법의 하나일 뿐이다.

6 창조론자: 생명의 기원, 인간, 식물, 동물의 존재를 설명하는 방법은 오직 두 가지뿐이다. 창조자의 작업이었거나, 아니었거나. 진화론을 뒷받침하는 증거는 없기 때문에(다시 말하면, 진화론은 틀렸기 때문에) 창조론이 옳을 수밖에 없다. 진화론을 뒷받침하지 않는 증거는 무엇이나 필연적으로 창조론을 뒷받침하는 과학적 증거이다.

진화론자: 양자택일의 오류, 또는 잘못된 대안의 오류를 조심해야 한다. A가 거짓이면, B가 참일 수밖에 없다? 정말 그럴까? 또 하나, A와 상관없이 B가 성립할 수는 없는 걸까? 물론 성립할 수 있다. 그래서 만일 진화론이 완전히 틀린 것으로 밝혀진다 해도, 창조론이 옳다

는 뜻은 아니다. 아직 우리가 고려해 볼 대안 C, D, E가 있을 수 있다. 그런데 자연적 설명 대 초자연적 설명의 경우에는 정말로 양자택일의 이분법적인 면이 있다. 곧, 생명은 자연적인 수단에 의해 탄생되고 변화되었거나, 아니면 초자연적인 존재가 개입해서 초자연적인 설계에 따라 창조하고 변화시켰거나 한 것이다. 과학자들은 자연적인 인과 관계를 가정하며, 진화론자들 역시 다양한 자연적 인과 요인들을 놓고 논쟁을 벌이는 것이지, 생명이 자연적 수단에 의해 일어났느냐 초자연적인 수단에 의해 일어났느냐를 놓고 왈가왈부하는 것이 아니다. 만일 초자연적인 존재의 개입을 가정하게 되면 과학은 무용지물이 되어 버린다. 그렇게 되면 창조론을 뒷받침할 과학적 증거라는 것도 있을 수 없게 된다. 왜냐하면 창조론자들의 세계에서는 자연법칙들이 더 이상 성립하지 못하며, 과학적 방법론도 아무 의미가 없기 때문이다.

7 창조론자: 마르크스주의, 공산주의, 무신론, 부도덕성, 미국의 도덕과 문화의 전반적인 쇠퇴의 기반에는 진화론이 있다. 따라서 우리 아이들에게 나쁜 것이다.

진화론자: 일종의 귀류법의 오류를 저지른 논증이다. 구체적으로는 진화론, 일반적으로는 과학이 기반이 되어 이런 '주의·주장들'이 생기고, 미국인들의 도덕과 문화가 이른바 쇠퇴하게 되었다고 말하는 것은, 히틀러의 『나의 투쟁』이 나온 책임이 인쇄기에 있다거나, 사람들이 히틀러의 이념을 내세워 벌인 일의 책임이 『나의 투쟁』에 있다고 말하는 것이나 다름없다. 원자 폭탄, 수소 폭탄 따위의 가공할 파

괴력을 가진 무기들이 많이 발명되었다고 해서, 우리가 원자 연구를 포기해야 한다는 의미는 아니다. 더욱이 진화론자 중에는 마르크스주의자, 공산주의자, 무신론자, 심지어 부도덕한 자도 충분히 있을 수 있지만, 자본주의자, 유신론자, 불가지론자, 도덕적인 자도 그만큼 많이 있을 것이다. 진화론 자체만 놓고 볼 때, 마르크스주의, 공산주의, 무신론 따위의 이념들을 뒷받침하는 데 이용될 수 있으며, 또 그래 왔다. 그러나 (특히 미국에서는) 자유방임적 자본주의에 신뢰를 부여하는 데에도 이용되어 왔다. 여기서 요점은 과학 이론과 정치적 이념을 결부시키는 것이 교활한 짓이며, 서로 필연적으로 수반하지 않는 것들이나 특정 이념에 봉사하는 것들을 서로 연관시키는—예를 들어 어떤 사람의 문화적·도덕적 쇠퇴는 곧 다른 사람의 문화적·도덕적 진보라고 말하는 것—일을 조심해야 한다는 것이다.

8 창조론자: 진화론과 아울러 그 나쁜 짝인 비종교적 인본주의는 사실상 종교이다. 따라서 공립학교에서 가르치기에는 부적절하다.

진화론자: 진화생물학을 종교라고 부르게 되면, 종교의 정의가 지나치게 넓어져서 정의 자체가 완전히 무의미해져 버린다. 달리 말하면, 우리가 세상을 해석하기 위해 끼는 안경이라는 안경은 죄다 종교가 되는 것이다. 그러나 종교의 의미는 그것이 아니다. 종교는 신이라든가 다른 초자연적인 존재를 섬기고 숭배하는 것과 관련이 있는 반면, 과학은 물리적 현상과 관련이 있다. 종교는 신앙 및 눈에 보이지 않는 것과 관계하지만, 과학은 경험적 증거와 시험 가능한 지식에 초점을 맞춘다. 과학은 과거나 현재에 관찰되거나 추론된 현상을 기술하

고 해석하기 위해 고안되었고, 반박과 확증에 열려 있는 시험 가능한 지식 체계를 구축하는 것을 목표로 하는 방법들의 집합이다. 종교는 시험 가능하지도 않고 반박이나 확증에 열려 있지도 않은 게 확실하다. 방법론 면에서 과학과 종교는 서로 180도 다른 것들이다.

9 창조론자: 일류 진화론자들 중 많은 수가 진화론 자체에 회의적이며, 문제가 있다고 생각한다. 예를 들어 엘드리지와 굴드의 단속 평형 이론은 다윈이 틀렸음을 증명한다. 만일 세계 일류의 진화론자들이 가진 진화론에 대한 의견이 서로 다르다면, 전체를 재검토해야 한다.

진화론자: 창조론자들이 과학의 세력들을 자기편으로 끌어들이려고, 창조론을 반대하는 일류 대표자―스티븐 제이 굴드―를 거론한다는 것은 정말 얄궂은 일이다. 순진해서 그랬든 의도적이었든 간에, 창조론자들은 이제까지 유기체 변화의 인과적 요인들을 두고 진화론자들 사이에서 벌어지는 건전한 과학 논쟁을 오해해 왔다. 창조론자들은 과학자들이 벌이는 정상적인 생각의 교환과 과학이 가진 자기 교정의 본성을 마치 그 분야에서 내분이 일어나 곧 스스로 무너질 것임을 보여 주는 증거로 여긴 듯하다. 진화론자들이 수많은 주장을 하고 논쟁을 벌이면서도, 모두가 한뜻으로 확신하는 한 가지가 바로 진화는 정말로 일어난다는 것이다. 진화론자들이 쉬지 않고 논의하는 것은 정확히 진화가 어떻게 일어나는지, 다양한 인과 메커니즘들의 상대적 세기는 어느 정도인지 하는 문제들이다. 엘드리지와 굴드의 단속 평형 이론은 다윈의 진화론을 세밀하게 다듬고 개선시킨 것이다. 아인슈타인의 상대성 이론이 뉴턴이 틀렸음을 증명하는 것이 아닌 것처

럼, 단속 평형 이론 역시 다윈이 틀렸다고 증명하는 것이 아니다.

10 창조론자: "성서는 하느님의 말씀을 기록한 것이다…… 거기에 담긴 모든 주장은 역사적으로도 과학적으로도 참이다. 창세기에 기술된 대홍수는 역사적인 사건이었으며, 그 범위와 효과는 범세계적이었다. 우리는 기독교를 믿는 과학자들로 구성된 조직이다. 우리는 예수 그리스도를 우리의 주인이자 구세주로 모신다. 하느님이 한 남자와 한 여자로서 아담과 이브를 특수 창조하시고, 그들이 죄를 짓고 타락하게 되었다는 설명은, 모든 인류에게 구세주가 필요하다는 우리 믿음의 기초를 이루고 있다."(이브, 해럴드 1991, 55쪽)

진화론자: 이렇게 믿음을 진술하는 것은 분명히 종교적이다. 그것만으로는 잘못이 없지만, 이는 창조과학이 실상은 창조종교이며, 교회와 국가를 가르는 벽을 무너뜨릴 정도까지 이르렀음을 의미한다. 창조론자들이 자금을 지원하고 동세하는 사립학교에서 자기네가 원하는 것을 아이들에게 가르치는 것은 자유다. 그러나 어떤 교과서도, 오로지 증거를 시험함으로써 판가름되어야 할 사건들을 권위에 의한 명령으로 역사적으로도 과학적으로도 참인 것으로 만들 수는 없다. 그리고 국가에 교사들이 특정 종교의 교의를 과학이라고 가르치도록 요구하는 것은 비이성적이며 책임을 물어야 하는 처사이다.

11 창조론자: 모든 원인에는 결과가 있다. X'의 원인은 반드시 X와 비슷한 것이어야 한다. 지능의 원인은 반드시 지능을 가진 존재―신―이어야 한다. 시간적으로 모든 원인들을 소급해 보면 반드시 최초

의 원인―신―과 만나게 된다. 모든 사물은 운동 상태에 있기 때문에, 최초의 원동자가 있어야 한다. 곧, 자기가 운동하기 위해 다른 운동자가 필요 없는 운동자인 신이 있어야 한다. 우주의 삼라만상은 목적을 가진다. 따라서 목적을 가진 설계자―신―가 있어야 한다.

진화론자: 만일 이 말이 참이라면, 자연의 원인은 자연적인 것이어야지 초자연적인 것이어서는 안 되는 게 아닐까? 그러나 'X'의 원인이 반드시 'X와 비슷한 것'일 필요는 없다. 초록 페인트의 '원인'은 파랑 페인트와 노랑 페인트가 혼합된 것이다. 두 색 중 어느 것도 초록과 비슷하지 않다. 동물의 똥거름은 과일나무를 더 잘 자라게 하는 원인이다. 과일은 맛이 좋지만, 똥거름과는 조금도 닮지 않았다!

14세기에 성 토마스 아퀴나스가 뛰어나게 펼친 (그리고 18세기에 데이비드 흄이 더욱 뛰어나게 반박했던) 제일 원인과 원동자 논증은 다음 물음으로 쉽게 제쳐 버릴 수 있다. 신의 원인, 신의 운동의 원인은 누구, 또는 무엇인가? 흄이 입증한 것처럼, 설계의 합목적성이라는 것은 대개 착각이고 주관적이다. "일찍 일어나는 새가 벌레를 잡는"것은 새의 입장이라면 훌륭한 설계이겠지만, 벌레 입장이라면 그리 훌륭한 설계가 아니다. 두 개의 눈이 이상적으로 비칠 수도 있겠지만, 심리학자 리처드 하디슨이 주의 깊게 지적한 것처럼, "뒤통수에 눈이 하나 더 달려 있다면 바람직하지 않을까? 집게손가락에도 눈이 하나 달려 있다면 자동차의 제어판 뒤에서 작업할 때 분명 도움이 될 것이다."(1988, 123쪽) 어떤 면에서 보면, 목적이란 것은 우리가 익숙하게 지각하는 것을 두고 이르는 말이다.

마지막으로, 모든 만물이 합목적적으로 아름답게 설계된 것은 아니다.

악, 질병, 기형, 그리고 창조론자들이 느긋하게 간과해 버리는 인간의 어리석음은 말할 것도 없고, 자연은 괴상한 모습과 목적이 없어 보이는 것들로 가득 차 있다. 남자의 젖꼭지와 판다의 엄지는 굴드가 무목적성과 빈약한 설계 구조를 보여 주는 사례로 자신 있게 드는 것들이다. 만일 신이 조각 그림 맞추기 퍼즐처럼 생명을 서로 딱딱 맞게 설계했다면, 그런 기이한 것들과 문제들을 어떻게 설명할 수 있겠는가?

12 창조론자: 과학자들은 무에서 만들 수 있는 것은 없다고 말한다. 그렇다면 빅 뱅을 일으킨 물질은 어디서 왔는가? 진화의 원재료를 제공했던 최초의 생명체는 어디서 기원했는가? 무기물 '수프'에서 아미노산을 만들어 낸 스탠리 밀러의 실험과, 다른 생체 분자들을 만들어 낸 실험은 생명을 창조한 것이 아니다.

진화론자: 우주가 시작되기 전에는 무엇이 있었는가? 시간이 시작되기 전은 몇 시였는가? 빅 뱅을 일으킨 물질은 어디에서 왔는가? 과학은 '궁극'을 묻는 이런 물음들에 대한 답을 마련하지는 못할 것이다. 이제까지 이런 물음들은 철학적이거나 종교적인 물음이었지, 과학적인 물음이 아니었다. 따라서 과학의 일부가 되지도 못했다. (최근에 스티븐 호킹 등의 우주론자들이 이런 물음들을 놓고 과학적 사변을 시도했다.) 진화론은 시간과 물질이 '창조된'(창조의 의미가 무엇이든 간에) 이후에 일어난 변화의 인과 관계를 이해하려는 것이다. 생명의 기원을 놓고 볼 때, 생화학자들은 무기 화합물에서 유기 화합물로의 진화, 아미노산의 발생과 단백질 사슬의 구성, 최초의 조야한 세포, 광합성 작용의 발생, 유성 생식의 탄생 따위에 대해 아주 합리적이고

과학적인 설명을 하고 있다. 스탠리 밀러는 결코 자기가 생명을 창조했다고 주장하지 않았다. 그가 만들어 낸 것은 생명을 이루는 구성단위의 일부였다. 이 이론들은 결코 확고한 것이 아니며, 여전히 활발하게 과학적 논쟁거리가 되고 있다. 그러나 우리에게 알려진 우주에서 알려진 자연법칙들을 이용해서 어떻게 빅 뱅에서 빅 브레인(사람의 뇌)에 이르렀는지 이성적으로 설명할 수는 있다.

과학을 바탕으로 한 논증과 답변

13 창조론자: 인구 통계를 살펴보면, 현재의 인구 증가율을 토대로 현재의 인구에서 시간을 거슬러 추정해 보았을 때, 대략 지금으로부터 6,300년 전(기원전 4300년)에는 단 두 사람만 살고 있었다는 결론이 나온다. 이는 인류와 인류의 문명이 아주 어리다는 것을 말해 준다. 만일 지구의 나이가 많아서—이를테면 백만 살쯤 되어서—현재 인구 증가율의 0.5퍼센트 비율로 인구가 증가하고, 각 가정 당 평균 2.5명의 자녀로 25,000세대를 이어 왔다면, 현재 인구는 10의 2,100제곱 명이 될 것이다. 그러나 이는 불가능하다. 왜냐하면 알려진 우주에 있는 전자電子들의 수조차 10의 130제곱일 뿐이기 때문이다.

진화론자: 여러분이 숫자 놀이를 좋아한다면, 이건 어떨까? 저들의 모델을 적용해 보면, 기원전 2600년에는 지구상의 총인구가 600명 정도였다는 결론이 나온다. 기원전 2600년에는 이집트, 메소포타미아, 인더스 강 유역, 중국에서 문명들이 융성하고 있었음을 우리는 확신

할 수 있다. 아주 크게 인심을 써서 이집트에만 세계 인구의 6분의 1이 있었다고 한다면, 피라미드를 비롯한 모든 기념비적 건축물을 만들었던 사람 수가 100명이었다는 얘기가 된다. 아마 그들에게는 한두 번이 넘는 기적이 필요했을 것이 확실하며, 아니면 고대 우주인들의 도움이 필요했을 것이다!

사실 인구는 꾸준한 비율로 증가하지 않는다. 인구가 급등할 때도 있고 급락할 때도 있다. 게다가 산업 혁명 이전의 인구 증가의 역사는, 번영과 성장을 구가하다가 기근과 쇠퇴기를 겪고, 재앙에 의해 단속 단계를 맞는 식이었다. 예를 들어 유럽의 경우, 6세기에 역병으로 인구의 절반 정도가 죽었다. 그리고 14세기에는 선페스트로 인해 3년 만에 인구의 3분의 1가량이 몰살했다. 수천 년 동안 인류는 멸종의 위기를 피하려고 고군분투했고, 그래서 인구 곡선은 마루와 골을 가진 형태로 그려졌다. 그리고 그 곡선은 불확실하기는 했지만 꾸준히 상승 곡선을 그렸다. 인구 증가율이 순히 가속되기 시작했던 때는 겨우 19세기부터였다.

14 창조론자: 자연선택은 종 안에서 벌어지는 사소한 변화들—소진화—을 제외한 다른 어떤 것도 설명하지 못한다. 진화론자들이 대진화를 설명하기 위해 이용하는 돌연변이는 언제나 해롭고, 드물고, 무작위적이기 때문에, 진화에 의한 변화의 원동력이 될 수 없다.

진화론자: 풀러턴의 캘리포니아 주립 대학교에서 진화생물학자 베이어드 브래트스트롬이 학생들 머릿속에 강하게 새겨 넣은 짤막한 한마디를 나는 평생 잊을 수 없을 것이다. "돌연변이체는 괴물이 아니

다." 그가 지적한 것은, 돌연변이체에 대한 대중의 인식—농축산물 박람회에서 볼 수 있는 머리 둘 달린 소 같은 것—은 진화론자들이 논의하는 돌연변이체와 같은 것이 아니라는 얘기이다. 대부분의 돌연변이는 유전자나 염색체에 작은 이상이 생기는 것이고, 효과도 작다. 이를테면 청각이 약간 예민해진다든가, 새로운 털이 아주 조금 난다든가 하는 것이다. 이런 작은 효과들 중에는, 끊임없이 변화하는 환경에서 유기체에게 이로움을 주는 것들도 있다.

나아가 에른스트 마이어(1970)의 이소성 종분화allopatric spciation(한 개체군에 속했던 일부 집단이 지리적 격리 후에 새로운 종을 형성하게 되는 것—옮긴이) 이론은 자연선택이 자연의 다른 힘들과 우연들과 어울려 어떻게 새로운 종을 낳을 수 있는지, 그리고 실제로 어떻게 낳는지를 정밀하게 입증해 주는 것으로 보인다. 이소성 종분화나 단속 평형 이론에 동의하든 안 하든, 자연선택이 중요한 변화를 낳을 수 있다는 점에서는 과학자들 모두가 한목소리를 낸다. 논쟁거리가 되는 것은 바로 그 변화가 어느 정도인지, 얼마나 빨리 일어나는지, 자연선택과 어울려 작용하거나 반하여 작용하는 자연의 다른 힘들이 있는지 하는 것이다. 그 분야에서 연구하는 사람치고 과연 자연선택이 진화의 배후에서 작용하는 원동력인지의 여부를 놓고 논쟁하는 사람은 아무도 없다. 하물며 진화가 정말로 일어나는지를 논쟁거리로 삼는 사람이 없다는 것은 말할 필요도 없다.

15 창조론자: 그 어디를 찾아보아도, 인류를 포함하여, 그리고 특히 인류의 경우, 화석 기록에는 전이 형태가 없다. 전체 화석 기록은 진화

론자들을 당황스럽게 한다. 예를 들어 네안데르탈인의 유골은 휘어진 다리, 눈 위 뼈의 융기, 골격 구조의 비대화 따위를 야기하는 관절염, 구루병 같은 질병 때문에 형태가 비틀린 병든 골격들이다. 호모 에렉투스와 오스트랄로피테쿠스는 그냥 유인원일 뿐이다.

진화론자: 창조론자들은 『종의 기원』에 나오는 유명한 문단을 항상 인용한다. 다윈은 이렇게 물었다. "그렇다면 왜 지질 암층과 지층마다 그런 중간 고리들로 가득 차 있지 않는 걸까? 지질학은 그처럼 세밀하게 점진적인 유기체 사슬을 아무것도 자신 있게 밝혀내지 못한다. 아마 이 점이야말로 내 이론을 반박할 수 있는 가장 비중 있는 반론일 것이다."(1859, 310쪽) 그러나 창조론자들은 이것으로 인용을 끝낼 뿐, 다윈이 그 문제를 중점적으로 다루는 나머지 부분은 무시한다.

이 논증에 대한 한 가지 답변은, 다윈 시대 이후 지금까지 전이 형태를 보여 주는 표본들이 풍부하게 발견되어 왔다는 것이다. 아무거나 고생물학 교재를 펴 보기만 하면 된다. 화석 시조새 *Archeopteryx*—일부는 파충류, 일부는 조류—는 전이 형태를 보여주는 고전적인 예이다. 듀에인 기시와 논쟁을 벌일 때, 나는 새롭게 발견된 암불로케투스 나탄스*Ambulocetus natans*를 찍은 슬라이드를 보여 주었다. 그것은 육상 포유류에서 고래로 전이되는 형태를 보여 주는 훌륭한 예이다(《사이언스》, 1월 14일, 1994, 180쪽). 그리고 네안데르탈인과 호모 에렉투스를 걸고넘어진 것은 정말 황당할 따름이다. 지금 우리에게는 인류의 전이 형태를 보여주는 유골들이 풍부하게 있다.

두 번째 답변은 수사학적인 답변이다. 창조론자들은 전이 화석 하나만을 요구한다. 그래서 화석을 제시하면, 그들은 두 화석 사이에 공백이 하나 있다고 주장하며, 둘 사이의 전이 화석을 제시할 것을 또 요구한다. 그래서 그걸 제시하면, 그들은 이제 그 화석 기록 사이에 두 개의 공백이 더 생겼다며, 전이 화석을 또 요구한다. 한도 끝도 없다. 이 점을 지적하기만 해도 논증은 반박된다. 탁자 위에 컵이 두 개 있다. 두 컵 사이의 공백을 컵 하나로 채우면, 다시 두 개의 공백이 더 생긴다. 두 공백을 컵 두 개로 채우면 다시 네 개의 공백이 생긴다. 이렇게 하면 이 논증의 황당함을 눈으로 멋지게 보여 주는 것이다.

   세 번째 답변은 1972년 엘드리지와 굴드가 제시한 것이다. 당시 두 사람은 화석 기록 사이의 공백은 느리고 점잖게 일어나는 변화에서 빠진 데이터를 가리키는 게 아니라고 주장했다. 오히려 '빠진' 화석들은 빠르고 순간적인 변화(단속 평형)를 보여 주는 증거라는 얘기였다. 마이어의 이소성 종분화—큰 개체군 영역의 가장자리에 작은 규모의 불안정한 '초창기 정착자' 개체군들이 외따로 고립되어 있다는 것—를 이용해서, 엘드리지와 굴드는 소규모의 유전자 풀gene pool에서 비교적 빠르게 변화가 일어나 새로운 종을 만들어 내지만 화석은 (있다고 해도) 별로 남기지 않는다는 점을 보여 주었다. 화석화 과정은 드물게 일어난다. 그러나 이런 빠른 종분화의 시기에는 거의 화석이 남지 않는다. 왜냐하면 개체수는 적은 반면 변화는 신속하게 일어나기 때문이다. 따라서 화석이 없다는 것은 점진적인 진화 과정에서 빠진 증거가 아니라, 급격한 변화를 보여 주는 증거일 수 있다.

16 창조론자: 열역학 제2법칙은 진화가 참일 수 없다고 말해 준다. 진화론자들의 말에 따르면 우주와 생명은 혼돈에서 질서로, 단순한 것에서 복잡한 것으로 향해 간다고 하는데, 제2법칙이 예측한 엔트로피는 정반대 방향을 향하기 때문이다.

진화론자: 우선 가장 큰 규모의 척도—지구상의 6억 년의 생명의 역사—를 제외한 여느 척도에서 보았을 때, 종은 단순한 것에서 복잡한 것으로 진화한 것이 아니다. 자연도 단순하게 혼돈에서 질서로 향하지는 않는다. 생명의 역사는 잘못된 출발, 실패한 실험, 국지적 멸종과 대량 멸종, 혼돈스러운 재출발로 얼룩져 있다. 단세포에서 인간으로 펼쳐지는 깔끔한 연표와는 전혀 다른 모습이다. 큰 그림으로 확대해 보아도 열역학 제2법칙은 그런 변화를 허용한다. 왜냐하면 지구는 태양이 끊임없이 에너지를 유입시키는 계에 있기 때문이다. 태양이 타고 있는 한, 생명은 계속해서 번성하고 진화할 것이며, 자동차는 녹이 슬지 않고, 오븐에서는 계속 햄버거를 구울 수 있을 것이다. 다른 모든 것들도 겉으로는 열역학 제2법칙을 거스르는 것 같은 모습을 계속 보일 것이다. 그러나 태양이 다 타 버리면 곧바로 엔트로피가 바통을 이어받고, 생명은 끝장이 나며, 다시 혼돈 상태가 될 것이다. 열역학 제2법칙은 닫힌계, 고립계에 적용된다. 지구는 쉬지 않고 태양으로부터 에너지를 받기 때문에, 엔트로피는 감소하고 질서가 증가할 수 있다(비록 그 과정에서 태양 자체는 쇠해 가겠지만). 엄밀한 의미에서 지구는 닫힌계가 아니기 때문에 생명은 자연법칙들을 어기지 않고도 진화할 수 있는 것이다. 게다가 최근의 혼돈 이론 연구에 따르면, 혼돈으로 보이는 상태에서 질서가 자발적으로 발생할

수 있고, 정말로 발생한다. 이 모든 과정은 열역학 제2법칙을 거스르지 않는다(카우프만 1993을 참고하라). 위로 펄쩍 뛰었다고 해서 중력법칙을 위반하는 것이 아닌 것처럼, 진화 역시 열역학 제2법칙을 위반하는 것이 아니다.

17 창조론자: 가장 단순한 생명체조차도 무작위적인 우연에 의해 조합되기에는 너무 복잡하다. 단 100개의 부분들로만 이루어진 단순 유기체를 하나 생각해 보자. 그 부분들이 서로 연결되는 방법은 수학적으로 10^{158}가지가 있다. 인간은 차치하고서라도, 이런 단순한 생명체조차 가능한 모든 방법으로 부분들을 조합하기에는, 이 우주에 그만한 수의 분자들도 없고, 우주가 시작된 이래 그만한 시간도 없다. 인간의 눈만 봐도 진화의 무작위성은 반박된다. 그것은 원숭이가 '햄릿'이라는 글자를 치거나, 심지어 "죽느냐, 사느냐 To be or not to be"라는 문장을 치는 것과 마찬가지이다. 무작위적인 우연으로는 일어날 수 없는 일이다.

진화론자: 자연선택은 무작위적이지도 않고, 우연에 의해 작동하는 것도 아니다. 자연선택은 이득을 보존하고 실수를 제거한다. 눈의 진화를 보면, 단일 감광세포에서 오늘날의 복잡한 눈으로 진화하기까지 수천 개까지는 아니라 해도 수백 개의 중간 단계를 거쳤으며, 이 중간 단계들 중 많은 수가 아직도 자연 속에 존재한다(도킨스 1986). 원숭이가 『햄릿』의 독백 첫머리에 나오는 열세 글자를 우연히 치기 위해서는 26^{13}번의 시행착오를 거쳐야 성공할 수 있을 것이다. 이는 지금까지 우리 태양계의 나이를 초로 환산한 것보다 무려

열여섯 배나 큰 수이다. 그러나 올바른 글자를 칠 때마다 보존하고, 틀린 글자를 칠 때마다 제거한다면, 그 과정은 훨씬 빠르게 진행될 것이다. 얼마나 빠를까? 리처드 하디슨(1988)은 컴퓨터 프로그램을 하나 작성해서, 올바른 글자와 틀린 글자를 '선택' 하도록 했다. 그러자 평균 335.2번의 시행착오를 거친 뒤에 'TOBEORNOTTOBE' 라는 글자 순서를 만들어 냈다. 컴퓨터로 하면 90초도 안 걸리는 일이며, 희곡 전체는 약 4.5일 만에 해낼 수 있다.

18 창조론자: 대홍수 동안의 수력학적인 분급 과정으로 지층에 나타난 화석들의 순차를 설명할 수 있다. 지능이 없는 단순한 유기체들은 바다에서 죽었고, 따라서 바닥층에서 나타난다. 반면 더 복잡하고 영리하고 빠른 유기체들은 더 높은 위치에서 죽었다.

진화론자: 더 높은 층까지 부유하던 삼엽충은 한 마리도 없었을까? 해변에 있다가 낮은 층에서 익사한 아둔한 말이 한 마리도 없었을까? 하늘을 나는 익룡 중에서 백악기 층의 위까지 날았던 놈은 한 마리도 없었을까? 빗속을 미처 빠져나오지 못한 저능한 인간이 한 명도 없었을까? 게다가 방사성 연대 측정 같은 연대 측정법이 내놓은 증거는 어떻게 되는 건가?

19 창조론자: 진화론자들이 쓰는 연대 측정법들은 일관되지 못하고, 신뢰도가 떨어지며, 잘못된 기법들이다. 그 측정법들은 지구의 나이가 많다는 잘못된 인상을 내놓는다. 사실상 지구의 나이는 결코 만년을 넘지 않는데도 말이다. 이 점은 엘패소 텍사스 대학교의 토머스

반즈 박사가 증명해 냈다. 박사는 지구 자기 마당의 반감기가 1,400년임을 입증했다.

진화론자: 우선 반즈의 자기 마당 논증은, 지구물리학이 지구의 자기 마당이 시간이 흐르면서 요동한다는 점을 보여 줄 경우, 자기 마당의 붕괴가 선형적이라는 가정을 깔고 있다. 그는 잘못된 전제를 가지고 연구하고 있다. 둘째, 다양한 연대 측정법들은 그 자체로 상당한 신뢰도가 있을 뿐더러, 각각 독립적으로 서로의 결과를 크게 보강한다. 예를 들어 동일 암석에서 각기 다른 원소들로 방사성 연대를 측정한 결과는 모두 동일한 연대로 수렴될 것이다. 마지막으로, 어떻게 창조론자들은 자기네 입장을 뒷받침해 주는 것만 제외하고, 나머지 모든 연대 측정법들을 간단하게 무시할 수 있는 걸까?

20 창조론자: 종 수준보다 높은 수준에서 유기체를 분류하는 것은 임의적일뿐더러 인위적이기도 하다. 분류학은 아무것도 증명해 내지 못한다. 특히 종들 사이에는 너무나 많은 고리들이 빠져 있기 때문이다.

진화론자: 다른 모든 과학과 마찬가지로 분류 과학 역시 사람이 만든 것이다. 따라서 당연히 유기체의 진화에 대해 아무것도 절대적으로 확실하게 증명하지 못한다. 그러나 유기체들을 무리로 나누는 일은, 설사 거기에 어떤 주관적인 요소가 있다 할지라도, 결코 임의적인 것이 아니다. 문화들 사이의 생물 분류를 검증해 볼 재미있는 사례가 있다. 서양에서 훈련을 받은 생물학자들과 뉴기니의 원주민들이 양쪽에 사는 동일한 유형의 새들을 각각 똑같이 별개의 종으로 분류한다는 것이다(마이어 1988). 그런 식의 무리짓기는 실제로 자연에 존

재한다. 현대의 분지학cladistics — 유사성에 따라 분류 체계를 포개 나가는 식으로 생물을 분류하는 학문 — 의 목표는 보다 덜 주관적인 분류도를 작성하는 것이다. 분지학은 추론된 진화적 유연 관계를 이용해서 가지를 뻗어가는 체계로 분류군을 성공적으로 정렬해 낸다. 그러면 주어진 분류군 내의 모든 구성원들은 공통 조상을 갖게 된다.

21 창조론자: 만일 진화가 점진적이라면, 종들 사이에 아무런 공백도 없어야 한다.

진화론자: 진화가 항상 점진적인 것은 아니다. 상당히 산발적으로 일어날 때도 자주 있다. 그리고 진화론자들은 공백이 있어서는 안 된다고 절대 말하지 않는다. 인류 역사에 빈 시점들이 있다고 해서 모든 문명이 자발적으로 생겨났다는 뜻이 아닌 것처럼, 종들 사이에 공백이 있다고 해서 창조가 증명되는 것은 아니다.

22 창조론자: 실러캔스와 투구게 같은 '살아 있는 화석'은 모든 생명이 동시에 창조되었음을 증명한다.

진화론자: 살아 있는 화석 — 수백만 년 동안 아무런 변화도 없는 유기체 — 이 존재한다는 것은, 그것들이 처해 있는 비교적 정적이고 변화가 없는 환경에 적합한 구조를 진화시켰으며, 일단 자기네 생태자리를 유지할 수 있게 되자 진화를 멈췄다는 것을 의미할 뿐이다. 상어를 비롯해 많은 바다 생물들은 수백만 년 동안 비교적 별 변화가 없었던 반면, 해양 포유류 같은 바다 생물들은 분명 급격하고 극적인 변화를 겪어 왔다. 경우에 따라 진화상의 변화가 있거나 없거

나 하는 것은 모두 종이 처한 주변 환경이 언제 어떻게 변화하느냐에 달려 있다.

23 창조론자: 발달 초기 단계의 구조 문제는 자연선택을 반박한다. 시간이 흐르면서 천천히 진화하는 새로운 구조는 발달의 초기 단계나 중간 단계에 있는 유기체에게 아무런 이점도 제공하지 못할 것이다. 오직 완전히 발달되었을 때라야 이점을 제공한다. 이는 오로지 특수 창조에 의해서만 일어날 수 있다. 5퍼센트의 날개나 55퍼센트의 날개가 무슨 득이 될 것인가? 필요한 것은 전부이거나 전무이다.

진화론자: 빈약하게 발달된 날개라도 잘 발달된 다른 기관일 수 있다. 외온성 파충류(외부의 열원에 의존해 체온을 조절하는 파충류)의 체온 조절 기관이 그 한 예이다. 그리고 발달 초기 단계의 구조가 전혀 쓸모가 없다는 말은 참이 아니다. 『눈먼 시계공』(1986)과 『불가능의 산 오르기Climbing Mount Improbable』(1996)에서 리처드 도킨스는 5퍼센트의 시각도 전혀 없는 것보다 훨씬 나으며, 잠깐 공중에 뜰 수 있는 능력이라도 적응적 이점을 줄 수 있다고 주장한다.

24 창조론자: 상동 구조(박쥐의 날개, 고래의 가슴지느러미, 사람의 팔)는 지적 설계의 증거이다.

진화론자: 창조론자들은 기적과 특수한 섭리에 호소하면서, 신의 작품이라는 증거라며 자연에서 아무거나 골라잡고는 나머지는 무시해 버린다. 상동 구조는 사실상 특수 창조의 패러다임에서는 아무 의미도 갖지 못한다. 고래의 가슴지느러미, 사람의 팔, 박쥐의 날개 속에 왜

똑같은 뼈가 있어야 할까? 신에게 상상력이 부족했던 걸까? 신이 당신의 설계가 지닌 가능성을 시험해 보았던 걸까? 신은 그냥 그렇게 되길 바랐던 걸까? 전능하신 지적 설계자라면 분명 그보다 더 나은 형태로 설계할 수 있었을 것이다. 상동 구조는 신에 의한 창조를 보여 주는 것이 아니라, 변형을 동반한 유래를 나타내는 것이다.

25 창조론자: 구체적으로는 진화론의 역사, 일반적으로는 과학의 역사는 전체적으로 잘못된 이론들과 전복된 관념들로 점철된 역사이다. '네브래스카인', '필트다운인', '캘러베라스인', '헤스페로피테쿠스'는 그저 과학자들이 저질렀던 큰 실책의 몇 가지에 불과할 뿐이다. 그렇다면 분명 과학은 신뢰할 수 없는 것이며, 현대의 이론들이라고 과거의 이론들보다 나을 것이 전혀 없다.

진화론자: 이번에도 마찬가지로 창조론자들은 역설적이게도 과학의 권위를 끌어오는 동시에 과학의 기초적인 활동을 공격한다. 나아가 이 논증은 창조론자들이 과학의 본성을 크게 오해하고 있음을 드러낸다. 과학은 그냥 변화하는 것이 아니다. 꾸준히 과거의 관념들을 토대로 누적되면서 미래를 향해 진보한다. 과학자들도 수없이 많은 실수를 저지르지만, 사실 그 실수를 통해 과학은 진보하는 것이다. 과학적 방법이 가진 자기-교정의 능력은 과학이 가진 가장 훌륭한 특징의 하나이다. 필트다운인의 사례처럼 사기도 치고, 헤스페로피테쿠스 *Hesperopithecus*의 경우처럼 우직한 실수를 저지르기도 하지만(1912년 영국의 필트다운 마을에서 발견된 머리뼈와 턱뼈 조각들은 사람과에 속하는 새로운 종의 것으로 기술되었으나, 40여 년 뒤, 오랑우탄의 턱뼈와 현대 인

류의 머리뼈를 교묘하게 짜 맞춘 가짜로 밝혀졌다. 필트다운인 사건은 고고학사에서 유명한 사기극으로 꼽힌다. 또 1917년에 미국 네브래스카에서 발견된 이빨 하나가 새로운 유인원 종의 것이라고 생각해서 이를 헤스페로피테쿠스라고 명명했다가, 몇 년 뒤 유골의 다른 부분들이 발견되면서 유인원이 아닌 것으로 판명되었다―옮긴이) 모두 때가 되면 밝혀지게 된다. 과학은 스스로 일어나서, 옷을 툭툭 털고, 앞으로 나아가는 것이다.

창조론자들과의 논쟁에서 잊지 말아야 할 것

이상 스물다섯 가지 답변은 진화론을 뒷받침하는 과학과 철학의 맛만 본 것일 뿐이다. 창조론자와 맞닥뜨리게 되면, 스티븐 제이 굴드의 말을 유념하는 게 현명할 것이다. 굴드는 창조론자들을 상대한 경험이 풍부하다.

논쟁은 일종의 기술입니다. 논쟁의 관건은 이기는 논증을 펼치는 것이지, 진리를 발견하는 게 아닙니다. 실제로는 사실을 정립하는 것과 아무런 상관도 없는 논쟁―창조론자들은 이런 논쟁에 아주 능숙합니다―에는 몇 가지 규칙과 절차가 있습니다. 그 규칙 몇 가지를 들어 보죠. 당신 자신의 입장을 옹호하는 말은 결코 하지 마라. 공격받을 수 있기 때문이다. 그러나 상대방의 입장에 약점이 있는 것처럼 보이면 하나씩 쪼아대라. 그들은 여기에 아주 능숙합니다. 저는 논쟁에서 창조론자들을 꺾을 수 있으리라고는 생각지 않습니다. 다만 그들을 묶어둘 수는 있습니다. 그러나 그들은 법정에 서면 맥을 못 춥니다. 법정에서는 연설을 할 수 없기 때문입니다. 법정에서는 당신 믿음을 옹호하는 입장에 관해서 직설적으로 묻는 물음에 답해야 합니다. 아칸소에서 우리는 그들을 무너뜨렸습니다. 두 주에 걸친 공판이 시작된 둘째 날, 우리는 승리의 파티를 열었습니다! (캘리포니아 공과대학 강연, 1985)

CHAPTER

11

연방 대법원에서 격돌한 진화론과 창조론

　1986년 8월 18일, 워싱턴 D.C.의 내셔널 프레스 클럽에서 기자 간담회가 열렸다. 일흔두 명의 노벨상 수상자, 열일곱 개 주립 과학 아카데미, 일곱 개의 다른 과학 기구들을 대표한 법정 조언자 의견서(사건 당사자가 아닌 제3자로 소송에 이해관계가 있는 개인이나 단체가 재판부의 판단에 도움을 주기 위한 목적으로 제출하는 의견서—옮긴이)를 정리해서 발표하는 자리였다. 1982년에 루이지애나에서 통과된 균등 시간 할당 조항, '창조과학과 진화과학의 동등한 대우에 관한 법령'의 합헌성 여부를 평가하는 연방 대법원 소송 사건 '에드워즈 대 아귈라드'에서 피항소인인 아귈라드를 지지하는 의견서였다. 그 법령은 본질적으로 창세기 버전의 창조론을 루이지애나 주 공립학교 교실에서 진화론과 나란히 가르칠 것을 요구하는 것이었다. 캐플린

앤드라이스데일 회사에서 나온 변호사 제프리 레먼과 베스 샤피로 코프먼, 노벨상 수상자 크리스천 앤핀슨, 데이비스의 캘리포니아 대학교 생물학자 프란시스코 아얄라, 하버드 대학교의 고생물학자 스티븐 제이 굴드가 전국 각지에서 몰려든 텔레비전, 라디오, 신문 기자들로 가득 찬 방으로 들어섰다.

굴드와 아얄라가 서두 성명을 발표했고, 자리에 불참한 노벨상 수상자 머레이 겔만의 성명서가 대독되었다. 과학 공동체를 대표하는 이 사람들의 정서적 공감대는 시작부터 분명했고, 성명서를 통해 거리낌 없이 드러났다. 굴드는 이렇게 지적했다. "용어의 측면에서 볼 때, 창조과학은 모순당착이다. 자기모순적이고 무의미한 문구이다. 이는 미국 내 특정 소수의 한정된 종교적 관점, 다시 말해 성서 축자주의를 위장한 눈속임이다." 아얄라는 이렇게 덧붙였다. "창세기에서 말한 것들이 과학적으로 참이라는 주장은 모든 증거를 부정하는 것이다. 마치 과학인 것처럼 그런 것들을 학교에서 가르친다면, 국가 안보, 개인의 건강, 경제적인 부를 과학의 진보에 의존하는 나라에서 잘 살아가기 위해 과학적 교양을 필요로 하는 미국 학생들의 교육에 심각한 해를 입힐 것이다." 겔만은 광범위한 국가적 문제라는 점에서 아얄라와 뜻을 같이 하면서, 거기서 더 나아갔다. 겔만은 확고한 어조로, 이는 모든 과학에 대한 공격이라고 말했다.

나는 그 법규가 공격하는 과학의 범위가 많은 사람들이 실감하는 것보다 훨씬 더 넓다는 점을 강조하고 싶다. 여기에는 물리학, 화학, 천문학, 지질학의 극히 중요한 부분들과 아울러, 생물학과 인류학의 중심이 되는 많은 관념들이 포함되어 있다. 특히 지구의 나이를 거의 백만 분의 일로 줄이고, 팽창하는 가시적 우주의 나이를 그보다 훨씬 큰 비율로 줄인다면, 물리과학이 무수히 내놓은 탄탄한 결론들과 아주 기본적인 방식으로 충돌하게 된다. 예를 들어 '창조과학자들'이, 지구의 연대를 측정하는 데 쓰이는 가장 신뢰 높은 방법들을 제공하는 방사성 시계의 타당성을 공격한다면, 아무런 정당한 근거 없이 핵물리학의 근본적이고 잘 정립된 원리들에 도전하는 것이다.

〈사이언티픽 아메리칸〉, 〈네이처〉, 〈사이언스〉, 〈옴니〉, 〈더 크로니클 오브 하이어 에듀케이션〉, 〈사이언스 티처〉, 〈캘리포니아 사이언스 티처스 저널〉등 다양한 간행물에서 이 의견서에 대한 논평을 실었다. 〈디트로이트 프리 프레스〉에서는 진화에 의한 '인류 진보의 행진'이라는 유명한 그림에 창조론자를 하나 끼워 넣은 만평을 싣기까지 했다(그림 16).

미국인 중 진화론을 믿는 사람은 몇 퍼센트일까?

일반적으로 창조론자들은 성서를 문자 그대로 독해하는 기독교 근본주의자들이다. 이를테면 창세기에서 엿새 간의 창조를 말했다 하여, 이를 곧이곧대로 하루 24시간에 6을 곱한 날로 받아들이는 것이다. 물론 구체적으로 들어가면 각양각색의 창조론자들이 있다. 이를테면 하루 24시간 곱하기 6일의 해석을 고수하는 '젊은 지구 창조

그림 16 창조론자에게 제자리 찾아 주기. 〈디트로이트 프리 프레스〉에 실린 빌 데이의 만평

론자'들도 있고, 성서에서 말하는 엿새를 지질 시대를 나타내는 비유로 여기는 '늙은 지구 창조론자'들도 있으며, 태초의 창조와 인류 및 인류 문명의 발흥 사이에 시간적인 공백을 허용하는 (따라서 수십억 년을 거슬러 올라가는 깊은 시간이라는 과학적 관념과 보조를 맞추는) 공백론자들도 있다.

순수한 창조론자는 소수다. 그러나 그들은 수적인 열세를 양적인 우세로 메우고 있다. 게다가 그들은 수많은 미국인들의 정서를 이 나라의 종교적 뿌리와 잇는 국가 혼 깊은 어딘가에 자리한 신경을 건드릴 수 있었다. 미국은 다원주의 사회일 수 있다. 다시 말해 온갖 것들이 뒤섞여 있는 도가니, 샐러드 접시 같은 사회일 수 있다. 그러나 미국의 처음에는 창세기가 자리하고 있다. 1991년 여론 조사 결과, 47퍼센트의 미국인들이 "지난 만 년 사이 어느 시점에 신이 지금 모습과 매우 흡사한 모습으로 사람을 창조했다"고 믿는 것으로 나타났다. 중도적인 관점인 "인간은 수백만 년에 걸쳐 하등한 형태에서 발달되어 왔지만, 인간의 창조를 비롯하여 그 과정을 이끈 건 신이다"라는 생각을 가진 미국인은 40퍼센트였다. "인간은 수백만 년에 걸쳐 하등한 형태에서 발달되어 왔으며, 그 과정에 신은 아무 구실도 하지 않았다"고 믿는 사람은 겨우 9퍼센트에 불과했다. 나머지 4퍼센트는 "모르겠다"고 응답했다.(갤럽 앤 뉴포트 1991, 140쪽)

그렇다면 왜 문제가 생기는 걸까? 과학자들의 99퍼센트가 취하고 있는 엄밀한 자연주의적 관점을 나눠 가진 일반 미국인들이 겨우 9퍼센트에 불과하기 때문이다. 이는 기겁을 할 만한 차이이다. 아마 길거리를 지나는 사람과 상아탑 속의 전문가 사이에 이처럼 큰 불균형이 있는 믿음은 달리 좀처럼 생각하기 힘들 것이다. 그러나 지금 우리 문화를 지배하는 힘은 과학이기 때문에 존중을 얻기 위해, 그리고 창조론자들에게는 이것이 더 중요한 목표일 텐데, 공립학교 과학 교과 과정에 접근하기 위해, 창조론자들은 어쩔 수 없이 이 막강한 소수를 상대해야만 했다. 지난 80년 동안 창조론자들은 자기네 종교적 믿음을 관철시키기 위해 세 가지 기본 전략을 썼다. 루이지애나 재판은 1920년대부터 시작되었던 일련의 법정 싸움이 정점에 이른 것이었다. 그동안의 법정 싸움을 다음과 같이 세 가지 접근법을 기준으로 구분할 수 있을 것이다.

공립학교 교과서에서 진화론을 금지하다

1920년대에는 모두가 느끼고 있던 미국의 도덕적 퇴폐가 다윈의 진화론과 결부되었다. 예를 들어 근본주의를 지지하는 웅변가 윌리엄 제닝스 브라이언은 1923년에 이렇게 언급했다. "아이들 입을 벌리고 독을 억지로 처넣는 것도 진화론을 가르쳐서 아이들의 영혼을 파멸시키는 것에 비하면 아무것도 아니다."(코웬 1986, 8쪽) 근본주의자들은 서로 결집하여 공립학교에서 진화론을 제거하는 방법으로 도덕적 타락을 저지하려고 했다.

1923년에 오클라호마 주는, 교사들은 물론 교과서에서도 진화론을 언급하지 않는다는 조건으로 공립학교에 비검정 교과서를 허용하는 법안을 통과시켰다. 플로리다 주에서는 한 걸음 더 나아가 아예 반-진화론 법을 통과시켰다. 1925년 테네시 주 의회에서는 "테네시 주에 있는 대학교, 사범학교, 그리고 다른 모든 공립학교에서 교사가……성서에서 가르치는 하느님의 인간 창조 이야기를 부정하는 이론을 가르친다든가, 성서의 가르침 대신 인간이 하등한 동물에서 유래했다고 가르치면 불법"이라는 버틀러 법령을 통과시켰다. 이 법령은 명백히 시민 자유권을 위반하는 것으로 보였기 때문에, 결국 그 유명한 1925년의 스콥스 '원숭이 재판'이 벌어졌다. 이에 대해서는 더글러스 후투이마(1983), 굴드(1983a), 도로시 넬킨(1982), 마이클 루스(1982)에 자세히 실려 있다.

임시 교사였던 존 스콥스는 미국 시민 자유 연맹(ACLU)이 테네시 주의 반-진화론 법에 이의를 제기할 수 있도록 자청해서 이 선례적 사건의 피고로 나섰다. ACLU는 필요하다면 소송 사건을 연방 대법원까지 계속 끌고 갈 생각이었다. 당시 가장 유명한 피고측 변호사였던 클래런스 대로가 스콥스의 법률 자문을 제공했고, 세 번이나 대통령 후보로 지명되었으며 성서 근본주의를 대표하는 목소리였던 윌리엄 제닝스 브라이언이 검사 측에 서서 신앙의 방패막이 구실을 했다. '세기의 공판'이라는 이름이 붙여진 그 공판을 둘러싼 열기는 대단했다. 매일 라디오를 통해 새로운 소식이 방송되는 역사상 최초의 공판이었다. 여러 날 동안 두 거물들이 거드름을 피우며 격돌했지만, 결국 스콥스는 유죄 판결을 받았고, 롤스턴 판사는 100달러의 벌금형을 선고했다(사실 스콥스는 법을 어긴 것이었다). 그런데 테네시 주의 법에는 잘 모르는 구멍이 있었다. 50달러가 넘는 벌금형은 판사가 아니라 배심에서 판결을 내려야 했던 것이다. 그 때문에 스콥스의 유죄 판결은 뒤집혔고, 따라서 피고측에는 항소할 만한 건더기가 아무것도 없게 되었다. 다시 말해서 연방 대법원까지 소송을 끌고 가지 못했던 것이다. 결국 그 법령은 1967년까지 그대로 유지되었다.

대부분의 사람들은 스콥스, 대로, 과학 공동체가 테네시 주에서 대승리를 거두었다고 생각한다. 〈볼티모어 선〉지 기자로 그 재판을 취재했던 H. L. 멘켄은 법정에 선 브라이언의 모습을 다음과 같이 요약했다. "한때는 브라이언이 백악관에 한번 행차라도 하면 그의 호령에 온 나라가 벌벌 떨었었다. 그런데 지금은 코카콜라 벨트를 찬 싸구려 교황 신세에다가, 철도역 구내 그늘의 함석 장막에서 얼간이들이나 꾸짖는 버림받은 목사들의 형제 신세로 전락했다…… 영웅으로 인생을 시작했다가 광대로 끝을 내다니 참으로 비극이다."(굴드

1983a, 277쪽) 그러나 실은 진화론의 승리는 없었다. 공판이 끝나고 며칠 뒤에 브라이언은 세상을 떠났지만, 마지막 웃음을 웃은 자는 바로 그였다. 공판 때문에 촉발되었던 논쟁으로 말미암아, 다른 사람들은 말할 것도 없고, 특히 교과서 출판업자들과 주 교육 위원회는 어떤 식으로든 진화론을 다루는 것을 꺼리게 되었다.

주디스 그래비너와 피터 밀러(1974)는 공판 이전과 이후의 고등학교 교과서들을 비교해 보았다. "진화론자들은 여론의 법정에서 자기들이 이겼다고 믿었지만, 사실 1920년대의 진화론자들은 원래의 전쟁터에서는 진 것이었다. 스콥스 공판 이후 힘을 잃은 평균적인 고등학교 생물 교과서의 내용으로 판단하건대 그렇다." 돌이켜 보면 코미디처럼 보이는 공판이지만, 그것은 정말 비극이었다. 멘켄은 이렇게 결론을 내렸다. "비록 세세한 면면이 죄다 익살스러울 수도 있겠지만, 부디 그것을 코미디로 여기는 사람이 없기를 바란다. 이 공판은 현재 이 땅의 버림받은 변두리에서 상식도 양심도 내버린 한 광신자의 인도로 네안데르탈인이 뭉치고 있는 이 나라의 모습을 주목하게 한다. 그 사람에게 너무 소심하게, 너무 늦게 도전하고 있는 테네시 주는 이제 법정이 전도 집회로 변질되고, 권리 장전이 법 앞에 선서한 법의 수호자들에 의해 조롱당하는 모습을 보고 있다." (굴드 1983a, 277~278쪽)

그렇게 사태는 30년이 넘게 지속되었다. 그러다가 1957년 10월 4일, 소련이 최초의 인공위성 스푸트니크 1호를 발사하면서 상황이 바뀌었다. 정치적인 비밀과는 달리 자연의 비밀은 감출 수 없음을 미국에 선포한 사건이었다. 곧, 어느 나라도 자연법칙에 독점권을 가질 수 없는 것이다. 스푸트니크가 일으킨 충격은 미국의 과학 교육에 르네상스를 촉발했다. 그 사이에 진화론은 제 궤도를 찾아 공교육의 주류로 다시 들어갔다. 1961년, 국립 과학 재단은 생물학 교과 과정 연구소와 협력하여 진화론을 가르치기 위한 기본 프로그램의 밑그림을 그렸고, 일련의 생물학 책들을 출간했으며, 그 책들에서 체계를 구성하는 원리는 진화론이었다.

창세기와 다윈 모두에게 균등한 시간을 할애하라

다음 세대의 근본주의자들과 성서 축자주의자들은 새로운 접근법을 들고 나왔다. 1960년대 후반과 1970년대 전반에 그들은 창세기와 진화론에 대한 균등 시간을 요구했으며, 진화론은 '그저' 이론일 뿐 사실이 아니며, 마땅히 그렇게 명시되어야 한다고 주장했다. 이 새로운 불길의 발화점이 된 것은 1961년 존 휘트콤과 헨리 모리스의 『창세기의 대홍수: 성서의 기록과 과학적 함의』였다. 휘트콤과 모리스는 종의 기원에는 관심이 없었다. 그들은 이렇게 설명했다. "지질학적 기록은 창조가 완료된 뒤의 지구 역사에 대해서 대단히 가치 있는 정보를 제공할 수 있다……그러나 창조 동안에 신이 쓰신 과정이나 순서에 대해서는 아무런 정보도 줄 수 없다. 왜냐하면 신이 더 이상 그 과정들이 작동되지 말라고 말씀하셨기 때문이다."(224쪽) 그 책은 고전적인 대홍수 지질학을 새롭게 부각시켰으며, 1963년에 설립된 창조 연구 학회 같은 새로운 창조론 단체들을 통해 선전되었다.

이 단체들은 창조론 입법을 관철시키는 데 힘을 실었다. 이를테면 1963년 테네시 주 상원은, 모든 교과서에 "인간과 인간 세계의 기원과 탄생"에 관한 어떤 생각도 "……과학적 사실을 표현하는 것이 아니"라는 부인 성명을 실을 것을 요구하는 법안을 69 대 16의 표결로 가결했다.(베네타 1986, 21쪽) 반면 교과서 대신 참고서로 명시된 성서는 부인 성명 의무가 면제되었다.

국립 생물학 교사 연합은 수정 헌법 제1조를 들어 그 법안을 놓고 항소했다. 거의 같은 시기, 아칸소 주 리틀록의 한 고등학교 생물 교사였던 수전 에퍼슨이 1929년에 통과된 반-진화론 법안이 표현의 자유에 대한 기본권을 위반했다는 근거로 주를 상대로 소송을 제기했다. 그녀가 승소는 했지만, 1967년 아칸소 주 대법원에서 판결이 뒤집히자, 나중에 연방 대법원에 상고했다. 1967년에 테네시 주는 반-진화론 법을 폐지했고, 1968년 연방 대법원은 에퍼슨의 손을 들어주었다. 법원은 1929년의 아칸소 법을 "성서에 기록된 내용과 충돌한다 하여 특정 이론을 말소하려는 시도"(코웬 1986, 9쪽)로 보았으며, 공립학교에 종교적 입장을 확립하려는 시도로 해석했다. 종교 설립에 대한 규정을 근거로 아칸소 법은 뒤집혔고, 법원에서는 모든 반-진화론 법들은 위헌이라고 재정했다(미국 수정 헌법 제1조의 종교 설립에 대한 규정은 크게 두 가지로 해석된다고 한다. 첫째, 의회에 의한 국교 설립의 금지, 둘째, 다른 종교에 대해 어느 한 종교를 편드는 것, 또는 비종교 일반에 대해 종교를 편드는 것의 금지—옮긴이). 이런 일련의 법정 사건들이 있으면서 창조론자들은 다른 전략을 구사하게 되었다.

창조과학 대 진화과학

만일 학교 교실에서 진화론을 추방할 수 없다면, 또 종교적 교의를 가르치는 것이 위헌이라면, 창조론자들이 공립학교 교실로 접근하기 위해선 새로운 전략이 필요했다. 바로 '창조과학'을 들여보내는 것이다. 1972년, 헨리 모리스는 샌디에이고에 거점을 둔 크리스천 헤리티지 칼리지의 한 지부로 창조과학 연구 센터를 조직했다. 모리스와 동료들은 1학년부터 8학년까지 각 학년에 맞춰 계획한 소책자「과학과 창조」를 제작하고 배포하는 일에 주력했다. 그 결과 1973년과 1974년에는 스물여덟 개 주에 그 책자를 도입시킬 수 있었다. 로버트 코팔의 「진화론 논박자의 먹국 놀이Handy Dandy Evolution Refuter」(1977)와 켈리 세그레이브즈의 「창조론 설명: 진화론에 대한 과학적 대안」(1975) 같은 소논문들도 있었다.

그들의 논리에 따르면, 학계의 정직성은 서로 경쟁하는 관념들을 동등하게 대우할 것을 요구하기 때문에, 학교에서는 창조과학과 진화과학을 나란히 가르쳐야 한다는 것이었다. 후원자들은 공공연히 종교적 근본주의에 기초를 둔 성서적 창조론과, 진화론에 반대하고 창조를 뒷받침하는 비종교적인 과학적 증거를 강조하는 과학적 창조론을 분명하게 구분했다. 1970년대 후반과 1980년대에 창조과학 연구 센터, 창조 연구 협회, 성서 과학 연합 등 여러 단체들이 진화과학과 함께 창조과학도 교과서와 교과 과정에 포함시키도록 주 교육 위원회와 교과서 출판인들에게 압력을 행사했다. 그들의 목표는 다음의 말을 들으면 분명해진다. "미국의 6,300만 아이들에게 성서적 창

조론의 과학적 가르침을 접하게 하는 것."(오버턴 1985, 273쪽)

세 번째 전략이 법적인 성과를 거둔 것이 바로 1981년에 제정된 법령 590조였다. 이 법령은 "공립학교에서 창조과학과 진화과학을 균형 있게 대우할 것"을 요구하며 "그 목적은 학생들에게 선택권을 줌으로써 학문의 자유를 수호하는 것, 종교 활동의 자유를 보장하는 것, 표현의 자유를 보장하는 것……〔그리고〕창조론자의 믿음을 기초로 하든, 진화론자의 믿음을 기초로 하든, 차별을 금하는 것이다."(오버턴 1985, 260쪽) 〈캘리포니아 사이언스 티처스 저널〉에 따르면 "그 법규는 한 상원의원이 도입했는데, 그 사람은 법규의 낱말 하나도 쓰지 않았고, 누가 썼는지도 몰랐다. 주 상원에서는 15분 동안 논쟁이 있었지만, 하원에서는 발언권 논쟁이 전혀 없었다. 그다음 주지사는 법규를 읽어 보지도 않고 서명했다."(코웬 1986, 9쪽) 아무리 그렇다 해도 법은 법이었다. 게다가 1년 뒤에는 루이지애나 주에서도 비슷한 법안을 통과시켰다.

1981년 5월, 빌 맥린 목사 등의 사람들이 소송을 제기하면서 법령 590조의 합헌성 여부가 도마에 올랐다. 1981년 12월 7일 리틀록에서 그 소송은 맥린 대 아칸소 공판으로 이어졌다. 확립된 과학, 학문적인 종교, (ACLU의 지원을 받은) 자유주의 교사들이 한편을 이루고, 아칸소 교육 위원회와 여러 창조론자들이 한편을 이루어 서로 대적했다. 아칸소의 연방 판사 윌리엄 R. 오버턴은 다음과 같은 근거를 들어 아칸소 주 쪽에 패소 판정을 내렸다. 첫째, 창조과학은 "어쩔 수 없는 종교성"을 전달하기 때문에 위헌이다. 오버턴은 이렇게 설명했다. "피고측 증인들을 위시하여 증언에 나선 모든 신학자들이 창조과학의 진술이 신에 의해 수행된 초자연적인 창조를 지시하고 있다는 견해를 표명했다." 둘째, 창조론자들은 "부자연스러운 이원론"을 수용했다. "생명의 기원, 동식물과 인간의 존재를 설명하는 방안을 오직 두 가지만 가정한다. 다시 말해서 창조자가 한 일이거나 그렇지 않다는 것이다." 이런 양자택일 식의 패러다임을 갖고서 창조론자들은 "진화론을 뒷받침하지 못하는" 증거는 무엇이나 "필연적으로 창조론을 뒷받침하는 과학적 증거"라고 주장한다. 그러나 오버턴은 이 점을 분명히 했다. "비록 생명 기원의 주제가 생물학의 범위에 해당한다고는 하나, 과학 공동체는 생명 기원 문제가 진화론의 일부라고 여기지 않는다." 나아가 이렇게 지적했다. "진화론은 창조자나 신이 없다고 전제하지 않으며, 〔법령 590조의〕 4항에 담긴 추론이 틀렸다고 전제하지 않는다." 마지막으로 오버턴은, 창조과학은 과학에서 보통 정의하는 의미의 과학이 아니라는 (굴드, 아얄라, 마이클 루스 등의) 전문가의 증언을 요약했다. "과학은 '과학 공동체에 의해 인정된' 것이며 '과학자들이 하는 일'이다." 그런 다음 오버턴은 전문가 증인들이 틀을 잡은 과학의 "본질적 특징들"을 열거했다. "(1) 과학은 자연법칙의 인도를 받는다. (2) 과학은 자연법칙을 기준으로 설명해야만 한다. (3) 과학은 경험 세계에 비추어 시험 가능하다. (4) 과학이 내린 결론들은 시험적이다…… (5) 과학은 오류 가능하다." 오버턴은 이렇게 결론을 내렸다. "창조과학은……이 본질적 특징들을 충족시키지 못한다." 나아가 이렇게 지적했다. "지식은 과학이 되기 위해서 법률의 승인을 요구하지 않는다."(1985, 280쪽~283쪽)

대법원으로 간 진화론 논쟁

　이런 판결이 나왔어도, 창조론자들은 균등 시간 할당법과 교과서 개정을 위한 로비 활동을 멈추지 않았다. 입법과 교과서 출판업자들에게 압력을 가하는 식의 하향식 전략은 루이지애나 법에 제기된 소송의 결과로 타격을 입었다. 1985년, 루이지애나 법은 루이지애나 연방 법원에서 있었던 약식 재판(즉 공판을 하지 않은 재판)으로 무너졌다. 지방 법원 판사 에이드리언 듀플랜티에는 창조과학이 사실상 종교적 교리라며 오버턴과 일치하는 판결을 했다. 듀플랜티에 판사의 판결은 과학의 특성들을 무시하는 대신 종교적 논증에 주안점을 두었다. 곧, 창조과학을 가르치게 되면 신적 창조자의 존재를 가르칠 필요가 있게 되며, 이는 종교 설립에 대한 규정을 위반하는 것이라는 판결이었다. 천여 쪽에 걸쳐 과학의 특성을 다룬 자료가 제출되었음에도 불구하고, 듀플랜티에 판사는 "그 논쟁을 심판하는 문제"(토머스 1986, 50쪽)를 거부했다. 그 판결은 제5순회 항소 법원에 상소되었고, 항소심에서야 그 논쟁의 가치 여부가 논의되었다. 처음엔 세 명의 판사로 출발했으나, 뒤이어 열다섯 명 판사 전원이 참석하여 표결을 해서 그 법규가 위헌이라는 지방 법원의 판결과 뜻을 같이 했다.

　그러나 연방 법원이 "강제재판권"으로 주 법규가 위헌이라고 주장하면, 연방 대법원에서는 그 소송을 심리해야만 한다. 표결 결과가 겨우 8 대 7이었기 때문에, 루이지애나 주는 "재판 관할권에 의한 진술서"를 제출했고, 그로써 그 문제는 실질적인 연방 관할 문제가 되었다. 아홉 명의 대법원 최고 판사 중 최소한 네 명이 그 문제가 실질적인 연방 관할 문제라는 데 동의했으며, "4인의 재정"에 따라 판사들은 그 소송을 심리할 것이라고 뜻을 모았다. 에드워즈 대 아귈라드 공판의 초기 구두 변론은 1986년 12월 10일에 이루어졌다. 이때 상고인을 대표하는 사람은 웬델 버드였고, 피상고인을 대표하는 사람은 제이 톱키스와 ACLU였다. 처음에 버드는 루이지애나 법규의 의미에 약간의 혼란이 있기 때문에 "양편의 전문가 증인들이 그 의미를 정의할 수 있도록 사실에 입각한 공판이 있어야 한다"고 변론했다.(공식 재판 기록 1986[이후 OTP로 표기], 8쪽) 루이지애나 법규의 '실제' 취지에 대한 장황한 논의가 있은 뒤, 버드는 "학문의 자유 문제"를 밀고 나갔다. 다시 말해서 진화론과 창조론을 균형 있게 대우할 학생들의 '권리'를 문제 삼았던 것이다.(OTP, 14쪽)

듀플랜티에의 판결에 대응해서 최소한의 타협 자세를 취한 톱키스는 창조과학이 과학의 허울만 뒤집어 쓴 종교에 불과하기 때문에 위헌이라고 변론했다. 하지만 이 경우, 창조과학이 유효하다면, 종교와의 관련성과는 상관없이 공립학교 과학 교과 과정에 포함되어야 한다는 논리로 읽힐 수 있다는 점에서, 그 변론은 실패한 변론이었다. 대법원 판사들은 역사적인 비유를 들어 톱키스의 변론을 훌륭하게 꺾어 버렸다. 예를 들어 대법원장 윌리엄 렌키스트는 종교적인 의도가 없어도 신이 생명을 창조했다고 믿을 수 있음을 톱키스에게 보여 주었다.(OTP, 25~26쪽)

렌키스트: 다음으로 당신이 아리스토텔레스주의를 종교라고 생각하는지 묻고 싶습니다.

톱키스: 물론 아니라고 생각합니다.

렌키스트: 음, 그렇다면 당신은 제일 원인, 부동의 원동자가 있다고 믿을 수 있겠군요. 그것은 비인격적일 것이며, 사람들이 순종하고 숭배해야 할 의무도 없고, 사실상 인류에게 무슨 일이 일어나든 상관하지 않을 겁니다.

톱키스: 그렇습니다.

렌키스트: 그렇다면 창조가 있었다고도 믿을 수 있겠군요.

톱키스: 그 창조가 신적 창조자에 의한 창조를 의미한다면, 믿지 않습니다.

렌키스트: 그렇다면 그 문제는 당신이 신적인 것을 무엇으로 생각하느냐에 달려 있는 것 같군요. 당신이 의미하는 것이 제일 원인, 비인격적인 원동자인지.

톱키스: 존경하는 재판장님, 신적인 것이란 제가 온 마음을 다해 복종할 초월적인 존재라는 의미를 내포합니다.

렌키스트: 그러나 법규에서는 '신적인 것'이라는 말을 하지 않잖습니까?

톱키스: 그렇습니다.

렌키스트: 법규에서는 그냥 '창조'만 말할 뿐인데요.

변론의 후반에 들어서서 대법원 판사 앤토닌 스칼리아는 "주에서 취한 조치가 완전히 유효한 비종교적인 목적을 갖고 있다면, 과연 목적만으로 그 조치가 부당하다고 할 수 있을지" 문제 삼았다. 그리고 훨씬 계몽적인 역사적 논증을 통해 의도의 무관계성을 보여 줌으로

써 핵심을 찔렀다.

주립 고등학교에서 고대사를 가르치는 교사가 한 사람 있다고 해 봅시다. 이제까지 그 사람은 기원후 1세기에 로마 제국의 영토가 지중해 남부 연안까지 확장되지 않았다고 가르쳐 왔다고 가정하겠습니다. 또 한 무리의 개신교도들을 생각해 봅시다. 그들은 교사가 가르치는 사실이 예수가 십자가에 못 박히는 성서 이야기에 어딘가 잘못된 구석이 있는 것처럼 보이게 한다는 이유로—사실상 다른 어떤 이유도 없고 오로지 그 문제만으로—이 사람이 가르치는 다른 것들도 틀렸다고 문제 삼는다고 해 봅시다. 교사는 파르티아인이 이집트에서 왔다고 가르치고 있지만, 개신교도들은 거기에는 아무 관심도 없습니다. 그들의 관심은 기원후 1세기 예루살렘에 로마인이 있었다는 것입니다. 그래서 그들은 그 학교 교장을 찾아가, 이 역사 교사는 잘못된 것만을 가르치고 있다고 말합니다. 그곳에 로마가 있었다는 걸 모두가 알고 있지 않느냐는 것입니다. 그러자 교장은 당신들 말이 맞다고 말합니다. 그리고 교실로 들어가 교사에게 기원후 1세기 지중해 남부 연안에 로마가 있었다고 가르치라고 지시합니다. 순전히 종교적인 동기인 것이죠. 그 사람들이 거기에 관심을 갖는 유일한 이유는 파르티아인 경우와는 반대로 그것이 자기네의 종교적 관점과 모순된다는 사실입니다. 자, 그 교장이 그들 말을 들어주었다고 해서, 종교적 동기를 깔고 고등학교 수업을 바꿨다고 해서 위헌이라고 할 수 있을까요?(40~41쪽)

뒤이어 루이스 파웰 판사 역시 역사에 빗댄 예를 들었다. 어떤 학교에서 "중세사 시간에 종교 개혁을 가르칠 때 개신교 관점만을" 제시하자, 가톨릭교도들이 종교적인 근거를 들어 균등 시간 할당을 요구한다고 해 보자. 역사적으로 볼 때 가톨릭교도의 요구는 합당한 요구일 것이다. 그렇다고 그들의 요구가 "무슨 문제라도 일으키는지" 파웰은 물었다. 톱키스는 이렇게 대답했다. "이런 입장을 받아들이는 데 있어서 학교 수뇌부의 목적이 종교적이라기보다는 역사적이라면, 그 문제로 다툴 필요는 없을 것입니다."(47~48쪽)

렌키스트와 스칼리아에 이어 파웰까지 합세하여 상고인이 종교적 동기를 가졌다고 해서 창조과학을 편드는 그들 주장의 적법성에 문제가 생기는지를 묻자, 창조론자들의 종교적 의도를 확인시키고자 톱키스가 취했던 최소한의 타협 자세는 불리하게 될 것 같았고, 정말로 루이지애나의 법규가 지지를 얻을 가능성이 있는 것처럼 보였다.

과학 공동체가 힘을 합치다

공판에 참석한 피상고자 측의 증인 중 한 사람이었던 스티븐 제이 굴드는 1986년 12월 15일자로 ACLU의 잭 노빅에게 보낸 한 편지에서 이렇게 적었다. 톱키스가 "스칼리아에게도 렌키스트에게도 당했습니다. 완전히 당하고 말았습니다. (이제까지 저 두 사람이 미국에서는 괜찮은 사람이라고 생각했는데, 여기서 오점을 남기고 말았습니다.)" 굴드는 계속해서 이렇게 적었다. "처음에 저는 네 표(브렌넌, 마셜, 블랙먼, 스티븐스)는 확실히 얻었다는 확신을 갖고 입장했습니다. 저들에게는 두 표(렌키스트와 스칼리아)가 있었다고 생각했습니다. 그리고 아마 핵심적인 다섯 번째 표는 파웰에게서 얻을 수 있을 것이고, 여섯 번째, 일곱 번째 표까지도 오코너와 화이트에게서 얻을 것이라고 생각했었습니다. 그런데 지금 저는 어디서 다섯 번째 표가 나올지 더 이상 확신을 못하겠습니다. 제가 너무 비관적인 걸까요?" 그때만 두고 보면 그 비관이 지나쳤다고 할 수 없을 것이다. 결국 톱키스와 ACLU는 창조론자들이 진화론자들과 논쟁할 때마다 즐겨 써먹는 전략을 쓰게 되었다. '공세를 멈추지 않되, 자기 입장에 대해서는 아무 말도 하지 마라. 스스로를 방어할 필요가 없도록.' 굴드는 노빅에게 보낸 편지에서 얼마나 극도의 좌절감을 느끼고 있는지를 이렇게 표현했다. "만일 우리가 변론을 제대로 해내지 못했다고만 한다면, 슬프기만 했을 것입니다. 그러나 우리 변론이 천박하기까지 했기에, 저는 특히 낙담하고 말았답니다. 창조론자들이 내용으로 승부를 걸지 않고 빈정거림만 일삼는다고 늘 비난했었는데, 우리가 바로 그 짓을 하고 말았답니다. 정말 이렇게까지 될 줄은 꿈에도 몰랐습니다. 우리는 수치스럽습니다. 마치 어린아이가 맨발의 조 잭슨의 소매를 잡아당기며 '그렇지 않다고 말해 줘요, 잭' 하고 떼쓰는 느낌이 듭니다(미국 야구 선수 조지프 잭슨은 신발을 벗고 타석에 들어 '맨발의 조 잭슨'이란 별명을 얻었다. 1919년 시카고 화이트 삭스에서 뛰던 월드 시리즈에서 '블랙 삭스 스캔들'로 불리게 된 승부 조작 사건에 연루되어 기소되었다. 법정에서 증언을 하고 나온 그에게 아이들이 몰려들어 애원한 말이 바로 "그렇지 않다고 말해 줘요, 잭"이었다고 한다—옮긴이). 제가 잘못 생각한 건가요?" 핵심이 되는 다섯 번째 표심을 흔들지 못한다면, 루이지애나 재판은 창조론자들의 승리로 끝날 것이며, 아칸소 재판에서 오버턴 판사가 내렸던 판결이 부정될 것이며, 다른 주들에서도 저마다 균등 시간 할당법을 통과시키게 할 선례를 남기게 될 것이었다.

창조론자들의 종교적 동기를 공격하는 변론이 법정의 관점에서는 무효했기 때문에, 다른 방책이 필요했다. 피상고인 측에서는 창조과학의 과학적 내용을 부정하는 것만이 유일한 희망인 것 같았다. 다만 창조과학의 과학적 내용이, '과학적' 입지를 정당화하는 기준을 충족시키지 못함을 법정에서 보일 수 있도록, 과학을 명쾌하고 간결하게 정의할 필요가 있었다.

여러 세기 동안 과학자들과 과학철학자들이 애써 왔지만, 아직까지 과학자들과 학계 공동체에서 인정할 만큼 간명하게 과학을 정의하지는 못했다. 그러다가 1986년 8월 16일, 법정 조언자 의견서가 대법원에 제출되면서 잠깐 동안 상황이 바뀌었다. 법정 조언자들은 의견서 작성을 위해 과학의 본성과 범위를 정의하고 거기에 동의했다. 의견서를 쓸 생각을 처음 한 사람들은 머레이 겔만, 폴 맥크레디, 남부캘리포니아 회의주의 학회 회원 몇 사람이었다. 〈로스앤젤레스 타임스〉에서 연방 대법원이 루이지애나 소송 사건을 심리하기로 합의했다는 소식을 읽은 그들은 걱정이 되어 당시 대법원 판사 존 폴 스티븐스의 서기를 지낸 적이 있는 변호사 제프리 레먼과 접촉했다. 레먼은 "소송 비관계자들이 대법원에 견해를 제시할 수 있는 적절한 길은 법정 조언자 의견서를 쓰는 것"이라고 말해 주었다.(레먼 1989)

그 생각이 처음 불거진 때는 1986년 3월로, 다섯 달 안에 의견서를 제출해야만 하는 처지였다. 문제는 시간이었다. 레먼은 종교 설립에 대한 규정을 전문으로 하는 동료 베스 코프먼의 도움을 얻었다. 창조론 운동을 연구하는 역사학자 윌리엄 베네타는 워싱턴 D.C.까지 가서 레먼과 코프먼에게 브리핑을 했다. 겔만은 주립 과학 아카데미들, 과학과 의학 분야 노벨상 수상자들에게 의견서 작성 목표를 개괄한 편지를 보냈다. 이 편지에는 법규에 쓰인 언어가 "과학의 과정과 어휘에 대한 오해를 드러내고 전파하며, 이 법규를 실행하면 과학과 종교의 혼동을 부추기게 되고, 우주의 진화, 행성의 진화, 유기체의 진화에 대한 잘 확립된 과학적 결론을 가르치려는 노력을 뒤엎고 왜곡시킬 것"이라는 내용도 들어 있다. 겔만은 그 법규가 "근본주의자 종교를 조장할 목적으로 과학을 그릇되게 내걸려는 시도로밖에 설명될 수 없다"고 적었다.(1986년 6월 25일, 노벨상 수상자들에게 보낸 편지)

과학 공동체는 온 마음을 다해 적극적으로 거기에 부응했다. 예를 들어 아이오와 과학 아카데미는 법정 조언자에 합류하여 "자연현상을 과학적으로 설명한다는 창조론"에 대한 아카데미 측 입장을 표명한 성명서 사본을 겔만에게 보냈고, 노벨상 수상자 레온 쿠퍼는 겔만의 권유를 받아들여 창조과학을 주제로 강연했던 원고 사본을 보냈다. 의학 협회 회장 새뮤얼 시어는 겔만에게 건투를 빈다는 입장을 전했으나 협회 차원에서 따로 법정 조언자 의견서를 작성하고 있다는 이유로 합류를 거절했다.

뒤에 밝혀진 것처럼, 법정에서의 구두 변론이 성공을 거두지 못했기 때문에, 예상보다 그 의견서들이 대단히 중요한 몫을 차지했다. 노빅에게 편지를 보낸 날에 쓴 다른 편지에서, 굴드는 겔만에게 실망과 걱정을 토로했다. (그리고 창조론자들에 대항하는 과학 쪽의 방어에 대한 심정적 동조의 수준을 밝혔다.) "하느님 맙소사, 저는 정말로 관건이 되었던 수준 높은 변론에서 저 머저리들이 우리 편보다 더 훌륭하게 해낼 수 있을 거라고는 생각지도 못했습니다. 그러나 이 모든 상황에는 또 다른 측면이 있습니다. 우리가 벌인 구두 변론이 워낙 형편없다 보니, 지금 유일한 희망은 그 의견서에 있습니다. 그렇기 때문에 당신이 노벨상 수상자들의 의견서를 확보했던 건 대단히 중요한 일이었습니다. 사실은 결정적이 될 수도 있습니다. 그래서 저는 전체 진화생물학자들을 대표해서, 그처럼 중요한 일에 많은 시간을 들여 진정한 공동 대응을 이끌어 주신 당신에게 감사의 말을 전합니다." 겔만은 그때 일을 이렇게 회고했다. "우리는 구두 변론 소식을 듣고 몹시 심란했습니다. 창조론자들이 종교적이라는 건 문제가 안 되었습니다. 종교적인 과학자들도 많기 때문이죠. 문제는 지금 그들이 완전히 터무니없는 것을 내놓고 과학으로 봐 달라고 주장하는 것입니다. 마치 평평한 지구 학회가 공립학교에서 자기들 이론을 가르치게 해 달라고 주장하는 것이나 다를 바 없을 것입니다."(1990)

과학을 정의하다

법정 조언자 의견서는 일차적으로 제프리 레먼이 작성했고, 코프먼, 겔만, 베네타 들이 의견을 넣었다. 레먼은 이렇게 말했다. "법률가의 관점에서 이 의견서를 쓸 때 어려웠던 점은 과학과 종교가 다른 점이 무엇이며, 왜 창조론은 과학이 아닌가를 분명히 하는 것이었다. 과학자들과 얘기를 나눠 보니, 자기들이 하는 일을 전혀 분명하고 간단하게 정의하지 못했다."(1989) 간결하며(스물일곱 쪽밖에 안 된다), 훌륭하게 자료 조사를 거친(서른두 개의 긴 각주가 있다) 의견서는, 한편으로는 창조과학이 수십 년 묵은 낡은 종교적 교의를 새로 포장한 것에 지나지 않는다고 논하고, 다른 한편으로는 법정 조언자들이 의견서에서 정의한 대로의 '과학'의 기준을 창조과학이 충족시키지 못한다고 변론한다.

첫 번째 변론은 직설적이다. "법령에서 쓴 '창조과학'이라는 용어는, 이 소송에서 상고인들이 제의한 것처럼 순화된 '돌연한 출현'이라는 구성 개념이 아니라 종교 교리를 담고 있다."(법정 조언자 의견서 1986〔다음부터는 AC로 표기함〕, 5쪽) 창조론자들은 자기들 입장을 재포장하면서, "돌연한 출현을 통해 복잡한 형태의 생물학적 생명, 생명 자체, 물리적 우주가 기원했다"며 창조 행위를 "순화"시킴으로써 논증에서 신을 제거했다.(AC, 6쪽) 코프먼은 이렇게 설명했다. "우리는 '돌연한 출현'이라는 구성 개념이 정통 '창조과학'을 대신하는 충분히 잘 정의된 대체 관념이 아니라고 논했다. 또한 진화론을 대신할 만한 구체적인 대체 관념을 정의한 것도 아니다. 그렇기 때문에 루이지애나 주 의회가 그 구성 개념을 법령으로 구체화하려 했다고는 하기 힘들다……그러므로 순화된 '돌연한 출현' 구성 개념은 선후 인과적인 설명으로밖에 이해할 수 없다. 곧, 이 위헌적 법령을 방어할 목적으로 지어낸 것이라는 얘기이다."(1986, 5쪽) 창조론 문헌 자료를 논평한 부분에서는 창조론자들이 믿음은 그대로 두고 말만 바꿨

음을 밝힌다. 예를 들어 창조 연구 학회 회원들은 다음의 '신앙 선언'에 서명해야만 한다.(AC, 10쪽)

(1) 성서는 신의 말씀을 기록한 것이다……성서에서 주장하는 것들은 모두 원래 쓰인 그대로 역사적으로나 과학적으로나 참이다……이 말은 창세기에서 설명된 기원이 순전한 역사적 진리를 사실적으로 제시한 것이라는 얘기이다. (2) 인간을 비롯하여 모든 기본 형태의 생명체들은 창세기에 기술된 창조의 일주일 동안 신의 직접적인 창조 행위에 의해 만들어졌다. 창조 이후에 어떤 생물적 변화가 일어났든, 오로지 처음에 창조된 종류의 생물들 내에서만 변화가 일어났다. (3) 창세기에 기술된 대홍수, 보통 노아의 홍수를 가리키는 그 대홍수는 범위 면에서나 효과 면에서나 범세계적이었던 역사적 사건이었다. (4) 마지막으로 우리는 과학을 하는 사람들로서 예수 그리스도를 우리의 주인이자 구세주로 받아들이는 기독교도 단체이다. 한 남자로서의 아담과 한 여자로서의 이브를 지으셨다는 특수 창조 이야기, 그리고 두 사람이 죄 속으로 타락했음은 모든 인류에게 구세주가 필요하다는 우리의 믿음을 지탱하는 기초이다. 따라서 오로지 예수 그리스도를 우리의 구세주로 모심으로써만 구원을 얻을 수 있다.

이 외에도 창조 연구 협회 같은 다른 창조론 단체들에서 내놓은 비슷한 신앙 선언들을 보더라도, 창조론자들이 성서와 모순되는 그 어떤 경험적 증거보다도 성서의 권위를 우선한다는 것을 분명히 알 수 있다. 의견서에서 경험적 데이터에 대한 창조론자들의 무관심은 창조과학이 '과학적이' 아님을 입증하는 부분에 언급되어 있다. 의견서 2부에서 법정 조언자들은 과학을 정의하고 거기에 동의했다. 2부는 아주 일반적인 정의를 제시하면서 시작한다. "과학은 자연현상에 대한 자연적인 설명을 정식화하고 시험하기 위한 것이다. 과학은 물리적 세계에 대한 데이터를 체계적으로 수집하고 기록한 다음, 수집된 데이터를 분류하고 조사하여, 관찰된 현상을 가장 잘 설명해 내는 자연의 원리들을 추론하는 과정이다." 그다음에는 과학적 방법이 논의된다. 과학적 방법은 세계에 대한 데이터인 '사실들'을 수집하는 것으로 출발한다. "과학적 탐구가 가진 밑천은 쉬지 않고 증가하는 관찰 체계이며, 그 관찰 체계는 기초적인 '사실들'에 관한 정보를 준다. 자연현상에 고유한 성질들이 바로 사실들이다. 과학적 방법에는 사실들을 자연스럽게 설명해 낼 가능성이 있는 원리들을 엄격하고 체계적으로 시험하는 과정이 들어 있다."(23쪽)

잘 정립된 사실들을 토대로 시험 가능한 가설이 성립된다. 시험 과정을 거쳐서 "과학자들은 실질적으로 관찰이나 실험을 통해 정당성을 쌓아나가는 가설에 특별한 위엄을 부여하게 된다." 이 '특별한 위엄'을 '이론'이라고 한다. "크고 다양한 사실 체계를 설명하는" 이론은 '튼튼한 이론'으로 간주된다. 이론이 "뒤이어 관찰되는 새로운 현상들을 일관되게 예측해 내면", 그 이론은 '신뢰할 만한 이론'으로 간주된다. 사실과 이론은 서로 바꾸어 사용할 수 없다. 사실은 세계에 대한 데이터이며, 이론은 사실들을 설명하는 관념이다. "설명 원리와 그 원리가 설명하려는 데이터를 혼동해서는 안 된다." 구성 개념들을 비롯한 시험 불가능한 진술들은 과학에 속하지 않는다. "그 본성상 시험될 수 없는 설명 원리는 과학의 영역 밖에 있다." 과학은 오로지 현상들을 자연적으로 설명하려고 할 뿐이다. "과학은 우리가 관찰하는 것들에 대한 초자연적인 설명을 평가하지 못한다. 과학은 초자연적인 설명의 참·거짓을 판단하지 않고, 그 일을 종교적 신앙의 영역으로 남겨둔다."(23~24쪽)

따라서 과학적 방법의 본성상 과학의 설명 원리는 그 무엇도 최종적일 수 없다. "제아무리 튼튼하고 신뢰할 만한 이론이라 하더라도 ……시험적이다. 과학 이론은 재검토 가능성에서 영원히 벗어날 수 없다. 프톨레마이오스의 경우처럼, 수백 년 동안 인정받았던 것도 결국엔 거부될 수 있다." 창조론자들이 말하는 확실함과, 과학자들이 연구를 하다가 으레 자연스럽게 맞닥뜨리는 불확실함은 아주 극명하게 대조된다. "이상적인 세계라면, 과학의 모든 과정에서, 우리의 세계 관찰을 설명하기 위해 제시된 이론들에는 각각 '우리가 지금 알고 있는 한에서, 우리가 오늘날 얻을 수 있는 증거를 검토한 결과'라는 조건이 붙어야 한다는 주의 사항이 들어갈 것이다."(24쪽) 그러나 겔만이 말한 것처럼, 창조론자들은 "성서의 오류 불가능성"에 집착한다. "그들은 증거가 무엇인지는 전혀 신경 쓰지 않습니다. 그들은 언제까지고 자기네 교리에 대한 믿음을 버리지 않을 것입니다." 그래서 겔만은 "창조론자들이 하는 것은 과학이 아닙니다. 그들은 그저 과학이라는 낱말을 끼워 넣을 뿐"이라고 말했다.

영국 BBC의 코미디 시리즈인 〈몬티 파이던〉의 단골 메뉴가 하나 생각납니다. 한 사람이 애완동물 가게에 들어가 자기가 키우는 물고기 등록증을 받으려 하죠. 그런데 가게 주인은 물고기 등록증을 발급하지 않는다고 말합니다. 그 사람은 고양이 등록증을 갖고 있는데, 왜 물고기 등록증은 받을 수 없느냐고 따집니다. 그런데 가게 주인은 고양이 등록증도 발급하지 않는다고 말합니다. 그러자 그 사람은 가게 주인에게 자기가 갖고 있는 고양이 등록증을 보여 주죠. "그건 고양이 등록증이 아니오." 주인은 이렇게 대답합니다. "그건 개 등록증이오. 당신은 '개'라는 말을 긁어 지우고 그 자리에 '고양이'를 썼을 뿐이오." 바로 이것이 모든 창조론자들이 하는 짓입니다. 그들은 '종교'라는 말을 긁어서 지운 다음 그 자리에 '과학'이라는 말을 집어넣었을 뿐입니다. (1990)

법정 조언자들의 말에 따르면, 그들이 기술한 지침에 따라 축적되는 지식 체계라면 '과학적'이라고 여길 수 있으며, 공립학교 교육에 적당하다. 반면 그 지침에 따라 축적되지 못하는 지식 체계는 과학적이라고 여길 수 없다. "과학적 탐구의 범위는 의식적으로 자연적인 원리들을 탐구하는 것으로 제한되어 있기 때문에, 과학은 종교적 교리에서 자유로우며, 따라서 공립학교에서 가르치기에 알맞은 교과이다."(AC, 23쪽) 바로 이런 논리에 따라, 다른 "증명된 과학적 사실들"과 비교하여 진화론만을 따로 떼어 내서 "사변적이고 근거가 없다"고 말한다는 점에서, 루이지애나 법은 일관되지 못한다. 사실상 진화론은 모든 생물학자들에게 여느 과학 이론만큼 튼튼하고 신뢰할 만하다고 여겨지고 있지만, 이제까지 줄곧 창조론자들의 관심을 끌어온 까닭은 그들이 진화론을 자신의 정적이고 경직된 종교적 믿음에 정면으로 반대되는 것으로 인식하기 때문이다. 그래서 법정 조언자들은 이렇게 결론을 내렸다. "어떤 식으로 해석하든 그 법령은 '종교 내지 특정 종교적 믿음을 지지하거나 선호한다는 메시지를 전달할' 목적으로 구축된 법령이다." 따라서 이는 위헌이다.(26쪽)

창조론자들의 대응

창조 연구 법적 변호기금은 과학 공동체가 "겁에 질렸다"고 일컬으며, 법정 조언자 의견서를 "이제까지 우리 공립학교에서 진화론을 가르쳐 온 자들의 권세가 부리는 마지막 허장성세"라고 부르고, 즉각 거기 맞서는 자기네 입장을 지지하기 위한 모금에 나섰다. 기금 조성 서한에서는 그 의견서가 "큰 일격"을 가했다고 지적하면서, 창조론자들에게 "부디 당신이 할 수 있는 최선의 선물을 우리에게 보내 줄 수 있기를 기도해 달라"며 부탁했다. 편지는 수신자들에게 이것은 "다윗 대 골리앗의 싸움"이라고 말하면서, 원래 성서에 적힌 바에 따르면 "골리앗은 죽고 다윗이 이스라엘의 왕이 되었다"는 점을 상기시켰다. 마지막에 그 편지는 노벨상 수상자들의 "무신론적 태도"를 지적하며, 노벨상 수상자들은 "이것이 이제껏 자기들이 마주친 것 중에서 가장 중요한—원래의 스콥스 재판보다 훨씬 더 중요한—법정 소송임을 깨닫고 있다"고 적었다. 그네들의 "비종교적 인본주의의 종교"가 위기에 처했기 때문이라는 것이다.

그리고 그 기자 간담회가 "미디어 선전"이며 의견서는 "진화론 단체가 꾸민 영리한 책략"이라고 한 헨리 모리스는 창조 연구 협회에서 펴내는 간행물인 〈행위와 사실〉에서 참으로 신랄한 소리를 퍼부었다. "이 고명한 '의견서'를 올바로 평가하려면……노벨상을 수상한 과학자들이 여느 사람들에 비해 창조론/진화론 문제를 전혀 더 잘 알지 못하리라는 점을 기억해야만 한다." 일흔두 명의 노벨상 수상자들과 비교할 요량으로 언급한 그 다른 사람들이 누구인지 궁금증을 남겨 두면서, 모리스는 언성을 높였다. 모리스는 그 의견서가 "확실히 큰 영향을 미칠 것"임을 인정했지만, "공정한 생각을 가진 사람들이라면 대부분 그걸 간파할 것"으로 기대했다. 창조론에 과학적 토대가 있다고 주장하면서, 모리스는 "오늘날 완벽한 과학자 자격을 갖춘 사람들 중 창조론자인 사람들이 수천 명" 있을 뿐 아니라, "뉴턴, 케플러, 파스칼" 같은 "과학의 기초를 세운 아버지들" 역시 창조론자였으며, "적어도 오늘날의 이 노벨상 수상자들만큼 과학에 정통한 사람들"이었다고 적었다.(코프먼 1986, 5~6쪽)

마지막으로 진화론자들처럼 창조론자들도 자기들 입장에 정서적인 공감대를 이루고 있다는 점이, 일반 창조론자들이 노벨상 수상자 몇 사람에게 보낸 사적인 편지들에 드러나 있다. 겔만이 받은 편지에는 이렇게 적혀 있었다. "예수 그리스도의 피로 우리의 모든 죄가 사해집니다. 생명책에 올라 있지 않은 사람은 모두 불의 못에 던져질 것입니다. 죄의 대가는 죽음입니다. 그러나 하느님께서는 우리 주 예수 그리스도를 통해 영생을 선사하십니다. 주 예수께 지금 당신을 구원해 달라 청하십시오! 열역학 제2법칙은 진화가 불가능함을 증명합니다. 어찌하여 당신은 창조과학의 진리를 그리 두려워하십니까?"

진화론자들의 손을 들어 준 판사들

제5순회 항소 법원 소송 번호 85-1513 사건은 1986년 12월 10일에 연방 대법원에서 논의되었고, 1987년 6월 19일에 판결이 내려졌다. 대법원은 7 대 2의 표결로 피상고인의 손을 들어주었다. 판결문 결과는 다음과 같았다. "그 법령은 분명한 비종교적 목적을 결여하고 있기 때문에, 수정 헌법 1조의 종교 설립의 자유를 위반한 만큼 무효이다." 그리고 "초자연적인 존재가 인류를 창조했다는 종교적 믿음을 내세움으로써, 그 법령은 인정할 수 없는 태도로 종교를 승인하고 있다."(판결 요지 1987, 1쪽) 과연 법정 조언자 의견서가 표의 향방을 결정했을까? 뭐라고 말하기 어렵다. 의견서가 흔들었을 것으로 생각되는 핵심적인 다섯 번째 표는 바로 대법원 판사 바이런 화이트의 표였다. 그가 내놓은 두 쪽짜리 짧은 보충 의견은 법정 조언자 의견서의 D부 21쪽과 아주 유사하다. 레먼은 이렇게 지적했다. "내부 관계자가 내게 전해 준 말에 따르면, 의견서가 판사들의 판결에 중요한 영향을 끼쳤다고 법정의 '떠벌이들'이 말했다고 했다."(1989)

대법원 판사 윌리엄 브렌넌이 서긋 마셜, 해리 블랙먼, 파웰, 스티븐스, 샌드라 데이 오코너 판사와 더불어 법원 측의 의견을 내놓았다. 화이트 판사는 개별적으로 보충 의견을 제출했고, 파웰과 오코너도 따로 보충 의견을 내놓았다. 두 사람은 "법원의 의견에는 전통적으로 공립학교 교과 과정을 선택하는 데 있어 주와 지역 학교 관료들에게 부여된 폭넓은 자유 재량권을 축소시킬 그 어떤 것도 들어 있지 않음을 강조"하고 싶어 했다(판결 요지 1987, 25쪽). 소수 의견을 제출한 스칼리아와 렌키스트는 (12월 10일의 구두 변론 때와 마찬가지로) "순수하게 비종교적인 목적이 있는 한" 기독교 근본주의자들의 의도는 "그 법령을 충분히 무효화시킬 정도는 아닐 것"이라고 논했다. 스콥스 재판에서 변론되었던 학문의 자유를 상기시키면서, 스칼리아와 렌키스트는 이렇게 지적했다. "기독교 근본주의자 주민을 포함하여 루이지애나 주민들은 비종교적인 문제의 하나로서 진화론에 반대할 만한 과학적 증거가 있다면 얼마든지 자기들 학교에서 제시하도록 할 자격이 충분히 있다. 스콥스 씨가 진화론을 뒷받침하는 과학적 증거를 얼마든지 학교에서 제시할 자격이 있었던 것과 마찬가지이다." (25쪽)

하지만 점점 과감해지는 주장들을 보면 창조론자들의 '비종교적' 성실함은 더욱 의심스럽다. 그들은 다음과 같이 과학자들이라면 완전히 잘못이라고 논할 만한 것들을 주장한다. "창조과학을 뒷받침하는 과학적 증거 체계는 진화론을 뒷받침하는 과학적 증거 체계만큼 강력하다. 사실 더욱 강력할 수도 있다." "진화의 증거는 우리가 이제껏 믿어 왔던 것보다 훨씬 설득력이 떨어진다. 진화는 과학적 '사실'이 아니다. 왜냐하면 실제로 실험실에서 관찰할 수 없기 때문이다. 사실이기는커녕, 진화는 그저 과학 이론이거나 추측에 불과하다." "진화가 있다는 것은 아주 형편없는 추측이다. 진화에 걸린 과학적 문제는 너무나 심각해서, 정확한 용어로는 '신화'라고 부를 수 있을 정도이다."(판결 요지 1987, 14쪽)

세기의 소송

일반적으로는 루이지애나 재판, 구체적으로는 법정 조언자 의견서 덕분에 일시적으로 과학 공동체는 혼연일체가 되었다. 그들은 과학은 종교와는 다른 식으로 세계를 이해하는 길이라며 과학을 지키는 것뿐만 아니라, 과학이란 특정 방법—과학적 방법—을 통해 축적되는 지식 체계라며 과학을 정의하는 일에도 활기를 띠었다. 그 소송을 "이제까지 법률가로서의 내 인생에서 단연 가장 큰 전율을 주었던 소송"이라고 말한 레먼은 이렇게 덧붙였다. "이 문제는 다른 어떤 문제 이상으로, 과학자가 된다는 것이 무슨 의미인지를 명확히 했다."(1989)

철저히 독립적 성격을 가진 걸로 가장 잘 표현될 다양한 집단의 개인들이 하나로 뭉쳤다는 점에서, 그 사건은 과학사에서 큰 의미를 갖는다. 노벨상 수상자 아르노 펜지어스의 말에 따르면, 창조론 소송 사건을 놓고 노벨상 수상자들 사이에 형성된 공동체 의식은 이례적이었으며, 그만한 지지를 얻어 낸 문제가 어디 또 있을지 상상할 수도 없었다. 의견서에 서명한 노벨상 수상자 중에는 펜지어스와 "다른 문제에 대해선 격렬한 논쟁을 벌이기 일쑤였던" 사람들도 있었다.(코프먼 1986, 6쪽)

과학계에서 보인 이런 단결을 설명할 만한 두 가지 방도가 있을 것 같다. 첫째, 과학 공동체는 직접적으로 외부로부터 공격을 받는다고 느꼈다. 사회심리학자들이 보여 준 것처럼, 그런 상황에 처하면 거의 어느 집단이나 굳건한 방어 진영을 갖추는 것으로 대응한다. 사회심리학자라면 아마 여기서 '탈개성화' 과정을 보여 주는 지극히 계몽적이고 유익한 예를 찾아낼지도 모른다. 탈개성화 과정에서 개인들은 공동의 적으로 인식된 적으로부터 스스로를 지키기 위해 집단 내의 갈등들을 일시적으로 자제하기 마련이다. 노벨상 수상자 발 피치는 이렇게 말했다. "과학적 방법과 과학 교육이 공격을 받으면, 수상자들은 서로의 견해차를 좁히고 한목소리를 낸다."(코프먼 1986, 6쪽)

그러나 이전에도 과학자들이 '외부의 힘들'과 만난 적이 있었지만, 그때처럼 집단적으로 정서적으로 일치되어 대응했던 적은 없었다. 루이지애나 소송 사건에서 보인 과학 공동체의 통일을 설명할 만한 둘째 요인은, 과학자들이 거의 만장일치로 창조론자들의 입장에 아무런 타당성도 없다고 인식했다는 점일 것이다. 피치가 지적한 것처럼, 루이지애나 창조론의 공격이 전대미문의 집단적 힘에 의해 저지된 까닭은 "창조론이 모든 과학적 근거에 도전했기" 때문이었다. 겔만도 이 생각에 동의한다. "맞는 말입니다. 우리가 외부로부터 공격을 받고 있었다는 것은 그리 큰 문제가 아닙니다. 왜냐하면 외부인이라도 얼마든지 가치 있는 이바지를 할 수 있기 때문이죠. 그때의 문제는 바로 이 사람들이 완전히 헛소리를 하고 있었다는 겁니다." (1990)

바로 이 두 가지 요소는, 과학을 방어하고 정의하는 일이 왜 임시적이었는지를 설명해 준다. 다시 말해서 그 일이 소송 기간 동안에만 지속되었을 뿐, 그 같은 상황이 또 일어날 수 있는 여지를 남겨 두었던 것이다. 법정 조언자 의견서가 발표되었다고 해서, 과학철학자들이 과학과 과학적 방법의 본성을 연구하는 일을 중지하지는 않았다. 그 합의는 정치적으로 이루어진 것일 뿐, 철학적인 합의는 아니었다. 민주주의 사회에서는 그런 갈등이 (비록 잠깐 동안일지언정) 투표에 의해 해결된다. 루이지애나 소송 사건에서도 투표가 이루어졌고, 법원은 과학을 방어하고 정의한 사람들, 곧 과학자들의 조언을 따랐다.

PART

역사와 사이비 역사

우리는 진짜 그대로의 과거, 실제 일어났던 과거의 사건들을 정확하게 구성할 수 있다고 믿는다. 왜냐하면 과거는 현재에 흔적을 남기기 때문이다. 이 책이 전하는 말은 다음과 같다. 서로 다른 가능성들이 수없이 많이 있기는 하지만, 이렇게 구성된 과거들—가능성들—이 모두 동등한 개연성을 가지지는 않는다는 것이다. 궁극적으로 볼 때, 우리가 가진 과거는 우리에게 가치가 있는 과거이다. 세대마다 사상가, 작가, 학자, 허풍선이, 괴짜들(이들이 서로 반드시 뚜렷하게 구분되는 것은 아니다)은 자기네나 대중들이 욕망하거나 위안을 느끼는 어떤 이미지로 과거를 주조하려고 한다. 우리에게는 순전히 환상과 허구로 이루어진 옷감으로 과거를 지어내는 것보다 더 가치 있는 일이 있고, 더 잘 해낼 수 있다.

케네스 페더 『사기, 신화, 신비: 고고학의 과학과 사이비 과학』, 1986

CHAPTER 12

토크 쇼에서 만난 홀로코스트 부정론자들

    1994년 3월 14일, 토크 쇼 진행자 중에서 필 도나휴가 처음으로 홀로코스트 부정론자늘을 언급했다. 홀로코스트 부정론자늘이란 홀로코스트는 우리가 이제껏 받아들여 왔던 것과 전혀 다른 사건이었다고 주장하는 사람들이다. 그전까지 이름 있는 많은 토크 쇼에서 그 주제를 어떻게든 다뤄 볼 생각을 했지만, 갖가지 이유로 그러지 못했다. 1992년 4월 30일에 몬텔 윌리엄스가 프로그램을 하나 녹화하긴 했으나 대중적인 관심을 끌지는 못했다. 부정론자들 말에 따르면, 자기들이 너무 좋게 나온 반면, 홀로코스트 학자들은 고작 인신공격만 일삼았기 때문이라고 했다. 그 쇼를 보았던 나는 그 말이 옳다고 생각했다. 만일 싸움이라도 벌어졌다면, 정작 부정론자들이 나서서 말렸을 것이다.

〈필 도나휴 쇼〉 프로듀서는, 스킨헤드족이나 신 나치는 없을 것이며, 폭력 사태가 벌어지거나 큰소리만 오가는 난장판으로 만들지 않을 것이라고 우리에게 약속을 했다. 대학 신문들에 광고를 실은 인물인 브래들리 스미스, 젊은 유대인 비디오 프로듀서로 주로 가스실과 소각로가 집단 학살에 쓰였음을 부정하는 데 초점을 맞추는 데이비드 콜, 이렇게 두 사람의 부정론자들에게 프로듀서는 충분히 발언할 기회를 줄 것이라고 약속했다. 그 다음 내게는 부정론자들의 논증에 적절하게 답변할 기회를 주겠노라고 약속했다. 비록 일주일뿐이었지만 아우슈비츠에 수용된 적이 있는 에디스 글뤼크도 출연했고, 그녀의 절친한 친구 주디스 버그—아우슈비츠에 일곱 달 동안 수용되었다—는 방청석에 앉아 있었다. 그런데 실제로 방송이 진행되자 약속된 상황과 전혀 달라져 버렸다.

쇼가 시작되기 5분 전, 프로듀서가 당황한 기색으로 출연자 대기실로 들어와 이렇게 말했다. "오늘 방송에 대해 필의 걱정이 이만저만이 아닙니다. 갈팡질팡하고 있어요. 쇼가 엉망이 되지나 않을까 걱정한답니다." 쇼가 있기 전 몇 주 동안 나는 부정론자들의 주장을 목록으로 만들어 간략한 응수를 마련해 두었기 때문에, 부정론자들의 모든 주장에 대답할 준비가 되어 있다면서 프로듀서를 안심시키고, 걱정할 것 없다고 말해 주었다.

도나휴는 이런 말로 시작했다. "홀로코스트가 정말로 일어났다는 걸 우리는 어떻게 알까요? 유대인 한 사람이라도 가스실에서 죽었다는 증거가 있을까요?" 프로듀서가 나치의 강제 수용소를 찍은 자료 화면을 내보내는 동안, 도나휴의 말은 계속 이어졌다.

지난 여섯 달 동안, 전국 각지의 열다섯 개 대학 신문들에 홀로코스트에 대한 공개 논쟁을 요구하는 광고가 실렸습니다. 광고에서 내건 주장인즉슨, 미국 워싱턴 D.C.의 홀로코스트 기념 박물관에는 학살에 쓰였다는 가스실에 대한 아무런 증거도 없고, 독일의 집단 학살 계획으로 단 한 사람이라도 가스실에서 죽었다는 증거도 없다는 것입니다. 광고 때문에 사방에서 소란이 일어났으며, 학생들은 시위에 나서고 신문들은 보이콧을 당했습니다. 이 모든 광고를 실은 장본인인 브래들리 스미스는 홀로코스트에 문제를 제기했다는 이유로 반유대주의자이자 신 나치라고 불렸습니다. 스미스 씨는 진실이 알려지길 원할 뿐이라고 주장합니다. 유대인들이 가스실로 들어간 적도 없으며, 600만 명이라는 유대인 사망자 수도 무책임하게 부풀려진 수치라는 것입니다. 그런데 스미스 씨 혼자만 그렇게 믿는 것은 아닙니다. 최근 로퍼 기구에서 실시한 여론 조사에 따르면, 전체 미국인 중 22퍼센트가, 홀로코스트가 전혀 일어나지 않았을 가능성이 있는 걸로 믿는다고 응답했고, 12퍼센트는 모르겠다고 응답했습니다. 새로 지어진 홀로코스트 박물관에 매일 5천 명 이상의 관람객들이 운집하고 있는 이때, 영화 〈쉰들러스 리스트〉가 닳고 닳은 영화 팬들마저 눈물보를 터뜨리게 하는 이때, 이런 물음을 던져 볼 필요가 있겠습니다. 대체 어떻게 홀로코스트가 날조된 사건이라고 주장할 수 있을까요?

사실상 처음부터 도나휴가 갈팡질팡한 것은 분명했다. 그는 홀로코스트에 대해 아는 바가 별로 없었고, 부정론자들의 논쟁 스타일에 대해서는 그보다도 아는 것이 더 없었다. 그는 곧바로 논의를 반유대주의에 대한 규탄으로 제한하려고 했다.

도나휴: 1930년대 유럽에서, 특히 독일과 폴란드 및 주변국들에서 반유대주의가 뿌리 깊게 자리했음을 부정하는 것은 아니겠죠. 그리고 히틀러가…….

스미스: 우리가 말하는 건 그런 게 아닙니다. 여보세요…….

도나휴: 제 질문에 화내지 마시길 바랍니다.

스미스: 전 화나지 않았어요. 다만 질문이 논점을 벗어나 있을 뿐입니다. 제가 광고에서 말한 것은 박물관이…….

도나휴: 방송이 시작되고 3분밖에 안 지났는데, 당신은 제 질문이 탐탁치 않은가 보군요.

스미스: 당신 질문은 제가 하는 일과는 아무 상관도 없습니다.

도나휴: 당신은 히틀러와 제3제국이 최종 해결이라 불린 유대인 말살 전략을 수행한 사실이 있다고 믿으시나요? 그렇다고 믿나요?

이 물음을 던지는 걸 보니, 필 도나휴는 부정론자들의 중심된 요지 중 하나를 공략하려는 것으로 보였다. 다시 말해서 전쟁 시기에는 모든 사람들이 부당한 대우를 받게 마련이며, 다른 주요 교전국들에 비해 나치가 더 나쁘다고 할 수는 없다는 부정론자들의 도덕적 동치同値 논증을 겨냥하고 있는 것으로 보였다. 그러나 스미스는 말려들지 않고 도나휴를 올바른 논점으로 끌고 갔다.

스미스: 전 더 이상 그걸 믿지 않습니다. 예전에도 믿지 않았습니다. 그

러나 그건 제가 말하려는 것이 아닙니다. 제 말을 못 알아듣는다면, 당신은 제대로 된 질문을 던지지 못할 겁니다. 질문은 이렇습니다. 지금 워싱턴 D.C.에는 2억 달러짜리 박물관이 하나 있습니다. 유럽이 아니라 바로 여기 미국에 있습니다. 그 박물관은 가스실에서 유대인들이 죽었다는 주장을 고수하고 있습니다. 그런데 박물관 측은 유대인이 가스실에서 죽었다는 아무런 증거도 갖고 있지 않습니다. 사실 말이지, 박물관 사람들은 당신 같은 자들이 절대 그걸 문제 삼지 않을 것이라고 단단히 확신하고 있답니다…….

도나휴: 저 같은 자들이오? 〔방청객들이 웃음을 터뜨린다.〕

이런 부질없는 옥신각신이 15분 동안 이어졌다. 도나휴는 줄곧 반유대주의 논제로 되돌아가려 했고, 스미스와 콜은 필사적으로, 홀로코스트는 논쟁의 여지가 있으며 강제 수용소의 가스실과 소각로가 유대인을 죽일 용도로 사용된 것이 아니라는 주장을 하려고 애를 썼다. 데이비드 콜은 아우슈비츠와 마이다네크 수용소를 찍은 자료화면을 몇 개 보여 주며, 치클론 B 잔사물 같은 기술적인 문제들을 논의하기 시작했다. 방청객들이 이해를 못한다고 짐작한 도나휴는 방향을 돌려 신 나치로 유명한 에른스트 췬델을 콜과 엮으려고 했다.

도나휴: 데이비드, 당신에겐 에른스트 췬델이라는 이름이 친숙할 겁니다. 그 사람을 아시죠? 함께 여행도 했죠? 그렇죠?
콜: 아니오. 에른스트 췬델과 여행한 적은 없습니다.
도나휴: 폴란드에서 그 사람을 만나지 않았나요?

콜: 폴란드에서 만났죠. 이제까지 딱 두 번 만났습니다.

도나휴: 좋아요. 둘이서 뭘 했죠? 맥주를 마셨나요? 그러니까 제 말은, 그 여행의 의미가 무엇이었죠? 〔방청객들이 웃는다.〕 당신은 폴란드에서 그 사람을 만났고, 그 사람은 신 나치입니다. 부인하지는 않겠죠?

콜: 그럴 리가요. 미안하지만 필, 이 문제는 제 인생에서 누굴 만났느냐의 문제가 아닙니다. 저는 오늘 당신을 만났습니다. 그렇다고 제가 마를로 토머스(필 도나휴와 재혼한 미국 여배우―옮긴이)라는 얘기인가요? 〔방청석에서 큰 웃음이 터진다.〕 이것은 물리적 증거에 관한 문제입니다. 이건 치클론 B 잔사물에 관한 거란 말입니다. 여기 가스실에 창문이 있고…….

도나휴: 데이비드 당신은 유대인 성년식을 치렀죠?

콜: 저는 무신론자입니다. 이미 당신네 제작진에게 분명히 밝혔습니다.

이런 무의미한 입씨름이 몇 분 더 이어지다가, 광고 방송이 나갔다. 나는 프로듀서, 수행원, 분장사, 마이크 기사의 호위를 받으며 스튜디오로 들어갔다. 마치 프로 권투 선수가 링 위에 올라가는 것 같은 모양새와 느낌을 풍겼다. 프로듀서는 기술적인 문제들은 피하고 저들의 방법론을 분석하는 데 치중해 달라고 내게 말했다. 방송이 있기 전 며칠 동안 프로듀서는 다방면으로 나를 인터뷰했고, 나는 내가 말할 내용을 모두 말해 주었다. 어떤 돌발 상황이 벌어지리라고는 생각할 수 없었다.

나는 내 생각을 말하기 시작했다. 주어진 시간이 몇 분밖에 안 된다는 걸 알기 때문에, 부정론자들의 방법론을 요약한 뒤 바로 구체적인 주장들로 넘어갔다. 그다음은 내가 미리 준비해 온 가스실과 소각로를 찍은 사진과 설계도, 유대인 '몰살' 및 '말살'이란 말이 들어가는 짤막한 인용구들을 화면에 올릴 차례였다. 그런데 그것 대신 도나휴가 다하우를 찍은 화면을 보여 주었다. 지금은 학살 수용소가 아닌 것으로 밝혀진 곳이었다. 불행히도 화면 속의 장소가 어디인지, 또는 그 관련 내용에 대해서 도나휴에게 말해 준 사람이 아무도 없었던 것 같았다. 콜은 즉시 그것을 걸고넘어졌다.

콜: 셔머 박사께 여쭙고 싶은 게 있습니다. 저 사람들은 방금 다하우의 가스실을 찍은 화면을 보여 주었습니다. 저곳이 사람들을 죽였다던 그 가스실인가요?
셔머: 아닙니다. 사실, 여기서 중요한 점은……
도나휴: 다하우에는 관광객들에게 그 사실을 알리는 안내문이 있습니다.
콜: 저곳은 학살에 사용된 곳이 아니었습니다. 대체 왜 당신은 저곳을 보여 주는 겁니까?
도나휴: 저곳이 다하우인지 아무 확신을 못하겠습니다.
콜: 세상에나. 저곳은 다하우입니다. 잠깐만요. 저곳이 다하우인지 확신을 못한다고요? 당신 쇼에서 당신이 보여 준 것인데, 저곳이 다하우인지 확신을 못한다고요?

나는 논의를 다시 원래로 되돌리려고 끼어들었다. "역사는 지식이며, 다른 모든 지식처럼 앞으로 나아가면서 변화합니다. 우리는 끊임없이 주장들에 대한 확실성을 다듬고 있습니다…… 그것이 바로 역사 수정주의가 하는 일이죠." 그사이 데이비드 콜은 스튜디오를 나가 버렸다. 자기 주장을 펼치지 못하게 하는 게 역겨웠던 것이다. 도나휴는 이렇게 말했다. "가게 내버려 두세요."

부정론자들의 방법론을 꽤 잘 분석했다고 생각한 나는 편안한 마음으로 다음 차례를 기다렸다. 그런데 광고가 나가는 동안 프로듀서가 달려오더니 이렇게 말했다. "셔머, 대체 당신 뭐하고 있는 겁니까? 뭐하고 있느냐고요? 좀 더 공격적으로 나갈 필요가 있습니다. 진행자가 화가 잔뜩 났어요. 어서요!" 나는 충격을 받았다. 언뜻 생각에 도나휴는 몇 분 내로 홀로코스트 부정론자들이 논박될 수 있을 거라고 생각하고 있거나, 내가 자기처럼 그들을 그냥 반유대주의자라고 불러 주기를 기대하는 것 같았다. 그렇게 그냥 끝내 버리고 싶었던 것 같다. 그러다가 갑자기 내가 프로듀서에게 했던 브리핑을 도나휴가 모르고 있음이 분명하다는 생각이 들었다. 불안에 휩싸인 나는 새롭게 말할 건더기를 생각해 내려 애쓰고 있는데, 방청객과 전화 참여 시청자들의 질의가 시작되었다. 그 결과 토크 쇼는 난장판이 되고 말았다.

한 시청자는 유대인들에게 스미스가 왜 이런 짓을 하는지 알고 싶다고 말했다. 이어지는 얘기를 들어 보니 진행자는 물론 출연자들도 부정론자의 구체적 주장과 전술에 대응할 준비가 안 되어 있다는 문제가 드러났다.

스미스: 여기서 문제가 되는 것 중의 하나는, 우리가 이 문제를 논의하

게 되면 유대인 외에는 관련된 사람이 아무도 없다고 느낀다는 것입니다. 독일인들도 관련되어 있습니다. 이렇게 말해 보죠. 독일인들에 대한 야비한 거짓말 같은 게 있으며, 사람들은 그걸 온당하다고 여깁니다. 예를 들어 독일인들이 유대인에게서 기름을 짜내 비누로 만들었다는 건 거짓말입니다. 왜 거짓말이냐 하면…….

셔머: 아니에요. 그건 거짓말이 아니라 실수…….

주디스 버그〔방청석 앞줄에 앉아 있다가〕: 아니, 거짓말이 아닙니다. 독일인들은 유대인들로 전등갓을 만들고 비누를 만들었습니다. 그건 진실입니다.

스미스: 교수님께 물어보세요.

셔머: 미안합니다만, 역사학자들도 실수를 합니다. 실수를 안 하는 사람은 없죠. 우리는 늘 우리가 가진 지식을 다듬어 가고 있습니다. 그런데 이런 실수 몇 가지가 입에서 입으로 전해지지만, 진실로 확인되지는 않았습니다. 그러나 여기서 문제가 되는 게 무엇인지 말해 본다면…….

스미스: 왜 저들이 이 여성에게 그런 짓을 하는지 묻고 싶습니다. 왜 저들은 이 여성에게 독일인들이 유대인의 기름을 짜내고 가죽을 벗겼다고 믿도록 가르쳐 왔는지…….

버그〔자리를 박차고 일어나 소리를 지르며〕: 난 아우슈비츠에 일곱 달이나 있었어요. 소각로 가까이에서 살았고, 당신과 나 사이 정도의 거리였죠. 냄새가 났고…… 아마 당신이 거기에 있었다면 다시는 구운 닭고기를 먹지 못했을 거예요. 왜냐하면 그 냄새는…….

스미스: 문제를 찬찬히 살펴봅시다. 저 여성은 비누와 전등갓을 말했습니다. 그리고 교수 말로는 당신이 오해했다는 것이고요.

버그: 독일인들조차 그걸 인정했다고요. 자기들이 전등갓을 만들고 …….

도나휴〔스미스에게〕: 당신에게는 감정도 없습니까?……당신이 저 여성에게 가하고 있는 고통이 걱정도 안 됩니까?

스미스: 물론 알고 있습니다. 그러나 왜 이런 말도 안 되는 이야기로 비난받는 독일인들은 무시하는 겁니까?

버그〔감정에 격앙된 목소리로 스미스를 삿대질하며〕: 난 일곱 달이나 그곳에 있었어. 당신이 모른 체한다 해도, 누군가는 진실을 볼 거야. 일곱 달 동안이나 그곳에 있었다고…….

스미스: 그것과 비누가 무슨 상관이 있습니까? 비누도 없었고, 전등갓도 없었습니다. 교수는 당신이 잘못 생각하고 있다고 말했습니다. 그게 답니다.

버그: 저 교수는 거기 없었어. 사람들이 내게 뭐라 말했는지 알아? 저 비누를 쓰지 말라고 했어. 네 어머니일 수도 있으니까 말이야.

스미스: 이분은 옥시덴탈 칼리지의 역사학 박사님입니다. 이분이 당신이 오해했다고 말하지 않습니까.

버그 부인은 나치들이 많은 시체들을 옥외에서 태우는 걸 봤다고 말했기 때문에, 나는 그걸 설명하기 시작했다. "그들은 공동묘지에서 시체들을 태웠습니다……" 그러나 도나휴가 광고를 내보낼 시간이라고 하는 바람에 말을 더 잇지 못했다.

쇼가 재개되기 전, 나는 버그 부인과 글뤼크 부인에게 이야기를 과장하거나 윤색하지 말고, 정확히 기억하는 것만 방청객들에게 말해 달라고 부탁했다. 대부분의 생존자들은 50년 전에 자기들에게 일어난 일 외에는 홀로코스트에 대해 아는 바가 거의 없다. 그들이 날짜를 잘못 대거나, 더 나쁘게는, 볼 수도 없었을 상황에서 무엇을 보았다고 주장하면, 부정론자들은 능숙하게 그걸 걸고넘어진다. 그런데 버그 부인이 시체를 태운 것을 본 경험을 사람 비누에 대한 증거로 삼게 되자, 부정론자들에게 아주 완벽한 판이 깔린 셈이 되었고, 스미스는 바로 그걸 이용했던 것이다. 스미스는 시체를 태운 문제를 회피하고, 버그 부인이 보았던 것의 신뢰도를 손상시키는 데서 그치지 않고, 나를 비롯한 홀로코스트 역사학자들이 자기편이라도 되는 것처럼 보이도록 얘기를 끌고 갔다. 도나휴는 홀로코스트에 대한 지식이 바닥나자, 표현의 자유 문제로 되돌아갔고, 다시 한번 반유대주의 공격과 스미스의 사람됨과 신뢰성에 대한 인신공격이 쏟아졌다. 광고를 내보내고 쇼가 재개될 때마다, 프로듀서는 사이드라인에 서 있다가 나를 가리키며 소리쳤다. "무슨 말 좀 해봐요! 무슨 말 좀 해봐요!"

광고 나가는 시간에는 야단법석이 벌어지고, 방송 중에는 분위기가 지나치게 격앙되었던 탓에, 나로선 과연 시청자들에게 이 프로그램이 어떻게 비칠지 알기 힘들었다. 내가 보기에 프로그램은 완전히 재난이었고, 부정론자들이 나를 이겼으며, 동료들 앞에서 내 스스로 바보가 되었고, 역사학 전공자의 위신을 깎아내린 것으로 비쳤다. 그런데 실제로는 그렇지 않았던가 보다. 프로그램이 방영된 뒤, 나는 역사학자와 일반인들에게서 수백 통의 전화와 편지를 받았는데, 모두들 부정론자들은 차가운 심장을 가진 광대처럼 보였던 반면, 난장판이 된 프로그램 내내 유일하게 나만이 냉정을 유지했다고 말했다.

다른 문제를 거론하는 편지와 전화도 받았다. 한 홀로코스트 학자는 내가 부정론자들과의 '논쟁'에 응한 것을 두고 잔뜩 화가 났다(그 토크 쇼에서 일어난 걸 논쟁이라고 부를 수 있는지 모르겠지만). 그녀는 잘못 생각하고 있었는데, 내가 아니었다면 아무 쇼도 없었을 거라는 얘기였다. 개인적으로 편지를 교환하면서 그녀는 내게, "저들을 설득할 수 있다고 생각할 정도로 순진한" 것 같아서 "놀랐다"고 말했다. 불쾌감을 느끼는 주장에 어떤 식으로 대응할지는 개인이 판단할 문제이지만, 아무 대응도 하지 않음으로써 생기는 문제들도 고려해야만 한다. 일례로 홀로코스트 학자들과 얘기를 나누다 보면, 그들은 가끔 이런 식의 말을 꺼내곤 한다. "우리끼리 하는 말인데, 저는 생존자들의 증언에 별로 큰 무게를 두지 않는답니다. 그들의 기억에는 결함이 많거든요." "우리끼리 하는 얘긴데, 부정론자들이 짚어 낸 몇 가지는 더 많은 연구가 필요하답니다." 내 생각에는 이런 것들을 비밀에 부치면 외려 역사학자들에게 불리해질 수 있다. 부정론자들은 이것들을 이미 다 알고 있고, 대중에게 선전하고 있다.

우리가 홀로코스트에 관련된 '문제들'을 은폐하고 있다거나, 어쩌다가 이런 것들을 놓쳤다는 인상을 대중에게 심어 주길 원하는가? 이제까지 홀로코스트 부정론에 대한 강의를 할 때마다, 나는 사람 비누 이야기는 대체로 허구라고 말한다. 그러면 청중들은 충격을 감추지 못한다. 홀로코스트 역사학자들과 부정론자들을 제외하고는 유대인을 죽여 대량으로 비누를 제조했다는 것이 거짓임을 아는 사람은 아무도 없는 것 같다. (베렌바움〔1994〕과 힐베르크〔1994〕에 따르면, 비누 조각 중 어느 것도 사람 지방 양성 반응을 보이지 않았다.) 그렇다면 우리는 브래들리 스미스나 데이비드 콜 같은 사람들이 그런 것들을 대중에게 설명해 주기를 바라는 걸까? 그처럼 중요한 사안들에 침묵을 지키게 되면, 우리가 아무것도 하지 않았다는 것이 도리어 우리에게 화살이 되어 날아올 것이다.

홀로코스트 역사학자들이 그처럼 중요한 문제들을 쉽게 입 밖에 내지 못하는 것은 당연하다. 왜냐하면 그런 말을 하면 부정론자들이 홀로코스트를 부정하는 증거라며 가차 없이 그 말들을 써먹을 것이기 때문이다. 엘리자베스 로프터스의 경우를 예로 들어 보자. 1991년, 세계적으로 이름난 기억 전문가이자 워싱턴 대학교 심리학 교수인 엘리자베스 로프터스가 자전적인 저서 『피고측 증인』을 출간했다. 로프터스는 줄곧 '기억회복' 요법의 남용에 반대하는 입장을 취한 것으로 잘 알려져 있다. 그녀는 연구를 통해 기억이란 게 우리가 흔히 생각하는 깃만큼 미덥지는 못하다는 것을 보여 주었다.

새로운 정보 조각들이 장기 기억에 더해지면서, 오랜 기억들은 제거되거나 대체되거나 허물어지거나 구석으로 밀려난다. 기억은 그냥 희미해지는 것이 아니다…… 기억은 또한 자라기도 한다. 희미해지는 것은 바로 초기의 지각이다. 다시 말해서 사건들에 대한 실제 경험이 희미해지는 것이다. 그러나 어떤 사건을 상기할 때마다 우리는 기억을 재구성해야 하고, 기억을 다시 모을 때마다 그 기억은 변화한다―뒤이은 사건들이나 타인들의 회상, 또는 암시에 의해 채색되는 것이다…… 기억이라는 필터를 통해 보는 진실과 실재는 객관적인 사실이 아니라 주관적

인 것이다. 다시 말해서 해석을 거친 실재라는 얘기이다.(로프터스, 케첨 1991, 20쪽)

1987년, 로프터스는 존 뎀얀유크 변호인 측 증언을 해 달라는 부탁을 받았다. 뎀얀유크는 우크라이나 태생의 클리블랜드 자동차 공장 노동자로, 트레블링카에서 수십만 명의 유대인을 학살하는 일을 거들었다는 죄목으로 이스라엘에서 재판을 받고 있었다. 트레블링카 수용소에서 그는 '지독한 이반'으로 통했다고 알려졌다. 문제는 뎀얀유크가 바로 그 이반인지를 증명하는 것이었다. 아브라함 골트파르브라는 증인은 처음엔 이반이 1943년 봉기 때 죽었다고 진술했으나, 나중에는 뎀얀유크와 이반이 동일 인물이라고 말했다. 또 다른 증인인 오이겐 투로프스키는 처음엔 뎀얀유크를 알아보지 못했다가, 골트파르브의 증언이 있은 다음에 뎀얀유크가 이반이라고 말했다. 다섯 명의 증인 모두 뎀얀유크가 이스라엘에 살았으며 텔아비브에서 열린 트레블링카 봉기 기념식에 참석했었다고 확인했다. 그러나 트레블링카 수용소에서 살아남은 다른 스물세 명의 생존자들은 뎀얀유크를 알아보지 못했다.

로프터스는 진퇴양난에 빠졌다. "수백 번을 마음속으로 얘기하면서 나는 이렇게 설명해 갔다. '만일 내가 그 소송 사건을 맡는다면, 내 유대인 동족에게 등을 돌리는 것이다. 그러나 사건을 맡지 않는다면, 지난 15년 동안 내가 연구했던 모든 것으로부터 등을 돌리게 되는 것이다. 내 연구에 충실하려면 예전과 다름없이 그 사건을 판정해야만 한다. 증인의 피고 확인에 문제가 있다면 그렇다고 증언해야 한다. 그것이 바로 옳은 일이다.'"(232쪽) 이렇게 혼자 앓은 다음, 로프터스는 친한 유대인 친구에게 조언을 구했다. 대답은 분명했다. "'베스, 부탁이야. 안 하겠다고 말해 줘. 이 사건을 맡지 않겠다고 말해 달라고.'" 로프터스는 오랜 기억이 잘못될 수 있음을 감안할 때, 증인들이 오인했을 가능성이 있다고 설명했다. "'어떻게 네가 그럴 수가!'" 이게 친구의 반응이었다. "'일렌, 제발 이해하려고 해 봐. 이게 내 일이야. 나는 감정 너머의 것을 봐야 돼. 여기선 그 문제들을 봐야 한다고. 그 사람이 그냥 유죄라고 가정할 순 없어.'" 자기 동족에 대한 충심과 진실 탐구에 대한 충심, 궁극적으로 어느 쪽을 선택하느냐 하는 문제에서, 로프터스의 친구는 그 길을 분명히 해 주었다. "그녀가 마음속으로 내가 자기를 배신했다고 믿는다는 걸 알고 있었다. 그보다 나쁜 것은, 훨씬 나쁜 것은, 내가 내 민족, 내 동족, 내 혈통을 배신했다는 것이었다. 존 뎀얀유크가 무죄일 가능성이 있을지도 모른다는 생각만으로 나는 그들 모두를 배신했던 것이다."(229쪽)

존 뎀얀유크는 실제로 이스라엘 대법원에서 무죄 판결을 받았다. 로프터스는 그 재판을 지켜보기 위해 이스라엘로 갔지만, 증언은 하지 않기로 했다. 그녀의 설명을 들어 보면 과학에서 인간적인 면이 어떻게 작용하는지를 볼 수 있다. "네 세대에 걸친 유대인들이 빽빽하게 들어찬 청중을 둘러보자……마치 이들이 내 친척들인 것 같았다. 나 역시 죽음의 트레블링카 수용소에서 사랑하는 사람을 잃었다. 이런 느낌들이 내 안에서 일었기 때문에, 나는 돌연 얼굴을 바꿔 전문가 입장에 설 수는 없었다…… 나는 그렇게 할 수 없었다. 그처럼 단순하면서도 괴로운 문제였다."(237쪽)

나는 로프터스와 그녀의 연구를 크게 존경하며, 그처럼 솔직하고 자기 분석적인 고백을 해낸 용기에 깊은 찬사를 보낸다. 그런데 이 이야기를 내가 어떻게 듣게 되었는지 아는가? 홀로코스트 부정론자들이 자기네 저널에 실은 그 책의 서평을 내게 보내왔는데, 그 서평은 이렇게 주장하고 있었다. "로프터스는 아마 피고에 대해 거짓 증언을 했던 그녀의 선배들보다 더 괘씸할 것이다. 왜냐하면 더 이상 진실과 거짓을 구분하지 못하는 나이든 증인들과는 달리, 그리고 자기들이 한 거짓 증언을 참이라고 믿게 된 나이든 증인들과는 달리, 로프터스는 사태를 더 잘 파악하고 있었기 때문이다."(콥덴 1991, 249쪽) 한 회의에서 로프터스를 만난 나는 그녀에게 부정론자들이 어떤 식으로 그녀의 저서를 이용하고 있는지 자세히 들려주었다. 그녀는 충격을 받았다. 이런 일이 있는 줄은 전혀 몰랐던 것이다. 홀로코스트 역사학자들이라면 그런 딜레마를 은폐하고 싶어 할 것임은 의심의 여지가 없다.

로프터스의 경우는 개인적이거나 공공적인 검열이 어떻게 불리한 결과를 낳을 수 있는지를 보여 주는 수많은 사례 중의 하나에 불과하다. 두 가지를 더 들어 보자.

1. 1995년 2월판 〈마르코 폴로〉―명망 높은 일본의 출판사 문예춘추사에서 발행하는 아홉 종의 주간지 및 월간지 중 하나이다―에 "전후 세계사의 가장 큰 금기: 나치의 '가스실'은 없었다"라는 제목의 기사가 실렸다. 글쓴이는 서른여덟 살의 의사인 니시오카 마사노리西岡昌紀 박사였는데, 홀로코스트를 '날조된 사건'이라고 부르면서

이렇게 말했다. "'가스실' 이야기는 심리전 목적으로 선전에 이용된 것이었다." 그리고 그 선전이 곧 역사가 되어 버렸다고 니시오카는 주장한다. "폴란드의 아우슈비츠 강제 수용소 유적에서 현재 일반인에게 공개되고 있는 '가스실들'은 폴란드의 공산당 정권이나 당시 폴란드를 지배했던 소련에 의해 전후에 날조된 것이다. 아우슈비츠는 말할 것도 없고, 제2차 세계 대전 동안 독일이 점령한 다른 어느 곳에서도 '가스실'에서 유대인들을 '대량 학살'한 사건은 하나도 없었다."

기사에 대한 반응은 신속했다. 이스라엘 정부는 도쿄 대사관을 통해 항의의 뜻을 전달했으며, 시몬 비젠탈 센터는 미쓰비시 일렉트릭, 미쓰비시 모터스, 카르티에, 폭스바겐, 필립 모리스 등 해당 잡지의 주요 광고주들을 통해 잡지에 경제적 보이콧을 할 뜻을 시사했다. 광고주들은 72시간 내에 무슨 조처가 취해지지 않으면 〈마르코 폴로〉는 물론이고 줄판사의 다른 잡지들에서도 광고를 뺄 것이라고 문예춘추에 알렸다. 처음에 그 기사를 옹호했던 편집자들은 반박 기사에 대해서도 동등한 지면을 할애하겠노라는 제안을 내놓았다. 그러나 비젠탈 센터 쪽에서는 거절했다. 일본 정부는 공식 성명서를 내서 그 기사를 '극히 온당치 못하다'고 표현했고, 경제적 압박감이 커지자 발행 부수 25만 부짜리 〈마르코 폴로〉는 1월 30일에 폐간되었다. 출판사 사장 다나카 겐고田中健五는 이렇게 설명했다. "우리는 나치의 유대인 학살에 대해 부당한 기사를 하나 실었다. 그 때문에 유대인 사회 및 관련자들에게 깊은 슬픔과 고난을 안겨 주었다." 〈마르코 폴로〉 편집진 중 일부는 해고되었고, 가판대에 남아 있던 잡지 잔여분들은 모두 회수되었다. 두 주 뒤인 2월 14일, 다나카는 사장직에서 물러났다(그래도 문예춘추 편집장직은 유지했다).

〈역사 비평 저널〉 1995년 3월/4월호는 문예춘추의 결정을 '할복'이라고 부르며, "유대인 시온주의 단체들이 특유의 빠른 속도로 무자비하게 그 기사에 대응"했으며, "출판사는 국제적 유대인-시온주의자 보이콧과 압박 캠페인에 굴복하고 말았다"고 주장했다. 글쓴이 니시오카는 이렇게 말했다. "〈마르코 폴로〉는 광고 [압력]을 이용한 유대인 조직들의 탄압을 받았으며, 문예춘추로서는 별 도리가 없었다. 그들은 논쟁의 여지를 짓밟아 버린 것이다." 〈역사 비평 저널〉은 그 사건이 "언론·출판의 자유 및 연구의 자유의 대의가 크게 패배한 것"이라고 말했다. 그리고 이렇게 결론을 내렸다.

> 미국의 신문들과 잡지들은 일본인들이 '유대인'에 대해 나치의 가엾은 희생자라는 '정형화된' 견해를 갖고 있다고 거듭 주장하면서도, 또한 유대인들이 자기들의 이익에 방해가 되는 이라면 누구든 처절하게 응징하는 등 세계 전역에서 막대한 권력을 휘두른다는 생각을 가졌다면서 일본인들을 자주 헐뜯는다. 〈마르코 폴로〉가 살해당함과 동시에 자살했다고 해서 많은 일본인들이 그 같은 '정형화된' 견해에서 자유로워진 것 같지는 않다. 미국에서처럼 일본인들도 일종의 조지 오웰식 '이중사고'(영국의 소설가 조지 오웰이 마지막으로 발표한 작품 『1984』는 전체주의 사회의 공포를 그린 디스토피아 소설이다. 이 책에서 가상 국가 오세아니아의 정치 통제 기구인 당은 당원들에게 모순되는 것을 알면서도 두 가지를 동시에 믿게 하는 소위 '이중사고'를 훈련시킨다—옮긴이)에 빠져 있는 것으로

생각된다. 즉 〈마르코 폴로〉의 폐간에서 얻은 가혹한 교훈을 가슴 깊이 새김과 동시에, 폐간할 수밖에 없게 만든 자들을 여전히 나치의 가엾은 희생자들로 여기기도 하는 것이다. (2~6쪽)

부정론자들의 관점에서 볼 때, 유대인 조직들이 했던 일들이 바로 자기들이 줄기차게 비난해 오던 것들이었다. 다시 말해서 유대인들이 경제력을 행사하고 언론을 통제한다는 것이다. 시몬 비젠탈 센터의 선임 연구자인 아론 브라이트바르트는 쓰디쓴 항변 한마디를 던지며 부정론자들의 관점에 별 무게를 두지 않으려 했다. 그는 간단히 이렇게 응수했다. "그게 진실이 아니라면, 그들은 아무것도 걱정할 필요가 없다. 그게 진실이라면, 그들은 우리에게 신사적으로 구는 것이 좋을 것이다."

2. 1995년 5월 7일, 연합국이 나치 독일의 항복을 받은 날로부터 50주년이 되는 날이었다. 유명한 신 나치이자 홀로코스트 부정론자인 에른스트 췬델의 토론토 본부가 불에 탔다. 화재로 인한 피해액은 40만 달러로 추정되었다. 그때 췬델은 강연 여행차 멀리 나가 있었는데, 그런 공격이 처음은 아니며, 그렇다고 자기 일을 단념하지는 않겠노라고 단언했다. "사람들은 나를 폭행하기도 했고 폭탄 테러를 하기도 했고 침을 뱉기도 했다…… 그러나 나 에른스트 췬델은 토론토를 떠나지 않을 것이다. 내가 하는 일은 합법적이고 정당한 일이다. 그리고 '권리와 자유에 관한 캐나다 헌장' 아래 헌법의 보호를 받고 있다." 홀로코스트에 대한 '허위 사실 유포' 혐의로 기소되어 1985

년과 1988년에 두 차례 재판을 받으면서 이 권리들을 옹호했던 터라 그 점을 잘 알고 있었을 것이다. 그 결과 1992년에 캐나다 대법원은 췬델을 기소한 근거가 되었던 법이 위헌이라는 이유를 들어 췬델을 면소했다.

〈토론토 선〉지에 따르면, '유대인 무장 저항 운동'이라 불리는 "실체를 모르는 유대인 방어 연맹의 한 지파"가 췬델의 본부를 자기네가 방화했다고 주장하고 나섰다. 그 단체가 〈토론토 선〉지와 접촉했고, 조사에 따르면 "유대인 방어 연맹의 또 다른 지파인 극우 시온주의자 단체 카하네 하이"와 연계되어 있음이 드러났다. 유대인 방어 연맹 토론토 지부장 메어 할레비는 그 방화와 아무런 관련도 없다고 부인했지만, 방화가 있고 며칠 뒤인 5월 12일에 할레비와 세 명의 일당—여기에는 유대인 방어 연맹 로스앤젤레스 지부장인 어브 루빈도 있었다—이 췬델의 집을 침입하려고 했다. 직원들이 이들의 사진을 찍고, 경찰을 불렀다. 경찰은 췬델과 동승해서 그들을 추격해 결국 체포했다. 그러나 그들은 기소되지 않고 방면되었다.

여기서 요점은 무엇일까? 로프터스-뎀얀유크 이야기처럼, 내가 이 사건들을 전해 들은 건 부정론자들을 통해서였다. 그들은 '유대인들'이 무슨 일을 저지를 수 있는지를 보여 주는 증거로 그 사건들을 이용했다. 역사 비평 연구소 Institution for Historical Review는 기금 모금 서한에서 이른바 유대인-시온주의자 음모에 맞서는 항쟁을 위해 기부를 요청하면서 〈마르코 폴로〉 사건을 써먹었다. 췬델은 본부 건물 재건축을 위한 모금을 간청하면서, 자기에게 이런 짓을 한 것이 '유대인'이었다며 그 사건을 푹 우려먹었다.

누구나 무슨 주제로든 표현할 자유가 있다는 것에 대한 내 입장은 이렇다. 정부는 어떤 조건이 되었든 누구나 아무 때나 표현할 수 있는 자유를 결코 제한해서는 안 되지만, 사설 기관들은 나름의 규정 내에서 누구든 아무 때나 표현할 자유를 제한할 자유도 갖고 있다. 홀로코스트 부정론자들에겐 마땅히 자기네 간행물과 책을 출판하고 다른 간행물(이를테면 대학 신문의 광고)을 통해 자기들 견해를 전달하려고 노력할 자유가 있다. 그러나 독자적인 신문사를 갖추고 있는 대학교에서는 부정론자들이 신문 독자들에게 접근하는 것을 제한할 자유도 가져야만 한다.

과연 그들이 이 자유를 행사했을까? 이는 전략의 문제이다. 잘못된 주장임을 알고는 있으나 그냥 사라져 주기를 바라면서 무시할 것인가, 아니면 모두가 볼 수 있도록 지면에 실어서 논박할 것인가? 일단 어떤 주장이 대중의 의식 속을 파고들었다면(틀림없이 홀로코스트 부정론이 그랬다), 그것에 대해서 적절한 분석이 가해져야 한다고 생각한다.

보다 넓은 관점에서 보았을 때, 다른 이들의 믿음 체계가 제아무리 엉뚱하고 근거가 없고, 해롭게 보인다고 하더라도, 그것을 덮거나 숨기거나 억압하거나, 아니면 최악의 경우 국가의 힘을 빌려 억눌러서는 안 되는 이유를 보여 주는 합당한 논리가 있다고 생각한다. 왜일까?

- 그들이 완전히 옳은데 우리가 그냥 그 진실을 묵살했을 수도 있다.

- 그들이 부분적으로 옳을 수 있으며, 우리는 진실의 일부라도 놓치길 바라지 않는다.
- 그들이 완전히 잘못일 수도 있다. 그러나 그들의 잘못된 주장을 검토함으로써 진실을 찾아내고 확증할 수 있을 것이다. 또한 어떻게 잘못된 생각에 빠질 수 있는지를 알아내, 생각하는 기술을 개선할 수 있을 것이다.
- 과학에서는 대상이 무엇이든 절대적인 진리를 아는 것이 불가능하다. 따라서 우리가 어디서 틀렸고 저들은 어디서 옳았는지 늘 유심히 살펴야 한다.
- 다수에 속했을 때 관용을 베풀면, 소수에 속했을 때 관용을 얻을 가능성이 더 커진다.

일단 검열 메커니즘이 확립되면, 형세가 역전되었을 경우 도리어 여러분에게 검열이 가해질 수도 있다. 잠시 이런 가정을 해 보자. 만일 다수가 진화를 반대하고 홀로코스트를 부정하며, 창조론자들과 홀로코스트 부정론자들이 힘을 가진 입장에 있다고 해 보자. 만일 검열 메커니즘이 존재한다면, 이제 진화를 믿고 홀로코스트가 일어났었다고 믿는 여러분이 검열당할 처지가 될 것이다. 그러나 어떤 생각을 만들어 내든 인간의 정신은 결코 억압되어서는 안 된다. 1925년 테네시 주에서는 진화론자들이 소수였고, 정치적으로 막강한 권력을 가진 근본주의자들이 성공적으로 반진화론 법안을 통과시킨 결과, 공립학교에서 진화론을 가르치는 것이 죄가 되었다. 스콥스 재판을 마무리하는 자리에서 클래런스 대로는 다음과 같이 뛰어난 발언을 했다.

오늘 여러분이 진화론 같은 것을 택해서 그것을 공립학교에서 가르치는 것을 범죄 행위로 만들 수 있다면, 내일은 사립학교에서 진화론을 가르치는 것도 범죄 행위로 만들 수 있을 것입니다. 내년에는 교회에서 진화론을 가르치는 것을 범죄 행위로 만들 것이고, 그다음에는 책과 신문을 금할 것입니다. 무지와 광신이 더욱 활개를 칠 것입니다. 계속해서 기세를 더해 가며 더욱 득의양양할 것입니다. 오늘은 공립학교 교사, 내일은 사립학교 교사. 그 다음날에는 목사, 강사, 잡지, 책, 신문. 존경하는 재판장님, 얼마 뒤면 사람 대 사람, 신조 대 신조의 대결이 이루어져, 깃발을 휘날리고 북을 치면서 그 영광스러웠던 16세기로 거슬러 행진해 갈 것입니다. 감히 지성을 가져오려 했던 자들, 계몽을 하려 했던 자들, 인간 정신에 문화를 심으려 했던 자들을 광신자들이 장작더미 위에 세우고 불을 붙였던 그 시대로 말입니다.(굴드 1983, 278쪽)

CHAPTER 13

누가, 왜 홀로코스트가 일어나지 않았다고 말하는가?

나치 친위대 수비대원들은 우리가 살아서 나갈 가능성은 없다고 말하면서 즐거워했다. 그렇게 말하면서 그들이 특별한 여운을 남기며 강조했던 게 있었다. 전쟁이 끝난 뒤 바깥세상 사람들은 여기서 무슨 일이 벌어졌는지 믿지 못할 것이라는 점이었다. 소문이나 추측이야 있겠지만, 아무런 뚜렷한 증거도 없을 것이며, 결국 사람들은 그처럼 엄청난 악이 행해졌을 가능성은 없다고 결론을 내릴 것이라는 얘기였다.

테렌스 데스 프레스 『생존자』, 1976

역사학자들이 "대체 어찌 홀로코스트를 부정할 수 있는가?"라고 물으면, 부정론자들은 "우리는 홀로코스트를 부정하는 게 아니다"라고 대답한다. 아마 양쪽이 홀로코스트를 다른 식으로 정의하는 게 분명하다. 부정론자들이 명시적으로 부정하는 세 가지가 있는데, 홀로코스트를 정의할 때 대부분 거론되는 것들이다.

1. 일차적으로 인종을 기초로 한 집단 학살의 의도가 있었다.
2. 가스실과 소각로를 사용한 고도로 기술적이고 잘 짜인 말살 계획이 수행되었다.
3. 500만에서 600만 명의 유대인들이 죽은 것으로 추정된다.

부정론자들은 나치 독일에서 반유대주의가 만연했음을 부정하는 것도, 히틀러를 비롯하여 나치 지도부의 많은 수가 유대인을 싫어했음을 부정하는 것도 아니다. 또한 유대인들이 추방당하고, 재산을 몰수당하고, 검거되어 강제 수용소로 끌려가서 대단히 가혹한 대우를 받으며, 과잉 수용, 질병, 강제 노동으로 희생되었음을 부정하는 것도 아니다. 브래들리 스미스가 대학 신문들에 실은 광고 "홀로코스트 논쟁: 공개 논쟁이 필요한 문제"를 비롯하여 여러 다른 자료들(콜 1994; 어빙 1994; 웨버 1993a, 1994a, 1994b; 췬델 1994)에서 말하는 것을 토대로 부정론자들의 얘기를 구체적으로 살펴보면 다음과 같다.

1. 유럽의 유대인종을 말살하려는 나치의 정책은 없었다. '유대인 문제'에 대한 최종 해결은 제국 외부로 추방하는 것이었다. 전쟁 초기에 승승장구했던 탓에, 제국은 추방할 수 있는 인원보다 많은 유대인들과 맞닥뜨리게 되었다. 그러다가 나중에 전세가

기울면서 나치는 유대인들을 게토에 감금했고, 마침내는 수용소에 수용했다.
2. 유대인들의 주된 사망 원인은 질병과 굶주림이었다. 이는 일차적으로 전쟁 말미에 연합군이 독일의 보급선과 물자를 파괴했던 탓이었다. 총살과 교수형이 있었으며(그리고 아마 일부 실험적인 독가스 처형도 있었을 것이다), 유대인들을 과도한 강제 군역으로 내몰았다. 그러나 이걸 모두 감안해도 사망자 비율은 아주 낮다. 가스실은 옷가지와 이불의 이[蝨]를 죽이는 데에만 사용되었고, 소각로는 질병, 굶주림, 중노동, 총살, 교수형으로 죽은 시체들을 처분하는 용도로만 쓰였다.
3. 게토와 수용소에서 죽거나 죽임을 당한 유대인 수는 500만 명에서 600만 명이 아니라 30만 명에서 200만 명 사이였다.

다음 장에서 나는 이 주장들을 하나씩 자세히 언급할 생각이지만, 여기서 간단한 답변만큼은 미리 제시해 놓고 싶다.

1. 어느 역사적 사건을 보아도 원래 의도에 딱 대응하는 함수적 결과들은 별로 없으며, 증명해 내기도 힘들다. 그래서 역사학자들은 의도보다는 우연적인 결과들에 초점을 맞출 수밖에 없다. 시간이 흐르면서 최종 해결을 수행하는 함수적 과정은, 증대하는 정치 권력, 더욱 과감해지는 다양한 형태의 박해, 전쟁의 전개 상황(특히 대 러시아전), 국외로 유대인을 운송하는 일의 비효율성, 질병, 궁핍, 중노동, 무작위 살상, 집단 총살로 유대인을 말

살하는 일의 비현실성 같은 우연적인 인자들의 영향을 받으면서 전개되었다. 유럽의 유대인종 말살이 명시적이고 공식적인 명령에 의한 것이었든, 그저 암묵적인 승인에 의한 것이었든, 그 결과는 수백만 명의 유대인이 죽었다는 것이다.

2. 가스실과 소각로가 말살에 쓰인 장치였음은 물리적 증거와 기록에 의한 증거가 서로를 보강해 준다. 그러나 그 장치들이 살인에 사용되었는지의 여부와는 상관없이, 살인은 살인이다. 최근 르완다와 보스니아에서 본 것처럼, 대량 학살에 꼭 가스실과 소각로가 필요한 것은 아니다. 예를 들어 나치는 점령한 소련 지역들에서 독가스 외의 수단들을 써서 약 150만 명의 유대인을 죽였다.

3. 500만~600만 명이라는 사망자 수는 대략적이기는 하지만 훌륭하게 실증된 추정치이다. 당시 유럽에 살고 있었다고 보고된 유대인 수, 수용소로 수송된 유대인 수, 수용소에서 풀려난 유대인 수, 특수 기동 부대의 활동으로 살해당한 유대인 수, 전후에 살아남은 유대인 수를 대조해서 이끌어 낸 수치이다. 이건 단순히 인구 통계학의 문제일 뿐이다.

홀로코스트 부정론자 얘기를 들려줄 때마다 사람들은 흔히 그 사람들이 틀림없이 광적인 과격파에 속하는 미치광이 인종주의자나 정신 나간 바보들일 것이라는 얘기를 한다. 홀로코스트가 결코 일어나지 않았다고 말할 사람이 대체 누가 있단 말인가? 나도 이를 알고 싶어서, 이들 중 몇 사람을 만나, 그들 입으로 직접 얘기를 들어 보았다. 대체로 나는 이 사람들이 비교적 호감 가는 사람들이라고 생각했다. 그들은 기꺼이 홀로코스트 부정론 운동에 대해서 들려주었고, 상당히 개방적으로 운동원들에 대한 것들도 알려 주었다. 그리고 친절하게도 다량의 출간 자료들도 제공해 주었다.

제2차 세계대전이 끝난 뒤, 독일에서는 뉘른베르크 전범 재판—조금도 공정하고 객관적이지 못했던 탓에 흔히 '승자의 재판'으로 간주된다—에 반대하는 입장으로 수정주의가 등장했다. 홀로코스트 자체에 대한 수정주의는 1960년대와 1970년대에 부각되었다. 이때 나온 책들로는 프란츠 샤이들의 『독일 배척의 역사』(1967년), 에밀 아레츠의 『거짓말의 마법 구구단』(1970년), 티에스 크리스토페르젠의 『아우슈비츠 거짓말』(1973년), 리처드 하우드의 『정말 6백만 명이 죽었을까?』(1973년), 오스틴 앱의 『6백만 명은 사기』(1973년), 폴 라시니에의 『집단 학살 신화의 폭로』(1978년), 그리고 그 운동의 성서 격인 아서 버츠의 『20세기의 사기극』(1976년)이 있다. 이 책들을 통해서 인종을 기준으로 한 의도적인 집단 학살은 없었다는 주장, 대량 살상에 가스실과 소각로가 쓰이지 않았다는 주장, 6백만 명보다 훨씬 적은 수의 유대인이 죽었다는 주장, 이렇게 홀로코스트 부정론의 세 가지 중심 주장들이 만들어졌다.

어떻게 손을 쓸 수 없을 정도로 날림으로 만들어졌지만 그래도 여전히 발행되고 있는 버츠의 책을 제외하고, 이 책들은 모두 역사 비평 연구소의 목소리인 〈역사 비평 저널〉의 뒷전으로 사라졌다. 연구소에서 발행하는 저널은 매년 개최하는 회의와 더불어 홀로코스트 부정론 운동의 허브가 되어 왔으며, 소수의 괴짜 인물들이 이 운동을 이끌고 있다. 이 가운데에는 역사 비평 연구소 소장이자 〈역사 비평 저널〉 편집자인 마크 웨버, 저술가이자 전기 작가인 데이비드 어빙, 잔소리꾼 로베르 포리송, 친 나치 출판인 에른스트 췬델, 비디오 프로듀서 데이비드 콜이 있다(그림 17).

홀로코스트 부정론자들의 근거지 역사 비평 연구소

1978년에 윌리스 카르토가 주축이 된 역사 비평 연구소Institution for Historical Review가 설립 및 조직되었다. 카르토는 〈라이트Right〉와 〈아메리칸 머큐리〉를 발간하기도 했으며(이 두 잡지가 강한 반유대주의적 주제를 담고 있다고 생각하는 사람들도 있다), 지금은 홀로코스트를 부정하는 책을 비롯하여 논란거리가 되는 책들을 출판하는 눈타이드 프레스를 운영하고 있다. 그는 또 리버티 로비Liberty Lobby도 운영하고 있는데, 어떤 사람들은 이것을 극우익 조직으로 분류하기도 한다. 1980년, 역사 비평 연구소는 아우슈비츠에서 유대인이 독가스로 처형되었다는 증거를 찾아내는 사람에게 5만 달러를 지급하겠다고 공언했다. 멜 머멜스테인이 이 도전에 응하자, 신문사마다 대서특필했고, 나중에는 그가 상금을 받고 '개인적 위로금'으로 4만 달러를 추가로 받기까지의 자세한 경위를 다룬 텔레비전 영화까지 제작되었다. 역사 비평 연구소의 초대 소장이었던 윌리엄 맥칼든(루이스 브랜던, 샌드라 로스, 데이비드 버그, 줄리어스 핀켈스테인, 데이비드 스탠포드 같은 이름으로도 알려졌다)은 카르토와 갈등을 빚었던 탓에 1981년에 해고되었다. 후임 소장은 사이언톨로지 교회 현장 간부 톰 마셀러스였는데, 그 교회에서 펴낸 한 간행물의 편집자 일을 했었다. 1995년에 마셀러스가 역사 비평 연구소를 떠나자, 〈역사 비평 저널〉 편집자였던 마크 웨버가 그 뒤를 이어 소장직을 맡았다.

 1984년에 소이탄 공격을 받아 사무실이 파괴된 뒤로, 당연히 역사 비평 연구소는 사무실 위치를 외부인에게 드러내는 일을 조심하게 되었다. 캘리포니아 주 어바인의 공업 지대에 자리한 역사 비평 연구소 사무실에는 아무 간판도 없고, 전체가 일방 거울로 코팅된 유리문엔 항시 데드볼트가 걸려 있다. 그곳에 들어가려면 건물 전면의 작은 사무실에 근무하는 사무관에게 신분 확인을 받고 허락을 얻어야 한다. 건물 안으로 들어가면 직원들이 일하고 있는 사무실이 여러 개 있고, 널따란 도서관이 하나 있다. 놀랄 것도 없이 장서는 주로 제2차 세계대전과 홀로코스트를 다룬 책들이다. 그밖에 〈역사 비평 저널〉 과월호, 팸플릿, 선전 자료들, 책과 비디오테이프로 그득한 창고도 있다. 모두 정기 구독을 포함한 카탈로그 통신 판매 사업에 해당되며, 웨버의 말에 따르면 총수입의 80퍼센트를 차지한다고 한다. 나머지 20퍼센트는 세금이 면제된 기부금에서 나온다고 한다(역사 비평 연구소는 비영리 단체로 등록되어 있다). 카르토를 통해 갖가지 명목의 기금을 받다가, 1993년에 연구소와 설립자인 카르토 사이에 불화가 생기면서 (그리고 뒤이어 카르토에 대해 소송을 제기하면서) 고갈되었다.

 카르토와의 관계가 끝나기 전에 역사 비평 연구소는 '에디슨 기금'에 크게 의존했다. 그 기금은 토머스 에디슨의 손녀 진 패럴 에디슨이 유언으로 남긴 돈으로, 총 1500만 달러 정도 되었다. 데이비드

그림 17 1994년 11월/12월호 〈역사 비평 저널〉의 표지 사진으로, 핵심적인 홀로코스트 부정론자들 대부분의 모습이 보인다. 이 중 몇 사람은 이 장에서 살펴볼 것이다. (왼쪽에서 오른쪽으로) 로베르 포리송, 존 볼, 루스 그라나타, 카를로 마토뇨, 에른스트 췬델, 프리드리히 베르크, 그렉 레이븐, 데이비드 콜, 로버트 카운티스, 톰 마셀러스, 마크 웨버, 데이비드 어빙, 위르겐 그라프.

어빙(1994)에 따르면, 이 가운데 천만 달러는 카르토가 "스위스에 있는 식구들의 소송 비용"으로 써 버린 게 틀림없고, 나머지 500만 달러 역시 카르토의 '자유의 생존자 모임'에서 쓸 수 있던 돈이었다. "그 시점부터 기금이 가뭇없이 사라져 버립니다. 일부 액수의 돈이 발견되기도 했습니다. 그중 많은 액수가 현재 스위스 은행에 있죠."

연구소 이사회에서 카르토와의 모든 연대를 끊기로 정하자, 카르토는 전혀 굴복할 뜻이 없었던 것 같다. 연구소 측에 따르면, 카르토가 많은 일을 저질렀지만, 그중에서도 "깡패들을 고용해 연구소 사무실을 급습"했으며, "지난 9월부터 시온주의자 유대인 명예 훼손 반대 연맹(ADL)이 역사 비평 연구소를 운영해 오고 있다는 기가 찬 거짓말"을 내뱉기도 했다(마셀러스 1994). 1993년 12월 31일, 역사 비평 연구소는 카르토를 상대로 한 재판에서 승소했다. 그리고 지금 현재 연구소 측은 카르토가 기물을 파손하고 주먹다짐으로 끝을 냈던 사무실 습격 때 일어난 일에 대해 손해 배상을 청구하고, 웨버의 주장에 따르면, "리버티 로비를 비롯하여 카르토가 관리하는 단체들로 흘러들어간" 다른 돈에 대해서도 소송을 청구하고 있다. "아마 그 돈은 카르토가 허비해 버렸을 테지만 추적하려고 애쓰고 있습니다."(1994b)

1994년 2월, 연구소 소장 톰 마셀러스는 회원들에게 단체 서신을 보냈다. "역사 비평 연구소에서 보내는 긴급 호소문"이란 제목의 서신에서 마셀러스는, "어쩔 수 없이 편집과 재정 상태가 위협에 봉착했습니다……지난 몇 달 동안 운영비로 수만 달러가 계속 빠져나가고 있기 때문에" 회원들의 도움이 없다면 "역사 비평 연구소는 살아남지 못할 것입니다"라고 썼다. 카르토에 대해서는 개인적인 문제에서나 사업의 문제에서나 "점점 비정상적이" 되어 가고 있으며, "고액이 걸린 세 건의 저작권 위반 혐의가 있는 법인 단체"에 연루되어 있다고 비난을 했다. 그 단체 서신에서 제일 흥미로운 점은, 반유대주의와 연계되었던 초기 입장으로부터 거리를 두면서 스스로를 객관적인 역사학자들로 자리매김하려는 부정론자들의 현재 노력과 보조를 맞추어, 카르토가 "진지하고 중립적인 수정주의적 학풍으로 연구하고 논평했던 역사 비평 연구소와 저널의 방향을 어수선한 인종주의-대중주의적 팸플릿 같은 방향으로" 바꾸고 있다고 비난한 점이다.(마셀러스 1994)

데이비드 콜은 카르토 이후의 "역사 비평 연구소는 저널과 도서 판매에 더욱 크게 의존할 수밖에 없을 것"이며, 따라서 반유대주의적 성향의 우익 후원자들에게 더욱 크게 기대게 될 것이라고 생각한다.

역사 비평 연구소는 흑자 재정을 유지하기 위해 극우 세력과 영합할 수밖에 없었습니다. 여러분이 연구소 측의 도서 판매 현황을 살펴본다면, 보다 복잡한 내용을 다룬 정말로 순수한 일부 역사서들이 헨리 포드의 『국제적 유대인』이나 『시온 의정서』는 물론, 연구소에서 발행하는 다른 책들만큼도 팔리지 않을 것임을 알게 되리라 생각합니다. 만일 홀로코스트 수정주의 저서들을 파는 것에만 의존한다면, 연구소는 아마 입에 풀칠도 못할 것입니다. 어쩔 수 없이 돈을 쫓아가지 않으면 안 되는 형편이죠. 저금한 돈이나 사회 보장 수표를 가진 초로의 사람들이 많이 있습니다. 만년을 유대인과의 투쟁을 위해 쓰고 싶어 하는 사람들이죠. 브래들리〔스미스〕는 그들에게서 5,000달러, 7,000달러, 3,000달러짜리 수표들을 챙겨 올 수 있습니다. 이 사람들은 아주 아주 부자인 데다가, 철저하게 익명으로 기부합니다. 이념적 입장에서 정말로 훌륭한 그런 명단을 얻기만 하면 아주 많은 돈을 만들 수 있죠. 역사 비평 연구소에도 이런 명단이 하나 있는데, 주로 극우 세력 사람들입니다.(1994)

1996년 현재, 역사 비평 연구소는 여전히 회의를 개최하며(참석자는 약 250명), 〈역사 비평 저널〉도 꾸준히 발간하고 있다(발행 부수는 약 5,000부에서 10,000부 정도이다). 그리고 선전 자료, 도서, 비디오테이프 목록을 정기적으로 발송하고 있다. 역사 비평 연구소가 카르토와의 단절을 딛고 살아남을 것인지 여부와 상관없이, 우리는 부정론자들이 역사 비평 연구소만을 중심으로 모인 균일한 집단이 아님을 기억해야 한다.

부정론 운동의 역사 마크 웨버

데이비드 어빙을 제외하고, 부정론 운동의 역사와 사료를 대부분 아는 사람은 아마 마크 웨버일 것이다. 웨버의 인디애나 대학교 현대 유럽사 전공 석사학위가 가짜라고 주장하는 사람들도 있어서, 대학에 전화를 해 보니 학위는 진짜였다. 웨버가 부정론 운동 무대에 모습을 나타낸 건 1985년 에른스트 췬델의 '표현의 자유' 공판에서 피고측 증인으로 나섰을 때였다. 웨버는 인종주의나 반유대주의적 정서를 조금도 갖고 있지 않다면서, 이렇게 주장했다. "제가 독일의 신 나치 운동에 대해서 알고 있는 거라곤 논문들에서 읽은 것이 전부입니다."(1994b) 하지만 한때 웨버는 윌리엄 피어스가 설립한 반유대주의적 신 나치 단체인 '국민 연합National Alliance'의 대변지인 〈내셔널 뱅가드〉의 뉴스 편집자였다. 또한 웨버는 1989년 〈유니버시티 오브 네브래스카 소우어University of Nebraska Sower〉 지와의 인터뷰에서 했던 말을 부인하지 않는다. 그때 웨버는 "백인 미국인들"이 적절하게 번식하는 데 실패한 결과 미국은 점점 "일종의 멕시코화, 푸에르토리코화가 되어 가는 나라"라고 말했었다. (점점 인종차별주의자가 득세하는 요즘 사회에서는 별로 특별할 것 없는 정서이다. 1995년 역사 비평 연구소 회의에서 만난 웨버의 아내는 내게, 이 백인 남자들이 다른 인종들이 지나치게 많이 번식한다는 불평은 그만 하고, 자기들부터 자식을 많이 갖도록 노력해야 한다고 말했다.) 1993년 2월 27일, 웨버는 시몬 비젠탈 센터에서 벌인 함정 조사의 표적이 되었고, 그 현장을 CBS에서 은밀히 찍었다. 자기를 론 퓨리라는 이름으로 소개한 연구원 야론 스보레이가 한 카페에서 웨버를 만나 〈더 라이트 웨이The Right Way〉지에 대해서 의논을 했다. 신 나치들이 정체를 드러내도록 하기 위해 꾸민 가짜 잡지였다. 그러나 웨버는 스보레이가 "누군가의 첩자"임을 금방 알아채고, "빤한 거짓말"을 하고는 자리를 떴다.(1994b) 뒤이어 유럽과 미국의 신 나치를 다룬 HBO 영화에 출연한 웨버는 비젠탈이 벌인 그 사건은 크게 왜곡되었다고 말했다.

시몬 비젠탈 센터에서 벌인 그런 비밀 수사가 곤란한 문제를 많이 불러일으키긴 하지만, 만일 웨버 자신이 (그의 주장대로) 부정론의 신 나치 비주류와 거리를 두려고 한다면, 왜 그런 만남에 응했던 것인지 의아할 수밖에 없다. 친구인 데이비드 콜조차 이렇게 인정한다. "공포와 폭력에 길들여졌을 뿐만 아니라, 국민들이 발을 살 늘게 하기 위해 정부가 거짓말을 주입하는 사회에서 일어나는 그 어떤 문제도 사실상 웨버는 주목하지 않습니다." 콜은 또 이렇게 말한다. "부정론자들은 유대인들이 자기 민족에게나 세계 사람들에게나 거짓말을 한다고 비판합니다. 그런데 이 수정주의자들은 나치가 군기를 확립하고, 독일 민족이 지배 민족이라는 관념을 유지하기 위해 국민들에게 거짓말과 거짓을 주입했던 것에 대해서는 극히 피상적으로만 말할 것입니다."(1994)

웨버는 아주 똑똑하고 품위 있는 인물이다. 유대인과 홀로코스트에 집착하는 것만 그만두었다면, 훌륭한 역사학자가 됐을지도 모른다는 생각이 든다. 그는 역사와 현재의 정치를 잘 알며, 어떤 주제에 대해서든 대단히 뛰어난 논객이다. 불행히도 이 주제 중의 하나가 유대인인데, 웨버는 줄기차게 유대인을 일종의 통일된 전체로 일반화하려 들고, 미국과 세계 문화에 통일된 위협이 될 것이라고 두려워한다. 웨버는 유대인 개개인과 '유대인'을 구별하지 못하는 것처럼 보인다. 다시 말해 웨버는 유대인 개개인이 하는 행동을 좋아할 수도 있고 싫어할 수도 있겠지만, 전체로서의 '유대인'이 벌인다고 가정한 행동들은 대개 싫어한다. 게다가 오늘날의 문화에 내재한 복잡성을 파악하지도 못하는 것으로 보인다.

비주류 역사학자 데이비드 어빙

데이비드 어빙은 전문적인 역사학 훈련을 받은 적은 없지만, 주요 나치 인물들의 1차 자료들에 정통하다는 점에는 논쟁의 여지가 없다. 논란의 여지가 있기는 하지만, 부정론자들 중에서 가장 역사학적으로 잘 다듬어진 인물이 바로 어빙이다. 어빙의 관심은 제2차 세계대전 전반에 걸쳐 있다. 저술한 역사책으로는 『드레스덴의 파괴』(1963), 『독일 원자 폭탄』(1967)이 있고, 평전으로는 『여우의 발자국』(1989, 독일의 기갑 사단장으로 '사막의 여우'라고 불렸던 에르빈 롬멜 평전), 『히틀러의 전쟁』(1977), 『처칠의 전쟁』(1987), 『괴링』(1989), 『괴벨스: 제3제국의 막후 조종자』(1996)가 있다. 그런데 지금 어빙은 홀로코스트에 부쩍 관심을 보이고 있다. "저는 홀로코스트가 수정될 것이라고 생각합니다. 적수들과, 그들이 써온 전략—홀로코스트라는 낱말의 판매 전략—에 경의를 표할 수밖에 없답니다. 언젠가는 그 낱말 뒤에 상표를 나타내는 작은 'TM'이 붙은 모습을 볼 것 같습니다."(1994) 어빙에게 홀로코스트 부정은 일종의 전쟁이다. 군사적인 표현을 써서 그는 이렇게 묘사했다. "현재 저는 생존을 위해 싸우고 있습니다. 제 목적은 마지막으로 깃발을 꽂기 5분 전에 영웅적으로 쓰러지는 것이 아니라 최후의 5분 뒤까지 살아남는 것입니다. 저는 이 싸움에서 우리가 이기고 있다고 확신합니다."(1994) 어빙의 말에 따르면, 괴벨스의 평전을 다 쓴 뒤에 보니, 출판사에선 그가 홀로코스트 부정론자가 되었다는 이유로 계약을 파기했을 뿐만 아니라, "여섯 자릿수 선인세"까지 회수하려 들었다고 한다. 결국 그 평전은 어빙 자신이 런던에 세운 출판사 포컬 포인트에서 출판되었다.

홀로코스트에 대한 어빙의 태도는 차근차근 단계를 밟아 나갔다. 1977년에 그는 히틀러가 유대인 말살을 명령했다는 증거를 제공하는 사람에게 천 달러를 주겠다고 선언했다. 아우슈비츠의 가스실이 살상용으로 사용되지 않았다고 주장하는 『로이히터 리포트』(1989)를 읽은 뒤부터는, 히틀러의 개입을 부정하는 데서만 그치지 않고 홀로코스트까지 부정하기 시작했다. 그런데 이상하게도 그는 홀로코스트 부정론의 다양한 관점들 사이를 오락가락 할 때가 있다. 1994년에 내게 말하기로는, 아이히만의 회고록을 읽고 "홀로코스트가 없었다는 편협한 접근 방식을 취하지 않았던 것이 기뻤"다고 했다.(1994) 그런데 같은 시기 그는 나에게, 불행하게 전쟁에 희생되어 죽은 유대인 수는 50만~60만 명뿐이며, 이는 연합군이 드레스덴과 히로시마를 폭격한 것과 도덕적으로 동치라고 주장했다. 한데 1995년 7월 27일, 오스트레일리아의 한 라디오 쇼 진행자가 나치의 손에 죽은 유대인의 수가 얼마나 되느냐고 묻자, 어빙은 아마 4백만 명에 이를 것 같다고 말했다. "저는 여느 학자들처럼 생각합니다. 사망자 수치의 범위를 제시해야 한다면, 저는 최소한 백만 명이라고 말하고 싶습니다. 당신이 말한 '죽었다'는 게 어떤 의미인지에 달려 있겠지만, 이는 엄청난 수치이죠. 만일 강제 수용소로 끌려간 사람들이 온갖 만행과 티푸스, 전염병으로 죽은 것까지 친다면, 저는 4백만 명이라는 수치를 댈 것입니다. 왜냐하면 전쟁 말미에 분명하게 드러났던 것 같은 수용소 조건이라면 엄청난 수의 사람들이 죽었을 것이 틀림없기 때문입니다."(〈서치 라이트〉 성명 방송, 1995, 2쪽)

그러나 어빙은 1985년 '표현의 자유' 공판에서 에른스트 췬델을 변호하는 입장에서 증언을 했고, 그 뒤 여러 나라의 정부가 그를 범죄자로 여겼다. 수많은 나라에서 그를 추방하거나 입국을 거부했다. 어빙의 저서들을 치워 버린 서점들도 있었고, 그러지 않은 서점들은 테러를 당하기도 했다. 1992년 5월, 어빙은 독일인 청중에게 아우슈비츠 1호에 재건된 가스실은 "전쟁이 끝난 뒤 지은 가짜"라고 말했다. 그다음 달에는 로마에 갔다가 공항에서 경찰들에게 둘러싸여 다음 비행기로 뮌헨에 보내졌다. 거기서 독일법에 따라 "망자들에 대한 기억 훼손죄"로 기소되었다. 그에게는 유죄 선고와 함께 3,000마르크 벌금형이 선고되었다. 어빙은 항소했지만, 재차 유죄가 확정되었고 벌금은 30,000마르크(약 20,000달러)로 무거워졌다. 1992년 후반 캘리포니아에 있던 어빙은 캐나다 정부로부터 캐나다 입국이 허용되지 않을 것이라는 통보를 받았다. 그래도 아랑곳하지 않고 표현의 자유를 지지하는 한 보수 단체에서 주는 조지 오웰 상을 받으러 유유히 캐나다로 갔다가 도착하자마자 캐나다 기마 경찰대에게 체포되었다. 수갑을 찬 채 끌려간 어빙은, 독일에서의 유죄 선고로 볼 때 캐나다에서도 비슷한 행동을 저지를 가능성이 있다는 근거로 추방당했다. 현재 오스트레일리아, 캐나다, 독일, 이탈리아, 뉴질랜드, 남아프리카 공화국에서 어빙의 입국을 금지하고 있다.

비록 어빙은 역사 비평 연구소와의 공식적인 관계를 전면 부인하고는 있지만(그는 이렇게 말한다. "발행인란에 제 이름이 없음을 알 것입니다"), 역사 비평 연구소 정기 총회에서 정기적으로 연설을 하고, 세계 각지의 부정론자 단체들을 상대로 자주 강의도 한다. 1995년 캘리포니아 주 어바인에서 열린 역사 비평 연구소 회의에서 어빙은 특별 강사로 나왔고, 수많은 참석자들이 공공연히 존경심을 표했다. 강연을 하지 않는 날에는 따로 테이블을 마련해 두고, 자기가 쓴 책들을 팔기도 하고 서명도 해 주었다. 『히틀러의 전쟁』을 구입한 사람들에게는 히틀러의 검정 메르세데스에 달았던 것과 같은 모양의 축소형 스와스티카 기旗를 증정했다. 몇 명의 팬들과 대화를 나누다가, 어빙은 전 세계 유대인 비밀 결사가 자기 책이 출판되는 것을 막고 입도 막으려고 방해 공작을 펴고 있다고 말했다. 연설 요청이 있을 때마다 유대인 단체들의 극심한 저항과 맞닥뜨렸던 것은 사실이다. 예를 들어 1995년 표현의 자유를 지지하는 한 단체가 버클리의 캘리포니아 대학교로 어빙을 초청했다. 그러나 강연장에서 피켓 시위가 있었기에, 결국 강연을 하지 못했다. 그러나 자발적으로 일어난 국지적 반응과 전 세계적으로 계획된 음모는 명확하게 구분해야 한다. 어빙은 그것을 구분하지 못하는 것으로 보인다.

1995년, 어빙은 홀로코스트 부정론을 반대하는 데보라 립스태트의 강연에 참석했다. 강연이 끝난 뒤 어빙은 일어서서 자기 존재를 드러냈다. 그러자 청중들이 사인해 달라며 우르르 몰려들었다. 어빙의 말에 따르면, 그때 자기가 쓴 평전 『괴링』을 한 상자 갖고 갔었는데, "우리 중 누가 거짓말을 하는지" 알게 하려고 학생들에게 나눠 주었다고 한다. 그런데 유대인 말살 계획이 전혀 없었다면, 독자들은 『괴링』 238쪽을 어떻게 생각할까? 거기서 어빙은 이렇게 썼다. "괴링이 예견할 수 있는 단 하나의 가능성은 유대인 이주였다. '두 번째 가능성은 다음과 같다'며 괴링은 1938년 11월, 평소와는 달리 신중하게 낱말을 골라 이렇게 말했다. '앞날을 아무리 내다보아도 결국 독일 제국이 국제 정치적 갈등에 휘말리게 될 것이라면, 독일에서 우리가 맨 먼저 착수해야 할 일이 유대인에 대한 대대적인 보복임은 자명하다.'" 어빙은 나치가 '말살Ausrottung'과 '최종 해결Final Solution'이란 말로 항상 의미했던 것은 오로지 유대인 이주뿐이었다고 주장하는데, 그렇다면 여기서 괴링이 '두 번째' 계획이란 말로 무엇을 의미했던 걸까? 또 독자들이 『괴링』 343쪽을 읽으면 무슨 생각을 할까? 거기서 어빙은 이렇게 쓰고 있다.

오늘날 역사가 가르쳐 주는 것은 강제 이송된 사람들—특히 일하기에는 너무 어리거나 노쇠한 사람들—의 상당수가 도착하자마자 잔인하게 처형되었다는 것이다. 현재 남아 있는 기록들을 보면 이런 살상이 체계적으로 벌어졌다는 증거는 전혀 없다. 다시 말해서 '위에서' 내려온 명시적인 명령이 전혀 없었으며, 학살 자체는 추방된 유대인들을 떠맡게 된 지역 나치(모두가 독일인이었던 것은 결코 아니다)에 의해서 일어난 것들이었다. 그 일들이 임시적인 말살 작전이었음은, 1941년 12월 16일 크라카우 회의에서 한스 프랑크 총독이 분통을 터뜨린 말에 암시되어 있다. "저는 저들을 동부로 〔더 멀리〕 내몰 목적으로 협상을 시작했습니다. 1월에 이 문제를 놓고 베를린에서……나치 친위대 대장 하이드리히가 주최하는 큰 회의가 있을 예정입니다〔1942년 1월 20일에 열린 반제 회의를 말한다〕. 어쨌든 대규모 유대인 집단 이동이 시작될 것입니다…… 그런데 그 유대인들은 어떻게 될까요? 저들이 발트 해 지방에서 아담한 집을 짓고 살 것이라고 생각하십니까? 베를린에서는 우리에게 이렇게 말합니다. 무슨 걱정이야? 저들은 우리에게 아무 쓸모도 없어. 당신네들이 저들을 쓸어 버려!"

어빙은 여기서 "베를린은 정당, 또는 힘러, 하이드리히, 나치 친위대를 뜻할 가능성이 높다"고 말한다.『괴링』에서 축자적으로 인용한 위 문단은 어빙이 직접 번역하고(어빙은 독일어가 유창하다) 해석한 것이다. 그런데 나는 이 문단이, 위에서 내려온 명령 없이 비체계적으로 벌어진 임시적인 살상이라는 해석을 어떻게 뒷받침하는지 알 수가 없다. 이 문단뿐만 아니라 다른 많은 문단들을 봐도, 대단히 체계적으로 살상이 자행되었다는 느낌이 든다. 다시 말해서 위에서 내려온 명령이—직접적으로든 암묵적으로든—있었던 것으로 보인다. 최종 결과가 우연적으로 전개되어야만 그 살상 과정이 임시적이었다고 말할 수 있을 것이다. 그리고 '쓸어버리다' 라는 게 무슨 뜻일까? 이제까지 홀로코스트 학자들이 늘 말해 온 것과 전혀 다른 뜻을 가진 걸까?

어빙이 홀로코스트 부정론에 몸담게 된 것은, 부정론에 관한 강연을 하고 책을 써서 팔아 생계를 꾸려갈 수 있다는 것도 계기가 되었을 수 있다. 홀로코스트를 더욱 크게 수정하면 할수록 더 많은 책을 팔 수 있고, 부정론자들과 우익 단체들로부터 더 많은 강연 요청을 받을 수 있는 것이다. 내 생각에 어빙이 점점 부정론에 깊이 빠져들게 된 까닭은 역사적 증거가 그쪽으로 인도했다기보다는 거기서 이득과 편안함을 찾았기 때문인 것으로 보인다. 주류 학계에서 거부를 당했기 때문에, 그는 변두리에 둥지를 틀었다. 그는 일류 기록자이자 맛깔 나는 역사가이긴 하지만, 이론가로서는 뛰어나지 못하고, 자기 편견을 뒷받침하는 것만 골라 인용하는 경우가 아주 많다. 처음에는 히틀러가 홀로코스트를 몰랐다고 하더니, 그다음에는 괴링, 이제는 괴벨스마저 혐의를 풀어 주려 하고 있다.

수정주의의 교황 로베르 포리송

한때는 리옹 대학교 정식 문학교수였지만, '수정주의의 교황' 으로 불리게 된 인물이 바로 로베르 포리송이다. 오스트레일리아의 홀로코스트 부정론자들이 부정론의 주요 신조들을 굳건히 하려는 지칠 줄 모르는 그의 노력을 기려서 붙여 준 직함이다. 셀 수 없이 많은 발언, 편지, 기사, 에세이를 통해 포리송은 홀로코스트 권위자들에게 "나치의 가스실을 내게 보여 주거나 데려다 달라고" 걸고넘어졌다. 결국 포리송은 직장을 잃고, 신체적으로 폭행을 당하기도 했고, 소송도 당하고, 유죄 선고도 받고, 5만 달러의 벌금을 물기도 했고, 어떤 관직도 가질 수 없게 되었다. 포리송의 유죄 선고는 1990년에 통과된 파비우스-게소 법Fabius-Gayssot law에 따른 것이었다(어떤 면에서 보면 포리송의 활동 때문에 제정된 법이기도 하다). 그 법은 "1945년 8월 8일 런던 협약에 부속되는 국제 군사 재판소 법령 제6조에서 정의되었으며, 인간성에 반하는 하나 이상의 범죄의 존재, 곧 동일 법령 제9조가 적용되어 범죄적이라고 선언된 단체의 구성원들, 또는 프랑스나 국제 사법권에 의해 그 같은 범죄 행위에 대해 유죄가 선언된 개인에 의해서 저질러진 하나 이상의 범죄의 존재에 대해 어떤 수단을 쓰든 이의를 제기하는 것"을 범죄라고 규정한다.

포리송은 홀로코스트의 다양한 측면들을 부정하는 책을 많이 썼다. 이를테면 『아우슈비츠 소문』, 『역사를 왜곡한다고 나를 비난하는 사람들에 대한 변론』, 『안네 프랑크의 일기는 진짜인가?』가 있다. 『아우슈비츠 소문』이 출간된 뒤, 저명한 MIT의 언어학교수 노엄 촘스키는 무엇이든 원하는 대로 부정할 수 있는 포리송의 자유를 변호하는 글을 한 편 썼다. 그것 때문에 촘스키의 정치적 입장을 놓고 논란이 벌어졌다. 촘스키는 오스트레일리아의 잡지〈쿼드런트Quadrant〉에 이렇게 썼다. "나는 포리송의 책에서 아무런 반유대주의적 함의를 보지 못했다." 촘스키 편에서 보면 이는 상당히 순진한 관점이었다. 1991년 프랑스에서 공판이 벌어지는 동안, 포리송은〈가디언 위클리〉에 유대인에 대한 자신의 감정을 이렇게 간추렸다. "히틀러가 만들었다는 가스실과 유대인에게 가해졌다는 집단 학살은 서로 동일한 역사적 거짓말이다. 이것 때문에 경제적으로 어마어마한 사기극이 벌어졌으며, 주요 수혜자는 이스라엘과 국제적 시온주의이고, 주요 희생자는 전체 독일 국민과 팔레스타인 국민이다."(여기 인용된 것은 모두 유대인 명예 훼손 반대 연맹 1993에서 옮긴 것이다.)

포리송은 자기가 '말살론자들'이라고 부르는 논적들을 약 올리길 좋아한다. 예를 들면, 1995년 캘리포니아 주 어바인에서 열린 역사 비평 연구소 회의에 참석 차 가던 중, 포리송은 워싱턴 D.C.에 있는 홀로코스트 기념 박물관에 들렀다. 거기서 그는 박물관 관리자 한 명과 만났는데, 나치가 가스실을 대량 살상에 사용했다는 '증거의 부재'를 언급하며 집요하게 늘어지더니, 급기야 상대를 감정적으로 폭발하게 만들었다. 회의에 참석한 포리송은 사석에서 가스실 이야기를 의논하자며 나를 자기 호텔방으로 초대했다. 그는 내 앞에서 손가락을 까딱거리며 나치가 가스실을 대량 살상에 사용했다는 "하나의 증거, 단 하나의 증거"만 들어 보라고 끈질기게 물고 늘어졌다. 나는 거듭해서 묻고 또 물었다. "대체 무슨 '증거'를 염두에 두는 겁니까?" 포리송은 대답을 피했다(아니면 대답을 할 수 없었거나).

신 나치 에른스트 췬델

홀로코스트 부정론자들 중에서 가장 색깔이 뚜렷한 인물이 바로

친 나치 선전가이자 출판인인 에른스트 췬델이다. 췬델 스스로 공언한 목표는 바로 "독일 국민의 명예 회복"이다. "제3제국에는 대단히 감탄할 만한 측면들이 몇 가지 있죠. 저는 사람들이 그 측면들에 주목해 주었으면 합니다"라고 말하면서, 그 예로 우생학과 안락사 프로그램을 든다.(1994) 그 목표를 위해 췬델은 토론토에 거점을 둔 사미스다트 퍼블리셔를 통해 책을 출판하고, 전단지, 비디오테이프, 오디오테이프를 배포하고 있다. 기부금만 조금 내면, 췬델 취향의 갖가지 선전용품들에 걸려들게 된다. 자기의 재판 기록, 자기가 출판한 『권력: 췬델주의자 대 시온주의자』, "스필버그의 '쉰들러'는 '슈빈들러'인가?" 같은 기사들('슈빈들러Schwindler'는 독일어로 '사기꾼'이라는 뜻 —옮긴이), 숱하게 방송에 출연했던 것을 찍은 비디오테이프, 데이비드 콜과 함께 하는 아우슈비츠 여행 비디오, "독일인들이여! 하지도 않은 일로 사과하는 걸 그만 두라!"라든가 "홀로코스트에 질렸는가? 이젠 그만 둘 수 있다!"리고 선언하는 스티커 따위를 받을 수 있다(그림 18).

1995년 방화 공격이 있은 직후, 나는 집과 사무실을 겸하고 있는 췬델의 토론토 거처로 찾아갔다. 어떻게 보면 명랑하고 호감이 가는 인상이면서, 또 어떻게 보면 독일 국민들을 "600만 명의 부담에서" 해방시키는 사명에 대해 처절할 정도로 진지하다는 인상을 받았다. 작가 알렉스 그룹먼과 두 사람의 유대인이 있는 앞에서도 췬델은 유대인에 대한 온갖 심중을 거리낌 없이 입 밖에 냈다. 이를테면 장차 유대인들은 이제까지 한 번도 보지 못했던 반유대주의를 겪게 될 것으로 생각한다는 얘기도 꺼냈다. 다른 부정론자들처럼 췬델 역시 유

그림 18 에른스트 췬델이 만든 스티커를 몇 개 추려 보았다.

대인들이 지나친 주목을 받고 있다는 허망한 근심에 사로잡혀 있다. 1994년 인터뷰에서 췬델은 내게 이런 말을 했다.

> 솔직히 저는 유대인들이 자기들이 우주의 배꼽이라고 생각할 정도로 자기중심적이어서는 안 된다고 생각합니다. 그들은 전혀 그렇지 않습니다. 자기들이 지극히 중요한 존재이기 때문에 온 세상이 자기들을 중심으로 돌아가야 한다고 생각할 수 있는 부류는 오로지 유대인 같은 사람들뿐이죠. 저는 히틀러와 함께 가는 쪽을 택합니다. 히틀러가 마지막으로 정말 우려했던 것은 바로 유대인들이 하는 생각이었습니다. 제게

는 유대인이 그저 여느 사람과 다를 바가 없습니다. 그것만으로도 벌써 그네들에게 상처를 입히게 되겠죠. 이런 말을 들으면 그들은 새된 목소리로 이렇게 외칠 것입니다. "오, 세상에, 저 에른스트 췬델이 유대인이 보통 사람과 다를 바가 없다고 말했어." 젠장맞을, 그들은 그냥 보통 사람들이란 말입니다.

췬델의 말에 따르면, 홀로코스트가 국가사회주의에 끼친 영향은 "너무 많은 사상가들이 독일식 국가사회주의가 제공하는 선택권들을 재고할 수 없게 만들었다"는 것이다. 독일인들의 어깨에서 홀로코스트라는 업보를 들어내기만 하면, 나치주의가 그리 나쁘게만 보이지는 않는다는 것이다. 미친 소리처럼 들리는가? 췬델 자신도 자기 생각이 약간 극단적임을 인정한다. "제 생각들이 설익은 것일 수 있음은 저도 압니다. 저는 아인슈타인이 아닙니다. 저도 잘 알고 있죠. 저는 칸트도 아닙니다. 괴테도 실러도 아닙니다. 작가로 따지면 전 헤밍웨이도 아닙니다. 빌어먹을, 그러나 저는 에른스트 췬델입니다. 저는 제 다리로 당당하게 걸으며, 제 관점을 표현할 권리가 있습니다. 저는 우호적인 방식으로 할 수 있는 한 최선을 다합니다. 제 장기적인 목표는 자유의 종을 울리는 것이지만, 남은 인생, 이제까지 이뤄낸 것보다 조금도 더 못 이룰지도 모릅니다. 그래도 크게 나쁘지는 않습니다." 1994년에 그는 "현재 미국의 한 위성 회사와 협상을 벌이고 있습니다"라고 말했다. "회사 측에서는 위성 접시로 수신할 수 있도록 유럽까지 신호를 보내 줄 수 있다고 약속했습니다." 그는 유럽과 미국에서 부정론을 주류로 만들고 싶어 한다. "15년만 더 지나면 맥주와 프레첼이 있는 곳에서도 수정주의가 논의될 것입니다." 그의 생각이다.

말썽꾼 데이비드 콜

부정론자들 중에서 가장 모순적인 인물이 데이비드 콜이다. 어머니는 "비종교적으로 훈육된 유대인"이었고, 아버지는 "런던 대공습 때 런던에 동방 정교회를 세웠다." 콜은 유대인 혈통임을 자랑스럽게 내세우는 한편, 현대에 유대인에게 일어난 가장 중요한 역사적 사건을 부정한다. 1994년 인터뷰에서 콜은 내게 이렇게 말했다. "저는 뭘 해도 욕먹고 뭘 안 해도 욕먹습니다. 말하자면 제가 유대인이라고 말 안 하면 유대인임을 부끄러워한다는 비난을 듣고, 솔직하게 유대인이라고 말하면 그걸 이용해 먹는다는 비난을 듣습니다." 콜의 관심은 물리적 증거에 집중되어 있다. 구체적으로 말하면 가스실과 소각로가 대량 살상 용도가 아니었다는 데 초점을 맞춘다. 그런 입장 때문에 로스앤젤레스 캘리포니아 대학교에서는 홀로코스트를 주제로 논쟁을 하던 중 폭행을 당하기도 했다. 또 "저라면 무조건 격렬하게 증오하는 소규모 단체"로부터 정기적으로 살해 위협을 받고 있다. 유대인 방어 연맹, 유대인 명예훼손 반대 연맹, 일반적인 유대인 단체들은 "제가 유대인이기 때문에, 약간은 봐주는 면이 있죠." 사람들은 그를 자기혐오에 빠진 유대인, 반유대주의자, 종족의 배신자라고 불러왔다. 〈더 주이시 뉴스The Jewish News〉의 한 사설에서는 그를 히틀러, 후세인, 아라파트와 비교하기도 했다.

콜의 사람됨이 붙임성 있고 태도가 낙천적이기는 하지만, 스스로 바라보는 자기 모습은 어떤 대의를 좇는 반역자의 모습이다. 다른 부정론자들이 정치적이고 인종적 이념에 빠져 있을 때, 콜의 관심은 더욱 깊은 곳을 향해 있다. 그는 일종의 메타이념주의자이다. 다시 말해서 이념이 어떻게 실재를 지어내는지를 탐구하는 무신론자이자 실존주의자이다. 그 탐구의 과정에서 콜은 혁명 공산당, 노동자 세계당, 존 버치 협회, 린든 라루시 협회, 자유지상주의, 무신론자, 인본주의자 등 생각할 수 있는 온갖 비주류 단체들에 가입했다.

> 나는 어디에나 소속되어 있었다. 혁명 공산당 지부를 하나 운영하기도 했고, 존 버치 협회John Birch Society(1958년에 미국의 로버트 웰치 2세가 설립한, 반공산주의적 극우 단체이다―옮긴이) 지부도 하나 운영했다. 내게는 이름이 다섯 개나 있었으며, 말 그대로 미국의 정치판에서 내가 연계되지 않은 곳은 하나도 없었다. 유대인 명예훼손 반대 연맹(ADL)과 유대인 방어 연맹(JDL)의 후원자이자 정식 회원이었다. 세계 유대인 회의 회원증도 가지고 있다. 우파에서는 헤리티지 재단, 좌파에서는 미국 시민 자유 연맹(ACLU) 편에서 활동했다. 나는 이렇게 하면서 이념을 초월해 있을 뿐만 아니라, 평생을 추상적인 개념들만 좇느라 허비하는 세뇌된 불쌍한 바보들 위에 있다고 느꼈다.(애플바움 1994, 33쪽)

홀로코스트 부정론은 서던캘리포니아 고등학교에서 퇴학당한 이후 콜을 매료시켰던 수많은 이념들 중의 하나에 불과하다. 대학 학력도 없었지만, 부모의 지원을 받아 혼자 공부했다. 콜에게는 수천 권의 장서를 갖춘 개인 도서관이 하나 있는데, 상당 부분이 홀로코스트에 관한 것이다. 자기가 문제 삼는 주제를 잘 알기 때문에 "세월아, 네월아 하며 한없이 논쟁할" 수 있다. 다른 비주류의 주장들이 콜의 관심을 끈 기간은 몇 달에서 일 년 정도에 불과했던 반면, 홀로코스트는 "신앙이 필요한 일부 추상적인 개념이라기보다 실제 존재하는 물리적인 것에 가까운 것"이었다. "우리가 얘기하는 것은 상당한 증거가 아직도 남아 있는 문제입니다." 그 물리적 증거의 상당 부분은 콜이 1992년 여름에 진상 조사를 벌이면서 화면에 담았다. 경비를 지원한 사람은 부정론자인 브래들리 스미스였다. "저는 15,000달러에서 20,000달러의 경비를 예상했고, 브래들리가 모금에 나섰습니다. 그만한 액수를 모금하기까지 한 달 반이 걸렸습니다." 콜이 말한 연구의 목표는 다음과 같다.

> 수정주의를 비주류에서 주류로 만들려는 것입니다…… 저는 우익도 신나치도 아닌 사람들을 얻고 싶습니다. 그런데 지금 상황은 몹시 위험합니다. 주류의 역사학자들이 수정주의를 비난하는 바람에 공백이 생겼기 때문입니다. 그 공백을 지금까지 에른스트 췬델 같은 치들이 채워 왔습니다. 췬델은 크게 호감 가는 인물이기는 하지만, 저는 파시스트인 그가 세계의 선도적인 홀로코스트 수정주의자로 인정되는 것을 보고 싶지 않습니다.(1994)

콜은 자기가 찍은 비디오를 전문 학자들이 연구해 주기를 바란다고 얘기하지만(그의 말로는 비디오를 예루살렘의 야드 바솀 홀로코스트 역사박물관에 제공했다고 한다), 역사 비평 연구소 카탈로그를 통해 판매할 수 있는 상품으로 편집한 상태였다. 그의 말로는 3만 개 이상을 팔았다던 첫 작품 아우슈비츠 비디오 때도 그랬다.

데이비드 콜은 풍파를 일으키길 좋아한다. 역사학자들만 상대로 그런 게 아니다. 이를테면 콜이라면, 백인지상주의자들이 참석할 예정인 부정론자 사교 모임에 아프리카계 미국인 여성을 데리고 갈 만한 인물이다. "그냥 그들이 어색한 시선으로 쳐다보는 모습을 보고 싶어서"이다. 다른 많은 부정론자들의 신념과 정치적 입장 대부분을 맹렬하게 거부하면서도, 콜은 언론 매체에 스스로를 '부정론자'로 소개하곤 한다. 경멸은 물론 신체적 폭행까지 불러올 것을 뻔히 알면서도 말이다. 콜 같은 아웃사이더가 무슨 생각으로 그리 하는 걸까? 그의 말에 따르면, "신도 아니고, 종교적인 인물도 아니고, 사제도 아닌" 역사학자들이 자기를 배척하는 게 화가 난다는 것이다. "우리는 그들에게 더 많은 설명을 요구할 권리가 있습니다. 저는 제가 하는 질문을 던지는 게 부끄럽지 않습니다."(1994) 하지만 왜 꼭 그런 질문들을 던질 필요가 있는지, 왜 부정론이 콜의 관심을 붙드는지, 의아할 뿐이다.

흥미롭게도 1995년에 콜과 다른 부정론자들 사이가 틀어지게 된 일이 있었다. 여러 사건들이 계기가 되었는데, 그중 1994년 10월 유럽에서 이런 일이 있었다. 그때 콜은 나치의 죽음의 수용소 비디오를 찍고 있었다. 브래들리 스미스의 말에 따르면, 콜은 피에르 기욤(포리송의 프랑스인 출판인이다), 앙리 로크(『쿠르트 게르슈타인의 "고백"』을 쓴 사람이다), 로크의 아내, 부정론자 트리스탕 모르드렐과 함께 나츠바일러(슈트루토프) 수용소에서 가스실을 조사하고 있었다. 스미스의 말에 따르면, 가스실이 자리한 건물 안에 있을 때, 경비원 중 한 명이 "실례한다고 말하고 밖으로 나간 뒤, 출입문을 밖에서 걸어 잠갔다." 20분쯤 지난 뒤, 경비원이 문을 열어 주었고, 사람들은 차로 돌아갔다. 그런데 콜은 "차 앞 유리가 박살나 있었고, 관광책자, 논문, 책, 개인 휴대품, 비디오테이프, 스틸 카메라 필름을 모두 도난당했음"을 발견했다. "한마디로 그동안의 연구가 몽땅 도둑질 당한 것이었다. 완전히 빈털터리가 되었던 것이다."(스미스 1994) 그 여행으로 스미스는 8,000달러의 손해를 보았기 때문에, 적자를 메우기 위해 그 이야기를 담은 콜의 80분짜리 비디오를 팔고 있다.

그런데 공교롭게도 콜의 이야기를 앙리 로크가 부인하고 나섰다.

누가 우리 여섯 사람을 가둘 요량으로 가스실을 밖에서 잠근 적은 결코 없었다! 그냥 경비원이 안에서 문을 잠갔는데, 관광객들이 문을 두드리는 바람에 한번 문을 열어 준 적이 있었을 뿐이다. 경비원은 관광객들에게 특별 허가를 받은 사람들(우리 일행 같은 경우)만 방문이 가능하다고 얘기해 줬다. 내 아내와 나는 경비원이 한 사람뿐이었던 걸로 기억한다. 그 경비원의 말과, 나중에 (슈트루토프 인근) 쉬르메크의 경찰의 말을 들어보니, 불행히도 그런 종류의 절도가 흔히 일어난다는 얘기였다. 특히 외국 번호판을 단 차가 표적이 된다는 것이었다. 처음엔 나도 수정주의자를 겨냥한 절도일 수 있겠다고 생각했으나, 그걸 실증할 만한 것을 아무것도 보지 못했다. 게다가 기옴과 모르드렐과 대화를 해 보니 그럴 가능성은 없을 거라는 쪽으로 이야기가 흘러갔다. 콜이 말한 이야기는 자칫 독자들에게 수정주의를 반대하는 작전이 있었으며, 공범자가 경비원이었다고 믿게 할 우려가 있다. 그러나 나는 우리를 "가뒀다고", 심지어 절도에 가담했을 것이라고 그 경비원들을 비난하는 것은 부당하다고 생각한다.(1995, 2쪽)

콜과 다른 부정론자들 사이가 틀어진 사건이 하나 더 있다. 〈아델라이데 인스티튜트 뉴스레터〉에서 로베르 포리송은 슈트루토프 수용소의 가스실은 결코 대량 살상에 사용된 적이 없다고 주장했다. 콜은 자기 이름을 걸고 포리송의 말을 퇴짜 놓았다.

슈트루토프에서 독가스를 이용한 살상이 벌어지지 않았음을 "증명하는" 증거라고 포리송이 우리에게 내놓은 게 무엇인가? 그는 "전문가 의견서"를 얘기한다. "지금은 사라지고" 없지만 "다른 증거를 통해 그 내용을 알 수 있다"고 얘기한다. 정보를 더 얻고 싶으면 〈역사 비평 저널〉의 기사를 참고하라고 말한다. '전문가 의견서'의 존재와 결론을 확증해 준다는 그 다른 증거라는 게 무엇인지 그 기사에서 찾아낼 것이라 기대하겠지만, 아쉽게도 포리송은 그게 무엇인지 가르쳐 주려 들지 않는다. 그렇다면 우리가 가진 게 뭐가 있을까? 지금은 사라진 보고서 하나와 그 보고서 내용이 무엇인지 알고 있다고 장담하는 수정주의자 한 사람이 있다. 게다가 그 사람은 더 이상의 증거를 우리에게 제공할 필요를 못 느끼고 있다. 만일 "말살론자들"이 이런 식으로 행동하면 수정주의자는 어떻게 반응할까? 수정주의자들은 원본이 사라진 기록들은 고려하지 않는 게 보통이다. 우리는 "풍문"을 인정하지 않으며, 말살론자들이 풍문으로 들은 기록 내용을 언급하고 나서면, 우리는 분명 그 말을 받아들이지 않을 것이다.(1995, 3쪽)

세계 역사의 배후에는 유대인이 있다?

거의 모든 부정론의 문헌 자료—책, 기사, 사설, 비평문, 전공 논문, 안내서, 소책자, 선전 자료—를 관통하는 성향은 유대인과 유대적인 모든 것에 사로잡혀 있다는 것이다. 〈역사 비평 저널〉의 어떤 호를 봐도 여지없이 유대인에 관한 내용이 들어 있다. 예를 들어 보자. 1994년 1월/2월호에는 로마노프 일가를 죽이고 볼셰비키 당을 권좌에 올린 사람들이 누구인지를 다룬 특집 기사가 실렸다. 그 사람들은 바로 유대인이다. 마크 웨버는 이렇게 설명했다. "비록 공식적으로는 유대인이 러시아 전체 인구의 5퍼센트를 넘은 적이 결코 없지만, 갓 태어난 볼셰비키 정권에서 대단히 크고, 아마 결정적인 역할을 담당했을 것이다. 그 결과 처음 몇 년 동안 소련 정부를 효과적으로 쥐고 흔들었다." 그런데 황가의 암살을 명령한 레닌은 유대인이 아니었다. 웨버는 이런 말로 이 사실을 비껴갔다. "레닌 자신은 주로 러시아인과 칼무크인 혈통이지만, 4분의 1은 유대인이기도 했다." (1994c, 7쪽) 이게 바로 부정론자들의 전형적인 논리이다. 공산주의자들이 로마노프 일가를 죽이고 볼셰비키 혁명을 일으켰다는 사실과, 공산주의자 지도부 중 일부는 유대인이었다는 사실에서 유대인들이 로마노프 일가를 죽이고 볼셰비키 혁명을 유발시켰다는 결론을 끌어내는 것이다. 이와 똑같은 논리를 이렇게 적용해 보자. 테드 번디는 가톨릭 신자이다. 테드 번디는 연쇄 살인범이다. 따라서 가톨릭 신자들은 연쇄 살인범들이다.

〈역사 비평 저널〉 어디에서나 유대인에 초점을 맞춘 글을 찾아 볼 수 있다. 왜 그럴까? 마크 웨버는 퉁명스럽게 역사 비평 연구소의 입장을 정당화했다.

우리가 유대인에게 집중하는 까닭은 거의 모든 사람들이 유대인을 두려워하기 때문입니다. 우리가 있는 이유, 우리가 누리는 기쁨에는 남들이 다루지 않는 주제를 우리가 다룰 수 있다는 것도 있습니다. 실질적으로 중요한 것이 무엇인지 알려 주는 정보를 제공하는 데 우리가 일조를 하고 있다고 생각합니다. 저는 우리 사회가 유대인에 대해서 말할 때처럼, 독일인, 우크라이나인, 헝가리인에 대해서도 똑같이 비중을 두어 말했으면 합니다. 시몬 비젠탈의 이른바 '관용의 박물관'에서는 제2차 세계대전 때 독일인들이 유대인들에게 무슨 짓을 저질렀는지 쉬지 않고 언급합니다. 다른 집단들, 특히 독일인이나 헝가리인에게 적용되었을 경우에는 사악한 고정관념이라 여길 만한 것을 우리 사회는 허용하고 독려하기까지 하죠. 이것은 이중 잣대를 두는 것입니다. 홀로코스트 캠페인이 이를 가장 크게 보여 줍니다. 워싱턴 D.C.에는 미국인이 아닌 사람들에게 희생된 미국인이 아닌 사람들을 기리는 박물관이 하나 있습니다. 그러나 아메리카 원주민들의 운명, 노예 상태에서 희생된 흑인들, 공산주의의 희생자들 따위를 기리는, 그에 비견할 만한 박물관은 아무엇도 없습니다. 이 박물관의 존재야말로 우리 사회에서 유대인 문제에 대한 감성이 얼마나 비뚤어져 있는지를 보여 줍니다. 역사 비평 연구소를 비롯하여 우리와 관련된 사람들은, 사실상 당신네가 우리를 비판하든 안 하든 우리는 욕하지 않는다고 말하는 것으로 일종의 해방감을 느낍니다. 우리는 어떤 식으로든 그걸 얘기할 것입니다. 우리에게는 잃을 직업도 없죠. 이게 우리의 직업이니까요.(1994b)

이 진술이 말하고자 하는 바는 비교적 명확하다. 유대인과 홀로코스트 '캠페인'에 대한 감성이 "비뚤어졌다." 그것을 상대하면서 '기쁨'과 '해방감'을 얻는다. 독일인들 역시 희생자들이며, 지금보다 더 나은 대접을 받아야 한다는 것이다.

홀로코스트 부정론과 음모론

홀로코스트 부정론의 유대인 문제에는 음모론적 성향이 강하게 깔려 있다. 역사 비평 센터Center for Historical Review(역사 비평 연구소와 혼동하지 말길)에서 발간하는 〈더 '홀로코스트' 뉴스〉 첫 호에서는 "'홀로코스트' 거짓말은, 온 세계 비유대인들 마음을 유대인에 대한 죄책감으로 채워, 시온주의자들이 팔레스타인 사람들에게 차마 입에 담지 못할 만행을 저지르며 그들의 조국을 강탈했을 때 아무런 항의의 목소리도 못 내게 하려는 목적으로 시온주의자-유대인의 대단한 선전기관이 저지른 것"이라고 주장한다(날짜 없음, 1쪽). 홀로코스트 부정론자들은 논증을 전개하면 할수록 그 논증을 더욱 믿게 되고, 유대인을 비롯한 사람들이 반론을 펼치면 펼칠수록, 이스라엘에 대한 원조와 동정심, 주목, 권력 따위를 얻을 수 있도록 유대인들이 홀로코스트를 "지어낸" 모종의 음모가 있다고 더욱 확신하게 된다.

현대의 홀로코스트 부정론에 영향을 끼쳤던 초기의 고전적인 음모론적 사고의 예는 프랜시스 파커 요키가 율릭 배런지라는 필명으로 써서 아돌프 히틀러에게 헌정했던 『절대 제국: 역사와 정치의 철학』([1948] 1969)이다. 역사 비평 연구소 카탈로그는 이 책을 다음과 같이 서술한다. "슈펭글러식 틀을 갖춘 대범한 역사-철학 논문이다. 이 책은 유럽과 서구 세계를 지키기 위해 전투 준비를 할 것을 크게 촉구한다." 역사 비평 연구소 설립자인 윌리스 카르토는 그 책을 통해 홀로코스트 부정론에 입문했다. 『절대 제국』은 히틀러의 국가사회주의를 본뜬 '제국의' 체계를 상세히 써내려 간다. 제국 체계에서는 민주주의가 이울어 갈 것이며, 선거는 끝나게 되고, 권력은 대중의 손에 있게 되고, 실업實業은 공공의 소유가 될 것이다. 요키는 여기서 문제가 되는 것이 바로 '유대인'이라고 생각했다. "유대인들은 오로지 백인들의 유럽-아메리카 인종으로 이루어진 나라들에 복수할 생각으로만 살아가는" 자들이다.

음모론자인 요키는 "문화를 왜곡하는 자들"이 어떻게 서구 세계의 근간을 무너뜨리는지를 기술했다. "유대 교회-국가-민족-국민-인종"의 비밀 작전 때문이라는 것이다(오버트 1981, 20쪽~24쪽). 그리고 히틀러가 어떻게 영웅적으로, 유대인, 아시아인, 흑인, 공산주의자 같은 인종적-문화적으로 열등한 이방인 및 "기생충들"에 맞서서 아리아인종의 순수함을 지켜냈는지 묘사하고 있다.

요키 같은 음모론적 성향은 미국에서는 드문 게 아니다. 리처드 호프스태터는 이를 일러 미국 정치의 "과대망상 스타일"이라고 불렀다. 예를 들어 보자. "잊혀진 소수, 독일계 미국인의 권리를 지키려는" 워싱턴 D.C.의 독일계 미국인 명예 훼손 반대 연맹은 언론을 조작해 허위 사실을 꾸며 내는 언론계의 유대인 거물들을 통속적으로 희화해 "유대인이 과연 언제까지 홀로코스트 신화를 꾸며댈 수 있을까?"라고 묻는 만평을 하나 발표했다. 이 단체에서는 "만일 NASA에 독일인 과학자들이 그대로 복무했다면, 과연 챌린저 호가 폭발했을까?"라고 묻는 광고를 냈다. "우리는 안 그랬을 거라고 생각한다"라고 외친 뒤 이들은, "미국에서 활동하는" 소련의 "제5열 분자들"이 NASA에서 독일인 과학자들을 제거하려고 은밀히 공작해 왔다고 설명한다. 음모론자들은 역사 속에서 갖가지 방식의 악마적 힘들이 줄곧 작동해 왔다고 본다. 이 힘들에는 유대인은 말할 것도 없고, 일루미나티, 성전기사단, 몰타기사단, 메이슨, 프리메이슨, 세계주의자, 노예 제도 폐지론자, 노예 소유자, 가톨릭, 공산주의자, 외교 문제 평의회, 국제 통화 기금, 국제 연맹, 국제 연합, 그 외 다른 많은 것들이 포함된다(밴킨, 웨일런 1995). 그런데 많은 경우 '유대인'이 배후에서 활약하는 것으로 여겨지고 있다.

존 조지와 레어드 윌콕스는 정치적 극단론자들과 비주류 단체들이 가진 성격을 개괄했다. 이는 홀로코스트 부정론의 바탕에 깔린 보다 광범위한 원리들을 고려하는 데 도움이 될 것이다(1992, 63쪽).

1. 자기들은 진리를 알고 있다고 절대적으로 확신한다.
2. 정도에 상관없이 미국은 어떤 음모 집단에 의해 조종된다고 생각한다. 사실 그들은 이 악의 집단이 대단히 막강하며 대부분의 나라를 통제한다고 믿는다.
3. 이들은 상대에게 공공연한 증오를 내보인다. 이 상대들(사실상 극단론자들 눈에는 '적'이나 다름없다)은 '음모'의 일부이거나 동조자로 보이기 때문에, 증오와 경멸의 대상이 될 만하다.
4. 민주주의적 절차를 거의 신뢰하지 않는다. 주로 그들 대부분이 '음모'가 미국 정부에 대단한 영향력을 행사한다고 믿기 때문이며, 따라서 극단론자들은 보통 타협이란 것을 경멸한다.
5. 일부 시민들의 기본적 시민 자유권을 기꺼이 부정한다. 적들에게는 자유권을 가질 자격이 없기 때문이다.
6. 무책임한 고소·고발, 인신공격에 줄기차게 매달린다.

홀로코스트 부정론의 골갱이와 소수 과격파

홀로코스트 부정론 운동은 다른 비주류 운동과 놀랄 정도로 똑같은 식으로 전개되어 왔다. 부정론자들이 의식적으로 창조론자들을 따라 하는 것은 아니기 때문에, 주류로 편입하려고 애쓰는 비주류 집단들에게 공통된 이념적 패턴을 추적해 볼 수 있을 것이다.

1. 운동 초기에는 사회의 극단적 비주류를 대표하는 다양한 구성

원들과 생각들이 있으며, 주류로 진입하는 데는 별다른 성공을 거두지 못한다. (1950년대의 창조론, 1970년대의 부정론)
2. 운동이 전개되면서 규모가 커지면, 일부 구성원들은 급진적 과격파와 거리를 두려고 하고, 과학적이거나 학문적인 신뢰를 갖추려고 애쓴다. (1970년대에 창조론은 '창조과학'으로 이름을 바꿨고, 1970년대에 부정론은 역사 비평 연구소를 설립했다.)
3. 사회적 인정을 받으려 애쓰는 동안, 기존에는 반체제적 수사법에 역점을 두었던 것이, 보다 긍정적인 진술 형태로 바뀌어 간다. (창조론자들은 반진화론적 전술을 포기하고 '균등 시간 할당' 논의를 채택했다. 역사 비평 연구소는 카르토와의 관계를 청산했고, 일반적으로 부정론자들은 인종주의자, 반유대주의자라는 평판을 벗어버리려 애쓰고 있다.)
4. 학교 같은 공공 기관에 진입하기 위해 수정 헌법 제1조를 이용하고, 자기들의 견해를 들려주는 것이 허락되지 않는다면 헌법에 명시된 '표현의 자유'를 어기는 것이라고 주장하곤 한다. (1970년대와 1980년대에 창조론자들은 여러 주에서 균등 시간 할당 법률을 통과시켰다. 캐나다에서 있었던 췬델의 '표현의 자유' 공판〔그림 19〕과, 대학 신문들에 게재한 브래들리 스미스의 광고를 참조하라.)
5. 대중의 주목을 받기 위해서 "증거 하나만 대 보라"고 요구하면서 증명의 부담을 자기 쪽에서 체제 쪽으로 돌리려 한다. (창조론자들은 전이 형태가 존재했음을 증명하는 "화석 하나만 대 보라"고 요구하고, 부정론자들은 유대인이 가스실에서 죽임을 당했다는 "증거 하나만 대 보라"고 요구한다.)

홀로코스트 부정론에는 극단적인 세력이 있으며, 그 소수 과격파 구성원들은 공통적으로 신 나치와 백인우월주의 관점을 취한다. 예를 들어 홀로코스트 부정론자이자 스스로 백인 분리주의자라고 공언한 잭 위코프는 뉴욕에서 〈리마크스Remarks〉를 발행한다. "탈무드적인 유대인은 인류와 전쟁을 치루고 있다"면서 위코프는 이렇게 설명한다. "혁명공산주의와 국제시온주의는 예루살렘을 수도로 하는 전제적인 세계 정부를 세운다는 동일한 목표를 향해 움직이는 쌍둥이 세력들이다."(1990) 위코프는 캘리포니아에서 "R. T. K."란 이름으로 보낸 한 편지에서 이런 성명도 발표했다. "히틀러와 국가사회주의 치하에서 독일군은 백인 인종주의를 배웠고, 그 이후 이 세계에서 다시는 그 같은 웅지를 품은 투사들을 보지 못했다. 우리가 할 일은 유전학과 역사의 사실들을 재교육하는 것이다."(1990) 흥미롭게도 〈리마크스〉는 브래들리 스미스에게 인정받았으며, 위코프는 〈역사 비평 저널〉에서 서평을 쓰고 있다.

또 다른 부정론 소식지 〈인스토레이션Instauration〉 지는 1994년 1월호에 필자를 밝히지 않고 "폭력 범죄를 절반으로 줄이는 방법: 과감한 제안"이라는 제목의 기사를 실었다. 필자의 해법은 나치 시대의 방법이다.

미국에는 3,000만 명의 흑인들이 있고, 이 가운데 절반은 남성이고, 이 남성 중 7분의 1 정도는 16세~26세로, 흑인 인구 중에서 폭력적인 연령층에 해당한다. 3,000만 명의 절반은 1,500만 명이고, 1,500만 명의 7분의 1은 200만 명이 조금 넘는다. 이 말은 범죄를 저지르는 흑인의

그림 19 캐나다에서 '표현의 자유' 공판이 벌어지는 동안 에른스트 췬델은 강제 수용소 죄수복을 입고 추종자들에 둘러싸여 등장했다. 추종자들은 유대인과 언론 매체에 대한 흔한 음모론 문구가 적힌 플래카드를 들고 있니. 1985년. (에른스트 췬델이 세공한 사진.)

수가 3,000만 명이 아니라 200만 명이라는 얘기이다. 스탈린 시대 소련의 강제 노동 수용소 굴라크의 수용 인원은 1,000만 명에 이를 때가 여러 번 있었다. 미국은 훨씬 뛰어난 첨단 기술을 갖고 있기 때문에, 그 20퍼센트에 불과한 200만 명 정도는 너끈히 수용할 수 있고, 그만한 수용소를 운영할 능력이 있음이 틀림없다. 마약도 하지 않고 전과도 없는 흑인들의 경우, 심리 검사와 유전자 검사를 거쳐 폭력 행위의 아무런 흔적이 발견되지 않으면 수용소에서 석방될 것이다. 석방되지 못하고 억류된 대다수 흑인들의 경우, 27세 생일이 되면 가장 구제 불능의 '젊은이들'을 제외하고 수용소를 나가게 될 것이다. 그러면 그들을 대신해 들어올 16세의 잠재적 범죄자들을 새로 맞을 공간이 생긴다.(6쪽)

네브래스카 주 링컨 시에서 출발한 국가사회주의자 독일 노동자당 해외조직(NSDAP/AO)은 격월간 신문 〈더 뉴 오더〉를 발행한다. 여기서는 스와스티카 핀, 깃발, 완장, 열쇠고리, 메달, 나치 진위대 군가와 연설문, '백인의 힘'이 새겨진 티셔츠, 그리고 백인의 힘, 신나치, 히틀러, 반유대주의를 선전하는 온갖 종류의 책과 잡지를 주문할 수 있다. 1996년 7월/8월호에서는 "늦어도 기원후 2022년까지는 (에이즈 감염으로 인해) 지구상에서 흑인들이 완전히 멸종하게 될 것"이라고 주장한다. 이런 "기분 좋은" 소식을 전하는 글 아래에는 "나치의 날을 즐기세요!"라는 표어를 두른 사람이 행복한 얼굴로 앉아 있다. 아우슈비츠에 관해서는 독자들에게 이렇게 말한다. "독일 특유의 체계적인 정밀함 덕분에, 각각의 모든 사망자가 기록되고 분류되었다. 3년 동안 사망자 수가 적었다는 것은 사실상 폴란드의 나치 친위대 노동 수용소 환경이 얼마나 인도적이고 청결하고 건강했는지를 보여 주는 증거이다!" 말할 것도 없이 여기서 문제는 "유대 놈들이 자기네들의 사악한 거짓말과 편집증적 박해 콤플렉스를 지지하려고 진실을 이용해 먹을 것"이라는 점이다.(4쪽)

마크 웨버, 데이비드 어빙 등의 부정론자들은 홀로코스트 부정론의 이런 급진적 측면으로부터 적극적으로 거리를 두려고 했다. 예를 들어 웨버는 이렇게 항변했다. "이게 우리랑 무슨 상관이죠? 루 롤린스는 한때 역사 비평 연구소를 위해 일했습니다. 〈리마크스〉는 극단적입니다. 한때는 저들 역시 이렇다 할 수정주의자들이었습니다. 그런데 〔출판인 잭 위코프〕는 지금 점점 더 인종주의적 문제에 몰입하고 있습니다. 〈인스토레이션〉은 인종주의 잡지이죠. 우리가 제시할 몇 가지 것들에 저들이 동의한다면야 저들을 우리 일원으로 생각하겠지만, 사실은 아무런 관계도 없습니다."(1994b) 그러나 이 사람들을 비롯하여 이들과 관련 있는 다른 사람들도 스스로를 "홀로코스트 수정주의자"라고 부르며, 그들이 쓴 글들은 표준적인 부정론 논증과 역사 비평 연구소의 부정론자들을 참고한 것으로 가득 차 있다. 게다가 홀로코스트 부정론의 영역 전반에 걸쳐서 에른스트 췬델은 부정론 운동의 영적인 지도자로 인정받고 있다.

예를 들어 『홀로코스트 사기에 대한 이야기』는 로베르 포리송과 에른스트 췬델에게 헌정된 책이며, 브래들리 스미스와 루 롤린스에게 감사의 말을 전하고 있다. 열네 쪽에 걸쳐 유대인과 "홀로코스트 사기Holohoax"를 묘사한 저속한 만화가 이어진 뒤, 글쓴이의 이런 말이 나온다. "'홀로코스트'라는 조지 오웰식 신어新語(조지 오웰의 소설

『1984』에 등장하는 개념. 가상 국가 오세아니아의 정치 통제 기구인 당은 당원들이 이단적인 생각이나 행동 자체를 하지 못하도록 기존의 언어를 줄이는 대신 새로운 언어인 신어Newspeak를 창조한다—옮긴이) 항목으로 느슨하게 분류되어 있는, 가스실에서 살상이 벌어졌다는 엉터리 우화들은 서구 세계의 비공식적 국교가 되어 왔다. 정부, 공립학교, 언론 매체들은 이런 불건전하고 허황된 죽음의 풍경을 젊은이들에게 주입시키고, 독일 국민에 대한 집단적 비방·증오 선전의 형태로 죄의식을 심어 준다."(하우스 1989, 15쪽)

 모든 부정론자들이 똑같지는 않지만, 모든 홀로코스트 부정론의 중심에 인종주의, 편집증, 똑바로 유대인을 향해 있는 음모론적 사고가 있는 것은 사실이다. 그들의 말을 들어 보면 형편없는 반유대주의부터 보다 교묘하게 침투력 있는 형태의 반유대주의까지가 녹아들어 있다. 이를테면 "제 친한 친구들 중에 유대인도 몇 명 있습니다. 그러나……" 또는 "저는 반유대주의자가 아닙니다. 그러나……" 이렇게 말한 다음에는 "유대인들"이 하는 온갖 짓들을 늘어놓는 장광설이 이어진다. 부정론자들로 하여금 기대하는 것을 추구하고 찾아내도록 이끄는 것, 자기들이 이미 믿는 것을 굳히게 하는 것이 바로 이런 편견이다. 그들은 왜 홀로코스트가 일어나지 않았다고 말하는 걸까? 누구에게 묻느냐에 따라, 그 대답은 역사에 대한 관심 때문일 수도 있고, 돈 때문일 수도, 심술, 평판, 이념, 정치, 두려움, 과대망상, 증오 때문일 수도 있다.

CHAPTER 14

홀로코스트가 일어났다는 걸 어떻게 알까?

폭로라는 말은 사람들에게 대부분 부정적인 어감을 풍긴다. 그러나 비상식적인 성질의 주장(홀로코스트 부정론도 확실히 이에 속한다)에 대응하려 할 때, 폭로는 큰 쓸모가 있다. 어쨌든 폭로할 만한 허튼 주장들이 많이 있다. 그러나 여기서 나는 단순한 폭로 이상을 의도하고 있다. 곧, 부정론자들을 폭로해 나가면서 홀로코스트가 정말로 일어났다는 걸 어떻게 알 수 있는지도 보여 주려 한다. 홀로코스트는 대부분의 역사학자들이 의견을 함께 하는 어떤 특정 방식으로 일어났던 사건이다.

많은 부정론자들이 믿는 것처럼, 홀로코스트에 관한 진실에는 결코 수정되지 못할 불변의 규범 따위는 없다. 홀로코스트를 공부해 보면, 특히 홀로코스트 역사학자들이 주관하는 회의와 강연에 참석하고 그들의 논쟁을 따라가다 보면, 홀로코스트의 크고 작은 점들을 놓고 무수한 내분이 있음을 알아챌 것이다. 1996년 『히틀러의 자발적인 집행자들』에서 다니엘 골드하겐은 단순히 나치뿐만 아니라 '평범한' 독일인들도 홀로코스트에 관여했다고 주장했다. 이 책을 놓고 야단법석이 벌어진 것을 보면, 정확히 무엇이, 언제, 왜, 어떻게 일어났는지 홀로코스트 역사학자들 사이에서 확정된 것이 아무것도 없음을 알 수 있다. 그럼에도 불구하고 홀로코스트 학자들이 논쟁을 벌이는 점들과 부정론자들이 내세우는 점들 사이에는 심연이 자리하고 있다. 부정론자들은 일차적으로 인종을 기초로 한 의도적인 집단 학살이 벌어졌다는 것, 대량 살상을 목적으로 가스실과 소각로를 계획적으로 사용했다는 것, 유대인 희생자 수가 5백만 명에서 6백만 명에 이른다는 것을 부정한다.

홀로코스트 부정론자들의 방법론

홀로코스트 부정론의 세 가지 축을 이야기하기에 앞서, 부정론자들이 사용하는 방법론, 곧 그들의 논증 방식을 잠깐 살펴보도록 하자. 부정론자들이 저지르는 추론의 오류들은 창조론 같은 다른 비주류 집단들이 저지르는 오류와 섬뜩할 정도로 비슷하다.

1. 부정론자들은 상대의 허점을 집중 공략한다. 반면 자기네 입장에 대해서는 확정적으로 말하는 것이 거의 없다. 이를테면 부정

론자들은 목격자들 진술 사이의 불일치를 강조한다.
2. 부정론자들은 학자들이 반대 논변을 펼치다가 저지른 실수들을 활용한다. 곧 상대가 내린 결론 중 몇 가지가 잘못되었기 때문에, 그 결론이 모두 잘못된 것이 틀림없는 것처럼 보이게 한다. 부정론자들은 지금은 허구로 밝혀진 사람 비누 이야기를 지적하고는, 역사학자들이 아우슈비츠에서 죽은 유대인 수를 4백만 명에서 1백만 명으로 줄여 생각한다면서 "홀로코스트 규모가 대폭 축소되었다"고 얘기한다.
3. 부정론자들은 자기들 입장을 튼튼히 하기 위해 주류 학계의 저명한 인사들의 말을 인용하지만, 대개 맥락을 무시한다. 이를테면 부정론자들은 예후다 바우어, 라울 힐버그, 아르노 마이어, 심지어 나치 지도부의 말까지 인용한다.
4. 부정론자들은 어떤 분야 내의 문제들을 놓고 학자들 사이에서 벌어지는 순수하고 허심탄회한 논쟁들을 그 분야 전체의 존립을 문제시하는 논쟁으로 오해한다. 이를테면 홀로코스트의 전개를 두고 벌어진 의도주의 대 기능주의 논쟁을 마치 홀로코스트가 정말로 일어났느냐의 여부를 놓고 벌어진 논쟁으로 생각해 버린다.
5. 부정론자들은 알려지지 않은 것에 초점을 맞추고, 알려진 것은 외면해 버린다. 그리고 들어맞는 데이터는 강조하고 들어맞지 않는 데이터는 무시한다. 이를테면 그들은 가스실에 대해서 우리가 알지 못하는 것에만 집중하고, 가스실이 대량 살상에 사용되었음을 뒷받침하는 목격자들의 진술과 법의학적 검증을 모두

무시해 버린다.

오랜 세월 많은 나라의 관련 연구자들이 수천 건의 보고서와 문서 자료를 발표하고, 수백만 개의 단편적 단서들을 모아 온 덕분에 홀로코스트에 대한 증거는 풍부해졌다. 그래서 어떤 면에선 부정론자들의 견해를 뒷받침하는 것으로 해석할 수도 있을 증거도 충분히 있다. 전후 나치에 대한 뉘른베르크 전범 재판에서 나온 증언을 부정론자들이 다루는 방식을 보면, 그들이 증거를 어떤 식으로 다루는지 전형적인 면모를 살필 수 있다. 한편으로 부정론자들은 뉘른베르크 전범 재판이 승리자들이 마련한 군사 재판이었다는 이유로 거기서 나온 자백을 미덥지 못하다며 무시해 버린다. 마크 웨버에 따르면, 그 증거는 "주로 강제로 받아낸 자백, 위증, 조작된 자료로 구성되어 있다. 전후 뉘른베르크 전범 재판이 정치적인 동기에서 마련된 소송이었다는 점은 진실을 확인하기보다는 패전국 시노자들을 깎아내리려는 취지가 더 강했음을 의미한다."(1992, 201쪽) 그러나 웨버도 다른 어느 누구도 자백의 대부분이 강요에 의한 것이며, 위조되었고, 조작되었다고 증명하지는 못했다. 설사 부정론자들이 일부 자백이 부정하게 이루어졌음을 증명할 수 있다 하더라도, 모든 자백이 그렇다는 뜻은 아니다.

다른 한편으로 부정론자들은 자기들 논증을 뒷받침한다 싶으면 여지없이 뉘른베르크 전범 재판의 증언을 인용한다. 예를 들어 부정론자들은 홀로코스트가 벌어졌으며 거기에 관여했다고 말한 나치의 증언은 거부하면서도, 알베르트 슈페어처럼 홀로코스트에 대해서는 아무것도 모른다고 말했던 나치의 증언은 받아들인다. 그러나 이런 경우에서조차 부정론자들은 보다 심도 있는 분석은 피한다. 실제로 재판에서 슈페어는 자기는 말살 계획에 대해서는 아무것도 모른다고 진술했다. 그런데 슈페어는 슈판다우 일기에서 의미심장한 말을 남겼다.

> 1946년 12월 20일. 모든 일은 이렇게 귀결된다. 히틀러는 항상 유대인을 미워했다. 히틀러는 아무 때나 그 미움을 조금도 숨기지 않고 토로했다. 수프를 마시고 야채가 차려지기를 기다리면서, 그는 상당히 조용하게 이런 말을 툭 내던지기도 했다. "나는 유럽에서 유대인을 절멸시키고 싶네. 이 전쟁은 국가사회주의 대 전 세계 유대인의 결전이지. 결국 어느 한쪽은 무릎을 꿇게 될 거야. 우리 쪽이 그러지 않을 건 확실해." 그래서 내가 법정에서 한 증언은 참이다. 나는 유대인 살상에 대해 아는 바가 아무것도 없었다. 그러나 그건 오로지 표면적으로만 참일 뿐이다. 증인석에 오랜 시간 앉아 있는 동안, 그 질문을 듣고 대답하는 것이 내겐 가장 힘든 순간이었다. 내가 느꼈던 건 두려움이 아니라 부끄러움이었다. 나는 그걸 알았던 거나 다름없었는데도, 아무 말도 않고 가만히 있었던 것이다. 식탁에서 내가 보였던 얼빠진 침묵에 대해, 나의 도덕적 불감증에 대해, 수없이 벌였던 탄압 행위에 대해 부끄러움이 일었던 것이다. (1976, 27쪽)

마티아스 슈미트는 『알베르트 슈페어: 신화의 끝』에서 최종 해결을 지원했던 슈페어의 활동을 상세히 서술하고 있다. 그 몇 가지를 들어보면, 슈페어는 1941년 베를린에서 유대인 소유의 아파트 23,765채를 압류할 계획을 세웠다. 그리고 75,000명 이상의 유대인이 동부로 강제 이송된 것도 알고 있었다. 개인적으로 마우트하우젠 강제 수용소를 시찰해서, 건축 자재의 물량을 축소할 것을 지시하고, 배급품들을 다른 곳에서 쓰도록 재배치했다. 1977년에 슈페어는 한 신문 기자에게 이렇게 말했다. "무엇보다도 유대인 박해와 수백만 명의 살상을 승인했다는 점에서 아직까지 죄책감을 느낍니다."(1984, 181~198쪽) 부정론자들은 뉘른베르크 전범 재판에서 슈페어가 한 증언은 인용하면서, 그 증언에 대해 슈페어가 부연 설명한 것은 모두 무시해 버린다.

누가 증명의 부담을 지고 있는가?

우리가 무엇을 논하려고 하든, 우리가 내린 결론을 보강해 주는 추가적인 다른 증거도 살펴야 한다. 역사학자들은 고고학이나 고생물학처럼 역사와 관련된 분야의 과학자들이 쓰는 것과 똑같은 일반적인 방법을 써서 홀로코스트가 실제로 일어났음을 알아낸다. 윌리엄 휴월은 이를 "귀납의 일치"라 일렀는데, 곧 증거의 수렴을 뜻하는 말이다. 부정론자들은 홀로코스트 구조에서 사소한 결함을 하나라도 찾아내면 전체 구조가 무너질 것이라고 여기는 듯하다. 바로 이것이 그들 추리가 가진 근본적인 결함이다. 홀로코스트는 단일한 사건이 아니었다. 홀로코스트는 수천수만의 장소에서 벌어진 수천의 사건들이 모인 것이며, 수백만의 데이터 조각들이 하나의 결론으로 수렴되면서 증명된 사건이다. 여기저기에 사소한 오류나 불일치가 있다고 해서 홀로코스트가 논박될 수 있는 것은 아니다. 왜냐하면 무엇보다도 따로 떼어 낸 데이터 조각들로는 홀로코스트를 결코 증명해 내지 못한다는 단순한 이유 때문이다.

예를 들어 진화는 지질학, 고생물학, 식물학, 동물학, 파충류학, 곤충학, 생물지리학, 해부학, 생리학, 비교해부학 따위에서 나온 증거가 하나로 수렴되면서 증명된 현상이다. 이 다양한 분야에서 나온 증거를 하나만 떼어 내서는 '진화'가 있다고 말할 수 없다. 화석 하나는 스냅 사진과 같다. 그러나 어느 지층에서 나온 화석 하나를 같은 종의 화석과 다른 종의 화석들과 함께 연구하고, 다른 층에서 나온 종들과 비교하고, 현대의 유기체들과 대조하고, 다른 장소에서 발견된 종들, 과거와 현재의 종들과 병치시켜 연구하면, 처음에는 스냅 사진에 불과했던 것이 일종의 활동 사진으로 바뀌게 된다. 각 분야에서 모은 증거들이 한데 모여 결국 하나의 웅대한 결론—진화—으로 도약하는 것이다. 홀로코스트를 증명하는 과정도 전혀 다르지 않다. 홀로코스트의 경우 수렴되는 증거는 다음과 같다.

문서 자료: 수천수만의 편지, 메모, 청사진, 명령서, 계산서, 연설문, 기사, 회고록, 자백서.

목격자의 증언: 생존자들, 카포스(나치 수용소에서 지도부의 명령에 따라 포로들을 감시하고 처벌하는 일을 맡았던 사람들을 'Kapos'라고 부르는데, 이 중에는 유대인도 있었다고 한다—옮긴이), 특수 분견대 대

원, 나치 친위대원, 지휘관, 지역민, 홀로코스트를 부인하지 않은 고위급 나치 관리들의 이야기.

사진 자료: 공식적인 군사 사진과 언론 사진, 필름, 민간인이 찍은 사진, 포로들이 은밀하게 찍은 사진, 항공 사진, 독일과 연합국의 영상 자료.

물리적 증거: 강제 수용소, 포로 수용소, 죽음의 수용소 유적들에서 발견되는 유물들. 아직까지 남아 있는 많은 유물들은 원형 그대로인 것도 있고, 재구성된 것도 있다.

인구 통계학적 증거: 부정론자들이 홀로코스트에서 살아남았다고 주장하는 모든 사람들이 실종된 상태.

홀로코스트 부정론자들은 이런 증거의 수렴을 무시하며, 자기들 이론에 맞는 것만 취하고 나머지는 무시하거나 피한다. 역사학자들과 과학자들도 그렇게 할 때가 있지만, 중대한 차이가 있다. 역사학과 과학은 자기-교정의 메커니즘이 있어서, 누군가 오류를 저지르면, 다른 동료에 의해서 말 그대로 '수정된다.' 수정이란 새로운 증거나 기존 증거에 대한 새로운 해석에 기초해서 이론을 고치는 것을 말한다. 정치적 이념, 종교적 신념, 인간적 감정을 기초로 수정이 이루어져서는 안 된다. 역사학자들 역시 감정을 가진 사람들이지만, 결국 역사학이라는 집단적 학문이 사실이라는 알곡에서 감정이라는 쭉정이를 걸러 내기 때문에, 역사학자들은 진정한 수정주의자라고 할 수 있다.

이제 증거의 수렴이 어떻게 홀로코스트를 증명하는지, 부정론자들이 어떻게 데이터를 선택하고 비트는지를 살펴보도록 하자. 생존자 한 명이 아우슈비츠에 있는 동안 유대인을 독가스로 죽인다는 얘기를 들었다고 말한다. 그러면 부정론자는 생존자가 과장해서 말하는 것이며 그 기억은 미덥지 못하다고 말한다. 다른 생존자가 다른 이야기를 들려준다. 세부적인 면에서는 다르지만 아우슈비츠에서 유대인을 독가스로 죽인다는 내용은 비슷하다. 그러면 부정론자는 수용소 전체에 그런 소문들이 퍼져 있었으며, 많은 생존자들이 그 소문을 자기들의 기억으로 짜 넣었다고 주장한다. 전쟁이 끝난 뒤, 나치 친위대원 하나가 가스실과 소각로에서 사람들을 죽이는 걸 실제로 보았다고 자백한다. 그러면 부정론자는 연합국 쪽이 나치들에게서 강제로 받아 낸 자백이라고 주장한다. 그런데 이제 '특수 분견대 Sonderkommandos' 대원—그는 나치를 도와 가스실에서 소각로로 시체들을 옮겼던 유대인이었다—하나가 자기는 그런 이야기를 듣고 직접 보는 데서 그치지 않고 실제로 그 과정에 관여했었다고 말한다. 그러면 부정론자는 그 특수 분견대 대원의 말은 말이 되지 않는다며 일축해 버린다. 다시 말해서 그들이 말하는 시체들의 수가 과장되었으며, 날짜도 일치하지 않는다는 얘기이다. 그렇다면 수용소 지휘관의 얘기는 어떨까? 전쟁이 끝난 뒤, 지휘관은 듣고, 보고, 그 과정에 관여했을 뿐만 아니라, 직접 지휘했다고 자백했다. 그러면 부정론자는 그 사람이 고문을 당했다고 말한다. 그렇다면 재판이 있고 유죄선고를 받고 사형 선고까지 받은 뒤에 쓴 자서전은 어떨까? 거짓말을 해서 얻을 게 아무것도 없을 때 쓴 것인데? 부정론자는 사람들이 터무니없는 범죄를 자백하는 이유를 누가 알겠느냐고 말하지만, 어쨌든 그들은 자백했다.

그 어떤 증언도 단 하나만 떼어 놓으면 '홀로코스트'를 증명하지 못한다. 그러나 그 증언들이 서로 엮이면 패턴이 만들어지고, 한데 이어 붙이면 이야기가 만들어진다. 반면 부정론자들은 그것들을 하나하나 풀어내 버린다. 역사학자들은 "하나라도 증거를" 제시해야 할 필요가 없다. 대신 이번에 여섯 개의 각각 다른 방법으로 얻은 여섯 가지 역사적 데이터를 반박해야 하는 쪽은 부정론자들이다.

그러나 여기서 그치는 것은 아니다. 우리에게는 가스실과 소각로의 사진이 있다. 부정론자는 그것들이 엄밀하게 말해서 몸의 이를 없애고 시체를 처리하는 데 쓰였다고 주장한다. 그리고 연합국의 대독일전으로 독일인들이 유대인들을 자기네 조국으로 추방할 기회를 갖지 못했기 때문에, 대신 사람들로 포화 상태인 수용소에 집어넣었으며, 그곳에 질병과 이가 창궐했다는 것이다. 그렇다면 치클론 B 가스의 대량 주문은 무엇을 의미할까? 엄밀히 말해서 병에 걸린 피수용자들 몸의 이를 박멸할 용도로 사용되었다는 것이다. 그렇다면 아돌프 히틀러, 하인리히 힘러, 한스 프랑크, 요제프 괴벨스가 유대인의 "말살" 운운하는 연설은 어떤 의미가 있을까? 오, 그들이 진정으로 뜻했던 것은 "뿌리 뽑는다"는 것인데, 제국 바깥으로 유대인들을 추방한다는 의미와 같다는 것이다. 그렇다면 아돌프 아이히만이 재판에서 자백한 것은? 자백을 강요당했다는 것이다. 독일 정부에서 나치가 유럽의 유대인들을 말살하려고 했음을 인정하지 않았는가? 인정했다. 그러나 그들은 동맹국들과 재결집하려고 거짓말을 한 것이다.

이제 부정론자가 설명해야 할 증거가 열한 가지가 있는 셈이다.

그 증거들은 일정한 결론으로 수렴되고 있다. 그러나 수렴의 과정은 여기서 그치지 않는다. 만일 6백만 명의 유대인이 죽지 않았다면, 대체 그들은 어디로 갔는가? 부정론자는 그들이 시베리아와 피오리아, 이스라엘과 로스앤젤레스에 있다고 말한다. 그렇다면 왜 서로를 찾아내지 못하는 걸까? 그들은 서로를 찾아낸다. 오랫동안 헤어져 살아온 형제자매들이 수십 년 뒤에 서로 연락이 닿았다는 얘기를 들어보지 못했는가? 그렇다면 수용소 해방을 찍은 사진과 기록영화에 나온 그 많은 시체들과 굶주린 피수용자들은 무엇인가? 그 사람들은 전쟁이 막바지에 이르기 전까지만 해도 충분한 보살핌을 받았다고 부정론자는 말한다. 그러다가 연합군이 독일의 도시들, 공장, 보급선을 무자비하게 폭격한 결과, 수용소로 식량이 들어갈 수 없었다는 것이다. 나치는 씩씩하게 피수용자들을 구하려고 애썼지만, 연합군의 힘이 너무 거셌다는 말이다. 그렇다면 피수용자들이 하나같이 나치의 만행을 이야기하는 것은 무엇인가? 닥치는 대로 총살하고, 구타하고, 비참한 환경, 얼어붙을 듯한 추위, 죽음의 행렬 따위가 다 무엇이란 말인가? 부정론자는 그건 전쟁의 본성이라고 대답한다. 미국인들은 일본계 미국인과 미국에 거주하는 일본인들을 수용소에 구금했고, 일본인들은 중국인들을 가뒀고, 러시아인들은 폴란드인과 독일인을 고문했다. 전쟁이란 그렇게 지옥과 같은 것이다. 나치라고 그들과 다를 것은 전혀 없다는 얘기이다.

이제 우리는 하나의 결론을 향해 수렴되는 열다섯 가지 증거를 갖게 되었다. 부정론자는 자기네 믿음 체계를 포기하지 않겠다고 작정하고, 그 증거들을 모두 하나씩 하나씩 토막 내고 있다. 부정론자는 사후 합리화라고 불러도 될 논리에 기대고 있다. 다시 말해서 자기네 주장과 어긋나는 증거를 사후 추리를 통해 정당화하는 것이다. 그런 다음, 그렇게 합리화한 것을 내놓으며 홀로코스트 역사학자들에게 각각 반박해 보라고 요구한다. 그러나 홀로코스트를 뒷받침하는 증거가 하나로 수렴된다는 것은 역사학자들이 이미 증명의 부담을 충족시켰음을 의미한다. 부정론자가 홀로코스트를 독립적으로 증명하는 개개의 증거 조각을 요구한다는 것은, 이제껏 어느 역사학자도 따로 떼어 낸 증거 하나가 홀로코스트든 뭐든 증명한다고 주장하지 않았다는 사실을 무시하는 처사이다. 우리는 증거를 전체의 일부로서 검토해야만 하며, 그렇게 할 때 홀로코스트는 증명된 것으로 간주할 수 있다.

유대인 말살은 의도된 것이있는가?

홀로코스트 부정론의 첫 번째 중심축은 히틀러와 추종자들이 일차적으로 인종을 기초로 한 집단 학살을 의도하지 않았다는 것이다.

아돌프 히틀러

부정론자들은 우두머리부터 시작하기 때문에, 나도 그렇게 할 생각이다. 1977년 『히틀러의 전쟁』에서 데이비드 어빙은 히틀러가 홀로코스트에 대해서 몰랐다고 주장했다. 그리고 얼마 뒤, 어빙은 자신의 주장을 실제로 증명해 보이려 했다. 누구든 히틀러가 홀로코스트를 명령했다는 증거―구체적으로 말하면 기록으로 남은 자료―를 찾아낸 자에게 1,000달러를 주겠다고 약속했던 것이다. 내가 '스냅 사진의 오류'―역사라는 필름에서 한 프레임만 떼어 내는 것―라고 부르는 것의 고전적인 전형을 보이며, 어빙은 『히틀러의 전쟁』 505쪽에서 1941년 11월 30일 힘러의 통화 기록을 재현해 놓았다. 나치 친위대 총책임자 하인리히 힘러는 볼프샨체의 히틀러 벙커에서 〔친위대 휘하 제국 중앙 보안국(RSHA) 부책임자였던〕 리하르트 하이드리히에게 전화를 걸어 "유대인 '몰살'이 있어서는 안 된다는 명령"을 전했다.('늑대 굴'이라는 뜻의 '볼프샨체Wolfschanze'는 제2차 세계대전 당시 독일군의 동부 전선 지휘 사령부를 일컫는 암호명이었다―옮긴이) 이 기록을 근거로 어빙은 "총통은 유대인을 몰살해서는 안 된다는 명령을 내렸"다고 결론을 내린다(1977, 504쪽).

그러나 스냅 사진을 볼 때에는 그것을 둘러싼 프레임들과의 맥락 속에서 봐야만 한다. 라울 힐버그가 지적한 것처럼, 그날 일지 제목의 전문은 다음과 같다. "베를린 발 유대인 수송 열차. 몰살은 안 된다." 여기서 유대인 수송 열차가 가리키는 것은 하나의 특정 수송 열차를 가리킬 뿐, 유대인 전체를 가리키는 것이 아니었다. 힐버그는 이렇게 말한다. "그 수송 열차에 탄 유대인은 몰살되었다. 그 명령은 무시되었거나, 너무 늦게 하달되었다. 수송 열차는 이미 리가(라트비아의 수도)에 도착했고, 저들은 이 수천 명의 사람들을 어떻게 해야 할지 몰랐다. 그래서 바로 그날 저녁에 모두 총살해 버렸다."(1994) 나아가 히틀러가 유대인 몰살 명령에 거부권을 행사한 것은 몰살 행위가 이미 진행 중인 일이었음을 암시한다. 이 정도만으로도 어빙의

1,000달러짜리 도전 과제는 물론, 로베르 포리송이 하나만이라도 제시하라고 요구했던 '증거'도 충족된다. 유대인 말살이 진행되고 있지 않았다면, 히틀러가 특정 수송 열차의 유대인 말살을 저지시킬 필요를 느꼈겠는가? 게다가 일지 제목만 보더라도 홀로코스트 명령을 내린 인물이 힘러나 괴벨스가 아니라 히틀러였음을 증명해 준다.

히틀러가 담당한 구실에 대해 슈페어는 이렇게 말했다. "나는 히틀러가 기술적인 문제들에까지 크게 관여했을 거라고는 생각지 않는다. 그러나 총살부터 가스실 처형까지의 결정만큼은 모두 히틀러가 내렸을 것이다. 이유는 단순하다. 내가 아주 잘 알고 있는 이유이다. 무엇에 관한 것이건 히틀러의 승인이 없이는 주요 결정은 결코 이루어지지 않았기 때문이다."(세레니 1995, 362쪽) 이스라엘 구트만은 이렇게 지적했다. "히틀러는 유대인과 관련된 모든 주요 결정에 개입했다. 히틀러 주변에 있는 사람들은 모두 별의별 계획과 발의를 가지고 찾아왔다. 히틀러가 〔'유대인 문제'를 해결하는 데〕 관심이 있다는 걸 알았기 때문에, 그를 기쁘게 하고 싶어 했고, 그의 의도와 정신을 실현할 최초의 사람이 되고 싶어 했다."(1996)

그렇다면 유대인 말살을 명령한 히틀러의 구체적인 명령서가 있느냐 없느냐는 중요하지 않다. 왜냐하면 문자로 또박또박 적을 필요가 없었기 때문이다. 홀로코스트는 "법이나 지령의 산물이라기보다는 정신의 문제, 공유된 이해, 뜻의 일치, 시기의 일치 문제였다."(힐버그 1961, 55쪽) 히틀러의 연설과 저술에서 이런 정신은 뚜렷하게 나타난다. 정치권을 배회하던 초창기부터 베를린의 벙커에서 신들의 황혼을 맞은 최후까지, 히틀러는 유대인에 대한 원한을 버리지 않았다. 1922년 4월 12일, 나중에 〈푈키셔 베오바흐터Völkischer Beobachter〉 신문에 발표된 뮌헨 연설에서 히틀러는 청중에게 이렇게 말했다. "유대인은 국민을 분해하는 효소 같은 자들입니다. 이 말은 유대인의 본성이 파괴이기 때문에, 그들은 파괴 활동을 할 수밖에 없다는 뜻입니다. 유대인에게는 하나같이 공동선에 봉사한다는 관념이 전혀 없기 때문입니다. 그들에게는 천부적인 성질이 있으며, 그것을 결코 스스로에게서 없애 버릴 수 없습니다. 유대인은 우리에게 해로운 자들입니다."(스나이더 1981, 29쪽) 23년 뒤인 1945년, 자기가 이룬 세계가 주변에서 붕괴하고 있을 때, 히틀러는 이렇게 말했다. "나는 눈을 부릅뜨고 전체 세계를 시야에 담고서 유대인과 싸웠다…… 나는 이 유럽의 기생충들이 종국에는 말살될 것이라고 확신했다."(1945년 2월 13일; 잭켈 1993, 33쪽) 그리고 "무엇보다도 나는 국가 지도자들과 그 휘하 사람들에게 인종법을 빈틈없이 준수하고, 만인에게 독소가 되는 국제 유대인종에게 가차 없이 맞서라고 지시했다."(1945년 4월 29일; 스나이더 1981, 521쪽)

그 23년 동안 히틀러는 이와 비슷한 성명을 수백 차례 했다. 1939년 1월 30일 연설에서는 이렇게 말했다. "오늘날 저는 다시 한번 선지자가 되려 합니다. 유럽 안팎 국제 금융계의 유대인들이 틀림없이 한번 더 국가들을 세계 전쟁으로 내몰 것이며, 그 결과는 전 세계의 볼셰비키화와 유대인의 승리가 아니라, 유럽 유대인종의 절멸이 될 것입니다."(잭켈 1989, 73쪽) 히틀러는 헝가리 국가 원수에게 이런 말까지 했다. "폴란드에서는 이 상황이……깨끗이 해결되었소. 일하고 싶어 하지 않은 폴란드의 유대인들은 총살되었소. 일할 능력이 없는 유대인들은, 건강한 몸을 감염시킬 우려가 있는 결핵균 취급을 받았소. 산토끼나 사슴처럼 제아무리 자연의 순결한 피조물일지라도 병에 감염되면 다른 것들에게 피해를 입히지 못하도록 죽여야 한다는 걸 기억한다면, 이건 잔인한 처사가 아니오. 우리를 볼셰비키주의로 몰아가려는 저 짐승들을 이 순결한 짐승들보다 더 살려 둘 까닭이 어디 있겠소?"(세레니 1995, 420쪽) 히틀러가 홀로코스트를 명령했음을 증명하는 말을 얼마나 더 많이 인용해야 하는가? 백 가지? 천 가지? 만 가지?

나치 엘리트가 보는 말살

데이비드 어빙을 비롯한 부정론자들은 'ausrotten'이라는 낱말을 가지고 교묘한 의미론 놀이를 벌임으로써 히틀러의 연설들이 확실한 증거가 아닌 것처럼 들리게 만든다. 현대의 독일어 사전들에 나와 있는 바에 따르면, 이 말은 "말살하다, 근절하다, 파괴하다"라는 뜻이다. 유대인과 관련하여 나치가 행한 무수한 연설과 문서 기록에서 이 낱말을 찾아볼 수 있다. 그런데 어빙은 'ausrotten'이 정말로 의미하는 것은 "짓밟다 또는 뿌리를 뽑다"를 뜻한다고 말하며 이렇게 주장한다. "'ausrotten'이라는 말은 지금 1994년에는 한 가지를 의미하지만, 아돌프 히틀러가 그 낱말을 사용했을 당시에는 아주 다른 뜻을 가졌다." 그러나 옛날 사전들을 검토해 보아도 'ausrotten'이 언제나 "말살하다"라는 뜻을 가졌음을 확인할 수 있다. 어빙의 답변은 사후 합리화의 또 다른 예이다.

서로 다른 사람이 다른 낱말을 사용하면 다른 것을 의미하기 마련입니다. 여기서 중요한 문제는 히틀러가 말했을 때 그 낱말이 무슨 의미로 사용되었느냐는 것이죠. 저는 우선 1936년 8월, 4개년 계획에 나온 유명한 비망록에 주목하고 싶습니다. 거기서 아돌프 히틀러는 이렇게 말합니다. "우리는 소련과의 일전을 치룰 수 있도록 앞으로 4년 안에 우리 병력을 전투 상태로 돌입시킬 것이다. 만일 소련이 독일을 침략하기라도 한다면, 독일 국민이 '뿌리 뽑히는ausrotten' 결과를 가져올 것이다." 여기서 그 낱말이 쓰이고 있죠. 히틀러가 말 그대로 8천만 독일 국민이 몰살된다는 의미로 그 낱말을 사용했을 리는 만무합니다. 히틀러가 뜻한 것은 소련의 침략으로 인해 일종의 권력 인자였던 독일 국민이 거세될 것이라는 얘기입니다. (1994)

이 말을 듣고, 나는 미군에 대한 아르덴 공격과 관련해서 있었던 1944년 12월 회의에서 히틀러가 장성들에게 "사단 하나하나를 '뿌리 뽑으라ausrotten'"고 명령했던 것을 지적했다. 과연 히틀러가 미군 사단 하나하나를 아르덴 밖으로 수송하라는 명령을 내렸던 것일까? 어빙은 이렇게 반박했다.

1939년 8월에 했던 히틀러의 연설과 비교해 봅시다. 거기서 히틀러는 폴란드와 관련하여 이렇게 말합니다. "우리는 폴란드의 생존 병력을 파괴할 것이다." 이건 어느 지휘관이나 하는 일입니다. 대적한 적의 병력은 파괴해야 하는 것입니다. 어떻게 그들을 파괴하느냐—여기서는 어떻게 "그들을 들어내느냐"라고 하는 게 더 낫겠습니다만—는 비물질적인 것입니다. 체스판에서 졸들을 들어내면, 그것들은 없어지는 것입니다. 미군들을 포로로 잡으면, 그들이 포로 상태에 있든 죽은 상태이든 상관없이 그들은 똑같이 무력해진 것입니다. 여기서 'ausrotten'이 의미하는 바가 바로 이것입니다. (1994)

그렇다면 루돌프 브란트가 사용한 그 낱말의 의미는 무엇일까? 제국 군의관 나치 친위대 소장 그라비츠 박사에게 나치 친위대 소령 브란트는 "국가를 괴롭히고 있는 결핵의 '박멸Ausrottung'"에 대해서 문의했다. 그로부터 1년 뒤, 이제 중령이 된 브란트는 하이드리히의 후계자로 RSHA 책임자가 된 에른스트 칼텐브룬너에게 이렇게 적어 보냈다. "점령 치하 유럽에서 가속화되고 있는 유대인 '근절Ausrottung'에 관한 언론 보도문의 개요를 보내 드립니다." 결핵과 유대인을 처리하는 동일 과정을 논의하면서 동일 인물이 동일한 낱말을 쓰고 있다(그림 20). 이 문맥들에서 'ausrotten'이 "말살" 이외의 무엇을 의미할 수 있겠는가?

한스 프랑크가 이 낱말을 사용한 경우는 또 어떨까? 1940년 10월 7일에 열린 나치 회합에서 프랑크는 점령 치하 폴란드 총독 정부 수장으로 있으면서 첫 1년 동안 기울인 노력을 이렇게 요약했다. "1년 만에 이[蝨]와 유대인을 뿌리 뽑을 수는 없었습니다. 그러나 시간이 흐르고, 여러분들이 저를 도와준다면, 목적은 이루어질 것입니다." (뉘른베르크 재판 기록 3363-PS, 891쪽) 1941년 12월 16일, 프랑크는 곧 있을 반제 회의와 관련하여 크라카우 총독 집무실에서 열린 한 정부 회의에서 이렇게 발언했다.

```
Der Reichsführer-SS                        Führer-Hauptquartier
Persönlicher Stab                          12. Febr. 42
Tgb.Nr. AR/236/7
Bra/S.

1.) An den
    Reichsarzt-SS
    SS-Gruppenführer Dr. G r a w i t z
    B e r l i n .

    Lieber Gruppenführer!

         Ich übersende Ihnen anliegend den Durchschlag
    einer Denkschrift, die ein Herr Dr. B l o m e  an den
    Reichsleiter Bormann über die Ausrottung der Tuberkulose
    als Volkskrankheit eingereicht hat. Die Zusendung an den
    Reichsführer-SS ist von SS-Oberführer Prof. Dr. Garlach er-
    folgt.
                           H e i l   H i t l e r !
                           Ihr gez. R. B r a n d t

    1 Anlage.                          SS-Sturmbannführer
```

```
Der Reichsführer-SS    Feld-Kommandostelle, den 22.2.43
Persönlicher Stab
Tgb.-Nr. 39/13/43 g
Me/U.

An den
Chef der Sicherheitspolizei und des SD
B e r l i n .

    Im Auftrage des Reichsführers-SS übersende ich in der
Anlage eine Pressemeldung über die beschleunigte Ausrottung der
Juden im besetzten Europa.
                                 i.A.
    2 Anlagen.                   SS-Obersturmbannführer.
```

The Reichsführer SS   Field Command Post
Personal Staff   Secret   Feb. 22, 1943
(Diary Entry No.)

To: Chief of Sicherheitspolizei [Security Police] and
    SD [Security Service]
    Berlin

As ordered by the SS Reichsführer, I am sending you the outline
of a press announcement concerning the accelerated extermination
of the Jews [Ausrottung der Juden...] in occupied Europe.
                       On behalf of

                              SS Obersturmbannführer

Two Enclosures

The "Ausrotten" Debate—the Meaning of "Extermination."

The February 12, 1942, memo from SS Sturmbannführer Rudolf Brandt to the SS Reichsdoctor Dr. Grawitz, proves that he means "to kill" TB when speaking of the "Ausrottung der Tuberkulose" in the first paragraph, as he does in the second document which translates ". . . concerning the accelerated extermination of the Jews in occupied Europe." The same man is using the same word to discuss the same process of extermination for both TB and Jews. Documents and translation courtesy of National Archives, Washington, DC.

그림 20 루돌프 브란트가 1942년 2월 12일에 나치 친위대 제국 군의관 소장 그라비츠 박사에게 "결핵의 박멸"에 관해 적어 보낸 것(위)과 1943년 2월 22일에 RSHA 책임자 에른스트 칼텐브루너에게 "가속화 되고 있는 유대인 근절"에 관해 보고한 것(아래). 여기서 '박멸'이나 '근절'로 쓴 'Ausrottung'은 '말살'을 의미한다. (기록 원본을 번역, 국가 기록 보관청, 워싱턴, D. C.)

현재 총독 정부 관할 지역 내에는 약 250만 명의 유대인, 그들의 일가붙이들, 갖가지 연줄로 연계된 유대인을 합하여 350만 명의 유대인이 있습니다. 이 350만 명의 유대인을 총으로 쏘아 죽일 수도, 독가스로 죽일 수도 없습니다. 그러나 어떻게든 유대인 절멸이라는 목표를 달성할 수 있도록 대책을 강구해야 할 것입니다. 그 일은 제국과 함께 의논하게 될 대大 조치와 연계해서 이루어질 것입니다. 제국의 경우처럼, 총독 정부의 영토에서도 유대인은 반드시 사라져야 합니다. 이 일이 어디서 어떤 방법으로 일어나느냐는 것은 앞으로 반드시 만들어져 사용하게 될 수단의 문제입니다. 그 효과에 대해서는 조만간 여러분께 알려 드리겠습니다.(기록 원본을 번역, 국립 문서 기록 보관청, 워싱턴 D.C., T922, PS 2233)

어빙을 비롯한 부정론자들 주장처럼, 만일 최종 해결이 제국 밖으로의 추방을 의미했다면, 여기서 프랑크는 이〔蝨〕를 기차에 태워 폴란드 밖으로 보낼 계획을 세우고 있다는 뜻이란 말인가? 게다가 프랑크가 총과 독가스로 죽이는 것 외의 수단을 통한 유대인 말살을 언급하는 이유가 뭐란 말인가?

베를린 지구당 위원장이자 제국 선전 장관이며 총력전을 위한 제국 전권 위원이었던 요제프 괴벨스의 일기에는 이런 내용들이 있다.

1941년 8월 8일. 바르샤바 게토의 발진티푸스 확산에 관하여. "언제나 유대인들은 감염성 질병의 보균자였다. 따라서 그들을 게토에 몰아넣어 저희들끼리 살게 하거나 몰살해야만 한다. 그러지 않으면 유대인들 때문에 문명국가의 사람들까지 감염될 것이기 때문이다."

1941년 8월 19일. 히틀러 사령부를 방문한 뒤. "총리께서는 제3제국 의회에서 했던 예언이 현실이 되어 가고 있다고 확신하신다. 유대인이 또다시 새로운 전쟁을 성공적으로 일으킬 것이 틀림없으며, 그 결과는 유대인의 절멸이 될 것이라는 예언 말이다. 몇 주나 몇 달 내에 그 예언이 실현될 것은 거의 불길한 느낌마저 들 정도로 확실하다. 동부에서 유대인은 그 대가를 치르고 있으며, 독일에서는 이미 부분적으로 대가를 치렀다. 그러나 앞으로 그들은 더욱 혹독한 대가를 치를 것이다."(브로차트 1989, 143쪽)

힘러 또한 'ausrotten'을 이야기하는데, 이것 역시 부정론자들의 단어 정의를 부정하는 증거이다. 예를 들어 1937년 1월, 기독교의 역사에 대한 강연에서 힘러는 나치 친위대 소장들에게 이렇게 말했다. "초기 기독교도들을 '말살했던ausrotten' 로마 황제들은 지금 우리가 공산주의자들을 상대로 하고 있는 바로 그 일을 했었다고 나는 확신한다. 당시 기독교도들은 로마가 수용했던 사람들 중에서 가장 더러운 인간쓰레기들이었다. 곧 그 당시의 가장 더러운 유대인들, 가장 더러운 볼셰비키들이었다."(패드필드 1990, 188쪽) 1941년 6월, 힘러는 아우슈비츠 수용소장 루돌프 회스에게 히틀러가 유대인 문제에 대한 '최종 해결Endlösung'을 명령했다고 전하며, 회스가 아우슈비츠에서 큰 구실을 하게 될 것이라고 했다.

이는 혹 있을 난관이 무엇이든 간에, 모든 사람들이 단결할 필요가 있는 어렵고도 고된 임무입니다. RSHA의 아이히만 소령이 조만간 당신을 찾아가 세부 사항들을 전달할 것입니다. 그 일에 참여할 부서는 추후 적절한 때에 알려 줄 것입니다. 이 명령에 대해서는 당신 상관들에게도 입을 꼭 다물어야 합니다. 유대인은 독일 국민의 영원한 적이기 때문에 반드시 말살되어야만 합니다. 지금 전쟁 동안에 우리 손이 닿을 수 있는 유대인들은 모두 예외 없이 말살될 것입니다. 유대인의 생물학적 뿌리를 파괴하지 못한다면, 장차 언젠가 유대인들이 독일 민족을 절멸시킬 것입니다.(패드필드 1990, 334쪽)

힘러는 이와 비슷한 내용의 불길한 연설을 숱하게 했다. 그중에서 가장 악명이 자자한 것은 1943년 10월 4일 폴란드의 포즈나인에서 나치 친위대 소장들을 대상으로 한 연설로, 테이프에 녹음되어 전한다. 원고를 보고 강연하던 힘러는 제대로 녹음되는지 확인하려고 녹음기를 처음에 잠깐 껐다가, 자기 말이 녹음되고 있음을 알고는 강연을 계속했다. 군사적·정치적 상황, 슬라브 민족과 인종석 혼혈, 독일인의 인종적 우수성이 어떻게 승전에 도움이 될 것인지 따위의 온갖 주제에 관해 세 시간 넘게 연설을 계속했다. 연설이 시작되고 두 시간쯤 지난 뒤, 힘러는 1934년에 있었던 나치당 내 배신자들에 대한 피의 숙청과 "유대인 말살"에 대해 얘기하기 시작했다.

아주 솔직히 말해서 저는 여기서 아주 어려운 문제를 언급하고 싶습니다. 지금 우리끼리는 이 문제에 관해 아주 개방적으로 얘기를 나눌 순 있지만, 결코 공개적으로 의논하지는 않을 것입니다. 1934년 6월 30일, 명령에 따라 조금도 주저하지 않고 우리 임무를 수행하고, 실패한

동지들을 벽 앞에 세워 놓고 처형했을 때, 우리가 그 사실에 대해 결코 입 밖에 내지 않았던 것처럼, 앞으로도 계속 입을 다물 것입니다. 우리끼리 있을 때에도 그것에 대해 결코 왈가왈부하지 않을 만큼 충분히 자명한 의연함을 우리 내부에 갖고 있었음을 신께 감사드립시다. 우리는 결코 그 사실을 입 밖에 내지 않았습니다. 다음번에 그런 일이 필요하게 되었을 때에도 명령이 내려지면 다시 우리가 그 일을 하게 될 것을 알기에, 우리 모두 겁에 질렸지만, 또한 우리 모두 그 점을 분명하게 이해했습니다.

저는 지금 유대인 소개疏開, 곧 유대 민족의 말살을 언급하고 있습니다. 이 문제에 대해서 쉽게 하는 말들이 있습니다. 당원들마다 이렇게 말합니다. "유대인들은 말살될 것이다. 이는 지극히 명백하다. 우리 계획에 들어 있는 일이다. 유대인 제거, 곧 유대인 말살은 이루어질 것이다." 그리고 당원들은 우리에게 몰려와서 이렇게 말합니다. 용감한 8천만 명의 독일인이 있으니, 각자 '고상한 유대인'을 하나씩 맡으면 된다. 물론 독일인을 제외한 다른 자들은 돼지들이지만, 특히 유별난 돼지가 바로 훌륭하다는 유대인이다. 그러나 이런 식으로 말하는 사람들 중 누구도 그걸 본 적도 겪어 본 적도 없었습니다. 이 자리에 있는 여러분 대부분은 100구의 시체가 나란히 누워 있을 때, 500구의 시체가, 또는 1,000구의 시체가 줄지어 누워 있을 때, 그것이 무슨 의미인지를 잘 알고 있을 겁니다. 이를 견디어 온 것이, 동시에 이를 겪고도 고상한 인간성을 잃지 않았다는 것이 — 인간적 약점에서 기인한 경우를 제외하고 — 우리를 강인하게 만들었습니다. 이는 이제까지 쓰이지 않았으며, 앞으로도 결코 쓰이지 않을 우리 역사에서 우리가 맡은 명예로운 역할입니다. 왜냐하면 만일 도시마다 비밀 공작원, 선동가, 폭동자들이 있다면, 폭격이 있고, 부담이 크고, 전쟁의 고난이 있는 상황에서 우리에게 주어진 그 역할이 얼마나 힘들 것인지 잘 알기 때문입니다. 유대인들이 여전히 독일인들 사이에 자리하고 있다면, 지금 우리는 사실상 1916년과 1917년의 상황으로 돌아간 것이나 마찬가지입니다. (기록 원본을 번역, 국립 문서 기록 보관청, 워싱턴 D.C., PS Series 1919, 64~67쪽)

내가 이렇게 힘러의 말을 인용하자 어빙은 흥미로운 반응을 보였다.

어빙: 저는 그 나중인 1944년 1월 26일 힘러의 연설문을 갖고 있습니다. 말씀하신 때와 똑같은 청중을 대상으로, 유대인 문제를 완전히 해결했다고 선언하며, 독일 내 유대인의 뿌리 뽑기에 대해서 다소 무뚝뚝하게 연설을 했습니다. 청중 대부분이 자리를 박차고 일어나 박수를 쳤지요. 한 소장은 이렇게 최고했습니다. "그 사람[힘러]이 자기가 어떻게 유대인들을 죽였는지를 우리에게 들려주었을 때, 우리는 모두 포즈나인에 있었다. 힘러가 우리에게 했던 말을 아직까지도 똑똑하게 떠올릴 수 있다. 힘러는 이렇게 말했다. '만일 사람들이 내게 왜 당신은 아이들까지 죽였느냐고 물으면, 내 손으로 할 수 있는 일을 내 아이들이 하도록 남겨 둘 만큼 나는 겁쟁이가 아니라고 말해 줄 수 있을 뿐이다.'" 아주 흥미로운 말입니다. 이 말은 나중에 영국군에게 포로로 잡힌 소장의 말을 녹음한 것인데, 자기 말이 녹음되고 있다는 걸 모른 상태에서 한 말이었죠. 힘러가 실제 했던 말을 아주 잘 요약하고 있습니다.

셔머: 제게 그 말은 유대인을 제국 밖으로 이송했다는 뜻이 아니라 죽였

다는 뜻으로 들리는데요.

어빙: 맞습니다. 힘러가 한 말이 그것입니다. 실제로 그는 이렇게 말했지요. "우리는 유대인들을 쓸어버리고 있다. 유대인들을 살상하고 있다. 그들을 죽이고 있는 것이다."

셔머: 바로 그게 유대인을 죽인다는 말 아닙니까?

어빙: 그렇습니다. 힘러가 인정하고 있는 것은 제가 60만 명에게 일어났다고 말했던 그 경우입니다. 그러나 정말 중요한 점은 힘러가 어디서도 "우리가 수백만 명을 죽이고 있다"고 말하지 않았다는 겁니다. 힘러는 자기들이 수십만 명을 죽이고 있다는 말도 하지 않았지요. 그가 말하고 있는 것은 유대인 문제를 해결했다는 것, 여자와 아이들까지 죽일 수밖에 없었다는 것입니다. (1994)

이번에도 어빙은 사후 합리화의 오류에 빠졌다. 힘러가 꼭 집어 수백만 명이라는 말을 하지 않았기 때문에, 그 말은 사실상 수천 명을 뜻한다는 얘기이다. 그러나 생각해 보길. 힘러는 수천 명이라는 말도 결코 하지 않았다. 어빙은 자기가 끌어내고 싶은 것만 추론하고 있다. 실제 사망자 수는 다른 증거들에서 나온다. 힘러의 연설들과 관련하여 다른 많은 증거들이, 힘러의 말이 수백만 명이 죽임을 당할 것임을 뜻한다는 결론으로 수렴된다. 그리고 사실상 수백만 명이 죽었다.

특수 기동 부대

마지막으로 유대인 말살에 대한 강력한 증거를 하급 부대원들에게서 얻을 수 있다. 특수 기동 부대Einsatzgruppen는 나치 친위대와 경찰의 기동대로 점령 치하의 영토에서 특수 임무를 수행했었다. 그들이 하는 일은 독일이 점령하기에 앞서 도시와 마을에 침투해 유대인과 불순분자들을 검거하고 살해하는 것이었다. 예를 들어 1941년에서 1942년으로 넘어가는 겨울에 특수 기동 부대 A는 에스토니아에서 유대인 2,000명을, 라트비아에서는 70,000명을, 리투아니아에서는 136,421명을, 벨로루시에서는 41,000명을 죽였다고 보고했다. 1941년 11월 14일, 특수 기동 부대 B는 45,467명을 총살했다고 보고했고, 1942년 7월 31일, 벨로루시 총독은 지난 두 달 동안 65,000명의 유대인이 처형되었다고 보고했다. 특수 기동 부대 C는 1941년 12월까지 95,000명의 유대인을 죽였다고 보고했으며, 1942년 4월 8일, 특수 기동 부대 D는 총 92,000명을 죽였다고 보고했다. 모두 따져 보면 1년도 안 되는 기간 동안 사망자 수는 총 546,888명이다.

특수 기동 부내원들 입에서 나온 무수한 증언늘은 『"좋았던 옛 시절": 가해자와 방관자가 본 홀로코스트』(클레, 드레센, 리스 1991)에 실려 있다. 예를 들어 보자. 1942년 9월 27일 일요일, 나치 친위대 중위 카를 크레치머는 "사랑하는 아내 소스카"에게 편지를 썼다. 편지를 자주 못 써서 미안하다는 말과 함께, 기분이 나쁘고 "침울해졌다고" 적었다. "이곳에서 일어나는 일을 당신이 본다면, 잔인해지거나 감상적이 될 것이오." 그의 설명에 따르면 "침울한 기분"의 원인은 "(여자들과 아이들까지 포함하여) 시체들을 보았기" 때문이라는 것이다. 어떤 시체들이었을까? 죽어 마땅한 유대인들의 시체였다. "우리 생각에 이건 유대인의 전쟁이기 때문에, 유대인이 제일 먼저 그런 느낌을 받을 것이오. 여기 러시아에선, 독일군이 있는 곳이면 어디나 유대인이 남아 있질 않소. 이런 상황을 납득하기까지 처음에 한동안 시간이 필요했을 것임은 당신도 짐작할 수 있을 것이오." 그다음에 보낸 편지—날짜는 적혀 있지 않다—에서 그는 아내에게 이렇게 설명한다. "어떤 종류의 동정도 허용하지 않소. 적이 우세한 상황에서는 집에 있는 여자들과 아이들마저 아무 자비도 동정도 기대할 수 없기 마련이오. 그래서 평소 같으면 자발적이고 순진하고 순종적이었을 그 러시아인들을 찾아내는 족족 해치우고 있소. 이곳엔 더 이상 유대인은 없소." 마지막으로 1942년 10월 19일에 "내 소망과 사랑을 가득 담아서, 너의 아빠가"라고 서명한 한 편지에서 크레치머는, 한나 아렌트의 '악의 평범성banality of evil' 개념을 보여 주는 사례를 하나 적고 있다.

> 우리가 이 나라에서 하는 일에 대해 어리석은 생각에 빠지지만 않는다면, 이곳에서 수행하는 작전은 근사할 것이란다. 아빠가 너를 아주 잘 부양할 수 있는 일자리를 주고 있기 때문이지. 너에게 예전에 적어 보냈듯이, 아빠는 최근에 수행하는 작전이 정당하다고 생각하며, 실제로 그 결과에 찬성한단다. "어리석은 생각"이란 딱 맞아떨어지는 말이 아니지. 그것보다는 죽은 사람을 차마 볼 수 없어 하는 나약함이라 말하는 게 적당하겠구나. 그걸 극복하는 최선의 방법은 더욱 자주 그 일을 하는 것이란다. 그러면 습관이 되거든. (163~171쪽)

글로 적은 명령서가 없을 수도 있다. 그러나 인종을 기초로 한 나치의 집단 학살 의도는 분명할 뿐만 아니라, 널리 알려지기도 했다.

의도주의 – 기능주의 논쟁

전쟁이 끝나고 수십 년 동안 역사학자들은 홀로코스트를 놓고 '의도주의intentionalism'와 '기능주의functionalism'로 갈려 논쟁을 벌였다. 의도주의에 따르면, 1920년대 초반부터 히틀러가 유대인 대량 학살을 염두에 두었으며, 1930년대의 나치 정책은 이 목적을 위해 구상된 것이었고, 곧바로 러시아 침략과 생활권Lebensraum 추구가 계획되면서, 유대인 문제의 최종 해결과 결부되었다는 것이다. 반면 기능주의는 유대인에 대한 원래 계획은 추방이었지만, 대러시아전의 실패로 최종 해결이 전개되었다는 것이다. 하지만 홀로코스트 역사학자 라울 힐버그는 이런 해석들이 인위적인 구분이라고 생각한다. "실상은 이 두 해석 어느 쪽보다도 더 복잡하다. 나는 히틀러가 정식 명령을 내렸다고 믿지만, 그 명령 자체는 어떤 과정의 최종 산물이었다고 생각한다. 히틀러는 줄곧 관료들이 일정한 틀에 따라 생각하고 솔선할 것을 독려하는 많은 얘기들을 했지만, 전체적으로 보았을 때 체계적인 총살, 특히 어린아이들과 고령의 노인들을 총살하는 것, 독가스로 살상하는 것은 모두 히틀러의 명령이 필요한 일이었을 것이다." (1994)

역사적 증거가 쌓이면서 결국 의도주의는 시대의 검증을 통과하지 못하고 뒤로 물러났다. 로널드 헤드랜드가 얘기한 것처럼, 의도주의가 꺾인 직접적인 이유는 "숱하게 벌어진 경쟁, 지도자 숭배 정책, 각 기관들 사이에서 항상 벌어지는 권력 추구에서 나타나는, 국가사회주의 체계가 가진 경쟁적이고, 거의 무정부주의적인 데다 탈중심적인 성질"에 대한 인식이 싹텄기 때문이었다. "아마 기능주의적 접근법이 가진 가장 큰 장점은 제3제국이 가진 혼돈스러운 성격과 의사 결정 과정에 관련된 인자들이 종종 보이는 대단한 복잡성까지 그려냈다는 것이다."(1992, 194쪽) 그러나 기능주의적 관점이 인정된 궁극적인 이유는, 특히 홀로코스트처럼 복잡하고 우연적인 사건들은 역사 속 인물들의 각본대로 펼쳐지는 경우가 거의 없기 때문이다.

홀로코스트 학자 예후다 바우어는, 1942년 1월, 나치가 최종 해결의 이행을 확인했던 그 유명한 반제 회의조차, 처음의 추방 정책에서 최종 학살로 이어지는 여정에서 또 하나의 우연적 단계에 불과했음을 보여 주었다. 이런 견해를 뒷받침한 것은, 반제 회의 이후 유대인을 마다가스카르 섬으로 강제 이송하려는 현실성 있는 계획과 돈을 받고 유대인을 거래하려는 움직임이 있었다는 것이다. 바우어는 1942년 12월 10일 힘러가 적은 글을 인용한다. "나는 몸값을 받고 유대인을 풀어 주는 문제에 대해서 총리께 여쭤 보았다. 총리께서는 만일 유대인들이 정말로 해외에서 상당량의 외환을 끌어 올 수 있을 경우에 그런 문제를 승인할 수 있는 전권을 내게 주었다." (1994, 103쪽)

이렇다고 해서 유대인을 말살하려는 나치의 의도를 무시할 수 있을까? 바우어는 그렇지 않다고 말한다. 다만 이는 역사가 가진 복잡성과 당시의 형편을 보여 준다는 것이다.

전쟁 전 독일에서는 이민 정책이 현실적으로 가장 적합했다. 그러나 충분히 빠르지도 완벽하지도 않자, 추방—순수한 북유럽계 아리아인종이 거주하지 않는 "원시적인" 장소, 소련, 또는 마다가스카르를 선호했다—이 해답이 되었다. 그러나 추방마저 제대로 이루어지지 않고, 1940년과 1941년 초에 유럽을 지배할 가능성, 나아가 유럽을 통해 세계를 지배할 가능성이 부각되자, 나치의 이념을 기반으로 상당히 자연스럽게 살상 정책이 결정되었다. 이 정책들은 모두 동일한 목적을 가지고 있었다. 곧 유대인을 제거하는 것이다. (바우어 1994, 252~253쪽)

기능주의적 관점에서 사건이 일어난 순서를 살펴보자. 처음엔 독일인의 삶에서 유대인을 내쫓는 것이 목적이었다(여기에는 유대인들의 재산과 주택 대부분을 압류한 것이 포함된다). 그 다음은 강제 수용과 격리였다(그곳들은 대개 수용 인원이 과다하고 환경이 불결해서 질병과 죽음을 수반했다). 다음은 경제적인 착취였다(무임 강제 노동을 시켰는데, 보통 중노동, 굶주림, 죽음을 수반했다). 그다음이 바로 학살이었다. 구트만은 이런 상황 해석에 동의한다. "최종 해결은 바닥에서부터 국지적으로 시작되어, 곳곳에서 일종의 상승이 일어나, 결국 하나의 포괄적인 사건으로 귀결된 것이었다. 그것을 계획이라고 불러도 되는지는 모르겠다. 나는 그것이 청사진이었다고 말한다. 대학살은 유대인에 대한 일련의 단계와 공격을 거치면서 나온 결과였다."(1996)

홀로코스트는 정보, 의도, 행동이 유입되면서 돌아가는 되먹임 고리로 그려 볼 수 있다(그림 21). 나치가 집권했던 1933년부터 유대인을 반대하는 법안을 통과시키기 시작해서, 크리스텔의 밤을 비롯하여 유대인에 대한 폭력 행위가 일어나고(1938년 11월 9일부터 10일까

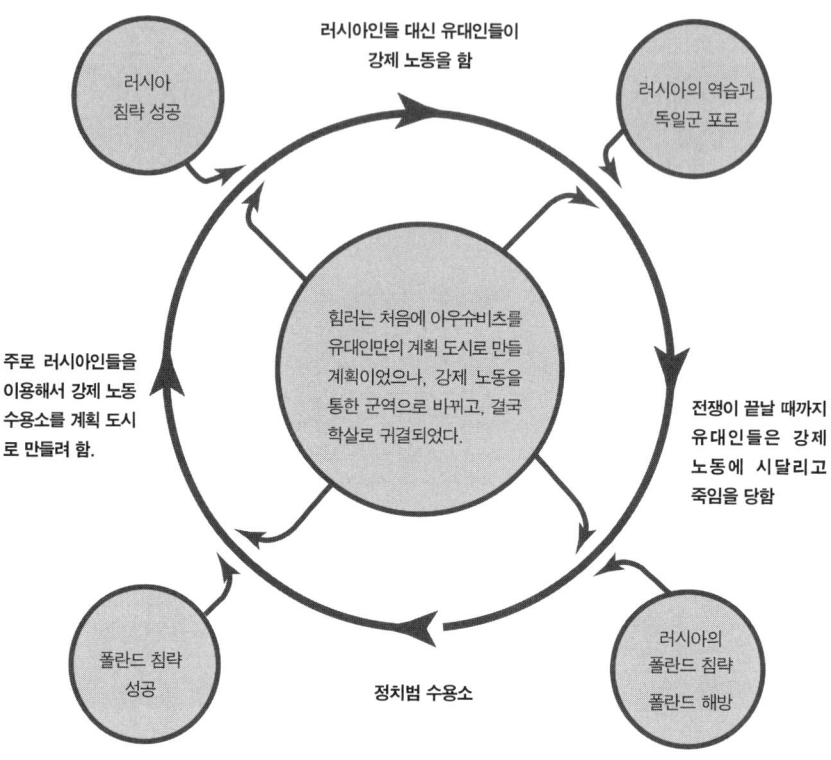

그림 21 홀로코스트 되먹임 고리. 내부의 심리적 상태들과 외부의 사회적 조건들이 상호 작용하여 집단 학살의 되먹임 고리를 형성했다.

지, 독일 전역에서 유대인의 집과 상점을 약탈하고 파괴하는 사건이 벌어졌는데, 남은 것은 길바닥에 산산조각 난 유리뿐으로 달빛을 받아 수정처럼 반짝였다고 해서 '크리스털의 밤Kristallnacht'이라고 불렀다―옮긴이), 게토와 강제 노동 수용소로 유대인을 강제 이송하고, 결국 강제 노동 수용소와 죽음의 수용소에서 유대인을 학살하게 된다. 여기서 우리는 외국인 혐오증, 인종주의, 폭력 같은 내부의 심리적 요소들과, 엄격한 계층적 사회 구조, 강력한 중앙 권력, (종교, 인종, 민족, 성별, 정치적인 면에서) 다양성에 대한 불관용, 반체제 인사들을 폭력적으로 다루게 하는 내재적 메커니즘, 법률 시행을 위해 규칙적으로 행사하는 폭력, 시민 자유권에 대한 낮은 인식 같은 외부의 사회적 요소들이 상호 작용하는 모습을 볼 수 있다. 크리스토퍼 브라우닝은 제3제국에서 이런 되먹임 고리가 어떻게 작동하는지를 멋지게 요약했다.

간단히 말해서 나치 관료들은 이미 "유대인 문제 해결"에 깊이 연루되고 몰입되어 있었다. 대량 살상으로 가는 최후의 단계는 양자 도약 같은 것이 아니라 점증적 증분 같은 것이었다. 그들은 이미 정치 운동, 출세, 과업에 몰두해 있었던 것이다. 또한 그들이 살았던 주변 환경 역시 이미 대량 살상이 만연해 있었다. 여기에는 폴란드의 인텔리겐치아 소탕, 독일 내 정신이상자와 장애인들의 독가스 처형, 보다 큰 규모에서 벌어졌던 러시아에서의 파괴 전쟁처럼 직접적으로 그들이 연루되지 않았던 계획만 포함된 것이 아니다. 대규모 살상과 바로 눈앞에서 죽어가는 사람들, 폴란드 우지 게토의 굶주림, 세르비아에서 벌어진 토벌 작전과 보복 총살도 포함된다. 그들의 과거 행적이 가진 바로 그 본성으로 볼 때, 이 사람들은 이미 자기들 입장을 분명히 정했고, 출세욕을 계속 키워갔다. 이는 불가분적으로, 그리고 가차 없이 유대인 문제를 살상이라는 마찬가지의 방법을 통해 해결하는 것으로 귀착되었다. (1991, 143쪽)

역사는 인간 행위의 복잡성을 설파하지만, 복잡성 내에는 본질의 단순성도 있다. 히틀러, 힘러, 괴벨스, 프랑크 등의 나치들은 유대인 문제를 해결하고자 하는 의도를 대단히 진지하게 갖고 있었다. 무엇보다도 그들은 악성 반유대주의자들이었기 때문이다. 처음에는 유대인 재배치로 시작했을지 모르나, 결말은 집단 학살로 끝이 났다. 왜냐하면 역사의 최종 경로는 어느 순간이나 사전의 의도와 상호 작용하는 기능에 의해서 판가름 나기 때문이다. 히틀러와 추종자들은 자기들의 기능과 의도로부터 강제 수용소, 가스실과 소각로, 그리고 수백만 명의 학살로 이르는 길을 닦았던 것이다.

가스실과 소각로

홀로코스트 부정론의 두 번째 중심축은 가스실과 소각로가 대량 살상에 쓰이지 않았다는 주장이다. 나치가 가스실과 소각로를 사용했다는 것을 어떻게 부인할 수 있는 걸까? 이 시설들은 아직까지도 많은 강제 수용소에 남아 있기에, 부정론자들의 주장을 폭로하려면 그냥 그곳에 가서 직접 보면 되지 않을까? 증거는 또 어떤가? 1990년에 아르노 마이어는 『왜 천국은 어둡지 않았던가?』에서 이렇게 적었다. "지금으로선 가스실을 조사할 만한 사료가 드물기도 하고 미덥지도 못하다." 부정론자들은 자기네 입장의 정당성을 입증해 주는 것으로 이 문장을 인용한다. 마이어는 프린스턴 대학교의 고명한 국제 관계 역사학자이므로, 자기들의 여일한 믿음을 마이어가 강화해 주는 것처럼 보이자 부정론자들이 그토록 기뻐하는 이유를 알 수 있을 것이다. 그러나 그 문장이 들어간 전체 문단은 다음과 같다.

지금으로선 가스실을 조사할 만한 사료가 드물기도 하고 미덥지도 못하다. 비록 히틀러와 나치들이 유대인에 대한 전쟁을 조금도 숨기지 않았지만, 나치 친위대 공작원들은 살상 활동을 했던 모든 흔적과 기구들을 충실하게 제거했다. 지금까지 독가스 처형에 대한 기록된 명령서는 하나도 나타나지 않았다. 나치 친위대는 수용소 기록들—기록이 있었어도 불완전한 것들이었다—을 대부분 파괴했을 뿐만 아니라, 소련군이 당도하기 전에 살상 설비와 소각 설비들을 거의 모두 파괴해 버렸다. 또한 희생자들의 뼈와 재를 처분하는 것에도 신경을 썼다. (1990, 362쪽)

분명 여기서 마이어는 가스실이 대량 학살에 사용되지 않았다고 주장하는 것이 아니다. 나아가 사람들 기대와는 달리 대량 살상에 대한 물리적 증거가 왜 분명하지 않은지 깔끔하게 요약해 주고 있다.

부정론자들은 가스실과 소각로의 사용을 부인하지는 않지만, 엄밀하게 말해서 가스실은 옷가지와 이불의 이를 세서하기 위해 사용된 것이고, 소각로는 수용소 내에서 "자연적" 원인으로 죽은 사람들의 시체를 처리하기 위해서만 사용되었다고 주장한다. 나치가 대량 살상에 가스실을 사용했다는 증거를 자세히 검토하기 전에, 여러 사료에서 나온 증거들이 일반적으로 어떻게 수렴되는지 살펴보기로 하자.

공식적인 나치의 문서들: 치클론 B(상품 이름은 시안화수소산 가스)를 대량으로 구입한 주문서들, 가스실과 소각로의 청사진, 가스실과 소각로를 짓기 위한 건축 자재 주문서들.

목격자의 증언: 생존자들의 설명, 유대인 특수 분견대의 일기들, 수비대원과 지휘관들의 자백은 하나같이 가스실과 소각로가 대량 살상에 사용되었음을 말해 준다.

사진: 수용소를 찍은 사진 외에도 아우슈비츠에서 시체들을 태우는 장면을 은밀히 찍은 사진들과 연합군이 아우슈비츠-비르케나우의 가스실로 줄을 지어 가는 피수용자들을 찍은 항공 정찰 사진들도 있다.

수용소: 수용소 건물과 인공물, 현대적 법의학 검사 결과는 가스실과 소각로 모두 다수의 사람들을 죽이는 데 사용되었음을 말해 준다.

이 가운데에서 한 가지 증거만 따로 떼어 내면 가스실과 소각로가 집단 학살에 사용되었음을 증명하지 못한다. 이 증거들이 수렴됨으로써 집단 학살이라는 결론으로 확실하게 귀결되는 것이다. 예를 들어 기록된 주문서에 맞춰 치클론 B가 배달되었다는 것, 수용소 가스통에 남아 있는 치클론 B 잔량, 치클론 B를 가스실에서 사용하는 모습을 목격한 이야기들이 서로를 보강해 준다.

부정론자들은 왜 학살 희생자가 실제로 독가스 처형이 일어났다는 증언을 하지 않느냐고 묻는다(버츠 1976). 이것은 마치 캄보디아의 킬링필드나 스탈린의 숙청에서 죽은 사람이 왜 처형자들에 대해 증언하러 살아 돌아오지 않았느냐고 묻는 것이나 마찬가지이다. 우리는 나치 친위대 대원들과 나치의 의사들은 물론, 가스실에서 소각로 시체들을 옮겼던 특수 분견대 대원들에게서 나온 수백의 증언을 가지고 있다. 『아우슈비츠의 목격자들: 가스실에서 보낸 3년』에서 필리프 뮐러는 다음과 같이 독가스 처형 과정을 묘사한다.

> 두 명의 나치 친위대 대원들이 입구 양쪽에 자리를 잡았다. 나머지 나치 친위대 대원들은 사냥터의 몰이꾼들처럼 고함을 지르고 곤봉을 휘두르면서 벌거벗은 남자, 여자, 아이들을 소각로 안에 있는 큰 방으로 몰아넣었다. 나치 친위대 대원 몇 사람이 밖으로 나왔고, 마지막으로 나온 사람은 문을 밖에서 걸어 잠갔다. 얼마 지나지 않아 문 뒤편에서 기침 소리, 비명 소리, 도와달라며 외치는 소리가 점점 커지는 것을 들을 수 있었다. 말 한마디 한마디를 알아들을 수는 없었다. 문을 두드리고 쾅쾅 치는 소리에 그 외침들이 묻혀 버렸고, 흐느낌과 통곡 소리와 뒤섞였기 때문이다. 얼마가 지나자 소리는 점점 미약해졌고, 비명은 멈췄다. 그저 이따금 끙끙대는 소리, 달그락거리는 소리, 둔탁하게 문을 두드리는 소리만 들릴 뿐이었다. 그러나 곧 그 소리들마저 그쳤고, 갑작스레 고요가 찾아오자, 우리들은 각자 이 끔찍한 집단 죽음에 두려움을 느꼈다.(1979, 33~34쪽)

소각로 안이 완전히 잠잠해지자, 평평한 지붕에서 토이어 하사와 슈타르크 하사가 차례로 모습을 보였다. 두 사람 목둘레에는 가스 마스크가 걸려 있었다. 그들은 통조림처럼 생긴 직사각형의 상자들을 내려놓았다. 각각의 통에는 해골 그림이 그려진 독극물 표시가 있었다! 방금 전까지 그저 끔찍한 의심에 불과했던 것이 이제 확실해졌다. 소각로 안으로 들어간 저 사람들이 독가스로 죽임을 당했던 것이다.(61쪽)

수비대원들의 자백도 있다. 1945년 5월 6일, 독일의 영국군 점령지구에서 나치 친위대 하사 페리 브로트가 사로잡혔다. 1942년에 아우슈비츠 '정치부'에서 복무를 시작했던 브로트는 1945년 1월에 수용소가 해방될 때까지 거기서 일했다. 포로가 된 뒤, 영국군 통역사로 일하면서 적었던 회고록이 1945년 7월에 영국 정보부로 넘어갔다. 1945년 12월, 법정 선서를 한 브로트는 회고록의 내용이 진실임을 선언했다. 1947년 9월 29일, 영어로 번역된 회고록은 뉘른베르크 전범 재판에서 가스실이 대량 살상에 쓰인 시설임을 입증하는 증거자료로 쓰였다. 1947년 후반에 그는 풀려났다. 1959년 4월에 아우슈비츠 나치 친위대 대원들에 대한 공판에서 증언을 해 달라는 부름을 받은 브로트는 다시 한번 그 회고록의 저자가 자신이며, 내용에 틀림이 없음을 확실히 했고, 아무것도 철회하지 않았다.

브로트의 회고록에 얽힌 정황을 소개하는 이유는 부정론자들이 나치의 자백을 강요에 의한 것이거나 이상한 심리적 이유로 이루어진 것이라 하여 무시하기 때문이다(그러면서도 자기들 관점을 뒷받침하는 자백은 주저 없이 받아들인다). 브로트는 고문을 받은 적이 전혀 없으며, 자백해서 얻은 것도 거의 없을뿐더러 모든 걸 잃었다. 진술을 철회할 수 있는 기회가 주어졌을 때에도 — 이후 재판에서 분명 자기 진술을 철회할 수 있었다 — 그리 하지 않았다. 오히려 더욱 상세하게 독가스 처형 과정을 기술했다. 이를테면 치클론 B를 사용한 것은 물론, 초기에 아우슈비츠 11블록에서 있었던 독가스 실험, 비르케나우(아우슈비츠 2호)의 버려진 농장 두 곳에 세운 임시 가스실 — 그네들 은어를 써서 "벙커 I과 벙커 II"라고 똑바로 지칭했다 — 에 대해서 애기했다. 그뿐만 아니라 비르케나우에 크레마(소각로) 2기, 3기, 4기, 5기를 건축한 것도 기억해 냈으며, 탈의실, 가스실, 소각로의 설계를 (청사진과 비교했을 때) 정확하게 그려 냈다. 그런 다음 브로트는 독가스 처형 과정을 섬뜩할 정도로 상세하게 묘사했다.

> 소독기가 작동했다……그들은 철봉과 망치로 무해하게 보이는 깡통 상자 두어 개를 열었다. 취급 설명서에는 '사이클론 버민 디스트로이어, 경고, 맹독성'이라고 적혀 있었다. 상자 속에는 파란 콩처럼 생긴 작은 환丸들이 가득 들어 있었다. 상자를 개봉하자마자 곧바로 지붕에 난 구멍으로 내용물을 털어 넣었다. 그다음은 옆에 있는 구멍으로 상자 하나를 또 비워 넣었다. 그렇게 몇 차례 계속되었다. 2분 정도 지나자 비명 소리는 잦아들고, 낮은 신음 소리로 바뀌었다. 사람들은 대부분 이미 의식을 잃었다. 2분이 더 지나자……모든 상황은 종료되었다. 죽음의 침묵만이 흘렀을 뿐이다……시체들은 서로 포개져 쌓여 있었고, 입은 크게 벌어져 있었다……가스로 인해 사지가 모두 뻣뻣해졌기 때문에, 서로 뒤엉킨 시체들을 들어 올려 가스실 밖으로 옮기기가 힘들었다.
> (샤피로 1990, 76쪽)

부정론자들은 그 과정에 총 4분이 걸렸다는 브로트의 얘기가 다른 사람들의 진술과 일치하지 않는다고 지적한다. 이를테면 수용소장 회스는 20분쯤 걸린 것 같았다고 주장한다. 그런 불일치 때문에 부정론자들은 그 이야기를 완전히 무시한다. 열 몇 개의 보고서마다 독가스로 죽기까지 걸린 시간이 다르다는 이유로, 부정론자들은 독가스로 처형된 사람은 아무도 없었다고 믿어 버리는 것이다. 이게 말이 될까? 당연히 말이 안 된다. 독가스 처형 과정은 주변의 여러 변수에 따라 걸리는 시간이 다르다. 이를테면 기온(시안화수소산 가스가 고체 상태의 환에서 기화하는 속도는 기온에 따라 다르다), 방 안에 들어간 사람 수, 방의 크기, 방으로 부어 넣은 치클론 B의 양에 따라 차이가 난다. 관찰자마다 시간을 다르게 지각한다는 건 두말할 필요가 없다. 만일 그들이 말하는 시간이 모두 정확히 똑같았다면, 우리는 그들 모두 어떤 단일 진술을 듣고 자기들 이야기로 지어냈다는 의심을 할 수밖에 없을 것이다. 이 경우에는 불일치가 바로 증거의 신빙성을 뒷받침한다.

브로트의 증언을 수용소 의사 요한 파울 크레머 박사의 증언과 비교해 보자.

> 1942년 9월 2일. 오전 3시에 처음으로 특수 활동에 참여했다. 그것과 비교하면 단테의 지옥편은 거의 코미디나 다를 바 없다. 아우슈비츠는 학살 수용소로 불려야 마땅하다!
> 1942년 9월 5일. 정오에 여성 수용소에서 있은 특수 활동에 참여했다. 이보다 끔찍한 광경은 없을 것이다. 오늘 우리는 세계의 항문anus mundi에 있는 거라고 했던 군의관 틸로 상사의 말이 옳았다. (1994, 162쪽)

부정론자들은 크레머가 "독가스 처형"이라고 하지 않고 "특수 활동"이라고 말한 점을 물고 늘어진다. 그러나 1947년 12월, 크라카우에서 있었던 아우슈비츠 수용소 수비대에 대한 공판에서 크레머는

"특수 활동"이란 말의 의미를 구체적으로 얘기했다.

1942년 9월 2일 오전 3시. 이미 내겐 사람들을 독가스로 처형하는 활동에 참여할 임무가 주어져 있었다. 이런 집단 처형은 비르케나우 수용소 밖 숲 속에 위치한 작은 오두막에서 이루어졌다. 나치 친위대 대원들은 저희들끼리 그 오두막을 '벙커'라고 불렀다. 수용소 내 근무 중인 모든 나치 친위대 군의관들은 독가스 처형에 참여하기 위해 교대 근무를 했는데, 이를 '특수 활동Sonderaktion'이라고 불렀다. 거기서 의사로서 내가 맡은 역할은 벙커 근처에서 대기 상태로 있는 것이었다. 나는 차를 타고 거기로 갔다. 나는 운전수와 함께 앞좌석에 앉았고, 뒷좌석에는 나치 친위대 병원 당번병 한 명이 앉았는데, 만에 하나 독가스 처형에 투입된 나치 친위대 대원들이 독성 증기를 마시고 쓰러질 경우 소생시킬 수 있는 산소 장비를 갖고 있었다. 처형될 사람들이 철로 비탈길로 이송되어 오자, 나치 친위대 장교들이 새로 도착한 사람들 중에서 일할 만한 사람들을 골라냈다. 나머지—노인들, 아이들, 아이를 팔에 안은 여자들, 기타 일하기에 부적당하다고 생각된 사람들—는 모두 화물차에 실려 가스실로 향했다. 사람들을 막사로 들여보내 옷을 모두 벗게 하고, 알몸으로 가스실로 들여보냈다. 나치 친위대 대원들이 그들을 목욕시키고 이를 제거할 거라는 말로 사람들 입을 다물게 했기 때문에, 별다른 소동은 일어나지 않았다. 사람들을 모두 가스실로 몰아넣고 문을 잠그자, 가스 마스크를 쓴 한 나치 친위대 대원이 치클론 통 속 내용물을 벽에 난 구멍으로 던져 넣었다. 구멍을 통해 희생자들의 외침과 비명 소리를 들을 수 있었다. 죽지 않으려고 안간힘을 쓰고 있음이 틀림없었다.

그러나 외침은 아주 잠깐 동안만 들렸을 뿐이다. (1994, 162쪽 주석)

브로트의 증언과 크레머의 증언이 서로 수렴한다는 것—이 외에도 더 많은 증언들이 있다—은 나치가 가스실과 소각로를 대량 학살에 사용했다는 증거를 제공하는 것이다.

아우슈비츠에서 유대인들을 싣고 가서 선별하는 모습을 묘사한 생존자들의 증언이 수백 개나 있다. 또한 그 과정을 찍은 사진들도 있다. 독가스로 처형한 뒤 나치가 야외 구덩이에서 시체들을 태우는—소각로는 자주 고장을 일으켰다—것을 목격한 증언도 있다. 알렉스라는 이름의 그리스계 유대인은 그 모습을 은밀히 사진으로 찍기까지 했다(그림 22). 아우슈비츠의 프랑스인 특수 분견대원인 알테르 파인질베르크는 그 사진을 어떻게 찍게 되었는지를 이렇게 회고했다.

사진을 찍었던 그날, 우리는 임무를 분담했다. 일부는 사진 찍을 사람을 위해 망을 보기로 했다. 결국 그 순간이 다가왔다. 우리는 바깥에서 소각로 5기의 가스실로 통하는 서문에 모두 모였다. 철조망 너머로 서문을 내려다보는 망루에도, 우리가 사진을 찍기로 한 곳 근처에도 나치 친위대 대원은 보이지 않았다. 그리스계 유대인인 알렉스가 잽싸게 사진기를 꺼내 들고, 타고 있는 시체 더미 쪽으로 돌려 셔터를 눌렀다. 특수 분견대에서 나온 피수용자들이 시체 더미에서 작업하는 모습이 찍힌 이유가 바로 이 때문이다.(스비보카 1993, 42~43쪽)

그림 22 아우슈비츠에서 시체들을 야외 구덩이에 태우고 있는 모습. 특수 분견대원이 은밀히 사진을 찍어 수용소 밖으로 빼돌렸다. (사진 제공: 야드 바셈.)

부정론자들은 연합군이 수용소를 찍은 항공 정찰 사진들에 가스실과 소각로 활동을 보여 주는 영상 증거가 없다는 것에 초점을 맞추기도 한다. 1992년, 부정론자인 존 볼이 이런 증거의 결여를 다룬 책을 한 권 내놓았다. 항공 사진의 세세한 장면을 담기 위해 광택지로 인쇄한 고품질의 호화스러운 책이다. 볼은 수만 달러를 들여 책을 만들었고, 레이아웃과 식자뿐만 아니라 인쇄까지 모든 일을 손수 했다. 저축

해 놓은 돈만으로는 비용을 감당하지 못했다. 볼의 아내는 자기와 홀로코스트 중 하나를 선택하라며 최후통첩을 보냈다. 볼은 홀로코스트를 택했다. 볼이 그 책을 만든 까닭은 1979년에 항공 사진들에 대한 CIA 보고서가 나온 것에 대한 대응이었다. 『다시 찾은 홀로코스트: 아우슈비츠-비르케나우 학살 수용 단지의 소급 분석』의 저자 디노 브루지오니와 로베르 포이리어는 연합군이 찍은 항공 사진들을 제시하며 나치의 학살 활동을 증명하는 증거라고 주장한다. 볼은 그 사진들이 변조되고, 흠집이 있고, 수정되고, 위조된 것이라고 주장한다. 누가 그런 짓을 했을까? 텔레비전 미니시리즈 〈홀로코스트〉에서 그려 낸 이야기와 맞추기 위해 CIA가 저지른 짓이라는 것이다.

캘리포니아 패서디나에 있는 캘리포니아 공과대학/나사(NASA)의 제트 추진 연구소의 지도 제작 프로그램 및 영상 처리 프로그램 책임자 네빈 브라이언트 덕분에 나는 공중에서 찍은 사진을 잘 아는 사람들과 함께 CIA 사진들을 분석해 볼 수 있었다. 네빈과 나는 1979년 당시 CIA에선 사용할 수 없었던 디지털 화면 개선 기법을 써서 사진들을 분석했다. 그 결과 우리는 그 사진들이 변조된 것이 아님을 밝힐 수 있었고, 사실상 학살 활동의 증거를 찾아냈다. 그 항공 사진들은 비행기가 수용소 상공을 날아가면서 연속해서 찍은 것들이었다(비행기는 최종 표적인 I. G. 파르벤 산업 공장을 향해 폭격 항정 중이었다). 몇 초 간격으로 사진을 찍었기 때문에 연속하는 두 개의 사진들을 입체적인 시각으로 검토할 수 있었고, 덕분에 사람들과 차량들의 이동이 잘 나타나고 더 나은 깊이 감각을 제공했다.

〈그림 23〉의 항공 사진은 크레마 2기의 뚜렷한 특징들을 보여 준

그림 23 1944년 8월 25일, 크레마 2기를 찍은 항공 사진. 이 사진에서 가스실 지붕 위에 네 개의 비스듬한 그림자로 나타난 것을 〈그림 24〉의 가스실 지붕 위에 보이는 네 개의 작은 구조물들과 비교해 보라. 이 사진들은 나치가 가스실 지붕을 통해 치클론 B를 쏟아 부었다는 증언을 뒷받침한다. 각각 별개의 증거들이 어떻게 하나의 결론으로 수렴되는지를 보여 주는 한 예이다.(네거티브 사진, 국립 기록 보관청, 워싱턴 D.C.(Film 3185). 네빈 브라이언트가 화면을 개선했다.)

다. 소각로 굴뚝에서 길게 늘이진 그림자와, 소각로 건물에 직각으로 인접한 가스실 지붕에 보이는 네 개의 비스듬한 그림자를 주목하라. 볼은 이 그림자들이 일부러 그려 넣은 것이라고 주장하지만, 〈그림 24〉의 가스실 지붕에서 그 그림자에 대응하는 네 개의 작은 구조물들을 볼 수 있다. 〈그림 24〉는 나치 친위대 사진 기사가 크레마 2기의 뒤를 찍은 사진이다(크레마 2기 굴뚝 아래를 보면 직사각형의 지하 가스실의 두 측면이 지면 위로 몇 피트 튀어나와 있는 것을 볼 수 있다). 이 사진 증거는 나치 친위대 대원이 치클론 B 환들을 가스실 지붕의 구멍으로 쏟아 부었다는 증언과 깔끔하게 들어맞는다. 〈그림 25〉에선 한 무리의 피수용자들이 줄을 지어 크레마 5기로 들어가는 모습이

그림 24 1942년, 나치 친위대 사진 기사가 크레마 2기의 뒷면을 찍은 사진. (사진 제공: 야드 바솀.)

보인다. 가스실은 건물 끝에 있고, 소각로에는 굴뚝이 두 개 있다. 수용소 일지를 보면, 이 사람들이 RSHA에서 이송해 온 헝가리 유대인들임이 분명하다. 이들 중 일할 만한 사람들은 선별되고, 나머지는 학살되었다.(더 많은 사진과 자세한 논의는 다음의 책을 참고하라. 셔머, 그롭먼 1997)

실제로 독가스 살상 모습을 기록한 사진이 전혀 없는 건 당연하다. 또 변조되지 않았다 하더라도, 수용소의 활동을 찍은 어떤 사진도 그 자체로는 아무것도 증명할 수 없다는 것이 사진 증거의 난점이다. 나치가 아우슈비츠에서 시체들을 태우는 모습을 찍은 사진이 있다. 부정론자들은 그래서 어떻다는 것이냐고 말한다. 그 시체들은 독가스로 죽은 사람들이 아니라 자연적인 원인으로 죽은 사람들이라는

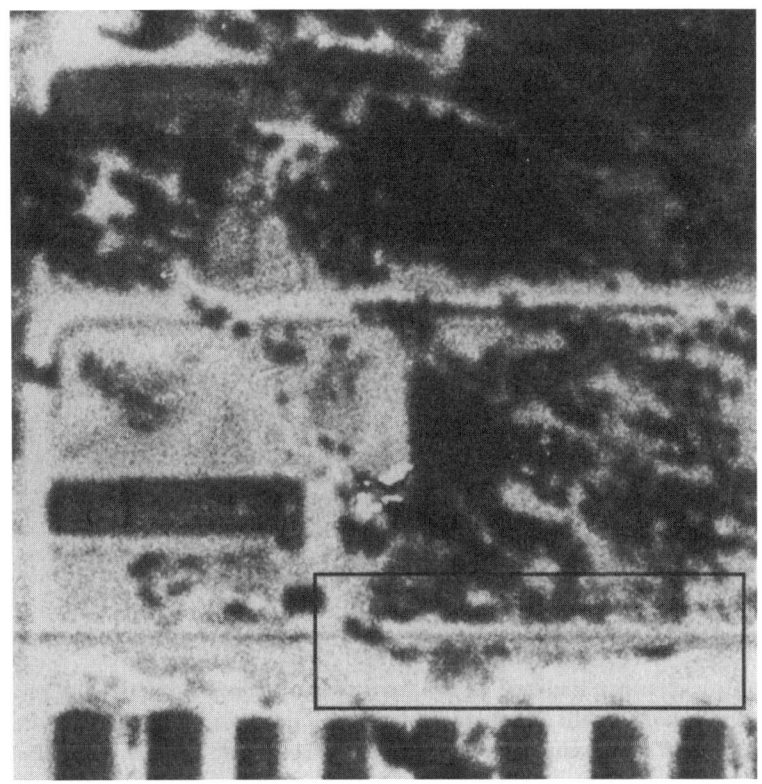

그림 25 1944년 5월 31일, 크레마 5기로 줄지어 들어가는 피수용자들을 찍은 항공 사진. (네거티브 사진. 국립 문서 기록 보관청, 워싱턴 D.C. (Film 3055); 영상 보정: 네빈 브라이언트.)

얘기이다. 비르케나우의 크레마의 세세한 모습을 찍은 항공 사진과 그 속으로 줄을 지어 들어가는 피수용자들을 기록한 항공 사진들이 있다. 부정론자들은 그래서 어떻다는 것이냐고 말한다. 그 사람들은 자연적 원인으로 죽은 사람들의 시체들을 태운 뒤 치우러 가는 것이거나, 몸의 이를 제거하려고 들어가는 것이라는 얘기이다. 이 경우도 마찬가지로 그 사진들이 어떤 내용을 담고 있는지 밝혀 주는 것은 바로 맥락이며, 다른 증거들과의 수렴이다. 그리고 모든 사진들이 수용소 생활에 대한 증언과 부합한다는 사실은, 홀로코스트는 말할 것도 없고 가스실과 소각로가 대량 살상에 사용되었음을 뒷받침해 준다.

유대인 사망자 수는?

홀로코스트 부정론의 마지막 세 번째 중심축은 유대인 희생자 수이다. 폴 라시니에는 『집단 학살 신화의 폭로: 나치 강제 수용소와 유럽 유대인 말살 주장에 대한 연구』에서 이렇게 결론을 내린다. "1931년부터 1945년까지 유럽을 성공적으로 떠난 유대인의 수는 최소한 4,419,908명"이며, 따라서 나치의 손에 죽은 유대인 수는 6백만 명보다 훨씬 적다는 것이다. 반면 대부분의 홀로코스트 학자들이 추정한 유대인 총 사망자 수는 510만 명에서 630만 명 사이이다.

추정치가 서로 다르기는 해도, 역사학자들이 각기 다른 방법과 각기 다른 사료를 이용해서 독자적으로 도달한 결론은 홀로코스트에 희생된 유대인 수가 500만 명에서 600만 명 사이라는 것이다. 사실상 추정치들이 서로 다르다는 점이 신뢰도를 더해 준다. 다시 말해서 만일 추정치들이 모두 똑같은 수치로 나왔다면, "조작된" 수치일 가능성이 더 클 것이라는 얘기이다. 추정치들이 똑같지는 않아도 모든 수치가 합당한 오차 분산의 범위 안에 있다는 사실은 홀로코스트에서 죽은 유대인이 500만 명에서 600만 명 사이라는 뜻이다. 희생자 수가 500만 명이나 600만 명이냐는 중요하지 않다. 어느 쪽이든

홀로코스트 유대인 사망자 추정치

나라	처음의 유대인 인구	최소 사망자 수	최대 사망자 수
오스트리아	185,000	50,000	50,000
벨기에	65,700	28,900	28,900
보헤미아와 모라비아	118,310	78,150	78,150
불가리아	50,000	0	0
덴마크	7,800	60	60
에스토니아	4,500	1,500	2,000
핀란드	2,000	7	7
프랑스	350,000	77,320	77,320
독일	566,000	134,500	141,500
그리스	77,380	60,000	67,000
헝가리	825,000	550,000	569,000
이탈리아	44,500	7,680	7,680
라트비아	91,500	70,000	71,500
리투아니아	168,000	140,000	143,000
룩셈부르크	3,500	1,950	1,950
네덜란드	140,000	100,000	100,000
노르웨이	1,700	762	762
폴란드	3,300,000	2,900,000	3,0000,000
루마니아	609,000	271,000	287,000
슬로바키아	88,950	68,000	71,000
소련	3,020,000	1,000,000	1,100,000
합계	9,796,840	5,596,029	5,860,129

출처: 『홀로코스트 백과사전』, 이스라엘 구트만 편집 (뉴욕: 맥밀란, 1990), 1799쪽

대단히 많은 수이다. 일부 부정론자들이 제시한 것처럼 수십만 명에 불과하거나 "겨우" 100만 명에서 200만 명이 죽은 게 아니었다. 장차 러시아와 옛 소련 영토에서 새로운 정보가 나오면 보다 정확한 추정이 이루어질 것이다. 그러나 전반적인 수치에서 몇 만 명 이상 차이가 날 것 같지는 않으며, 몇 십만 명이나 몇 백만 명 차이가 날 가능성은 확실히 없다.

위의 표는 각 나라별로 홀로코스트 때 사라진 유대인 수를 산정한 것이다. 각자의 전공 지역에서 연구하는 다수의 학자들이 집계한 수치들을 이스라엘 구트만과 로버트 로제트가 『홀로코스트 백과사전』에 넣기 위해 다시 집계한 것이다. 유럽의 각 마을, 소도시, 대도시에 살고 있는 것으로 등록된 유대인 수, 수용소로 이송된 것으로 보고된 유대인 수, 수용소에서 해방된 유대인 수, 특수 기동 부대의 "작전 활동"으로 죽임을 당한 유대인 수, 전쟁 이후 살아남은 유대인 수를 취해 인구 통계학적으로 이끌어 낸 수치들이었다. 최소 사망자 수와 최대 사망자 수는 오차 분산 범위를 나타낸다.

끝으로, 부정론자에게 간단한 질문을 하나만 던져 보자. 홀로코스트에서 600만 명의 유대인이 죽지 않았다면, 그들은 모두 어디로 갔는가? 부정론자는 그들이 시베리아와 미국 미시간 주의 캘러머주에 살고 있다고 말하겠지만, 러시아나 미국, 또는 다른 나라의 벽지에 수백 만 명의 유대인들이 갑자기 나타난다는 것은 말도 되지 않는다. 홀로코스트 생존자가 발견되는 예는 사실상 아주 드물다.

극단적 음모론

유대인 외에도 집시, 동성애자, 정신장애자, 신체장애자, 정치범, 특히 러시아인과 폴란드인 등 나치의 손에 죽은 사람들이 수백만 명은 더 있었다. 그런데도 홀로코스트 부정론자들은 이것에 대해서는 아무 관심도 갖지 않는다. 유대인이 아닌 희생자들에 대해서는 전반적으로 관심이 부족하다는 점과 관련이 있지만, 홀로코스트 부정론의 핵심에 반유대주의가 자리한다는 점과도 관련이 있다.

부정론자들은 '유대인'에 대한 강박과 더불어 '음모'에 대한 강박도 갖고 있다. 한편으로 그들은 나치가 유대인을 말살할 계획(다른 말로 하면 음모)을 갖고 있었음을 부정한다. 음모론적 사고가 얼마나 극단으로 치달을 수 있는지 지적하면서(케네디 암살 음모론처럼) 이런 주장을 강화한다. 그래서 역사학자들에게, 히틀러와 추종자들이 유럽 유대인 말살 음모를 꾸몄다고 결론을 내리기 전에 강력한 증거부터 내놓으라고 요구하는 것이다.(웨버 1994b) 좋다. 그런데 그렇게 되면 다른 한편으로 그들은 자기들에게 부여된 증거 요구를 충족시키지 않고서는, 새로운 이스라엘 국가 건립 자금으로 쓸 목적으로 독일로부터 배상금을 받아 내려고 시온주의자가 꾸민 음모가 홀로코스트라는 주장을 할 수 없게 된다.

부정론자들은 만일 홀로코스트 역사학자들의 말마따나 홀로코스트가 정말로 일어났다면, 전쟁 동안에 널리 알려졌을 거라고 주장한다.(웨버 1994b) 말하자면 노르망디 상륙 작전처럼 분명하게 드러났을 거라는 얘기이다. 또 나치들은 자기들끼리 유대인 살상 계획을 논의하지 않았겠느냐고 말한다. 글쎄. 당연히 노르망디 상륙 작전이 시작되기 전까지 디 데이는 비밀에 부쳐졌고, 작전도 널리 알려지지 않았다. 홀로코스트의 경우도 마찬가지이다. 나치들끼리 있을 때에도 자유롭게 주고받을 만한 얘기는 아니었다. 알베르트 슈페어는 슈판다우 일기에 이렇게 적었다.

1946년 12월 9일. 정권 고위층 인사들이 어쩌다가 서로 만나면 자기들이 저지른 범죄들을 떠벌릴 것이라고 생각하면 오산이다. 재판에서 우리는 마피아 두목들과 비교를 당했다. 내가 영화에서 본 것에 따르면, 전설적인 갱단 두목들이 연미복 차림으로 둘러앉아 살인과 권력에 대해서 잡담하고, 음모를 꾸미고, 공갈을 지어내곤 했다. 그러나 우리 지도부에는 이런 식의 비밀 회합 음모 분위기가 전혀 없었다. 사사로운 자리에서도 우리는 우리 자신에게 책임이 있을지도 모를 사악한 활동에 대해서 어느 것도 결코 입에 담지 않았다.(1976, 27쪽)

나치 친위대 수비대원 테오도르 말츠밀러가 쿨름호프(헤움노) 학살 수용소에 도착했던 날에 대량 살상에 대한 지도를 들었던 얘기를 적은 글을 보면, 이런 슈페어의 말이 사실임을 확인할 수 있다.

그곳에 도착한 우리는 수용소 사령관인 보트만 나치 친위대 대위에게 보고했다. 숙소에 알베르트 플라테 나치 친위대 소위와 함께 있던 대위는 우리가 쿨름호프 학살 수용소 수비를 맡게 될 것이라며 우리 임무를 설명하고, 이 수용소에서 인류의 병균 유대인을 학살하고 있다는 말을 덧붙였다. 우리가 보고 들은 모든 것에 대해서 입을 다물어야 한다고 했다. 그러지 않으면 우리 가족들을 잡아 가두는 것은 물론 죽음으로 처벌을 받게 될 것이라는 얘기였다.(클레, 드레셴, 리스 1991, 217쪽)

홀로코스트가 이스라엘 국가의 재정을 마련하기 위해 유대인들이 꾸며낸 음모라는 부정론자들의 일반적인 주장(라시니에 1978)에 대해서는 간단하게 대답할 수 있다. 홀로코스트의 기초적인 사실들이 확인된 것은 이스라엘 국가가 있기 전이며, 미국 등의 나라에서 이스라엘에 한 푼이라도 주기 전의 일이었다. 게다가 배상금이 책정되었을 때, 이스라엘이 독일에게서 받은 액수는 사망자 수에 기초한 것이 아니라, 전쟁이 일어나기 전에 독일과 독일 점령국들에서 피신한 유대인들과, 전쟁이 끝난 뒤 이스라엘로 온 홀로코스트 생존자들을 흡수하고 재정착시키는 비용을 기초로 한 것이었다. 1951년 3월, 이스라엘은 전후 독일을 점령한 네 열강들에게 배상금 산정 기준을 다음과 같이 요구했다.

이스라엘 정부는 독일인들이 가지거나 빼앗은 유대인들의 모든 재산—총 60억 달러 이상이라고 한다—에 대한 완전한 진술을 확보해서 제시할 수 있는 입장에 있지 않다. 배상금을 산정할 수 있는 유일한 기준은 나치 점령국에서 이주해 온 유대인의 정착 비용으로 이미 지출된 비용과 앞으로 필요한 비용이다. 이주자들의 수는 약 50만 명으로 추산되며, 따라서 총 지출 비용은 15억 달러이다.(사기 1980, 55쪽)

배상금 산정 기준이 총 생존자 수라면, 시온주의자 음모자들이 부풀려야 할 수치는 나치 손에 죽은 유대인 수가 아니라 생존자 수여야 할 것은 말할 필요도 없을 것이다. 사실 배상금 책정 규정이 있다면, 부정론자의 말마따나 유대인 사망자 수가 겨우 몇 십만 명에 불과할 경우 독일이 이스라엘에 배상금으로 지불해야 할 돈은 훨씬 클 것이다. 5백만에서 6백만 명의 생존자들이 다른 어딘가로 갔을 것 아닌가? 부정론자들은 시온주의자 음모자들이 독일에서 받은 배상금으로 더욱 큰 보상을 얻으려 한 것이라고 주장할 수도 있다. 다시 말해서 돈과 함께, 장기적으로 전 세계의 동정심을 얻을 목적이었다는 얘기이다. 그러나 이쯤 되면 화가 치밀고 만다. 음모자들이었다는 사람이 대체 왜 미래의 불확실한 이익을 위해 확실한 돈을 포기하려 든단 말인가? 사실 이스라엘 국가가 독일 배상금의 수혜자라는 말은 거짓이다. 배상금의 대부분은 생존자 개개인에게 전해졌지, 이스라엘 정부에게 전해진 것이 아니었다.

홀로코스트가 불가피했다고 말하는 사람들에게

다른 모든 전략이 실패하면, 부정론자들은 유대인 학살 의도, 가스실과 소각로, 유대인 사망자 수를 걸고넘어지는 대신, 나치가 유대인을 다룬 태도는 사실상 여느 나라나 나름의 적들에게 하는 것과 전혀 다를 것이 없다는 주장을 펼친다. 이를테면 부정론자들은 미국 정부가 민간인들로 가득한 일본의 두 도시를 원자 폭탄으로 초토화시키고(어빙 1994), 일본계 미국인들을 수용소에 강제 수용한 것은 바로 독일인들이 내부의 적으로 인식한 유대인들에게 했던 짓과 똑같다고 지적한다.(콜 1994)

이런 주장에는 두 갈래로 대응할 수 있다. 첫째, 다른 나라가 악한 짓을 저지른다고 해서 당신의 악한 짓이 정당화되는 것이 아니다. 둘째, 전쟁에서 사람들을 죽이는 것과 영토, 천연자원, 부를 더 얻기 위해서가 아니라 단지 악마의 세력이며 열등한 인종으로 인식된다고 해서 국가 내의 비무장한 사람들을 국가적인 규모에서 체계적으로 살상하는 것은 다르다. 예루살렘에서 열린 공판에서 RSHA 나치 친위대 중령이자 최종 해결을 수행한 주요 인사 중의 한 명이었던 아돌프 아이히만은 도덕적 동치 논증을 제기하려고 애를 썼다. 그러나 판사는 받아들이지 않았다. 공판에서 서로의 말이 오간 기록을 보자.(러셀 1963, 278~279쪽)

벤야민 할레비 판사가 아이히만에게: 당신은 유대인 학살을 독일 도시들에 대한 공습과 자주 비교하고, 유대인 여성과 아이들을 살해한 것을 공중폭격으로 사망한 독일인 여성과 아이들과 자주 비교했습니다. 이 둘 사이에는 기본적으로 다른 점이 있음을 당신에게 분명히 할 필요가 있겠군요. 한편으로 폭격은 적을 항복시키기 위한 수단의 하나입니다. 독일이 영국을 항복시키려고 폭격을 한 것과 마찬가지입니다. 그 경우에는 무장한 적의 무릎을 꿇리려는 것이 전쟁 목적입니다.

다른 한편으로 당신네들이 비무장한 유대인 남자, 여자, 아이들을 집에서 끌어내 게슈타포로 끌고 가서, 아우슈비츠로 보내 학살한 것은 앞의 경우와 전혀 다른 것입니다. 그렇지 않습니까?

아이히만: 아주 큰 차이가 있습니다. 그러나 당시 이 범죄들은 국가에 의해 공인된 것이었기 때문에, 책임은 그 명령을 내린 자들에게 있습니다.

할레비: 그러나 국제적으로 인정된 전쟁법과 관례가 있음을 당신은 확실히 알아야 합니다. 그에 따르면 전쟁 자체를 수행하는 데 필수적이지 않은 행동으로부터 민간인들은 보호되어야 합니다.

아이히만: 예. 알고 있습니다.

할레비: 당신은 임무에 충실할 것인가 양심에 충실할 것인가, 전혀 갈등을 느끼지 않았습니까?

아이히만: 아마 그걸 내면의 분열이라고 부를 사람도 있을 것이라 생각합니다. 그건 극단과 극단 사이에서 흔들릴 때 느끼는 일종의 개인적인 딜레마였습니다.

할레비: 눈을 감고 양심을 잊어야 했다는 얘기군요.

아이히만: 그렇습니다. 그렇게 말할 수도 있겠습니다.

공판이 진행되는 동안, 아이히만은 홀로코스트를 전혀 부정하지 않았다. 그의 논리는 "이 범죄는 국가에 의해 공인된 것"이었기 때문에 "그 명령을 내렸던" 사람들에게 책임이 있다는 것이다. 뉘른베르크 전범 재판에서 나치 대부분이 썼던 고전적인 변론이 바로 이것이었다. 그런데 히틀러, 힘러, 괴벨스, 헤르만 괴링 등 나치의 모든 수뇌들이 자살했기 때문에, 자기들에겐 책임이 없거나, 또는 그렇다고 생각한다는 것이었다.

우리 역시 책임이 없는 것은 아니다. 진화론 부정론처럼, 홀로코스트 부정론 역시 앞으로 그냥 사라지게 될 것도 아니고, 전조가 좋거나 사소한 문제도 아니다. 이제까지 그래왔던 것처럼, 앞으로도 그것은 유대인뿐만 아니라 우리 모두에게, 그리고 미래의 후손들에게 추악하고 불길한 결과를 가져올 것이다. 우리는 홀로코스트 부정론자들의 주장에 대한 대답을 마련해야 한다. 우리에게는 증거가 있기 때문에, 결연히 일어서서 들려주어야 한다.

CHAPTER
15

순수한 인종이라는 신화

베스트셀러 목록에 과학책이 오르는 일은 별로 없지만, 스티븐 호킹의 『시간의 역사』처럼 우주의 기원과 운명을 다룬 책이라든가 프리초프 카프라의 『현대 물리학과 동양사상』처럼 우리 존재의 형이상학적 측면을 다룬 책은 베스트셀러가 되기도 한다. 그런데 프리 프레스 출판사는 그래프, 도표, 곡선 도표로 가득 차 있고, 부록, 주석, 참고문헌만 300쪽에 달하는 30달러짜리 책을 어떻게 해서 50만 부 이상이나 팔았던 것일까(따져 보면 총 1,500만 달러나 된다)? 모두 '심리측정psychometrics'이라는 모호한 주제를 다루고 있는데? 그 이유는 바로 백인 미국인과 흑인 미국인의 아이큐 차이가 15점임을 보여 주는 곡선 도표가 하나 실려 있기 때문이다. 미국에서는 인종 논쟁을 다룬 책만큼 잘 팔리는 책도 없다. 리처드 헤른슈타인과 찰스 머레이가 쓴 『벨 곡선The Bell Curve』(1994)은 미국 전역의 과학자, 지성인, 운동가들 사이에서 크게 유행했고, 그 기세는 오늘날까지도 이어지고 있다. 어느 폭로서가 제목으로 삼은 것처럼, 그야말로 '벨 곡선 전쟁'이다.

『벨 곡선』에서 이야기하는 것은 우리 시대는 물론 다른 시대를 놓고 보아도 전혀 새로운 것이 아니다. 사실 책이 나온 그해 일찍, 저명한 저널 〈인텔리전스〉에 논란의 인물이 된 또 한 사람의 과학자 필립 러시턴이 쓴 글이 하나 실렸다. 거기서 러시턴은 백인과 흑인은 지능에서만 차이가 나는 것이 아니라, 성숙도(성경험을 처음 한 나이, 임신을 처음 한 나이), 성격(공격성, 조심성, 충동성, 사교성), 사회 조직성(결혼 생활의 안정성, 준법성, 정신 건강), 생식 노력(상대의 성적 요구를 허용하는 정도, 성교 횟수, 남성 성기의 크기)에서도 차이가 난다고 주장했다. 러시턴은 흑인이 지능이 낮다는 것 외에도, 백인보다 이른 성숙기, 높은 충동성과 공격성, 낮은 정신 건강과 준법성, 쉽게 자기를 허용하는 태도와 빈번한 성교 횟수, 큰 남자 성기(러시턴이 콘돔 판매상들을 통해 수집한 데이터에 따르면 남자 성기의 크기는 지능에 반비례한다고 한다)를 갖고 있다고 믿는다.

『벨 곡선』과 러시턴의 글 모두 감사의 말에 파이어니어 펀드Pioneer Fund가 들어 있다. 내 주의를 사로잡은 것이 바로 이것이었다. 홀로코스트 부정론과도 연계된 곳이기 때문이다. 파이어니어 펀드는 1937년에 섬유업계의 백만장자 위클리프 프레스턴 드레이퍼가 설립한 것으로, "인종 개선"을 촉진하는 연구와 흑인이 백인보다 열등함을 증명하는 연구, 흑인들의 아프리카 송환, "처음에 열세 개 주에 정착했던 백인……및 관련 종족의……뚜렷한 혈통을 가진" 아이들의 교육 프로그램에 자금을 지원한다(터커 1994, 173쪽, 파이어니어 펀드는 현재 목표는 이것들이 아니라고 부인한다). 이를테면 노벨 물리학상 수상자인 윌리엄 쇼클리는 아이큐의 유전 가능 여부에 관한 연구비로 10년에 걸쳐 179,000달러를 받았다. 쇼클리는 백인 유럽인들이 "사회 관리 및 일반적인 사회 조직력에서 가장 유능한 개체군"이며 식민지 시대 생활의 "지극히 잔인한 선택 메커니즘"이 백인종을 우월하게 만들었다고 믿었다.(터커 1994, 184쪽) 또 러시턴의 연구는 파이어니어 펀드로부터 무려 수십만 달러에 이르는 자금을 지원받았다.

파이어니어 펀드는 저널 〈맨카인드 쿼털리Mankind Quarterly〉도 후원한다. 저널의 초창기 편집자의 한 사람이었던 로저 피어슨은 1960년대에 미국으로 이민 왔을 때에 리버티 로비의 설립자이자 홀로코스트 부정론의 지도적인 저널인 〈역사 비평 저널〉지의 창간자 윌리스 카르토와 함께 일했다. 지난 23년 동안 피어슨과 그의 단체는 파이어니어 펀드로부터 787,400달러나 지원받았다. 윌리엄 터커에 따르면, 피어슨과 카르토는 "'두 번째 동족 살상 전쟁'을 일으키고, 뒤이어 독일과 전 세계를 경제적 노예 상태로 만들려는 욕망을 갖고 제국에 대한 '연합된 전쟁 범죄'를 저지르고 있다며 정기적으로 '뉴욕의 환전상들'을 비난했다."(1994, 256쪽) 홀로코스트를 부정하는 책들 외에도 인종주의와 우생학 논문들을 펴내는 출판사인 카르토의 눈타이드 프레스는 피어슨의 『인종과 문명』도 펴냈다. 이 책에서 피어슨은 "'인간의 존엄함의……상징'인 귀족 혈통의 북방인종Nordic

이 어떻게 해서 '지주들에게 불리한 세금 때문에……유대인을 비롯해 다른 비북방인종 성원들과 인종 간 혼인을 할 수밖에' 없었는지, 그래서 가문의 영지를 보전하는 데 필요한 부를 확보한 반면 '생물학적 혈통'을 희생시키고, 아울러 '귀족 혈통에 대한 정당한 주장까지 포기하게' 되었는지"를 적고 있다.(터커 1994, 256쪽) 피어슨이 인정하는 것처럼, 『인종과 문명』은 제3제국 이전, 도중, 이후에 독일의 지도적인 인종주의 이론가였던 한스 군터의 연구를 기초로 했다(피어슨은 군터가 전쟁 뒤에는 나치의 성격을 버렸다고 주장한다). 또한 피어슨은 누벨 에콜Nouvelle Ecole의 자문 위원회에 있었다. 어떤 사람들은 그 단체를 "프랑스의 지식인 신 나치 집단"이라고 부르는데, 피어슨은 그냥 "우익"이라고 표현한다(1995).

나는 로저 피어슨에게 전화를 걸어 인터뷰를 요청했다. 피어슨은 미국에 와서 처음 세 달 동안 윌리스 카르토와 함께 일하면서, 카르토가 내는 저널 〈웨스턴 데스티니〉 편집 일을 했지만, "뉴욕의 환전상" 같은 문구를 사용한 적은 없다고 명백하게 부인했다. 그는 다른 혐의들도 부인했다. 이를테면 "요제프 멩겔레Josef Mengele(제2차 세계대전 때 아우슈비츠 수용소에서 포로들을 상대로 잔인한 생체 실험을 지휘한 것으로 악명 높은 나치 의사이며, 별명은 '죽음의 천사'였다—옮긴이)를 숨겨 주는 일을 거들었다고 떠벌린 적이 있다"(터커 1994, 256쪽)는 소문이 널리 퍼졌던 모양인데, 특히 그것이 피어슨을 당혹스럽게 했다. 1945년 3월에 멩겔레가 도망쳤을 당시의 피어슨의 나이는 열일곱 살 반이었던 데다가, 영국군에서 기초 보병 훈련을 받고 있었기 때문이다. 그는 멩겔레와 아무런 접촉도 하지 않았지만, 도시 전설처럼 아무도 전설의 1차 근원을 인용할 수 없는데도 책과 글을 통해 그 이야기가 스스로 돌고 또 돌고 있다고 믿는다.

내가 보기에 피어슨은 우리 시대의 주요 문제들을 많이 생각하는 상냥하고 온화한 사람이다. 그는 현재 '인간 연구 협회' 회장이라는 명예직을 맡고 있다(〔1997년 현재〕 예순여덟 살의 그는 퇴직해서 비상근 직으로 근무하고 있다). 그리고 1979년에 협회에서 인수한 〈맨카인드 쿼털리〉 지의 발행인이다. 인수 당시 피어슨은 저널이 다루는 범위를 넓혀 사회학, 심리학, 신화학까지 아울렀으며, 그에 맞춰 심리 측정학자 레이먼드 캐텔과 신화학자 조지프 캠벨 같은 새로운 필진을 영입했다. 피어슨은 자기가 영향력을 가졌을 때에는 협회 측에서도 저널에서도 흑인들의 아프리카 송환이나 백인우월주의에 동조하지 않았다고 주장한다.

그렇다면 피어슨 측이 인종주의적 믿음에 동조한다는 생각이 대체 어디서 유래했을까? 피어슨은 자기 이전에는 저널이 그런 생각들에 동조했으며, 개인적으로는 이상적인 사회란 엘리트가 꾸려 나가는, 가능한 한 균질적인 사회라 믿는다고(달리 말하면 와스프WASP) 토로한다('와스프'는 'White Anglo-Saxon Protestant'의 약자로, 메이플라워 호를 타고 영국에서 미국으로 이주해 온 사람들의 종교적·민족적 순수 혈통을 이은 정통 미국인을 일컫는 말이다—옮긴이). 그의 설명에 따르면, 그런 "자연스러운" 과정이 현대의 전쟁과 정책에 의해 방해를 받고 있다는 게 문제라는 것이다. 이런 믿음은 개인적인 경험에서 나온 것이었다.

제2차 세계대전 때 저는 영국군에서 복무했습니다. 1942년 5월 29일, 영국 본토 항공전 때 전투기 조종사였던 제 유일한 형제가 북아프리카에서 롬멜과 맞서 싸우다가 전사했습니다. 이 일은 제게 깊은 충격을 주었죠. 서른두 살―이때 저는 결혼해서 가정을 꾸리기 시작했어요―때까지 그가 다시 돌아올 것을 꿈꿨답니다. 전쟁에서 사촌 네 명과 절친한 학교 친구 세 명을 잃었습니다. 모두 젊었고 자식도 없었습니다. 제가 알았던 사람들 중 많은 수가 자기 자식을 갖기도 전에 죽음을 맞았습니다. 그때 제가 보았던 것은, 능력이 많은 개인일수록 현대의 전쟁을 거치면서 도태된다는 것이었습니다. 이 세상의 무언가 깊이 잘못 되었다는 가슴 에는 느낌을 받았지요. 다시 말해서 이 세상은, 남들만큼 유능하지도 못한 사람들은 과도하게 많은 자식들을 낳는데, 정작 유능한 사람일수록 모두 죽어나가는 세상이었던 것입니다. 오늘날 저는 전쟁을 아주 반대합니다. 왜냐하면 전쟁은 어이없게도 지적 능력이 뛰어난 사람들을 선택해 숙이기 때문이죠. 게다가 전쟁은 분화까지 파괴합니다. 제2차 세계대전 때 유럽의 대도시들에 했던 짓을 보면 됩니다. 이를 보여 주는 한 가지 좋은 예가 있습니다. 1915년에 스탠포드 대학교 총장 데이비드 스타 조던이 쓴 『전쟁과 종족』은 젊은 나이로 자식도 없이 제1차 세계대전 때 죽은 한 영국인을 그리면서, 전쟁이 어떻게 서구 세계를 파괴하는지를 보여 주는 이야기입니다. 유럽인들이 뭐가 자기들에게 좋은 일인지 모르는 호전적인 무리였다는 걸 보여 주기 위해 저는 이 책을 재출판했습니다. 수백 년을 거쳐 오면서 유럽인들은 저희들끼리 싸우며 스스로를 파괴해 왔죠. 결과적으로 진화의 관점에서 보면, 그들은 생존할 가치가 없는 자들이었습니다.

저는 대단한 민족주의자였습니다. 당시 저는 유전자 풀의 순수성이 있다고 믿었습니다. 민족은 '번식 풀breeding pools'로 보곤 했죠. 그러나 더 이상 그렇지 않습니다. 피붙이 단위로서의 민족은 과거의 일이 되었습니다. 우리는 다문화, 다인종 단위들로 옮겨 가고 있습니다. 저는 진화의 관점에서 보았을 때, 이것이 과연 바람직한 현상인지 묻습니다. 제 생각에 그것은 진화의 과정이 거꾸로 된 것입니다. (1995)

피어슨은 내가 더 잘 이해할 수 있도록 자기가 쓴 책들과 〈맨카인드 쿼털리〉 과월호에서 선별한 글들을 보내 주었다. 그것들을 보면 과거 수십 년 동안 인종주의의 어조를 띠었던 것이 최근 몇 년 동안 잠잠해졌다는 걸 알게 되리라고 그는 확신했다. 이 저널에는 인종과 무관한 재미있는 글들이 많다. 그러나 인종과 관련된 글들도 많이 있다. 이런 글들은 더 전문적이고 덜 도발적인 용어로 치장했을 뿐, 옛날과 똑같은 성향을 보여 준다. 이 가운데서 몇 가지 예를 추려 보았다. 1991년 가을/겨울 호에는 리처드 린이 쓴 "인종 간 지능 차이의 진화"라는 제목의 글이 실려 있다. 거기서 린은 온대와 냉대 기후 지역에서 사는 코카서스인종과 몽골인종은 "인지 능력이 요구되는 생존의 문제들을 겪었으며" 따라서 "높은 지능을 선호하는 선택압이 작용했고, 이는 코카서스인종과 몽골인종이 왜 최고의 지능을 진화시켜 온 인종들인지 설명해 준다"라고 결론을 내린다(99쪽). 이 논리대로라면 이집트인, 그리스인, 페니키아인, 유대인, 로마인, 아즈텍인, 마야인, 잉카인—모두 "덜 도전적인" 따뜻한 환경에서 사는 잡다한 인종 집단이다—은 별로 똑똑하지 않았을 거라는 생각이 든다.

그리고 오래전에 추운 북유럽에 거주했던 네안데르탈인은 틀림없이 지능이 대단했을 것이다. 비록 현대 인류가 네안데르탈인을 앞질렀다고들 얘기하지만 말이다. 공정성을 기하기 위해, 저널은 이 주장에 대한 비판의 글을 같은 호에 실었다.

1995년 여름 호에는 1995년 6월 2일 행동유전학 협회에서 글레이드 휘트니가 했던 기조 연설을 실었다. 살인율에서 흑인과 백인 사이에서 나타난 극적인 아홉 갈래의 차이를 보여 주는 그래프와 도표를 완비한 글이었다. 휘트니는 이렇게 결론을 내린다. "좋아하든 좋아하지 않든 간에, 살인율에서 나타난 일부 인종 간의 차이—아마 일부가 아니라 많은 차이일 것이다—는 낮은 지능, 감정 이입의 결여, 공격적인 행동, 조심성이 결여된 충동성 같은 기여 변수들의 유전적 차이에서 비롯된 것이다."(336쪽) 이런 가설을 뒷받침하는 증거가 무엇일까? 아무것도 없다. 휘트니의 글에는 단 하나의 인용도 없다. 그런데도 행동유전학자들로 꽉 찬 방에서 이런 연설을 했고, 인류학자, 심리학자, 유전학자들이 읽는 과학 저널에 버젓이 실린 것이다.

같은 호에서 피어슨은 「서구사상에서 유전의 개념」이란 제목의 스물여덟 쪽짜리 글에서, 엘리트는 도태되고, 무지렁이들에 의해 이계 교배되는 현대 세계의 열생화劣生化를 개탄하면서 이렇게 결론을 내리고 있다. "심각한 열생학적 경향이 이번 세기를 지배해 왔다. 이는 현대에 일어난 유럽에서의 전쟁과 관련하여 전투기 조종사 같은 유능한 인력들이 선택적으로 제거된 결과이며, 유럽, 소련, 마오쩌둥의 중국에서 엘리트들이 집단적으로 살육된 결과이며, 세계 곳곳의 현대화된 사회의 보다 창조적인 구성원들이 덜 창조적인 구성원들보다

더 적은 자식을 낳는 일반적인 추세가 낳은 결과이다."(368쪽)

위의 인용들은 내가 입맛에 맞게 선택한 것들이 아니다. 피어슨이 최근에 낸 책 『유전과 인류: 인종, 우생학, 현대 과학』은 이와 똑같은 주제를 정교화하고 있다. 책의 끝머리에는 이른바 문제라고 부르는 이것에 대해서 무언가 조처를 취하지 않았을 때 무슨 일이 벌어질 것인지 극적인 예측을 하고 있다. "우주를 지배하는 힘들에 반하는 행동 패턴을 채택한 종은 어느 종이든 쇠락할 운명을 맞게 된다. 결국 진화에 의한 재선택과 재적응이라는 고통스럽고, 혹독하게 강요되고, 완전히 비자발적인 우생학적 과정을 겪게 되든지, 아니면 훨씬 심각한 응보―멸종―를 받게 될 것이다."(1996, 143쪽) 대체 "완전히 비자발적인 우생학적 재선택"이란 게 뭘 말하는가? 국가가 강제하는 인종 차별? 송환? 단종? 아니면 말살? 나는 피어슨에게 물어보았다. "아닙니다! 제가 뜻한 건 단순히 자연이 선택하고 제거한다는 것일 뿐이고, 우리가 지금대로 계속 나아간다면 사람종은 멸종하게 될 것이라는 얘기입니다. 진화 자체는 우생학 연습입니다. 장기적으로 보았을 때 자연선택은 우생학적으로 흘러갑니다."(1995) 그러나 지능, 범죄율, 창조성, 공격성, 충동성에 있어서 인종 간의 차이를 장황하게 늘어놓는 논의를 뒤따라가다 보면, 결국 거기 내포된 의미는 사람종의 멸종에 잠재적 원인이 되는 자들은 유색인종들이며, 따라서 그들에 대해 무언가 조처를 취할 필요가 있다는 얘기처럼 들린다.

벨 곡선을 평평하게 하기

　이종 교배를 막아서 유전적 순결을 보존하는 게 가능한 일일까? 피어슨의 용어대로, 과연 이제까지 민족이 "교배 단위"였던 적이나 있었을까? 아니 대체 민족이 "교배 단위"가 될 수나 있는 걸까? 아마 온 세상이 나치 천하가 된다면야, 그런 식의 생물학적 장벽들이 법령화될지도 모르겠지만, 자연은 결코 그렇지 않다. 루카 카발리 스포르차, 파올로 메노치, 알베르토 피아차가 『사람 유전자의 역사와 지리』에서 보여 준 것이 바로 이것이다. 〈타임〉은 이 책이 "벨 곡선을 평평하게 한" 연구라며 찬사를 보냈다(무게는 약 3.6킬로그램, 분량은 1,032쪽으로 『벨 곡선』을 능가하기 때문에, 적절한 표현이다). 이 책에서 저자들은 집단유전학, 지리학, 생태학, 고고학, 체질인류학, 언어학에서 이루어진 50년 동안의 연구를 통해 얻은 증거를 제시하며 이렇게 말한다. "과학적 관점에서 보았을 때, 인종 개념은 아무런 합의점도 얻지 못했다. 점진적인 변이가 존재한다면, 인종에 대한 그 어떤 합의도 가능하지 않다."(1994, 19쪽) 달리 말하면, 생물학적으로 보았을 때 인종 개념은 무의미하다는 얘기이다.

　그렇지만 우리 모두는 사람을 딱 보면 흑인인지 백인인지 알지 않는가? 저자들은 물론 그렇다고 얘기한다. "아무리 문외한이라도 개개인의 인종을 구분할 수 있을 정도로 전형적인 인종 관념에는 일관성이 있다면서 반박할 수 있을 것이다." 그러나 "피부색, 머리털의 색깔과 모양, 얼굴 생김새를 기초로 하는 전형적인 주요 인종 관념들은 피상적인 차이들만 반영할 뿐이다. 그것보다 미더운 유전적 특징들을 심도 있게 분석하면 그런 차이들은 확인되지도 않을뿐더러, 주로 최근에 기후와 (아마도) 성선택의 영향을 받으면서 이루어진 진화에서 비롯되었다."(19쪽) 전통적으로 통용되어 온 인종 범주들이 말 그대로 살가죽만 기준으로 한 것이라는 얘기이다.

그렇지만 인종들은 각각의 고유성과 독자성을 유지하면서도 퍼지 집합처럼 서로 뒤섞이는 것으로 생각되지 않는가?(사리치 1995) 그렇다. 그러나 이 인종 군들을 어떤 식으로 분류하느냐는 분류자가 유사성에 중점을 둔 "병합파 분류학자lumper"인지 차이에 중점을 둔 "세분파 분류학자splitter"인지에 따라 달라진다. 다윈이 적은 바에 따르면, 당시 자연사학자들은 호모 사피엔스의 인종 수가 둘에서 예순셋 사이라고 말했다. 오늘날에는 분류학자에 따라 셋에서 예순 사이라고 말한다. 카발리 스포르차와 동료들은 이렇게 결론을 내린다. "비록 사람종이 하나 뿐인 것은 틀림이 없지만, 분류학적으로 단위를 쪼개는 일을 어느 수준에서 그만두어야 할지 객관적인 근거는 분명 없다."(1994, 19쪽) 일례로 오스트레일리아 원주민들이 동남아시아인보다는 아프리카 흑인과 유연관계(진화적 계통상에서 생물 간의 멀고 가까운 정도―옮긴이)가 더 가까울 것이라고 생각하는 사람들이 있을 것이다. 두 인종이 닮은 점이 더 많기 때문이다(얼굴 생김새, 머리털의 유형, 피부색은 모든 이들이 인종을 식별할 때 집중하는 것들이다). 그러나 유전적으로 보면, 오스트레일리아 원주민은 아프리카 흑인과는 가장 유연관계가 멀고, 아시아인과 가장 가깝다. 우리의 일반적인 지각적 직관과 어긋나는 것으로 보이겠지만, 진화의 관점에서 보았을 때에는 말이 된다.

최초의 인류는 아프리카에서 기원해 퍼져 나갔다. 그다음에 중앙아시아와 극동아시아를 거쳐, 동남아시아로 내려갔다가, 결국 오스트레일리아까지 이동했다. 이 과정은 수만 년이 걸렸다. 생김새와는 상관없이, 오스트레일리아 원주민과 아시아인은 진화적인 유연관계가 더 가까워야 마땅하며, 사실이 그렇다. 또 예를 들어 보자. 유럽인이 아시아인 유전자 65퍼센트와 아프리카인 유전자 35퍼센트가 섞인 중간 잡종 개체군이라고 어느 누가 직관할 수 있겠는가? 그러나 진화의 관점에서 보면 조금도 놀랄 일이 아니다.

인종 분류가 문제가 되는 까닭에는 집단 속 변이성이 집단 사이 변이성보다 더 크다는 점도 있다. 카발리 스포르차와 동료는 이렇게 논한다. "통계적으로 보면, 군집 속 유전자 변이는 군집 사이 유전자 변이보다 크다." 달리 말하면 집단 속 개체들이 집단들 사이 개체들보다 더 다양하다는 얘기이다. 왜 그럴까? 그 대답은 진화이다.

제아무리 규모가 작다고 해도 모든 개체군 속에는 큰 유전자 변이가 있다. 이런 개체의 변이가 아주 오랜 기간에 걸쳐 축적되어 왔다. 왜냐하면 사람에게서 관찰되는 대부분의 다형성은 각 대륙으로 뿔뿔이 흩어지기 전, 어쩌면 족히 50만 년 전 사람종이 기원하기 전에 이미 형성되었을 것이기 때문이다. 대부분의 개체군들에서 똑같은 다형성이 발견된다. 그러나 각 개체군마다 빈도는 다르다. 왜냐하면 인류가 지리적으로 분화한 것은 최근의 일이며, 분화에 걸린 시간은 아마 사람종이 존재해 온 시간의 3분의 1 이하일 것이기 때문이다. 따라서 실질적인 분기分岐가 축적되기에는 너무 짧은 시간이었다. (1994, 19쪽)

그리고 저자들은 이렇게 되풀이해서 말한다(결코 과장이 아니다). "따라서 집단들 사이의 차이는 주요 집단 속의 차이보다, 심지어 단일 개체군 속의 차이보다도 작다."(1994, 19쪽) 사실 최근의 연구에 의하면, 만일 핵전쟁이 일어나 소수의 오스트레일리아 원주민만 남기고 모든 인류가 전멸한다 하더라도, 호모 사피엔스가 가진 변이성의 85퍼센트는 온전하게 보존될 것이라고 한다.(카발리 스포르차 1995)

킨지 보고서가 밝히는 인종주의 개념의 허상

늘 문제가 되는 것은 집단이 아니라 개인이다. 그리고 집단들이 서로 얼마나 다른지가 아니라, 개인들이 서로 얼마나 다른지가 늘 문제이다. 이는 진보적인 희망을 말한 것도 아니고, 보수적인 선동도 아니다. 바로 진화의 사실이다. 1948년에 한 곤충학자는 이렇게 적었다. "생물학자들이 개체의 고유성과, 개체들로 이루어진 개체군 어디에서나 일어날 수 있는 변이의 범위가 넓다는 점을 점차 깨달으면서 나온 산물이 바로 오늘날의 분류학이다." 이 곤충학자의 생각에는, 분류학자들이 "앞으로 어느 조사자들이 찾아내든 그것과 전혀 닮지 않은 고유한 개체들, 특정 개체들의 구조를 기술하는 것으로" 종, 속, 심지어 보다 상위 분류군까지 일반화시키는 경우가 아주 많다. 심리학자들도 이런 성급한 일반화에 똑같이 책임이 있다. 곤충학자는 이렇게 덧붙인다. "오늘날 미로 속의 쥐 한 마리는, 과거, 현재, 미래를 막론하고 모든 종류의 환경에 사는 쥐의 모든 종, 모든 개체를 대표하는 표본으로 간주된다." 설상가상으로 이런 식의 집단적인 결론들이 사람에게까지 외삽된다. "여섯 마리의 개가 있다고 해 보자. 족보도 모르고 무슨 품종인지도 모른다. 그런데도 그냥 '개'라고, 모든 종류의 개를 뜻하는 일반적인 '개'라고 보고한다. 실제로 이런 식이라면, 당신에게도, 당신 사촌에게도, 다른 모든 종류의 사람들에게도, 사람을 기술한 모든 사항에도 비명시적으로 또는 최소한 함축적으로 이런 식의 결론이 적용된다."(17쪽)

만일 그 곤충학자가 벌레 얘기만 했더라면 별로 유명하지 않았을 것이다. 그런데 그 사람은 어느 모호한 와스프[흑벌] 종을 연구하던 중, 아주 잘 알려진 와스프[WASP] 종—곧 인간 변종—연구로 방향을 바꿨다. 그는 이런 생각을 했다. 흑벌도 그처럼 많은 변이를 보여 줄진대, 사람의 경우는 얼마나 더 많은 변이가 있겠는가? 그래서 1940년대에 그 사람은 사람의 성적 특징에 대해서 유례가 없는 철저한 연구에 착수했다. 곤충학자에서 성과학자로 변모한 그 사람의 이름은 앨프레드 킨지Alfred Kinsey였고, 1948년에 그가 내놓은 책이 바로 『사람 남성의 성적 행동』이었다. 이 책에서 킨지는 이렇게 적었다. "현재 연구에서 이제까지 접할 수 있었던 역사들을 볼 때, 많은 사람들에게 이성애와 동성애는 모 아니면 도의 명제가 아님이 명백하다."(킨지, 포메로이, 마틴 1948, 638쪽) 한 사람이 이성애자인 동시에 동성애자일 수 있다. 또 때에 따라 이성애자가 아닐 수도, 동성애자가 아닐 수도 있다. 처음엔 이성애자였다가 나중에 동성애자가 될 수도 있고, 그 반대일 수도 있다.

개체군 내의 개체들에게 이성애 상태나 동성애 상태가 차지하는 시간 비율은 대단히 다양하다. 킨지는 이렇게 쓰고 있다. "예를 들어 보자. 같은 해에 이성애 활동과 동성애 활동에 모두 관여하는 사람들이 있다. 또는 같은 달에, 또는 같은 주에, 심지어 같은 날에도 두 성향을 모두 보이는 사람들이 있다."(639쪽) 아마 "같은 시간"까지 덧붙일 수도 있을 것이다. 킨지의 결론은 다음과 같다. 따라서 "개인들을 이성애와 동성애 두 가지 유형만으로 인식하는 것은 정당하지 못하며, 동성애자를 제3의 성으로 규정하게 되면 어떤 현실도 제대로 기술해 내지 못한다."(647쪽) 킨지는 이 점을 분류학 일반에 외삽해서 (셀 수 없이 많은 도표들 속에 갈무리해 넣은 강렬한 어조로) 개인의 고유성을 이끌어 냈다.

남성은 두 가지 별개의 개체군, 곧 이성애자군과 동성애자군으로만 대표되는 것이 아니다. 세계는 양과 염소로만 구분되는 것이 아니다. 모두가 검은 것도, 모두가 하얀 것도 없다. 자연이 불연속적인 범주들을 다루는 일은 거의 없다는 것이 바로 분류학의 기본이다. 사람의 마음만이 범주들을 고안해 내고, 각각 별개의 구멍들에 사실들을 억지로 우겨넣으려 애를 쓴다. 살아 있는 세계는 모든 면에서 연속적이다. 사람의 성적 행동에 이런 점이 있음을 빨리 알게 될수록, 우리는 성의 참모습에 대한 온전한 이해에 빨리 도달하게 될 것이다. (639쪽)

킨지는 이런 변이가 도덕적·윤리적 체계에 대해서 어떤 의미를 함축할지 살폈다. 만일 변이와 고유성이 예외가 아닌 정상적인 것이라면, 과연 무슨 도덕성의 형식이 사람의 모든 행동을 아우를 수 있겠는가? 사람의 성적 특징만 갖고, 킨지는 만 명이 넘는 사람들에 대해서 각자 250개 항목을 측정했다. 데이터 측정점이 전부 무려 250만 개나 된다. 사람의 행동이 보이는 다양성에 대해서 킨지는 이렇게 결론을 내렸다. "각각의 개인 속에서 이 형질들이 한없이 재결합함으로써, 본질적으로 무한하다고 할 만큼 가능성들이 증대한다."(크리스텐슨 1971, 5쪽) 모든 도덕 체계는 절대적인 반면, 이 체계들의 변이의 폭은 깜짝 놀랄 정도로 크기 때문에, 모든 절대적 도덕 체계는 사실상 그 체계를 타인들에게 부여하는 (대개는 의무로 지우는) 집단에 따라 상대적이다. 책의 끝에서 킨지는 이렇게 결론을 내렸다. "사회가 극히 받아들이기 힘든 성적 활동성을 가진 개인들에서조차, 타고난 도착 성향 같은 것이 존재한다는" 증거는 사실상 아무것도 없다. 오히려 킨지가 방대한 통계 도표들과 면밀한 분석을 통해 보여 주었던 것처럼, 승거를 따라가다 보면 "만일 개인들이 서로의 행동에 깔린 바탕을 알 수 있다면, 사람이 가진 대부분의 성적 활동성을 사람들 대부분이 납득하게 될 것"이라는 결론에 이르게 된다.(킨지, 포메로이, 마틴 1948, 678쪽)

킨지는 "모든 생물학 원리들 중에서 가장 보편적이라 할 만한 것"이 변이라고 했으나, "입법자의 입맛에 맞는 패턴, 또는 입법이 본으로 삼았던 가상의 이상들에 맞는 패턴, 그러나 그 법을 준수하며 살려고 하는 현실 속의 모든 개인들에게 들어맞지는 못하는 패턴에 따라 주변 사람들이 생각하고 행동하기를 기대할 때" 대부분의 사람이 잊어버리는 것으로 보이는 것이 바로 그 변이이다. 킨지는 "사회 형태, 법적 제한, 도덕률이 사회학자들이 주장하는 것처럼 사람의 경험을 성문화한 것들일 수는" 있지만, 모든 통계적 일반화와 집단 일반화처럼 "구체적인 개인들에게 적용하면 별 의미가 없다"는 점을 보여 주었다.(크리스텐슨 1971, 6쪽) 이 법들은 사람 본성의 법칙보다는 입법자들에 관해서 더 많이 말해 준다.

> 법규들은 법규를 만든 자들이 공개적으로 자기들 생각을 고해한 것에 불과하다. 어떤 사람에게는 옳은 것이 옆 사람에게는 그를 수 있다. 어떤 사람에게는 죄이고 혐오스러운 것이 옆 사람에게는 가치 있는 삶의 일부일 수 있다. 어떤 구체적인 경우를 보든, 개인적 변이는 대개 일반적으로 이해되는 것보다 훨씬 크다. 내 곤충들의 일부 구조적 형질들의 변이율은 1,200퍼센트나 된다. 그런데 내가 지금 연구하는 사람 행동의 기본적인 형태학적 및 생리학적 형질들 중 일부의 변이율은 족히 12,000퍼센트까지 이른다. 그런데도 사회 형태나 도덕률은 마치 모든 개인들이 동일하다는 듯이 규정된다. 그리고 서로 그토록 다른 사람들이 획일적인 요구를 받았을 때 얼마나 다양한 문제들이 생기는지 상관하지 않고, 우리는 그 규정에 따라 판결하고, 상을 주고, 벌을 내린다. (크리스텐슨 1971, 7쪽)

킨지의 결론은 인종 문제에도 적용할 수 있다. 흑인과 백인, 몸을 쉽게 굴림과 지능이 높음 같은 범주들이 사실상 불연속적인 것이 아니라 연속적으로 볼 때 가장 훌륭하게 기술된다면, '흑인'은 '몸을 쉽게 굴리는 인종', '백인'은 '지능이 높은 인종'이라고 어떻게 딱딱 끊어서 정리할 수 있을까? "곤충들의 경우처럼 사람들의 경우에도 이분법적인 변이는 예외에 속하며 연속적인 변이가 일반적이다." 킨지의 결론이다. 마찬가지로 행동의 경우에도, 우리는 "극단적으로 옳은 행동과 극단적으로 그른 행동 사이에서 무한히 다양한 형태의 행동이 가능하다는 점을 감안하지 않은 채" 옳다 그르다를 판단한다. 정말 그렇다면, 생물의 진화처럼 문화의 진화에 대한 희망은 변이와 개인주의를 인식하느냐 못하느냐에 달려 있을 것이다. "개체 간의 이런 차이들은 유기적인 세계에서 자연이 진보, 진화를 이루는 데 질료로 삼는 것들이다. 사회 변화의 희망은 바로 사람들 사이의 차이에 자리하고 있다."(크리스텐슨 1971, 8~9쪽)

미국인들은 인종과 문화를 혼동하는 경향이 있다. 예를 들어 '백인'이나 '코카서스인종'은 '한국계 미국인'과는 대응하지 않지만, '스웨덴계 미국인'과는 대응된다. '한국계 미국인'은 대략적으로 인종적 및 유전적 구성을 가리키는 반면, '스웨덴계 미국인'은 대략적으로 문화적인 유산을 표시한다. 1995년 옥시덴탈 칼리지 학보는 신입생의 절반 가까이(48.6퍼센트)가 "유색인종"이라고 보도했다. 그런데 지금까지 살아오면서 나는 전통적으로 인정되어 온 인종의 외적 특징들로는 대부분의 학생들을 식별하기가 어려웠다. 왜냐하면 수십수백 년을 거치면서 매우 많은 혼혈이 이루어져 왔기 때문이다. 나는 학생들 대부분이 무슨무슨계 인종일 것이라고 짐작한다. 이것은 '순수' 인종이라는 개념보다 훨씬 더 어처구니없는 개념이다. 인종을 묻는 문항에 표시하는 것 — '백인', '히스패닉', '아프리카계 미국인', '아메리카 원주민', '아시아계 미국인' — 은 이치에 맞지도 않고 우스꽝스러운 일이다. '미국인'은 인종이 아니다. '아시아계 미국인'과 '아프리카계 미국인' 같은 딱지들은 우리가 여전히 인종과 문화를 혼동하고 있음을 보여 준다. 또 계보를 얼마나 멀리까지 거슬러 올라가야만 할까? 아시아와 아메리카 사이에 놓였던 베링 육교를 건너기 전인 2만~3만 년 전으로 계보를 거슬러 올라가 보면, 아메리카 원주민은 사실상 아시아인이다. 그리고 아시아인은 수십만 년 전에는 아프리카에서 왔을 것이다. 그렇다면 우리는 사실상 '아메리카 원주민'을 '아프리카-아시아계 아메리카 원주민'이란 말로 대신해야 마땅하다. 만일 아프리카 기원설(인종의 단일 기원)이 맞다면, 현대의 모든 사람들은 아프리카에서 온 것이다. (카발리 스포르차는 최근 7만 년 전에 이 일이 있었을 것으로 생각한다.) 설사 아프리카 기원설 대신 가지 촛대설(인종의 다중 기원)이 맞다 하더라도, 궁극적으로 모든 사람과는 아프리카에서 기원했다. 따라서 미국인들은 모두 그냥 '아프리카계 미국인'으로 표시해야 할 것이다. 나의 외할머니는 독일인이셨고, 외할아버지는 그리스인이셨다. 다음번에 인종을 묻는 문항에 표시할 때 나는 '기타'에 표시를 하고, 내 인종 및 문화적 혈통에 대해서 진실을 적을 것이다. '아프리카-그리스-독일계 미국인'이라고.

그리고 그 혈통을 자랑스러워할 것이다.

PART 5

영원히 마르지 않는 희망

사람의 가슴에선 쉼 없이 희망이 솟는구나.

현재는 축복받지 못했으나, 항상 기다리는 미래의 축복.

집에 들어가지 못하는 불안한 영혼은

다가올 삶을 기대하며 쉬기도 하고 걷기도 하노라.

보라, 저 가엾은 인디언! 배우지 못한 저들의 마음은

구름 속에서 신의 모습을 보고, 바람 속에서 신의 소리를 듣는구나.

그이 영혼의 당당한 지식은 길 잃는 법을 가르치지 않았네.

저 멀리 태양의 행보나 은하수에서도.

그러나 단순한 자연이 그이의 희망에게 선사한 것은

구름 덮인 언덕 너머, 시시한 천국이었노라.

알렉산더 포프 『인간론』, 1733

CHAPTER 16

모든 가능한 세계 중에서
최선의 세계를 과학이 찾아낼 수 있을까?

    19세기 영국의 자연사학자 앨프레드 러셀 월리스는 자연선택의 공동 발견자로서 찰스 다윈과 항상 붙어 다니는 이름이나. 월리스는 자기가 관찰한 모든 구조와 행동의 목적을 탐구하다가 수렁에 빠지고 말았다. 월리스 생각에, 모든 유기체들이 환경에 잘 적응할 수 있게 해주는 것은 바로 자연선택이었다. 결국 자연선택에 지나치게 역점을 둔 나머지 과도한 적응주의에 빠지고 말았다. 〈쿼털리 리뷰〉 1869년 4월호에서 월리스는 사람의 뇌는 결코 진화의 산물일 수 없다고 주장했다(다윈은 크게 실망했다). 고도의 수학과 예술 감상처럼 비자연적인 일을 해낼 수 있는 사람 뇌만 한 크기의 뇌가 자연에 있을 하등의 이유도 없기 때문이라는 것이다. 목적이 없으면 진화도 없다는 얘기이다. 그렇다면 사람의 뇌가 있게 된 이유를 월리스는 뭐라고 생각했을까? "최고 권위의 지성이 법칙들의 작용을 돌보고 있다. 변이의 방향을 잡아 주고, 변이의 축적을 결정지어, 종국에는 우리의 마음과 도덕의 본성의 한없는 발전을 허용하고, 심지어 거기에 보탬이 될 수 있을 정도로 충분히 완벽한 생물체를 만들어 냈다."(394쪽) 곧, 진화론이 신의 존재를 증명한다는 얘기이다.

월리스가 과도한 적응주의에 빠지게 된 까닭은, 모든 가능한 세계 중에서 최선인 이 세계에서 가능한 최선의 유기체를 만들어 내는 것은 마땅히 진화여야 한다고 믿었기 때문이다. 그러나 사실은 그렇지 않았기 때문에, 여기에는 또 다른 작용인作用因, 곧 더욱 고등한 지성이 있어야 했던 것이다. 공교롭게도 자연신학자들—이들의 믿음을 뒤엎는 데 일조한 것이 바로 월리스의 진화론이었다—도 이와 비슷한 논증을 펼쳤다. 가장 유명한 것이 윌리엄 페일리의 1802년 저서 『자연신학』이다. 그 책의 첫 문단은 다음과 같다.

황야를 가로지르다가, 돌멩이가 발에 차였다고 해 보자. 그리고 저 돌이 어떻게 해서 거기에 있게 되었느냐는 물음을 받았다고 해 보자. 내가 아는 바로는 설명할 방도를 찾지 못하기 때문에, 아마 나는 그 돌이 언제나 거기 있었다고 대답할 것이다…… 그런데 내가 땅에서 시계 하나를 보았다고 해 보자. 어떻게 해서 그 시계가 거기 있게 되었는지 알려고 할 것이다. 그러나 이번에는 앞에서 했던 대답을 그대로 하기가 어렵다. 다시 말해서 내가 아는 바에 따라, 그 시계가 늘 거기 있었을 거라고 말하기는 힘들다는 것이다. 돌멩이의 경우와는 달리 시계에 대해서는 왜 이 대답이 먹힐 수 없는 걸까? 다른 이유 때문이 아니라 바로 이런 이유 때문이다. 곧, 시계를 조사해 보면, 시계를 이루는 여러 부품들이 어떤 목적을 위해서 고안되고 조립되었음을 알게 되기 때문이다.

페일리에게 시계는 목적성을 가지기 때문에, 어떤 목적을 가진 존재에 의해 만들어졌음이 틀림없다는 것이다. 따라서 시계에 시계공이 필요하듯이, 세계도 세계를 만든 자, 곧 신이 필요하다는 얘기이다. 그런데 월리스와 페일리 모두 볼테르의 『캉디드』(1759)에서 얻은 교훈을 유념했는지도 모른다. 『캉디드』에서 "형이상학-신학적 우주론metaphysico-theology-cosmolonigology" 교수인 팡글로스 박사는 이성, 논리, 유비를 통해 이 세계가 가능한 모든 세계 중에서 최선의 세계임을 "증명했다." "이는 사물들이 다른 식으로 있을 수 없음을 입증했다. 세상 만물은 어떤 목적을 위해 만들어졌기 때문에, 필연적으로 최선의 목적을 위해 있는 것이다.

안경을 쓸 수 있게끔 만들어진 코를 보라. 그래서 우리에게 안경이 있는 것이다. 다리는 반바지를 입기에 시각적으로 알맞게 만들어졌다. 그래서 우리에게 반바지가 있는 것이다."(1985, 238쪽) 이런 논증의 부조리함은 저자가 의도한 것이었다. 볼테르는 이 세계가 가능한 모든 세계 중에서 최선의 세계이며, 이 세계에서 만물은 최선의 상태로 있다는 팡글로스식 패러다임을 확고하게 거부했기 때문이다. 자연은 완벽하게 설계된 것도 아니고, 이 세계는 가능한 모든 세계 중에서 최선의 세계도 아니다. 변덕스럽고, 우연적이고, 결함이 있을 수 있는 세계, 그것이 바로 우리가 있는 세계이다.

대부분의 사람들은, 만일 이 세계가 가능한 모든 세계 중에서 최선의 세계가 아니라 할지라도, 조만간 그렇게 될 것이라는 희망을 언제까지고 버리지 않는다. 그런 희망이 바로 종교, 신화, 미신, 뉴에이지 믿음의 원천이다. 세계 어디를 가나 그런 희망을 발견한대도 놀라지는 않겠지만, 우리는 과학만큼은 그런 소원 성취식 희망을 넘어서 있을 거라고 기대한다. 그런데 과연 가당한 생각일까? 과학이란 것도 결국은 저마다 나름의 희망, 믿음, 소원을 갖춘 사람인 과학자들의 활동이다. 나는 앨프레드 러셀 윌리스를 대단히 존경하지만, 돌이켜 보면 보다 나은 세계를 향한 희망으로 인해 그의 과학이 편벽되었음을 쉽게 알 수 있다. 그렇다 해도 그 이후 과학이 진보해 온 것은 확실하지 않던가? 그렇지 않다. 종교에서처럼 과학에서도 희망이 쉬지 않고 이어져 왔음을 보여 주는 책들이 넘쳐난다(대부분이 물리학자들과 우주론자들이 쓴 책이다).

프리초프 카프라의 『현대 물리학과 동양사상』(1975)과 특히 『새로운 과학과 문명의 전환』(1982)은 태연하게 과학과 영성을 뒤섞을 방도를 모색하면서 더 나은 세계를 희망하고 있다. 케임브리지 대학교의 이론물리학자로서 성공회 사제로 변모한 존 폴킹혼이 쓴 『어느 물리학자의 신앙』(1994)은 물리학이 니케아 신경(4세기 기독교 신앙 고백을 기초로 한다)을 증명한다고 주장한다. 1995년, 물리학자 폴 데이비스는 종교 발전에 애쓴 공로로 1백만 달러의 템플턴상을 수상했다. 1991년에 쓴 책 『신의 마음』 덕분이기도 했다. 하지만 가장 진지한 노력을 기울인 공로상은 존 배로와 프랭크 티플러가 쓴 1986년의 책 『우주의 인간 원리』와 프랭크 티플러가 쓴 1994년의 책 『영생의 물리학: 현대 우주론, 신, 그리고 죽은 자의 부활』에 돌아가야 마땅할 것이다. 처음 책에서 두 저자는 우주가 지적으로 설계되었으며, 따라서 지적 설계자(하느님)가 있음을 증명했다고 주장한다. 두 번째 책에서 티플러는 미래에는 모든 사람들이 슈퍼컴퓨터에 의해서 부활될 것임을 독자들이 알아주었으면 한다. 이런 시도들은 가장 지적으로 정련된 과학에서조차 희망이 어떤 식으로 믿음을 빚어내는지 보여 주는 사례 연구를 제공한다.

『영생의 물리학』을 읽고 저자와 얘기를 나누면서, 나는 티플러, 월리스, 페일리가 나란히 있음을 알고 충격을 받았다. 티플러가 겉모습만 바꾼 팡글로스 박사이고, 현대판 과도한 적응주의자이며, 20세기의 자연신학자임을 깨닫게 되었던 것이다. (이런 유비를 들려주자 티플러는 자기가 '진보적인' 팡글로스주의자임을 인정했다.) 고도의 지적인 훈련을 받은 티플러의 정신은 완전히 한 바퀴를 돌아『인간론』에 나오는 알렉산더 포프의 인디언에게 인도되었다(제5부 서두에 실은 포프의 시를 참고하라). 다만 티플러는 구름과 바람에서만 신을 찾아낸 데서 그치지 않고, 시시한 천국이 아닌 영광 가득한 천국을 찾아 자기만의 태양의 행보로 우주를 관통하면서 신을 찾아낸다.

티플러의 가정 환경에서 그의 팡글로스적 성향―이 세계를 가능한 모든 세계 중에서 최선의 세계로 만들고자 하는 욕구―을 설명해 줄 만한 것이 있을까? 어렸을 때 티플러는 뒤퐁 사의 "화학을 통해 보다 나은 삶으로"라는 모토에 정신이 팔렸었다. 그 말이 상징했던 것은 다름 아닌 "과학을 통한 순수한 진보"였다. 여덟 살 때 레드스톤 로켓 프로그램과 사람을 달로 보낼 가능성에 매료된 티플러는 독일의 위대한 로켓 과학자 베르너 폰 브라운에게 편지를 쓰기도 했다.

"베르너 폰 브라운을 이끌었던 원동력, 그리고 평생 내게 동기를 부여했던 것은 바로 무한정한 기술적 진보에 대한 태도였다."(1995)

미국 앨라배마 주의 시골 소도시 안달루시아에서 자란 티플러는 1965년에 고등학교를 졸업할 때 반 졸업생 대표 연설을 했다. 졸업 연설에서 티플러는 인종 차별에 반대하는 발언을 할 생각을 했다. 1960년대 미국의 최남부 지방에서, 그것도 열일곱 살짜리 청소년이 일반적으로 취할 만한 입장은 아니었다. 매일같이 거대 회사에 맞서 개인을 대변하는 일을 하는 변호사였던 티플러의 아버지 역시 인종 차별에 반대했으나, 그처럼 물의를 일으킬 만한 입장을 드러내지는 말라고 티플러를 타일렀다. 프랭크가 대학에 들어간 뒤에도 가족은 계속 그 도시에 남아서 살아야 했기 때문이다. 강한 근본주의의 영향을 받은 남부 침례교인으로 자랐음에도 불구하고(또는 아마 그 때문에), 열여섯 살이 되자 불가지론자가 되었다고 티플러는 말한다. 중상류층 집안에서 정치적으로 진보 성향의 아버지와 정치에 무관심한 어머니 밑에서 자랐던 티플러는 맏이였고, 아래로 네 살 어린 남동생이 있었다.

출생 순서가 무슨 차이를 만들까? 프랭크 설로웨이(1996)는 다변수 상관성 조사를 수행해서 출생 순서에 따라 이단 이론을 거부하거나 수용하는 경향성을 검토했다. 이때 기초로 삼은 변수들은 "새 이론 쪽으로 마음을 바꾼 날짜, 나이, 성별, 국적, 사회 경제적 계층, 형제 수, 새 이론의 지도자들과 사전에 접촉한 정도, 종교적 및 정치적 입장, 과학 전공 분야, 이전에 받은 상과 명예, 명성을 평가하는 세 가지 독립적 측도, 종파, 부모와의 갈등, 여행, 학력, 신체적 장애, 출생시 부모의 나이"였다. 다중 회귀 모델들을 써서 백만 개 이상의 데이터 점을 분석한 설로웨이는 과학의 혁신에 대한 지적 수용 여부에 있어 가장 강력한 인자가 출생 순서임을 알아냈다.

설로웨이는 백 명의 과학사학자에게 자문을 구해, 1543년부터 1967년까지 있었던 스물여덟 개의 서로 다른 과학 논쟁에 참여했던 3,892명의 과학자들이 취한 입장을 평가하도록 했다. 설로웨이(맏이가 아닌 아우로 태어났다)는, 혁명적인 생각을 수용할 가능성이 맏이보다 아우 쪽이 3.1배 더 높음을 발견했다. 급진적인 혁명을 받아들일 가능성은 4.7배가 높았다. 설로웨이는 "우연히 이렇게 될 가능성은 사실상 전무하다"고 지적한다. 역사적으로 볼 때 이것이 내포하는 의미는 다음과 같다. "일반적으로 아우들은 맏이 형제의 반발을 이기고 주요한 개념적 변화를 꾀하고 지지해 왔다. 뉴턴, 아인슈타인, 라부아지에처럼 새 이론의 중심 지도자들이 맏이로 밝혀질 때도 가끔 있지만, 전체적으로 볼 때, 새 이론을 반대하는 자들은 여전히 맏이 쪽이 우세하고, 개심하는 자들은 대부분 아우 쪽이 우세하다."(6쪽) 일종의 '대조군'으로 외동들에게서 얻은 데이터를 검토한 설로웨이는 외동이 급진 이론을 지지하는 정도가 맏이와 아우 사이임을 발견했다.

맏이가 더 보수적이고 권위의 영향을 더 많이 받는 이유가 뭘까? 아우가 더 진보적이고 이념의 변화를 더 잘 수용하는 이유가 뭘까? 출생 순서와 성격 사이에 무슨 연관성이 있을까? 첫 자식으로 태어난 맏이는 부모의 관심을 아우들보다 훨씬 많이 받는다. 반면 아우는 맏이보다 더 많은 자유를 얻고, 권위적 이념이 주입되거나 권위에 복종하는 경우가 더 적다. 일반적으로 맏이는 더 많은 책임을 진다. 이를테면 어린 동생들을 돌보는 일을 책임진다. 그래서 부모를 대신하는 구실을 하게 된다. 아우들은 흔히 부모의 권위로부터 한 걸음 물러나 있기 때문에, 보다 높은 권위에 복종해서 그 권위가 부여하는 믿음을 채택할 가능성이 더 낮다. 설로웨이는 한 걸음 더 나아가 다윈의 동기간 경쟁 모델을 여기에 적용했다. 곧, 제한된 부모의 자원과 인정을 얻고자 자식들끼리 경쟁을 할 수밖에 없다는 얘기이다. 맏이는 더 크고, 더 빠르고, 나이가 더 많기 때문에 좋은 것을 최대한 많이 가진다. 반면 아우들은 부모에게서 얻는 이득을 최대화하기 위해 새로운 영역들로 분산해 나간다. 이는 맏이가 보다 전통적인 직업에 종사하는 경향이 있고, 아우는 보다 전통에서 벗어난 직업을 추구하는 경향이 있는 까닭을 설명해 준다.

발달심리학자 터너와 헬름스는 이렇게 적었다. "보통의 경우 맏이들은 부모에게서 집중적인 관심을 받으며 부모의 시간을 독점하게 된다. 맏이를 낳았을 때의 부모는 대개 젊고 의욕적으로 아이들과 놀아 주려 할 뿐 아니라, 상당한 시간을 쏟아 맏이와 얘기하고 맏이의 일을 같이 해 준다. 이 때문에 맏이와 부모 사이의 유대감은 강하기 마련이다"(1987, 175쪽) 당연히 이런 관심에는 보다 많은 보상과 처벌이 따른다. 보상은 권위에의 복종을 더욱 강화시키고, 처벌은 '바른 생각'을 갖도록 통제한다. 애덤스와 필립스(1972), 키드웰(1981)은 이런 식의 관심의 배분이 맏이들로 하여금 인정받기 위해 아우들보다 더욱 힘들게 노력하게 한다고 보고한다. 마르쿠스(1981)는 맏이가 아우에 비해 더 불안해하고 의존적이며 순응적이라고 결론을 내렸다. 힐턴(1967)은 스무 명의 맏이, 스무 명의 아우, 스무 명의 외동을 대상으로 어머니-자식 사이의 쌍방향 실험을 실시한 결과, 네 살배기 맏이들이 아우나 외동에 비해 어머니에게 크게 의존적이며, 도움이나 위로를 구하는 횟수가 더 잦음을 발견했다. 게다가 어머니는 맏이가 하는 일(이를테면 퍼즐을 구성하는 일)에 참견할 가능성이 제일 높았다. 마지막으로 니스벳(1968)은 맏이에 비해 아우가 비교적 위험한 스포츠에 빠질 가능성이 훨씬 크며, 이는 모험과 결부되고, 나아가 '이단적인' 생각과 결부되어 있음을 보여 주었다.

설로웨이가 보여 주려 했던 것은 출생 순서만이 급진적 생각의 수용 여부를 결정한다는 것이 아니다. 사실 그가 보여 주려 했던 것은 "가정 내에서 작동하는, 심리 발달에 영향력을 미치는 주요 원인이 될 것으로 가정된 것이 바로 출생 순서"라는 것이다(12쪽) 달리 말하면, 나이, 성별, 사회 계층 같은 수많은 다른 변수들이 급진적 이론의 수용성 여부에 영향을 미칠 기틀을 마련하는 소인이 되는 변수가 바로 출생 순서라는 것이다. 과학 이론들이 모두 똑같이 급신석이지 않음은 당연하기 때문에, 이런 점까지 고려했던 설로웨이는 논쟁에서 "진보적이거나 급진적 성향"을 띠는 정도와 아우라는 입장 사이에 상관성이 있음을 발견했다. 아우들은 "예측 가능성과 질서를 전제하는 세계관보다는 통계적이거나 확률적인 세계관(이를테면 다윈의 자연선택과 양자 역학)을 더 선호하는" 경향이 있다. 반면 맏이들이 새로운 이론을 수용할 경우, 그 이론들은 대개 가장 보수적인 형태의 이론들이었다. 곧 "일반적으로 기존의 사회적, 종교적, 정치적 입장을 재확인시켜 주고, 서열, 질서, 완전한 과학적 확실성이 가능함을 강조하는 이론들"(10쪽)을 선호하는 것이다.

프랭크 티플러의 이론은 그의 생각과 달리 전혀 급진적인 생각이 아니라 사실은 극보수적인 생각이다. 서열이 중심이 되고, 질서를 가진 세계관, 궁극적으로 신과 영생에 대한 기존의 종교적 입장을 재확인하는 생각인 것이다. 비록 열여섯 살 때에는 신을 거부했다고 하지만, 쉰 고개에 다가서는 요즘은 자기가 가진 모든 과학적 수완을 발휘해 페일리의 '신적인 시계공'과 월리스의 '최고 권위의 지성'의 존재를 논하고 있다. 티플러는 이렇게 단언했다. "존재의 대사슬로 되돌아가는 것입니다. 차이가 있다면 제가 말하는 존재의 대사슬은 시간의 사슬이라는 점입니다." 티플러가 펼치는 물리학까지 보수적이다.

물리학의 관점에서 보면 제 이론은 매우 보수적입니다. 무슨 말이냐 하면, 표준적인 방정식들―오랜 전통을 가진 양자 역학과 일반 상대성 이론의 방정식들―을 취하라는 것이고, 우주를 이해하기 위해서는 과거에서 미래로 향했던 경계 조건들을 바꾸기만 하면 된다는 것입니다. 이는 직관을 거스르는 것이죠. 우리 인간은 언제나 과거에서 현재로, 현재에서 미래로 운동하기에, 우주도 우리처럼 운행해야만 한다고 은연중에 가정하기 때문입니다. 그러나 저는 우주가 우리 방식대로 운행해야 할 아무런 근거도 없다고 얘기합니다. 일단 미래의 관점을 취하게 되면, 물리학자들은 우주를 훨씬 더 잘 이해할 수 있을 것입니다. 태양의 관점에서 보았을 때 태양계가 훨씬 더 잘 이해되었던 것처럼 말이죠.(1995)

맏이인 티플러는 자기가 익힌 고등 과학을 써서 부모의 종교를 지키고 있는 것이다. "제 아버지는 언제나 신의 존재를 막연하게 믿으셨죠. 당신 스스로가 언제나 합리주의자이셨기 때문에, 종교적 믿음의 합리적 근거를 좋아하시고, 천성적으로 책읽기를 좋아하셨습니다. 어머니는 아버지의 그런 점이 여러 면에서 기독교의 전통적 관점을 지켜 주기 때문에 행복해 하셨고요."(1995) 실제로 티플러의 기독교 근본주의자로서의 배경은, 많은 동료 물리학자들이 쓰지 말라고 말리는데도 '신', '천국', '지옥', '부활' 같은 말을 꾸준히 사용하는 데서 두드러진다(1994, 서문 14쪽). 그런데 현대 물리학이 정말로 유대-기독교 교의를 기술할 가능성이 있을까? 티플러는 충분히 그럴 수 있다고 말한다. "예를 들어 영혼 같은 것의 존재를 어떻게 설명할 수 있는지 자고이래 가능한 모든 설명을 생각해 봅시다. 별로 많지 않아요. 영혼은 물질의 패턴이거나 신비로운 영질靈質이거나 둘 중 하나입니다. 그 두 가지로 영혼을 설명할 수 있죠. 플라톤은 영혼이 영질로 구성되어 있다는 입장을 취했고, 토마스 아퀴나스는 패턴의 재생으로 부활을 설명하는 입장을 취했습니다. 제 책에서 주장하는 것이 바로 토마스 아퀴나스의 입장입니다. 누구나 도달하게 되는 가능성은 이 두 가지뿐입니다."(1995) 그러나 당연히 세 번째 가능성도 있다. 영혼이 물질적인 몸이 사라진 뒤에도 남는 어떤 것을 뜻한다면, 그런 영혼이란 없다는 것이다. 만일 그렇다면 누구도 "그 가능성에 도달하지" 못한다. 왜냐하면 도달해야 할 것이 아무것도 없기 때문이다. (만일 '영혼'이 이렇게 정의된다면, 영혼이란 없을 것이라고 티플러는 시인한다. 그러나 고대인들은 '영혼'을 작동의 측면에서 보아 산 것을 죽은 것과 다르게 해 주는 것으로 정의했다고 주장한다. 따라서 결국 오직 두 가지 선택만이 있을 뿐이라고 논한다. 그러나 이것은 현대 대부분의 신학자들이 정의하는 영혼의 의미가 아니다.)

대부분의 과학자들은 웬만큼 연륜이 쌓이지 않고서는 그처럼 논란거리가 될 만한 생각을 감히 발표하지 못하는데, 티플러는 매사추세츠 공과대학에서 물리학을 공부하기 시작했을 때부터 이미 과학과 공상과학 사이의 경계 지대에 해당하는 생각들을 품었다.

기숙사에서 물리학과 학생들끼리 모여 토론하다가 저는 시간 여행에 대해서 알게 되었습니다. 우리는 다多역사해석 같은 물리학의 정말로 전위적인 생각들에 대해서 얘기를 나누곤 했죠. 시간을 닮은 폐곡선에 대한 괴델의 논문을 읽고선 거기에 흠뻑 매료되어서 『철학자이자 과학자, 알베르트 아인슈타인』 2권을 구해 읽었습니다. 아인슈타인이 일반 상대성 이론을 창시할 당시 이 가능성을 깨닫게 되었으며, 괴델의 논문까지 논의했다는 얘기가 눈에 들어왔죠. 제게 자신감을 심어준 게 바로 그것이었습니다. 다수의 물리학자들이 시간 여행의 가능성을 믿지 않을지는 몰라도, 쿠르트 괴델과 알베르트 아인슈타인은 믿었고, 두 사람은 결코 하찮은 과학자들이 아니었기 때문입니다. (1995)

티플러는 저명한 〈피지컬 리뷰〉지에 첫 논문을 발표했다. 대학원 시절에 쓴 그 논문은 실제로 타임머신이 가능할 수도 있다는 주장을 담고 있었다. 「회전하는 원기둥과 포괄적 인과율 위반 가능성Rotating Cylinders and the Possibility of Global Causality Violation」이라는 제목의 그 논문은 당시에는 혁명적이었다. 공상과학 작가 래리 니븐은 티플러의 논문을 각색해서 단편 소설로 쓰기까지 했다.

메릴랜드 대학교에서 일반 상대성 이론 연구팀과 함께 박사 과정 연구를 하면서, 티플러는 뒷날에 쓸 책들을 위한 기틀을 놓았다. 1976년에 티플러는 버클리의 캘리포니아 대학교에서 박사후 과정 연구를 시작했는데, 거기서 역시 박사후 과정에 있었던 영국의 우주론자 존 배로를 만났다. 티플러와 배로는 '인간 원리Anthropic Principle'를 기술했던 브랜든 카터의 원고를 놓고 의견을 나누었다. "우리는 그 생각을 받아들여 크게 확장시키는 게 좋겠다고 생각했습니다. 그렇게 해서 나온 책이 바로 『우주의 인간 원리』였죠. 우리는 마지막 장에서, 프리먼 다이슨(1979)의 영원히 계속되는 생명 관념을 물리적 환원주의 및 포괄적 일반 상대성과 결합시켰습니다. 그 결과 '오메가 포인트 이론Omega Point Theory'이 뒤따라 나왔습니다." 티플러의 추론 과정들은 논리적으로 보이지만, 도출된 결론은 과학을 극한까지 밀어붙이고 있다.

저는 우리가 쓴 책이 완벽하게 일반적이 되기를 원했습니다. 그래서 이렇게 자문해 보았죠. [열린 우주 대신] 닫힌 우주와 평면 우주라면 어떨까? 그런데 닫힌 우주에서는 소통이 문제가 됩니다. 왜냐하면 어디에나 사건의 지평선이 있기 때문이죠. 그래서 저는 만일 사건의 지평선이 없다면 문제가 안 될 것이라고 생각했습니다. 사건의 지평선이 없다면, c-경계는 어떤 모습일까? 아하, 단일한 점이겠구나. 시간의 끝이 단일한 점이라고 생각하니, 테야르 드 샤르댕의 오메가 포인트(프랑스의 철학자이자 고생물자, 가톨릭 사제였던 테야르 드 샤르댕이 인간 진화의 궁극적

종착점을 일컬은 말로, 의식의 완전한 통일체, 신과의 합일을 뜻하는 것으로 해석할 수 있다—옮긴이)가 떠올랐습니다. 샤르댕은 오메가 포인트를 신과 동일하게 보았죠. 따라서 저는 여기서 종교와의 연관성이 있을 것이라고 생각했습니다. (1995)

배로와 티플러의 책은, 사람은 우주에서 특별한 위치에 있지도, 특별한 목적이 있지도 않다는 코페르니쿠스 원리를 공격하는 것이다. 코페르니쿠스 원리에 따르면, 평범한 은하계 변두리에 자리하는 우리 태양은 은하계 내에 있는 천억 개의 태양 중 하나에 지나지 않으며, 또 이 은하계는 알려진 우주에 있는 천억 개(아마 그보다 많을 것이다)의 은하 중 하나에 불과하다. 그리고 이 우주는 인류에 대해서는 눈곱만큼의 배려도 하지 않는다. 반면 카터, 배로, 티플러의 인간 원리는, 우주를 관찰하는 면에서나 우주가 존재하는 면에서나 모두 인간이 중요한 몫을 담당한다고 주장한다. 카터(1974)는 하이젠베르크의 불확정성 원리에서 관찰 행위가 관찰 대상을 변화시킨다고 말하는 부분을 따와, 원자 수준(하이젠베르크의 원리가 작동하는 수준이다)에서 우주 수준으로 외삽한다. "우리가 관찰할 것으로 기대할 수 있는 것은, 관찰자로서 우리가 존재해야 하는 필연적 조건들에 의해 제약될 수밖에 없다." 약한 형태의 주장—약한 인간 원리—으로 배로와 티플러는, 우주가 관찰되기 위해서는 반드시 관찰자를 생겨나게 하는 식으로 우주가 구성되어야 한다는 꽤 합리적인 주장을 펼친다. "모양, 크기, 나이, 변화의 법칙 같은 속성들을 비롯하여 우주의 기본 특징들은 관찰자의 진화를 허용하는 형태의 것으로 관찰되어야 한다. 만일 다른 식으로 가능한 어떤 우주에서 지능을 가진 생명이 진화해 나오지 않았다면, 우주에 대해서 관찰된 모양, 크기, 나이 같은 것들의 근거가 무엇인지 아무도 묻지 못할 것임은 분명하기 때문이다."(1986, 2쪽) 그 원리는 동어 반복적이다. 우주가 관찰되기 위해서는 관찰자가 있어야 한다는 것이다. 당연하다. 여기에 누가 뭐라고 하겠는가? 카터, 배로, 티플러가 야기한 논란의 책임은 약한 인간 원리에 있는 것이 아니라, 강한 인간 원리, 최종 인간 원리, 참여 인간 원리에 있다. 배로와 티플러는 강한 인간 원리를 이렇게 정의한다. "우주는 역사상 어느 단계에 이르면 생명 발생을 허용하는 속성들을 가져야만 한다." 최종 인간 원리는 이렇게 정의된다. "우주에서는 지능적인 정보 처리 과정이 생겨나야만 한다. 일단 생겨나면, 결코 사라지지 않을 것이다."(21~23쪽)

말하자면 우주는 정확히 지금 모습 그대로 존재해야만 하며, 그렇지 않으면 생명이 있지 못할 것이고, 생명이 없으면 어떤 우주도 있을 수 없다는 얘기이다. 나아가 참여 인간 원리는 일단 생명이 탄생되면(생명 탄생은 피할 수 없다), 생명은 우주 자체는 물론 모든 생명의 영생을 보장하게끔 우주를 변화시킬 것이라는 원리이다. "오메가 포인트에 도달하는 순간, 생명은 단일 우주뿐 아니라 논리적으로 존재 가능한 모든 우주의 모든 물질과 힘을 통제하게 될 것이다. 생명은 논리적으로 존재 가능한 모든 우주의 모든 공간들로 퍼져 나갈 것이며, 논리적으로 가능한 지식의 모든 비트들을 비롯한 무한한 양의 정보를 저장할 것이다. 바로 이것이 끝이다."(677쪽) 오메가 포인트, 또는 티플러가 시공의 '특이점'이라고 부른 것은 전통적인 종교에서 말하는 '영원'에 상응한다. 또한 특이점은 대폭발Big Bang의 이론적 출발점, 블랙홀의 중심점, 대수축Big Crunch의 종착점을 기술하기 위해 우주론자들이 쓰는 용어이다. 우주에 존재하는 모든 것과 모든 사람은 이 최후의 종착점으로 수렴될 것이라는 얘기이다.

팡글로스 박사처럼 배로와 티플러 역시 자기들이 내놓은 믿기지 않는 주장들을, 우연히 일치하는 것처럼 보이는 많은 조건들, 사건들, 물리 상수들―반드시 생명이 생겨날 수밖에 없도록 하는 방식으로 있어야 한다―과 관련시킨다. 두 사람이 큰 의미를 두는 것들을 몇 가지 들어 보자.

$$\frac{\text{양성자 하나와 전자 하나 사이의 전기력}}{\text{양성자 하나와 전자 하나 사이의 중력}} \quad \text{또는} \quad \frac{e^2}{Gm_p m_e} \approx 2.3 \times 10^{39}$$

이 사실은 대략 다음과 같다.

$$\frac{\text{우주의 나이}}{\text{빛이 원자 하나를 가로지르는 시간}} \quad \text{또는} \quad \frac{t_u}{e^2/m_e c^3} \approx 6 \times 10^{39}$$

두 사람이 중요하다고 생각하는 것이 또 있다.

$$\frac{\text{플랑크상수} \times \text{광속}}{\text{뉴턴의 중력상수} \times \text{양성자 하나 질량의 제곱}} \quad \text{또는} \quad \frac{hc}{Gm_p^2} \approx 10^{39}$$

이것은 대략 다음과 같다.

관찰 가능한 우주에 존재하는 양성자 개수의 제곱근, 또는 $\sqrt{P_u} = 10^{39}$

이 관계들을 크게 바꿔 버리면, 우리가 알고 있는 대로의 우주와 생명은 존재할 수 없을 것이다. 두 사람은 따라서 이 세계는 모든 가능한 세계 중에서 최선의 세계일 뿐만 아니라, 유일하게 가능한 세계라고 결론을 내린다. 배로와 티플러는 디랙의 '거대수 가설Large Numbers Hypothesis'로 알려진 이 관계가 우연의 일치가 아니라고 가정한다. 상수 하나만 바꿔도, 우주는 우리가 아는 대로의 생명이 존재할 수 없을 정도로 충분히 달라져 버릴 것이며, 우주도 존재하지 못할 것이다. 이 논증에는 두 가지 문제가 있다.

1 복권 당첨의 문제 우리 우주는 수많은 거품우주 (이 거품우주들이 모두 모여 다중우주multiverse를 이룬다) 가운데 하나의 거품에 불과할 수 있다. 각각의 거품우주는 물리 법칙들이 서로 약간씩 다르다. 최근에 리 스몰린(1992)과 안드레이 린데(1991)가 개척한 이 논쟁적인 이론에 따르면, 블랙홀이 붕괴할 때마다 특이점으로 붕괴하며, 이 특이점은 우리 우주가 탄생되어 나왔던 특이점과 비슷하다. 그런데 블랙홀이 붕괴하면서 새로운 아기 우주를 탄생시킬 때마다, 아기 우주 내의 물리 법칙들이 약간씩 바뀐다. 아마 지금까지 붕괴된 블랙홀 수가 수십억 개는 될 것이기 때문에, 서로 약간씩 물리 법칙이 다른 거품우주의 수도 수십억 개에 이를 것이다. 우리 우주 같은 물리 법칙들을 가진 거품우주들만이 우리 같은 생명을 발생시킬 수 있을 것이다. 거

품우주 중 어느 한 곳에 있게 된 존재들은 저마다의 우주만이 유일한 거품이며, 따라서 자기들은 고유한 존재이자 특별하게 설계된 존재라고 생각할 것이다. 이는 복권 추첨이나 다름없다. 당첨될 가능성이 극도로 적지만, 누군가는 당첨될 것이다!

천체물리학자이자 과학 저술가인 존 그리빈은 이를 진화에 빗대기까지 한다. 새로 태어난 거품은 저마다 어미 거품과 약간씩 다르게 돌연변이하고, 그 거품들이 서로 경쟁한다는 얘기이다. 곧 거품들은 "초공간 내에서 자기가 있을 시공간을 차지하기 위해 서로 겨루고 있다."(1993, 252쪽) 캘리포니아 공과대학의 과학자 톰 맥도너와 과학 저술가 데이비드 브린(1992)은 멜로드라마 풍으로 이렇게 적었다. "우리가 존재하게 된 것, 우리에게 맞게끔 우리의 물리 법칙들이 완벽한 것은, 아마 셀 수 없이 많은 이전 세대의 우주들이 시행착오를 거치면서 진화해 온 덕분일 것이다. 어미 우주와 새끼 우주의 사슬. 그 우주들은 저마다 블랙홀 깊숙한 보금자리에 알을 낳는다."

이 모델로 많은 것이 설명된다. 우리가 속한 거품우주는 고유하다. 그러나 유일하게 존재하는 거품도 아니며, 특별히 설계된 고유한 우주도 아니다. 생명을 탄생시킨 조건들의 집합은 그저 우연히 모였을 뿐이다. 다시 말해서 아무런 설계 없이 어쩌다가 사건들이 맞물렸던 것이다. 보다 높은 지능을 상정할 필요는 전혀 없다. 길게 보면, 이 모델은 역사성을 띤다. 코페르니쿠스 시대부터 우주를 바라보는 우리의 관점은 태양계에서 은하계로, 우주로, 다중우주로 확대되어 왔다. 논리적으로 다음 단계는 거품우주이며, 물리 법칙들이 설계된 것처럼 나타나는 이유를 이제까지 가장 잘 설명해 내는 모델이 비로

이 거품우주이다.

2 설계의 문제 『인간 오성에 관한 연구』(1758)에서 데이비드 흄이 인과율을 뛰어나게 분석한 것처럼, 세상 만물이 모두 올바로 제 자리에 있는 질서 잡힌 모습의 세계는, 단지 우리가 세계를 그렇게 경험하기 때문에 그렇게 보일 뿐이다. 우리는 이제까지 자연을 보이는 그대로 지각해 왔다. 그래서 우리가 지각한 방식대로 세계가 설계되었음이 틀림없다고 생각한다. 우주와 세계를 바꾸게 되면, 그 안의 생명도 바뀌게 된다. 다시 말해서 그 우주와 세계가 다른 누구도 아닌 그 관찰자에 맞게 존재해야만 하는 것처럼 보이게 되는 것이다. 약한 인간 원리는, 우주가 반드시 관찰된 그대로 존재해야만 하지만, 또한 "그 우주의 특정 관찰자들에 의한" 변경 인자도 포함해야 마땅하다고 말한다. 리처드 하디슨은 이렇게 적었다. "아퀴나스는 이상적인 눈의 개수는 둘이며, 이것이 바로 신의 존재와 자비를 증명하는 증거라고 생각했다. 하지만 단지 우리에게 익숙한 패턴이라는 이유만으로 눈의 적절한 개수가 둘인 것 같다고 말하는 것이 과연 가당한 일일까?"(1988, 123쪽) 물리 상수들과 우주의 거대 수들 사이의 이른바 우연적 일치 관계는 참을성과 수를 다루는 재능만 있다면 거의 어디에서나 찾아낼 수 있다. 예를 들어 보자. 존 테일러는 『대大피라미드』(1859)에서, 피라미드의 높이를 밑면의 변 길이의 두 배로 나누면 π와 가까운 값을 얻는다고 적었다. 또 고대의 길이 단위인 큐빗이 지축을 400,000으로 나눈 값과 같음을 발견했다. 테일러는 두 경우 모두 우연의 일치로 보기에는 너무 믿기지 않는 결과라고 생각했다. 대피라미드의 밑면의 넓이를 포장석 하나의 너비로 나누면 1년의 날수

와 같고, 대피라미드의 높이에 10⁹을 곱하면 대략 지구에서 태양까지의 거리와 같음을 발견한 사람들도 있었다. 수학자 마틴 가드너는 "그냥 재미삼아" 워싱턴 기념탑을 분석해 보곤, 숫자 5가 나타나는 특징이 있음을 "발견했다." "기념탑의 높이는 555피트 5인치(약 169미터)이다. 밑면의 넓이는 55제곱피트이고, 밑면에서 500피트 높이에 창들이 있다. 밑면의 넓이에 60(1년의 달수에 5를 곱한 수)을 곱하면 3,300이 나오는데, 파운드로 잰 갓돌의 무게와 정확히 같다. 그뿐이 아니다. 'Washington'이란 낱말을 이루는 글자 수는 열 개(5의 두 배)이다. 갓돌의 무게에 밑면의 넓이를 곱하면 181,500이 나오는데, 이는 초당 마일로 잰 광속과 얼추 비슷하다."(1952, 179쪽) "아마 보통의 수학자가 위와 같은 '진실들'을 알아내기까지는 약 55분이 걸릴 것"이라는 생각을 해 본 다음, 가드너는 이렇게 적었다. "아직 충분히 소화하지 못한 다량의 데이터에서 패턴을 찾아내기가 얼마나 쉽단 말인가. 얼른 보면 서로 아주 복잡하게 얽혀 있어서, 사람 머리에서 나온 결과에 불과하다고 믿기 힘들 정도이다."(184쪽) 회의주의자 중의 회의주의자인 가드너는 "OPT(오메가 포인트 이론)을 사이언톨로지를 능가하는 새로운 과학 종교로 볼 것이냐……공상과학 소설을 지나치게 많이 읽은 탓에 만들어진 조잡한 환상으로 볼 것이냐 판단하는 몫을 독자들에게" 남긴다.(1991b, 132쪽)

그러나 그 어느 것도 티플러를 꺾지는 못했다. 그는 오히려 존 배로 없이도 『영생의 물리학』을 내놓았다. 티플러가 옥스퍼드 대학교 출판부에 초고를 제출하자, 출판부에서는 다른 사람들에게 원고를 보내 검토를 요청했다. 그 결과 티플러의 책은 거절당했다. 티플러는

'익명의' 검토문을 받았는데, 실수로 사진 복사에서 검토자들 이름이 지워지지 않았다. 검토자 중 한 사람은 세계적으로 과학과 종교의 통합을 주장하는 것으로 유명한 물리학자였는데, "그 사람은, 이 내용을 제가 정말이라고 믿지는 않는 것처럼 글을 쓸 경우에만 책의 출판을 권고할 수 있겠다고 말했답니다."(1995)

보다 길고 상세하게 다듬은 원고를 더블데이 출판사에 제출하자, 이번에는 받아들여졌다. 미국보다는 유럽에서 (특히 독일에서) 잘 팔렸는데, 평은 대부분 신랄했다. 독일의 유명한 신학자 볼프하르트 판넨베르크—신이 미래의 존재라고 믿는 사람이다—가 〈자이곤〉 1995년 여름 호에 티플러의 책을 지지하는 글을 실었지만, 대부분의 과학자와 신학자들은 〈사이언티픽 아메리칸〉에 실린 천문학자 조지프 실크의 서평을 읊조렸다. "하지만 티플러는 신의 과학을 모색하다가 우스꽝스런 극단으로 치닫는다. 고집스럽게 자기를 드러내지 않는 위대한 미지 앞에서 겸손을 보이는 것, 이것이 바로 오늘날의 물리학이 권해야 할 진정한 철학이다."(1995, 94쪽)

위대한 미지 앞에서 티플러는 겸손함이 아닌 영원한 낙관론을 보였다. 한 문장으로 책을 요약해 달라는 부탁을 받고, 티플러는 이렇게 말했다. "합리성은 한없이 커질 것이며, 진보는 영원히 계속될 것이며, 생명은 결코 죽지 않는다." 어떻게 그럴 수 있을까? 티플러의 복잡한 논증은 세 가지로 요약할 수 있다. (1) 먼 미래의 우주에서 인간—티플러는 우주의 유일한 생명체가 될 것이라고 말한다—은 지구를 떠나 은하수 은하계 곳곳에서 거주할 것이며, 결국엔 모든 은하계로 퍼져 나갈 것이다. 그러지 않으면 태양이 팽창해 지구를 삼켜

새까맣게 태워 버려, 우리 인간은 파멸하고 말 것이다. 따라서 반드시 지구를 떠나야 하기 때문에, 인간은 지구를 떠날 것이다. (2) 과학기술이 현재와 같은 속도로 계속 진보해 간다면(1940년대에 방 하나 크기의 컴퓨터에서 오늘날의 노트북 컴퓨터까지 그동안 얼마나 멀리 진보해 왔는지 생각해 보라), 천 년이나 십만 년 안에, 은하계는 물론 전 우주에 인간이 거주할 가능성이 있을 뿐만 아니라, 슈퍼 메모리와 슈퍼 가상현실을 갖춘 슈퍼컴퓨터가 본질적으로 생물학적 생명을 대신하게 될 것이다(생명과 문화는 이런 슈퍼컴퓨터에서 재생될 정보 체계―유전자와 도킨스가 만든 개념인 문화적 진화의 단위 밈memes―에 불과하다). (3) 마침내 우주가 붕괴하게 되면, 인간과 슈퍼컴퓨터는 붕괴 과정에서 나온 에너지를 활용해 이제까지 살았던 모든 사람들을 재창조할 것이다(그 사람들이 아무리 많다고 해도 유한한 수이기 때문에, 슈퍼컴퓨터는 이런 묘기를 부릴 만한 충분한 메모리를 가지고 있을 것이다). 이 슈퍼컴퓨터가 모든 면에서 전지전능하기 때문에 신과 다름없을 것이며, 이 '신'이 우리 모두를 가상현실 속에서 다시 탄생시킬 것이기 때문에 사실상 우리는 영생할 것이다.

월리스와 페일리처럼 티플러도 신비주의에 호소하거나 종교적 신앙으로 도약하지 않고, 논증의 근거를 순수하게 합리성에 두려고 한다. 그런데 이 세 사람이 내린 결론들이, 이제까지와 마찬가지로 앞으로도 계속해서……영원히 인류를 위한 자리가 마련되는 우주론을 만들어 냈다는 게 과연 순전히 우연의 일치일 수 있을까? "당신이 무슨 일을 하건 궁극적으로 보았을 때엔 무의미하다고 하는 것보다, 당신이 실제로 우주의 역사에 영향을 주는 게 진실이라고 말하는 것이 더 낫지 않을까요?" 티플러는 이렇게 주장했다. "만일 그게 진실이라면 우주는 더 행복한 장소가 될 것이고, 우주가 이런 식으로 있을 가능성을 조금도 품고 있지 않다면, 저는 그게 비합리적이라고 생각합니다."(1995)

영원히 마르지 않는 희망처럼 들리는 말이다. 그러나 티플러는 그것이 "포괄적 일반 상대성을 다루는 연구 분야에서 논리적으로 귀결되는 결론"이라고 주장한다. 동료 과학자들이 "종교를 몹시 혐오하도록 훈련을 받은 탓에 종교적 진술들도 일부 진실일 수 있다고 제안만 해도 격분한다"는 게 문제가 된다고 생각하면서도, 티플러는 이렇게 말한다. "로저 펜로즈와 스티븐 호킹 같은 포괄적 일반 상대성 이론의 거두들이 저와 똑같은 결론에 이르지 않았던 유일한 이유는, 방정식들이 내놓은 괴상한 결론을 알아차리고는 뒷걸음질쳤기 때문입니다." 펜로즈와 호킹이 깊은 이해 앞에서 뒤로 물러섰으리라고 말하면서, 티플러는 계시적인 어조로, 지극히 간단하게 말하면 그들에게는 그것을 이해할 의지가 없었다고 설명했다. 왜냐하면 "오메가 포인트 이론의 본질은 포괄적 일반 상대성이기 때문입니다. 가능한 한 가장 큰 규모에서 우주를 생각할 수 있도록 훈련을 받기만 하면, 그래서 자연스럽게 우주를 시간적 전체성으로 바라볼 수 있게 되면, 과거뿐만 아니라 미래의 수학적 구조까지도 그려 낼 수 있습니다. 다시 말해서 포괄적 상대론자가 될 필요가 있다는 얘기입니다. 이 분야에서 저보다 나은 사람은 세 명뿐이고, 저와 동등한 사람은 두 명뿐입니다."(1995)

내가 얘기를 나눠 본 한 유명한 천문학자는 티플러가 그런 우스꽝스러운 책을 쓸 돈이 필요했던 모양이라고 말했다. 그러나 티플러의 책에 대해서 티플러와 조금이라도 길게 대화를 나눠 본 사람이라면 그가 돈도 명예도 염두에 두지 않고 있음을 금방 알아챌 것이다. 티플러는 자신이 펼치는 논증을 굉장히 진지하게 생각하며, 비난받을 준비를—자기 생각이 비난받을 것임을 알고 있었다—충분히 해 두었다. 내 생각에 프랭크 티플러는 인류와 인류의 미래를 깊이 걱정하는 인물이다. 티플러는 자기 책을 아내의 조부모, "내 자식들의 증조부모"에게 헌정했다. 그들은 홀로코스트 때 죽임을 당했지만, "범우주적인 부활에 대한 희망 속에서 죽음을 맞으셨으며, 내가 이 책에서 보여 주겠지만, 그분들의 희망은 시간의 끝에 다가가면 이루어질 것이다." 바로 여기에 더욱 깊은 티플러의 동기가 깔려 있다. 아마 티플러는 침례교도로서의 자기 입장, 근본주의자로 교육받은 것을 결코 버리지 않았을 것이다. 고된 노동, 정직한 삶, 그리고 이젠 훌륭한 과학을 통해서 영생이 우리 것이 되는 것이다. 그러나 우리는 기다려야만 한다. 기다리는 동안, 마침내 우리 모두가 부활할 때까지 충분히 오랫동안 살아남을 수 있도록 사회적, 정치적, 경제적, 도덕적 체계를 재구축할 만한 방법이 뭐가 있을까? 이 시대의 팡글로스 박사, 프랭크 티플러는 다음 책에서 그 해답을 모색할 것이다. 그 책은 임시로 『도덕의 물리학』이라는 제목이 붙어 있다.

나는 티플러의 책을 재미있게 읽었다. 우주 탐사, 나노기술, 인공지능, 양자 역학, 상대성 등 어떤 주제든지 티플러는 명료하고 자신 있게 글을 쓴다. 그런데 나는 거기서 여섯 가지 문제점을 찾아냈다. 이 가운데 네 가지는 논쟁거리가 되는 어느 주장에나 적용될 수 있을 것이다. 그러나 이 문제점들은 티플러의 이론, 나아가 논란이 되는 이론이 틀렸음을 증명하지는 않는다. 다만 회의론을 연습할 필요가 있음을 알려 줄 뿐이다. 티플러의 생각이 아주 옳을 수도 있겠지만, 거의 오로지 훌륭한 논리적 추론에만 의지하는 대신, 경험적 데이터를 제공해야 할 증명의 부담은 바로 그에게 있다.

1 영원히 마르지 않는 희망의 문제 『영생의 물리학』 첫 쪽에서 티플러는 자기가 제시하는 오메가 포인트 이론이 "먼 미래의 어느 날, 한 사람도 빠뜨리지 않고 우리 모두를 부활시켜 본질적으로 유대-기독교의 천국과 꼭 같은 거처에서 살게 하실, 못 하시는 게 없고 모르시는 게 없고 안 계신 곳이 없는 신에 대한 검증 가능한 물리 이론"이라고 주장한다. 그리고 "독자들 중 사랑하는 사람을 잃었거나, 죽음이 두려운 사람이 있다면, 현대 물리학은 이렇게 말한다. '안심하시오. 그대들과 그대들이 사랑했던 사람들은 다시 살아날 것이오.'" 신앙의 토대에서만 참이라고 늘 믿어 왔던 모든 것이 물리학의 토대에서도 참인 것으로 밝혀지리라는 얘기이다. 정말 그렇게 될까? 유감스럽게도 그럴 가능성은 없다. 305쪽에 걸쳐 간결하고 설득력 있게 논변을 펼친 뒤, 마지막으로 티플러는 이렇게 털어놓는다. "오메가 포인트 이론은 물리적 우주의 미래에 대한 실질적인 과학 이론이다. 그러나 지금 현재로선 이 이론을 뒷받침하는 유일한 증거는 이론적 아름다움뿐이다." 아름다움 자체만으로는 이론의 옳고 그름을 판가름하지 못한다. 그러나 어떤 이론이 우리의 가장 깊은 소망을 구현하고 있다면, 그 이론을 성급히 받아들이지 않도록 각별한 주의를 기울여야 한다. 우리의 마를 줄 모르는 희망과 부합하는 것처럼 보이는 이론은

그른 이론일 가능성이 크다.

2 과학에 대한 맹신의 문제 어떤 과학 이론이 한계에 부닥쳤을 때, 과거에 과학이 수많은 다른 문제들을 해결해 왔다는 이유만으로, 미래 언젠가 과학이 문제를 해결함으로써 그 한계를 넘을 것이라고 주장하는 것으로는 충분하지 못하다. 티플러는 은하수 은하계는 물론 모든 은하계들까지 진출해 거주하기 위해서는 우주선을 광속에 가깝게 가속시킬 수 있어야만 할 것이라고 말한다. 어떻게 그렇게 될까? 문제없다. 과학이 언젠가 그 방법을 찾아낼 것이다. 티플러는 스무 쪽에 걸쳐 컴퓨터, 우주선, 우주선 속력의 놀라운 진전을 연대순으로 적고, '과학자들을 위한 부록'에서는 상대론을 기초로 한 반물질 로켓을 어떻게 제작할 수 있을지 세밀하게 설명하고 있다. 모두 의미 있고 흥미로운 이야기들이지만, 일어날 가능성이 있다고 해서 앞으로 그것이 일어날 것임을 증명하지는 못한다. 과학에는 한계가 있기 마련이고, 과학의 역사를 보면 실수, 잘못된 방향 전환, 막다른 골목들로 가득 차 있다. 과거에 과학이 엄청난 성공을 거두었다고 해서, 미래에 과학이 모든 문제를 해결할 수 있거나 해결하게 될 것임을 의미하지는 않는다. 먼 미래에 어떤 존재들이 나타나, 그들이 해낼 것이라고 지금 우리가 생각하는 (그리고 바라는) 것을 기초로 그들이 무언가를 해낼 것이라고 과연 우리는 정말로 예측할 수 있을까?

3 '만일' 논증의 문제 티플러의 이론은 이런 식으로 전개된다. 만일 밀도 매개 변수가 1보다 크다면, 우주는 닫혀 있을 것이며, 따라서 붕괴할 것이다. 만일 베켄슈타인 경계Bekenstein bound가 올바르다면, 만일 힉스 보존 입자가 220±20기가 전자 볼트라면, 만일 지구를 영

원히 떠날 기술을 개발하기 전까지 인류가 스스로를 멸종시키지 않는다면, 만일 인류가 지구를 떠난다면, 만일 인류가 충분한 속력으로 항성간 거리를 여행할 기술을 개발한다면, 만일 인류가 거주 가능한 다른 행성들을 찾아낸다면, 만일 인류가 우주의 붕괴를 늦출 만한 기술을 개발한다면, 만일 인류의 목적에 적대적인 생명체를 만나지 않는다면, 만일 인류가 시간의 끝에서 전지전능에 가까운 컴퓨터를 만들어 낸다면, 만일 오메가/신이 이전의 모든 생명체들을 부활시키고자 한다면, 만일······한다면, 그렇다면 그의 이론은 옳을 것이다.

문제는 명백하다. 이 단계들 중 어느 하나라도 실패한다면, 전체 논증은 무너지고 말 것이다. 만일 밀도 매개 변수가 1보다 작아 우주가 영원히 팽창하면 어떻게 될까? (그럴 것임을 보여 주는 증거가 더러 있다.) 만일 우리가 스스로를 핵무기로 파괴하거나 오염시켜, 결국 기억의 저편으로 사라져 버린다면 어떻게 될까? 만일 우리가 우주 탐사 대신 지구상의 문제 해결을 위해 자원들을 배분하면 어떻게 될까? 만일 은하계와 지구를 식민지로 만들어 우리를 노예로 부려먹거나 멸종시킬 고등한 외계인을 만난다면 어떻게 될까?

얼마나 합리적이냐에 상관없이, 논증의 각 단계를 뒷받침하는 경험적 데이터가 없는 '만일' 논증은 과학보다는 철학(또는 원시과학이나 공상과학)에 더 가깝다. 티플러는 신과 영생에 대한 극도로 합리적인 논증을 만들어 냈다. 각 단계는 이전 단계로부터 도출된다. 그러나 수많은 단계들이 잘못될 수 있기 때문에, 본질적으로 그 이론은 사변적이다. 게다가 시간의 기준틀을 먼 미래로 교묘하게 전환해 버린 것이 바로 논리적인 결함을 담고 있다. 그는 처음에 신의 존재와,

시간의 끝에 이르면 영생할 것임을 가정한다(바로 오메가 포인트 경계 조건들이다. 이전에는 최종 인간 원리라고 불렀던 것이다). 그런 다음에는 미리 참인 것으로 가정했던 것을 이끌어 내기 위해 거꾸로 역행한다. 티플러는 (이를테면 블랙홀을 분석할 때) 모든 일반 상대성 이론가들이 이런 식으로 연구한다고 주장한다. 설사 그 말이 맞다 해도, 대부분의 일반 상대성 이론가들이 자기들이 내놓은 가정을 뒷받침해 줄 경험적 데이터를 얻기 전까지 그 가정에 자신감을 가지는지는 의심스럽다. 게다가 나는 티플러의 이론 외에는, 일반 상대성 이론가들이 신, 영생, 천국, 지옥을 포괄하려 드는 이론을 내놓은 것을 전혀 본 적이 없다. 티플러는 몇 가지 검증 가능한 예측들을 내놓았지만, 영생이 증명되기까지는 까마득히 멀리 있으며, 우주의 끝은 사실상 아득히 먼 시간 속에 있다.

4 유비의 문제 『현대 물리학과 동양사상』〔원제는 『물리학의 도道: 현대 물리학과 동양 신비주의의 대응 탐구』〕(1975)에서 프리초프 카프라는 둘 사이의 '대응'이 우연한 것이 아니라고 주장한다. 고대의 동양 철학과 현대의 서구 물리학이 발견했던 것은 어떤 근원적인 단일 실재였다고 카프라는 주장한다. 비록 그 실재를 기술하는 언어는 서로 다르지만, 카프라는 둘이 똑같은 것을 놓고 말하고 있음을 실제로 알아볼 수 있다고 한다. (게리 주커브의 『춤추는 물리』에서도 이와 비슷한 분석을 한다.) 정말 그럴까? 인간의 정신이 수없이 많은 방식으로 우주의 질서를 정리한 탓에, 찾으려 들기만 하면 고대의 신화들과 현대의 과학 이론들 사이에서 어렴풋한 유사성을 발견할 수밖에 없다고 말하는 게 더 그럴듯하지 않을까?

티플러는 카프라보다 한 발 더 나아갔다. 고대의 유대-기독교 교의와 현대 물리학과 우주론 사이에서 유사점들을 찾아내는 데서 그치지 않고, 서로 들어맞도록 둘을 재정의하기까지 한다. "이 이론에 등장하는 모든 용어들—이를테면 '편재함', '전지함', '전능함', '(영적) 육신의 부활', '천국'—은 순수한 물리 개념들로 소개될 것이다."(1994, 1쪽) 독자들은 각 개념들과 맞닥뜨릴 때마다, 그 용어들을 자기 물리학에 맞추기 위해서(또는 그 반대로) 티플러가 얼마나 애쓰는지 보게 된다. 신과 영생 개념에서 출발한 다음에 역으로 추론하는 과정에서, 티플러는 물리학과 종교 사이의 연관성을 발견하기보다는 오히려 만들어 내고 있다. 티플러는 이것이 바로 훌륭한 물리학이면서 훌륭한 신학이라고 주장한다. 나는 경험적 증거가 없다면, 그것은 훌륭한 철학이면서 훌륭한 사변적 공상과학이라고 주장한다. 서로 별개의 영역에서 나온 두 관념이 서로 닮았다고 해서, 둘 사이에 어떤 의미 있는 연관성이 있음을 의미하지는 않는다.

5 기억과 정체성 문제 티플러는 우주의 끝이 가까워오면서, 그 사람들의 모든 기억들을 담게 될 초가상 현실 속에서 이제까지 살았거나 살았을 모든 사람들을 오메가/신이 부활시킬 것이라고 주장한다. 여기서 불거지는 첫 번째 문제는, 만일 기억이 뉴런들이 연결되면서 만들어진 산물이며, 또 우리가 뉴런들의 연결을 끊임없이 흠을 내고 바꾸면서 재구성해 낸 산물이라면, 실제로 존재하지 않는 것들까지 오메가/신이 어떻게 재구성할까? 재구성될 수 있을 모든 기억들과 실제 개인이 가진 기억 패턴들의 집합—대다수는 시간 속에서 지워지고 만다—사이에는 아주 큰 차이가 있다. 그 점을 보여 주는 사례가

바로 거짓기억 증후군에 대한 논란이다.

　기억이 어떻게 작용하는지 우리는 거의 이해 못하고 있으며, 기억을 어떻게 재구성하는지는 훨씬 더 이해를 못하고 있다. 기억은 비디오테이프를 재생하듯이 재구성될 수 있는 것이 아니다. 사건이 일어난다. 감각을 통해 사건에 대한 선택적인 인상이 뇌에 남는다. 사람은 그 기억을 되풀이해서 새겨본다. 그 과정에서 감정에 따라, 이전의 기억에 따라, 뒤이은 사건들과 기억 따위에 따라 약간씩 기억을 바꾼다. 세월이 흐르면서 이 과정은 수도 없이 되풀이되어, 급기야는 우리가 과연 기억들을 가지고 있는 것인지, 아니면 단지 기억들에 대한 기억들, 그 기억들에 대한 기억들만을 갖고 있는 것은 아닌지 물어야만 될 지경에까지 이르게 된다.

　여기에는 문제가 더 있다. 만일 오메가/신이 내가 가진 모든 기억들로 나를 부활시킨다면, 그 모든 기억들이란 게 대체 어떤 기억들일까? 내 인생의 어떤 특정 시점에 가졌던 기억들일까? 그렇다면 그건 나의 전부가 되지 못할 것이다. 내 삶의 모든 순간들에서 가졌던 기억들일까? 그래도 그게 내가 되지는 못할 것이다. 따라서 오메가/신이 무엇을 부활시키든 간에, 바로 내 자신만의 기억을 가진 내가 되지는 못할 것이다. 마이클 셔머가 부활하지만, 그 사람이 내 기억들을 가지고 있지 않다면, 부활된 마이클 셔머는 누구일 것인가? 또 나는 누구란 말인가? 실제 사람을 부활시키는 것에 대해 사변이라도 펼칠 수 있으려면, 그 전에 이런 기억과 정체성 문제들을 반드시 풀어야 할 것이다.

　6 역사와 잃어버린 과거의 문제 사람이란 존재는 DNA와 뉴런에 의한

기억들로 구성된 컴퓨터에 불과할 수 있다. 그러나 한 사람의 삶, 말하자면 한 사람의 역사는 DNA와 뉴런에 의한 기억들 훨씬 이상의 것이다. 한 사람의 역사는 그 사람이 다른 사람들의 삶과 삶의 역사들과 상호 작용한 산물이다. 또 여기에는 환경도 포함된다. 환경 자체는, 수많은 변수들을 가진 복잡한 행렬에서 무수히 맞물리는 사건들의 함수로서, 무수한 상호 작용이 낳은 산물이다. 따라서 10의 10제곱의 123제곱비트(1 다음에 10^{123}개의 0이 이어진다)를 저장할 수 있다는 티플러의 컴퓨터라 하더라도 이를 표현할 수 있으리라고는 상상조차 할 수 없다. (이 수치는 베켄슈타인 경계가 실재한다는 가정하에서 나온 값인데, 우주론자인 킵 손은 베켄슈타인 경계가 실재하는지 대단히 의심스럽다고 말한다.) 기후, 지리, 인구 이동, 전쟁, 정치 혁명, 경제 순환, 경기 후퇴와 불황, 사회 경향, 종교 혁명, 패러다임의 전환, 이념 혁명 따위의 셀 수 없이 많은 역사적 필연들을 모두 재구성할 수 있는 연산 능력을 가졌다고 해도, 개인들 간의 맞물림, 역사의 필연들과 우연들 사이의 모든 상호 작용을 오메가/신이 어떻게 다시 불러낼 수 있을까?

    티플러의 대답은 이렇다. 양자 역학에 따르면 이 기억들, 사건들, 역사적인 맞물림들은 유한한 수에 불과할 것이고, 자기 이론에 따르면 먼 미래의 컴퓨터는 무제한의 연산 능력을 가질 것이기 때문에, 당신 인생에 주어진 모든 시간에서 일어난 모든 가능한 변화를 부활시킬 능력을 갖추게 되리라는 얘기이다. 그런데 티플러는 158쪽에서 이런 대답에는 큰 문제가 있다고 고백한다. "독자들에게 주의를 줘야 할 것이 있다. 나는 이제까지 불투명도 문제와 빛의 결맞음 손실 문제를 무시했다. 이 문제들까지 고려하지 않고서는, 사실상 정확히 얼마나 많은 정보를 과거에서 추출할 수 있을지 나는 말할 수 없다." 복구 불가능한 과거 문제는 심각하다. 왜냐하면 역사는 이전에 벌어진 사건들을 속박함으로써 일정한 작용 과정을 끌어낼 수밖에 없는 사건들의 맞물림이기 때문이다. 역사는 종종 미세한 우연들을 촉발시키는데, 우리가 아는 것은 극히 드물다. 만일 역사가 초기 조건에 민감하다면―나비 효과―오메가/신이 어떻게 그 모든 나비들을 부활시킬까?

이런 식의 역사인식은 티플러 박사와 팡글로스 박사의 기를 꺾어버린다. 『캉디드』 말미에서 볼테르는 이렇게 적었다.

가끔 팡글로스는 캉디드에게 이렇게 말하곤 했다. "가능한 모든 세계 중에서 최선인 이 세계에서는 모든 사건들이 서로 연결되어 있다네. 만일 자네가 퀴네공드 양을 사랑했던 탓에 엉덩이를 세게 걷어차여 남작의 성에서 쫓겨나지 않았더라면, 만일 자네가 종교 재판소로 끌려가지 않았더라면, 만일 자네가 걸어서 아메리카를 방랑하지 않았더라면, 만일 자네가 남작에게 칼을 꽂지 않았더라면, 만일 자네가 엘도라도 땅에서 얻은 양을 모두 잃어버리지 않았더라면, 아마 자네는 여기서 설탕에 절인 시트론과 피스타치오를 먹고 있지 못했을 거네." 캉디드는 이렇게 말했다. "좋은 말씀이시군요. 그런데 이제 우린 밭을 일궈야겠습니다." (1985, 328쪽)

말하자면 우리 삶과 역사 속에서 우연과 필연이 어떤 식으로 이어지든, 그 결과는 똑같이 불가피한 결과처럼 보일 것이다. 그런데 캉디드의 대답에는 또 다른 진실이 담겨 있다. 우리는 주어진 어떤 시점에서도 역사를 이끄는 우연과 필연을 결코 모두 알 수 없으며, 나아가 어느 역사적 선후 관계에서도 초기 조건들을 모두 알 수 없다. 바로 이런 방법론적인 약점에서 철학의 힘이 나오는 것이다. 인간의 자유—밭을 일구는 것—는 과거와 현재의 모든 데이터를 처리할 수 없다는 우리의 무능함뿐만 아니라, 우리 행동을 빚어내는 초기 조건들과 사건들의 맞물림에 대해 아는 게 없다는 우리의 무지함에서도 찾을 수 있을 것이다. 우리는 무지 속에서 자유로우며, 우리를 결정짓는 원인들의 대부분이 과거 속으로……영원히……묻혀 버린다는 앎 속에서 자유롭다. 영생의 물리학과 슈퍼컴퓨터에 의한 부활이 아니라, 이런 앎이 바로 희망이 영원히 마르지 않고 샘솟는 원천이다.

CHAPTER

17

왜 이상한 것을 믿을까?

　1996년 5월 16일 목요일 저녁, PBS 방송 프로그램 〈빌 아저씨의 과학 이야기〉에 출연한 나는 불타는 석탄 위를 맨발로 걸었다. 이 멋진 과학 교육 프로그램 제작자들은 아이들이 사이비 과학과 초상현상의 실체를 확실히 알게 할 목적으로 프로그램을 만들었다. 그래서 불 위 걷기를 과학적으로 설명하면 극적인 효과를 거둘 것이라고 생각했던 것이다. 빌 나이가 딸아이의 우상이었기 때문에, 나는 불 위 걷기 편의 진행 제의를 수락했다. 플라즈마 물리학자이자 불 위 걷기의 세계적인 전문가인 버나드 레이킨드가 불을 지피고 석탄을 넓게 깐 다음, 신발도 벗고 양말도 벗고 맨발로 그 위를 걸었다. 발에 물집조차 잡히지 않았다. 내 차례가 되어 불타는 석탄 쪽으로 가던 내게 레이킨드는 석탄을 들쑤셔 놓은 가운데의 온도가 섭씨 427도 정도임을 상기시켜 주었다. 이건 긍정적 사고의 힘이 문제가 아니라 단지 물리의 문제일 뿐이라는 레이킨드의 다짐에 생각을 집중하려고 애썼다. 비유를 들어보면, 오븐에 케이크를 넣고 구울 때를 생각하면 된다. 오븐 속의 공기도, 케이크도, 오븐 팬도 모두 온도가 섭씨 205도 정도이지만, 오븐 팬만 만지지 않으면 화상을 입지 않는다. 설사 섭씨 427도의 뜨거운 석탄이라고 해도 케이크나 마찬가지이다. 열을 빠르게 전도하지 못하는 것이다. 바닥에 깔린 석탄 위를 머뭇거리지 않고 건너가기만 하면 안전할 것이었다. 그러나 빨갛게 달아오른 석탄에서 몇 십 센티미터 떨어져 있는 내 맨발의 발가락은 회의적이었다. 이건 케이크 위를 걷는 게 아니야. 발가락들이 머리에게 말했다. 물론 아니지. 그러나 저 2미터 정도를 3초 만에 걸어가면, 너희들은 무사할 거야. 과학에 대한 확신이 곧바로 내 발가락들에게 전해졌다.

불 위를 걷기. 이런 일을 하다니 정말 이상하다. 나는 캐비닛과 책장에 이런 이상한 것들에 대한 기록들을 정리해 놓고 있다. 그런데 대체 어떤 것을 이상한 것이라고 할 수 있을까? 이렇다 할 정의를 내릴 수가 없다. 이상한 것들이란 포르노와 비슷하다. 딱 정의하기는 힘들지만, 일단 보면 분명해지는 것이다. 각각의 주장, 사례, 사람은 개별적으로 검토되어야 한다. 어떤 사람에겐 이상한 것이 또 어떤 사람에게는 소중한 믿음일 수 있다. 그렇다면 이상한 것의 정체를 어떻게 말할 수 있을까?

그 기준—나뿐만 아니라 다른 많은 사람들에게도 선택의 기준이 된다—의 하나가 바로 과학이다. 이 기준에 따라 이렇게 물어보자. 해당 주장을 과학적으로 뒷받침하는 증거가 무엇인가? 정보 광고계의 슈퍼스타인 토니 로빈스는 자기 수양의 구루로 알려져 있는데, 1980년대 초반에 주말 세미나를 열면서 세상에 첫 발을 내디뎠다. 세미나의 절정이 바로 불 위 걷기였다. 로빈스는 청중에게 이렇게 묻는다. "만일 여러분이 현재 바라는 목표를 무엇이나 이룰 수 있는 길을 찾아낸다면, 어떻게 될까요?" 로빈스는, 만일 뜨거운 석탄 위를 걸을 수 있다면, 못 이룰 것이 없다고 말한다. 과연 토니 로빈스가 정말로 화상을 입지 않고 맨발로 불타는 석탄 위를 걸을 수 있을까? 확실히 할 수 있다. 나도 할 수 있고, 여러분도 할 수 있다. 다만 여러분과 나는 명상이나 찬송을 하지 않고도, 또는 세미나에 수백 달러씩 돈을 들이지 않고도 해낼 수 있다. 왜냐하면 불 위 걷기는 정신력과는 아무 관련도 없기 때문이다. 만일 관련이 있다고 믿는다면, 나는 그 믿음을 일러 이상한 것이라고 부르곤 한다.

불 위를 걷는 사람, 심령술사, UFO 추종자, 외계인에게 납치된 사람, 냉동 보존학자, 영생주의자, 객관주의자, 창조론자, 홀로코스트 부정론자, 극단적 아프리카 중심주의자, 인종 이론가, 과학이 신을 증명한다고 믿는 우주론자, 이렇게 우리는 별의별 이상한 것들을 믿는 많은 사람들을 만나 보았다. 이런 사람들과 믿음들을 추적한 지 20년이 넘은 지금, 여러분에게 장담할 수 있는 게 있다. 내가 이 책에서 쓴 것들은 겨우 겉만 핥은 것이라고. 우리를 이렇게 만든 것이 대체 무엇일까?

- **종신 엑스포 공동 연구회에서 다루는 주제들** "전자기파로 귀신 잡기", "메가브레인: 정신 확장의 새로운 도구", "혁명적인 에너지 발생

기", 그리고 잭 퍼셀과 교신한 35,000살의 구루 "라자리스".
- **뇌/정신 확장 집중형 돔 건물** "뇌손상 재교육을 비롯하여 폭넓은 범위의 뇌/정신 확장 프로그램을 수행할 수 있게끔 존–데이비드가 설계." 돔 건물은 앞으로 "포괄적인 소리 훈련, 자격증 훈련, 스테레오 데크, 증폭기, 스위처, 케이블, 뇌/정신 매트릭스 믹서(특허 출원중)"를 완비할 것이며, "방음 재료들과 자문도 포함될 것임." 가격은? 단돈 65,000달러.
- 대량 발송된 카드를 보면, 집게손가락으로 카드 위의 자주색 점을 문지르라는 지시가 적혀 있다. 그다음 "그 아래 볼을 힘 있게 누르고 왼쪽에서 오른쪽으로 굴리세요. 그럼 이제 당신은 우주와 접속할 준비를 마친 것입니다." 접속이란 900번대 전화를 말하는 것이다. 1분에 단돈 3.95달러. "경험 많은 심령술사가 당신의 과거, 현재, 미래의 문제들을 모두 밝혀 줄 것입니다."

정말 잭 퍼셀이 수만 년 전에 죽은 사람과 얘기를 나눌 수 있을까? 전혀 가망 없는 얘기로 들린다. 잭 퍼셀의 풍부한 상상력을 듣는다는 게 더 그럴듯하다. 뇌/정신 확장 집중형 돔 건물이 정말로 뇌손상을 치유할 수 있을까? 이 놀라운 주장을 뒷받침하는 증거를 찾아보자. 아무것도 없다. 정말로 심령술사가 전화로 (또는 직접 대면해서라도) 깊이 있고 의미 있는 통찰을 내게 줄 수 있을까? 설마.

이런 믿음들을 만들어 내다니, 대체 우리 문화와 사고에 무슨 일이 벌어지고 있는 것일까? 회의주의자들과 과학자들이 풍부하게 그 답변을 내놓았다. 교육을 받지 못함, 잘못된 교육을 받음, 비판적 사고가 부족함, 종교의 흥기, 종교의 쇠락, 전통 종교를 컬트가 대신함, 과학에 대한 두려움, 뉴에이지, 암흑시대의 재도래, 텔레비전을 너무 많이 봄, 독서를 별로 하지 않음, 잘못된 책들을 읽음, 가정교육을 못 받음, 저질 교사들에게 교육받음, 그냥 무지와 어리석음 때문. 캐나다 온타리오의 한 기자는 "당신이 맞서고 있는 현실을 가장 끔찍하게 구현하는 것"이라면서 동네 서점에서 떼어낸 형광 주황색 안내 표지판을 내게 보내 왔다. 거기에는 이런 문구가 휘갈겨져 있었다. "뉴에이지 코너를 과학 코너로 옮겼습니다." 기자는 이렇게 썼다. "저는 사회가 탐구와 비판적 검토를 이렇듯 안일하게 부두교와 미신으로 대체해 버린 것을 보고 정말이지 기겁했습니다. 이런 현상이 우리 문화에 얼마나 깊이 침투했는지 보여 주는 상징이 있다면, 이것이야말로 확실히 그것일 것입니다."

과학과 사이비 과학, 역사와 사이비 역사, 상식과 비상식을 구분하기 어려워하는 것처럼 보이는 것은 일종의 문화인 듯하다. 그러나 나는 그 문제가 이보다 깊은 곳에 자리하고 있다고 생각한다. 거기에 도달하기 위해선 문화와 사회라는 껍질을 벗겨 내고 개개인의 마음과 가슴 속으로 들어가 보아야 한다. 사람들이 왜 이상한 것들을 믿는지 딱 하나로 대답할 수는 없지만, 바탕에 깔린 몇 가지 동기들을 찾아낼 수는 있을 것이다. 모든 동기들은 서로 연결되어 있으며, 이 책에서 나는 다양한 사례를 들어 논의했다.

크레도 콘솔란스(내 마음을 달래 주기 때문에 믿는다) 다른 어떤 이유보다도 사람들이 이상한 것들을 믿는 이유는 바로 믿기를 원하기 때문이다. 느낌이 좋다, 편안하다, 위로가 된다는 것이다. 1996년 여론 조사에 따르면, 미국인 성인의 96퍼센트가 신의 존재를 믿고, 90퍼센트가 천국의 존재를 믿고, 79퍼센트가 기적을 믿고, 72퍼센트가 천사의 존재를 믿는다고 답했다.(《월 스트리트 저널》, 1월 30일, A8) 지고한 힘, 사후의 삶, 신의 섭리에 대한 믿음을 불식시키려 애쓰는 회의주의자들, 무신론자들, 호전적인 반종교주의자들이 정면충돌한 것은 (일부 인류학자들이 믿는 것처럼, 만일 신에 대한 믿음과 종교가 생물적인 기초를 갖고 있다면) 만 년의 역사, 아니 어쩌면 십만 년의 진화의 역사일 것이다. 기록된 모든 역사 속에서, 전 세계 어디에서나 그런 믿음들과 믿는 자들의 비슷비슷한 비율을 공통적으로 찾아볼 수 있다. 비종교적으로 이를 적절하게 대체할 만한 것이 부상하지 않고선, 이 수치는 크게 바뀔 것 같지 않다.

회의주의자들과 과학자들이라고 면역력을 가진 것은 아니다. 현대 회의주의 운동의 창시자 중 한 명이면서 갖가지 이상한 믿음들의 파괴자인 마틴 가드너는 스스로를 철학적 유신론자, 또는 더 넓은 의미에서 신앙주의자로 분류한다. 가드너는 이렇게 설명한다.

신앙주의는 신앙에 기초해서, 곧 지성적인 근거보다는 감성적인 근거에 기초해서 무언가를 믿는 것을 일컫습니다. 신앙주의자인 저는 신의 존재나 영혼 불멸을 증명할 수 있는 논증이 있을 거라고는 생각하지 않습니다. 이보다는 무신론자 쪽에서 펼치는 논증들이 더 훌륭하다고 생각하죠. 그래서 신앙주의는 진정으로 증거를 거스르는 돈키호테식 감성적 믿음에 해당합니다. 만일 당신이 형이상학적 믿음에 대해 강한 감성적 근거를 갖고 있다면, 그리고 그 근거가 과학이나 논리적 추론과 첨

예하게 대립하지 않는다면, 그것이 충분한 만족을 줄 경우, 당신은 신앙의 도약을 할 권리가 있습니다.(1996)

이와 마찬가지 예가 있다. 흔히 듣는 물음 중에 이런 물음이 있다. "사후의 삶에 대한 당신의 입장은 무엇입니까?" 내 기본적인 대답은 이렇다. "물론, 그 생각에 동조합니다." 그러나 내가 사후의 삶에 대한 생각에 동조한다고 해서, 내가 거기에 이르게 될 것임을 의미하지 않는다. 사후의 삶을 바라지 않을 사람이 누가 있겠는가? 바로 이것이 요점이다. 우리를 더 기분 좋게 하는 것을 믿는 것은 지극히 사람다운 반응이다.

즉석 만족 이상한 것들 중에는 즉석 만족을 주는 것이 많다. 전화번호 900번대 심령술사 전화 상담 서비스가 그 고전적인 예이다. 마술사이자 독심술사인 친구 한 명이 그 쪽에서 일하고 있어서, 그 시스템이 어떻게 돌아가는지 내부자에게 들어 볼 특별한 기회를 가졌다. 대부분의 회사는 1분에 3.95달러를 부과하는데, 그중에서 심령술사가 받는 몫은 1분에 60센트이다. 만일 심령술사가 쉬지 않고 전화 상담을 할 경우, 한 시간에 버는 돈은 36달러이고, 회사 쪽은 201달러를 번다. 심령술사의 목표는 짭짤한 이윤이 생길 만큼 충분히, 그러나 전화 요금 지불을 거부할 정도까지는 안 가게 충분히 오랫동안 상대방이 전화를 끊지 않게 하는 것이다. 지금까지 그 친구가 가장 오래 한 통화는 201분이다. 총 전화 요금이 무려 793.95달러나 된다!

사람들이 전화 상담을 받는 이유는 사랑, 건강, 돈, 직업 중 하나 이상의 이유 때문이다. 심령술사는 콜드리딩 기법을 써서 처음에 대략적인 얘기에서 시작해 구체적인 얘기로 나아간다. "당신의 연애에서 무언가 긴장이 감지됩니다. 한쪽이 다른 쪽보다 더 매달리는군요." "재정적인 압박이 당신에게 문제를 일으킨다는 느낌이 드는군요." "당신은 직업을 바꿀 생각을 하고 있습니다." 이런 식의 진부한 말들은 거의 모든 사람에게 해당되는 사항이다. 혹 헛짚기라도 하면, 심령술사는 앞으로 그렇게 될 것이라고 말하기만 하면 된다. 게다가 심령술사는 가끔씩만 맞히면 된다. 전화를 건 사람들은 심령술사가 못 맞힌 건 잊어버리고 맞힌 것만 기억하기 때문이며, 가장 중요한 건 심령술사 말이 맞기를 그들이 원하기 때문이다.

회의주의자들은 그런 전화를 걸어 1분에 3.95달러를 쓰지 않지만, 믿는 자들은 그렇게 한다. 대부분 밤이나 주말에 전화를 거는 그들은 얘기를 나눌 누군가가 필요한 사람들이다. 기존의 심리 치료는 격식을 따지고, 비싸고, 시간을 많이 잡아먹는다. 자기 자신에 대한 깊이 있는 통찰과 개선을 얻기까지 몇 달이 걸릴 수도 몇 년이 걸릴 수도 있다. 심리 치료에서는 만족감이 늦춰지는 것이 정상이고, 즉석 만족은 예외에 속한다. 그런데 이와는 달리 심령술사는 전화를 걸기만 하면 받아 준다. (내 친구를 비롯해 900번대 상담 전화를 맡고 있는 많은 심령술사들은 "가난한 사람을 위한 상담"이라며 자기네 일을 정당화한다. 1분에 3.95달러만 내면, 상대방이 원하는 얘기를 들려주는 것이다. 흥미롭게도 두 곳의 주요 심령술사 협회가 서로 갈등을 빚고 있는데, 이른바 '진짜' 심령술사들은 '상대방 비위나 맞추는' 저 심령술사 때문에 자기들이 가짜처럼 보인다고 느낀다.)

단순성 복잡하고 예측하기 힘든 세상살이를 단순하게 설명해 주면,

그 믿음에 대해서 아주 쉽게 즉석 만족을 얻을 수 있다. 좋은 일과 나쁜 일은 착한 사람에게나 나쁜 사람에게나 사람 가리지 않고 일어나는 것 같다. 게다가 과학적 설명은 십중팔구 복잡하고, 알아들으려면 훈련과 노력이 필요하다. 반면 운명과 초자연적인 것에 대한 미신과 믿음은 삶의 복잡한 미로를 시원하게 관통하는 단순한 길을 제공한다. 오스트레일리아 회의주의 학회 회장인 해리 에드워즈의 얘기를 생각해 보자.

  1994년 3월 8일, 실험삼아 에드워즈는 뉴사우스웨일스 세인트제임스 지역 신문에 편지를 하나 실었다. 그가 기르는 애완용 닭에 관한 내용이었는데, 어깨를 횃대 삼아 앉아 있다가 이따금 실례를 한다고 했다. 닭이 "싸 놓은" 시간과 위치를 추적하여, 뒤이어 일어난 사건들과 대비를 해 본 다음, 에드워즈는 그 닭똥이 자기에게 행운을 가져다 주었다고 독자들에게 말했다. "지난 몇 주 동안, 저는 로토에 당첨되었고, 남에게 빌려 주고는 까맣게 잊고 있었던 돈을 다시 돌려받았고, 최근에 출판한 제 책들을 사겠다는 주문이 밀려들었습니다." 닭을 안고 다니다가 닭똥이 여기저기 묻었던 에드워즈의 아들 또한, 어느 날 옷을 입다가 "현금이 두둑한 돈지갑을 발견해서 주인에게 돌려주고 사례비를 받았습니다. 또 어느 날은 손목시계, 미사용 전화 카드, 연금 카드, 탁상시계를 주웠습니다." 그래서 에드워즈는 닭 털을 몇 개 뽑아 손금쟁이에게 가져다 보였다. 손금쟁이는 "닭의 탄생 별자리를 조사한 다음, 전생을 읽는 사람에게 자문을 구했습니다. 그 사람은 전생에 박애주의자였던 사람이 그 닭으로 환생했음을 확인했고, 그 닭의 배설물을 팔아 널리 행운을 퍼뜨려야 한다고 말했습니다." 편지 끝에 에드워즈는 "행운의 닭똥"을 팔 생각이 있다면서, 독자들이 돈을 송금할 주소를 적었다. 에드워즈는 의기양양해서 내게 이렇게 적었다. "'행운'과 관련되기만 한다면 뭐든지 팔 수 있다고 저는 자신한답니다. 믿으실지 모르겠지만, 저는 주문 편지를 두 통이나 받았고 '행운의 닭똥' 값으로 20달러를 벌었답니다!" 물론 나는 믿는다.

도덕과 의미 현재 대부분의 사람들은 도덕과 의미에 대한 과학 체계와 비종교적 체계들에 대해 상대적으로 만족하지 못한다. 사람들은 이렇게 묻는다. 보다 높은 힘에 대한 믿음이 없다면, 도덕적이어야 할 이유가 뭔가? 윤리의 기초는 무엇인가? 삶의 궁극적 의미는 무엇인가? 대체 삶의 목적이 무엇인가? 이런 좋은 물음들에 대해서 과학자들과 비종교적 인본주의자들은 훌륭한 대답을 마련해 놓고 있지만, 여러 가지 이유 때문에 많은 사람들에게 널리 다가가지 못했다. 대부분의 사람들은 과학이 부한하고, 보살핌이 없고, 무목적적인 우주를 제시하면서 오직 차갑고 잔인한 논리만 내놓는다고 생각한다. 반면 사이비 과학, 미신, 신화, 마술, 종교는 도덕과 의미에 대해 단순하고 즉각적이고 위안이 되는 규범을 제공한다. 한때 거듭난 기독교 신자였기에, 나는 과학에 대해서 위협을 느끼는 사람들의 심정을 이해한다. 어떤 사람들이 과학의 위협을 느끼는 걸까?

다른 잡지들처럼 〈스켑틱〉에서도 발행 부수를 늘리기 위해 수만 명에게 대량 우편물을 발송할 때가 있다. 우편물 속에는 '상용 반송용' 봉투와 함께, 회의주의 학회와 〈스켑틱〉을 소개하는 안내문이 들어 있다. 종교, 신, 유신론, 무신론 따위의 주제를 다룬 내용은 아무것도 넣지 않는다. 그런데도 우편물을 보낼 때마다, 우리의 존재를 몹시 혐오스러워하는 사람들이 보낸 반송된 우편물—우리가 넣어 보낸 우편 요금 후납 봉투에 넣어서 반송한다—을 몇 십 통씩 받곤 한다. 개중에는 쓰레기나 신문 쪼가리로 채워 넣은 봉투도 있다. 어떤 사람은 돌로 꽉 채운 상자에 봉투를 붙여 보내기도 했다. 어떤 사람들은 우리가 보낸 안내문에 암울하기 짝이 없는 문구를 적어 보내기도 했다. 어떤 봉투에는 이렇게 씌어 있다. "고맙지만 됐소. 보려 들지 않는 사람만큼 눈먼 사람은 아무도 없소." 또 어떤 사람은 이렇게 적었다. "됐네요. 당신네 반기독교적 편협함은 당신네나 가져요." 이렇게 쓴 사람도 있었다. "당신네 회의주의자들까지 해서 모든 사람들이 무릎을 꿇고, 모두 혓바닥으로 예수 그리스도가 주님이심을 고백하게 될 것이다." 봉투 속에 종교적 팸플릿과 인쇄물을 넣어 보낸 사람들도 많다. 어떤 사람은 우리에게 "하느님의 아들이신 우리 주 예수 그리스도와 함께 영생을 누릴 천국에 들어갈 수 있는 평생 무료 입장권 777번"을 보냈다. '천국에 입장하는 대가'는 간단하다. "예수 그리스도가 구세주임"을 인정하기만 하면 된다. 그러면 "그 순간 바로 당신은 영원히 구원받는다!" 인정하지 않는다면? 표 뒷면에는 또 다른 표가 있다. "사탄과 사탄의 천사들과 더불어 영생을 누릴 불의 지옥 무료입장권"이다. 이 표의 번호가 뭔지 짐작되지 않는가? 그렇다. 666이다.

이상한 것들을 믿는 전반적인 문제를 다루기 위해 회의주의자, 과학자, 철학자, 인본주의자가 할 수 있는 단 한 가지가 있다면, 도덕과 의미에 대해 의미 있고 만족스러운 체계를 구축하는 것이 좋은 출발점이 될 것이다.

영원히 마르지 않는 희망 이상한 것들을 믿는 이 모든 이유를 한데 묶어 이 책의 마지막 장 제목으로 삼았다. 이는 인간이 본성적으로 언제나 더 나은 수준의 행복과 만족을 찾아 앞날을 내다보는 종이라는 나의 확신을 담고 있다. 불행하게도 그 결과는, 보다 나은 삶에 대한 비현실적인 약속을 붙들려 하거나, 오로지 불관용과 무지를 고집함으로써, 오로지 타인의 삶을 가벼이 생각함으로써 더 나은 삶을 획득할 수 있다고 믿는 경우가 너무 흔하다는 것이다. 그리고 이따금, 다가올 미래의 삶에만 집착한 나머지, 지금의 삶에서 우리가 가진 것을 놓쳐 버린다는 것이다. 희망의 다른 원천도 있다. 원천이 다르더라도 희망은 희망이다. 인간의 지적인 능력이 측은지심과 더불어서 무수히 산적한 문제들을 해결하고 각자의 삶의 질을 높일 수 있으리라는 희망, 역사의 진보가 계속 이어져 보다 큰 자유를 향해 나아갈 것이며, 모든 사람들을 보듬어 갈 것이라는 희망, 사랑과 공감과 아울러 이성과 과학도 우리가 우주를 이해하고, 세계를 이해하고, 우리 자신을 이해하는 데 도움을 줄 수 있을 거라는 희망이 바로 그것이다.

부록

- **개정판에 부치는 글**
  진화의 산물인 믿음 엔진
- **옮긴이의 글**
- **참고문헌**
- **찾아보기**

개정판에 부치는 글

진화의 산물인 믿음 엔진

위선의 해악은, 위선이 다른 사람들에게 보인다는 데 있는 것이 아니라, 당사자가 보지 못한다는 데에 있다. 산상 수훈에서 예수는 그 문제점과 해결점을 모두 지적했다.

위선자야, 먼저 네 눈에서 들보를 빼내어라. 그래야 네 눈이 잘 보여서, 남의 눈 속에 있는 티를 빼 줄 수 있을 것이다. (『마태복음』 7장 5절)

1997년 여름, 이 책의 양장본을 홍보하기 위해 전국 여행을 하는 동안, 바로 그런 예를 목격한 적이 있었다. 한 라디오 프로그램에 출연할 일정이 잡혀 있었는데, 그 프로그램 진행자는 아인 랜드가 직접 지목한 지성의 후계자 레너드 페이코프였다. 객관주의 철학자였던 그는 마치 중세 시대의 수사처럼 책, 기사, 그리고 지금은 자신이 진행하는 라디오 쇼를 통해 아인 랜드의 진리의 횃불을 전파해 온 인물이었다. 우리가 듣기로는, 내가 이성의 가치를 드높이는 책을 썼기 때문에 페이코프가 나를 어떻게든 만나고 싶어 한다고 했다. 객관주의 철학에서 최고의 덕목이 바로 이성이었던 것이다. 하지만 내가 초대된 진짜 이유는 따로 있을 거라고 짐작했다. 한 장을 할애해(8장) 아인 랜드를 비판했기 때문에, 페이코프로선 그냥 넘어가고 싶지 않았을 것이라고 생각했다. 솔직히 말해서 그 프로그램에 출연하는 것이 나는 약간 신경이 쓰였다. 비록 내가 랜드의 철학을 상당히 잘 알고 있다 해도(그녀가 쓴 주요 저서는 모두 읽었고, 다른 간단한 저작물들도 대부분 읽은 터였다), 페이코프는 랜드가 쓴 글들의 장절章節을 모두 알고 있는 데다, 암송까지 할 수 있는 총명하면서도 신랄한 사람이기 때문이었다. 내가 이제껏 보아 온 그의 모습은, 재치와 냉철한 논리로 상대를 지적인 공황 상태로 몰아가는 모습이었다. 그러나 내가 책을 쓴 것은 쓴 것이니, 기죽지 않고 당당하게 받아들이겠노라고 생각했다.

그런데 뜻밖에도 내 홍보 담당자가 와서 인터뷰가 취소되었다고 알려 주었다. 내가 랜드의 인격, 객관주의자 운동, 추종자들을 비판한 것이 문제가 된다는 이유였다. 다시 말해서 내가 자기네를 컬트로 분류한 것에 반발했고, "랜드 여사에 대한 비방의 내용이 담긴" 책을 인정하지 않겠다는 얘기였다. 아마 쇼 관계자 중 누군가 내 책을 읽은 것이 틀림없었다. 그들의 얘기에 따르면, 절대적 도덕성(그들은 절대적 도덕성이 있으며, 그것을 랜드가 찾아냈다고 믿었다)의 형이상학에 대해서라면 기꺼이 나와 논쟁하겠지만, 나의 비방서를 공식적으로 인정하는 꼴이 될 공개 토론은 하지 않겠다는 것이었다. 나는 랜드를 다룬 장에서, 컬트의 증거가 되는 징후 중의 하나가 바로 지도자나

지도자의 믿음에 대한 비판을 고려할 능력이나 의지가 부재한 것임을 보여 주었다. 따라서 뭐니 뭐니 해도 정말 아이러니인 것은, 페이코프와 아인 랜드 협회 측이 자기네들이 컬트임을 부정하면서도 비판을 허용하지 않는다는 점에서 정확히 컬트가 보일 법한 행동을 하는 것이었다.

그런 명명백백한 위선에 누구든 이처럼 눈을 감아 버릴 수 있음에 깜짝 놀란 나는 프로듀서에게 직접 전화를 걸어 내가 8장에서 다룬 두 가지 주안점을 지적했다. "첫째, 어떤 철학의 창시자나 추종자를 비판한다고 해서 그 철학을 이루는 것까지 부정하는 것은 아닙니다. 둘째, 철학의 일부를 비판한다고 해서 전체를 깡그리 부정하는 것은 아닙니다." 나는 내가 랜드를 크게 존경하고 있음을 프로듀서에게 다각도로 설명했다. 그녀는 강건한 개인주의와 무구한 합리주의의 화신이다. 나는 그녀의 경제 철학의 많은 면을 포용한다. 전통적인 개념과는 다른 영웅을 추구하는 다원화 시대에서, 남자들이 지배하는 분야의 얼마 안 되는 여성의 한 사람으로 두드러진 인물이 바로 그녀이다. 나는 그녀의 사진을 벽에 걸어 두고 있다는 말까지 프로듀서에게 했다. 이 말이 잠깐 동안 그의 관심을 끈 듯해서 나는 책의 어느 곳에서 그녀를 비방하고 있는지 구체적인 예를 하나 들어 달라고 부탁했다. 비방이란 말은 고의적인 명예 훼손을 함축하는 느낌이 강한 낱말이었기 때문이다. 프로듀서는 이렇게 말을 맺었다. "그 장에 쓰인 모든 게 랜드 여사를 비방하고 있습니다." "제발 한 가지 예만이라도 들어 주세요." 나는 이렇게 졸랐다. 그녀가 남편을 오쟁이 지운 게 사실 아닌가? 자신의 절대적 도덕성에 흠을 낸 추종자들을 파문한 게 사실 아닌가? 심지어 음악을 선곡하는 사소한 문제에 있어서도 말이다. 프로듀서는 8장을 다시 읽어 봐야겠다고 대답했다. 그리곤 다시 전화하지 않았다. 데이비드 켈리가 이끄는 객관주의연구 단체 소속의 매우 이성적인 한 무리의 학자들은 랜드에 대한 비판에 대단히 개방적이며, 초창기 지성의 계승자였던 너새니얼 브랜든이 그랬듯 "이제까지 살았던 사람 중에서 가장 위대한 사람"이라는 식의 경건한 존경심을 그녀에게 보이지 않는다는 점을 마땅히 주목해야 한다.

아인 랜드는 그녀의 책을 읽어 본 누구에게나 호감이든 반감이든 강렬한 감정을 불러일으키는 것 같다. 나는 랜드를 비방했다는 데서 그치지 않고, 아예 인신공격에 불과한 글을 썼다는 비난도 들었다. 내 의도는 그 어느 쪽도 아니었다. 나는 단지 컬트를 다룬 장을 쓰려고 했을 뿐이다. 컬트 일반은 물론, 사이언톨로지교나 다윗파 같은 특정 컬트에 관한 글은 이미 수없이 나와 있었기에, 다른 사람들 얘기를 되풀이하고픈 생각은 없었다. 한때 나는 스스로를 객관주의자이며 아인 랜드의 열렬한 추종자로 여겼었다. 터놓고 말하자면, 그녀는 영웅 같은 존재였다. 또는 적어도 그녀의 소설들―특히 『아틀라스』―에 나오는 인물들과 같은 존재였다. 그랬던 탓에 나의 영웅을 회의주의의 렌즈를 통해 검토하고, 결코 컬트라고 여기고 싶지 않은 단체에 컬트 분석을 적용한다는 게 나로선 여간 고통스러운 일이 아니었다. 하지만 한때 내가 빠졌던 기독교, 뉴에이지 등 다른 신앙 체계의 경우처럼(이 책에서 하나씩 얘기하였다), 세월이 흐르면서 거리를 두고 바라보게 되자, 컬트와 종교에서 전형적으로 발견되는 확신과 진리주장의 형태—여기에는 특히 지도자에 대한 숭배, 지도자의 무결함과 전지함, 그리고 무엇보다도 도덕 문제와 관련하여 어느 한 사람이 절대적 진리를 갖고 있다는 믿음이 포함된다—가 객관주의에도 있음을 알게 되었다. 이런 특징들은 내가 정의한 것이 아니라 대부분의 컬트 전문가들이 정의한 것이다. 나는 그저 객관주의 운동이 이 기준에 얼마나 잘 들어맞는지 검토했던 것뿐이다. 이 장을 읽어본 뒤 독자들이 심판할 노릇이다.

여기서 '심판'은 적절하게 쓴 말이다. 나는 이 글을 시작하면서 의도적으로 예수의 산상 수훈에서 위선자 부분을 선택해 실었다. 『마태복음』 7장은 이렇게 시작한다. "너희가 심판을 받지 않으려거든 남을 심판하지 말아라." 너새니얼 브랜든은 랜드와 함께 보냈던 시절을 회고하는 책 『심판의 날』을 시작하면서 이와 똑같은 『마태복음』 구절과 아인 랜드의 분석을 실었다.

"너희가 심판을 받지 않으려거든 남을 심판하지 말아라." 이 말은 도덕적 책임을 포기하는 말이다. 이는 자기 자신이 도덕적 백지수표를 갖기를 기대하는 대가로 한 사람이 다른 사람들에게 주는 도덕적 백지수표이다. 사람들은 선택을 해야만 한다는 사실에서 벗어날 길이 없으며, 도덕적 가치들에서 벗어날 길도 없다. 도덕적 가치들이 위태로운 상태에 있는 한, 그 어떤 도덕적 중립성도 가능하지 않기 때문이다. 고문한 자에게 죄를 묻는 일을 포기한다면, 이는 희생자를 고문하는 것은 물론 그 희생자를 살해하는 일을 방조하는 것이다. 따라서 채택해야 할 도덕 원리는 다음과 같다. "심판하라. 그리고 심판받을 채비를 하라."

그러나 예수의 말을 전부 들어 보면 다음과 같다.

너희가 심판을 받지 않으려거든 남을 심판하지 말아라.
너희가 남을 심판하는 그 심판으로 하느님께서 너희를 심판하실 것이요. 너희가 되질하여 주는 그 되로 너희에게 되어서 주실 것이다.
어찌하여 너는 남의 눈 속에 있는 티는 보면서, 네 눈 속에 있는 들보는 깨닫지 못하느냐?
네 눈 속에는 들보가 있는데, 어떻게 남에게 말하기를 '네 눈에서 티를 빼내 줄 테니 가만히 있거라' 할 수 있겠느냐?
위선자야, 먼저 네 눈에서 들보를 빼내어라. 그래야 네 눈이 잘 보여서, 남의 눈 속에 있는 티를 빼 줄 수 있을 것이다. (『마태복음』 7장 1절부터 5절)

랜드는 예수의 말을 완전히 잘못 읽었다. 예수가 떠받드는 원리는 도덕적 중립성도, 도덕적 백시수표도 아니다. 바로 독선적인 엄격함과 '함부로 판단하는 성급함'을 경계하라는 것이다. 유대교의 관습과 미슈나라고 불리는 율법에 관한 주석들의 모음집인 탈무드에서도 발견되는 이런 계통의 생각은 오랜 전통을 갖고 있다. "그의 입장이 돼 보기 전까지는 상대를 판단하지 말라."(『아보트』 2장 5절) "상대를 판단할 때에는 그의 입장에 무게를 실어라."(『아보트』 1장 6절) (『주석성경』 7권 324쪽부터 326쪽을 보면 이 문제에 대한 상세한 논의를 볼 수 있다.) 예수는 우리가 정당한 도덕 판단과 위선적인 도덕 판단을 같은 것으로 보지 말 것을 바라고 있다. '티'와 '들보' 은유는 의도적인 과장법이다. 덕이 부족한 사람은 이웃의 덕을 도덕적으로 가차 없이 심판한다. '위선자'란 바로 다른 사람들의 결점으로 주의를 돌림으로써 제 결점을 숨기는 비판자를 말한다. 아마 예수는 사람 심리를 꿰뚫어 보는 통찰을 전해 주는 것 같다. 이를테면 간음자는 다른 사람들의 성범죄를 심판하는 데 집착하며, 동성애를 혐오하는 사람은 남모르게 자신의 성 정체성을 고민하고, 명예 훼손 당했다며 고소한 사람은 그 자신이 명예 훼손의 죄가 있을 수 있다.

내가 이번 경험에서 얻은 것도 마찬가지의 통찰이었다. 객관주의자들과 입씨름을 벌였던 것은, 사람들이 왜 이상한 것들을 믿는지 보다 심도 있게 알아내기 위한 데이터 수집의 한 형태로 여기는 방법 중 하나에 불과했다. 처음에 이 책을 쓴 뒤, 라디오, 신문, 텔레비전 인터뷰를 수없이 갖고, 수많은 서평과 독자들의 반응을 보면서, 나는 무엇이 사람들의 관심을 끌고 감정을 자극하는지 공정한 표본 채취를 할 기회를 갖게 되었다. 그야말로 마법의 신비 여행이었다.

『왜 사람들은 이상한 것을 믿는가』가 발간되자, 대부분의 주요 간행물에서 서평을 실었다. 대개는 사소한 비판이었다. 어떤 독자들은 친절하게도 철자와 문법상의 몇 가지 오류를 비롯해 출판사의 뛰어난 편집자가 미처 잡아내지 못했던 사소한 오류들을 지적해 주었다(이 개정판에서는 모두 교정되었다). 반면 일부 서평가들은 보다 비중 있는 비판을 했다. 이 책에 등장할 많은 논쟁들에 대한 생각을 가다듬는 데 도움이 되겠기에 언급할 가치가 있을 것 같다. 비판을 건전하게 받아들인다는 취지에서 몇 가지 서평을 살펴보자.

자기반성의 측면에서 가장 훌륭한 비평은 아마 〈토론토 글로브앤메일〉(1997년 6월 28일)에 실린 서평일 것이다. 서평자는 모든 회의주의자들과 과학자들이 숙고할 가치가 있는 중요한 문제를 하나 제기했다. 먼저 "이성적 반성은 과학적 방법에 대한 신조로 끝나지 않으며, 그 자체는 다양한 형태의 이상한 믿음에 종속될 때가 가끔 있다"고 지적한 다음, 이렇게 결론을 내린다. "공격적으로 상대를 폭로하는 부류의 회의주의는, 최선의 합리적 동기에서 수행되었다 하더라도, 이따금 그 자체가 일종의 컬트, 파시즘적 과학주의로 변질되는 경향이 있다." 서평자는 과장된 수사를 부린 것에 양해를 구하면서 (나는 이제까지 컬트주의자나 파시스트로 여길 만한 회의주의자를 본 적이 없다), 과학에는 한계가 있으며(나는 이 점을 부인하지 않는다), 가끔씩 회의주의는 마녀사냥의 성격을 띤다고 지적한다. 바로 이런 이유 때문에 이 책에서도 그렇고, 공개적으로 강연을 할 때마다 내가 역설하는 것이 있다. 회의주의는 입장이 아니라, 주장들에 접근하는 방법이다. 마찬가지로 과학 또한 주제가 아니라 방법이다.

〈이성Reason〉(1997년 11월)에 실린 대단히 지적이고 신중한 서평은 내가 회의주의자들의 일을 "돌팔이 주장들을 조사하고 반박하는 일"이라고 말한 것을 두고 비난했다. 그러나 이런 지적은 잘못이다. 우리가 하는 일은 주어진 주장을 우리가 반박할 것이라고 미리 넘겨짚은 뒤에 조사에 들어가는 것이 아니라, "그 주장들이 과연 돌팔이 주장들인지 알아내기 위해 조사하는 것"이다(지금은 이렇게 본문을 수정했다). 증거를 검토한 뒤, 그 주장에 회의적이 될 수도 있고, 회의주의자에 대해서 회의적이 될 수도 있다. 창조론자들은 진화론에 대해서 회의적이다. 홀로코스트 '수정주의자들'은 홀로코스트에 대한 전통적인 역사 기술에 대해서 회의적이다. 그리고 나는 이 회의주의자들에 대해 회의적이다. 회복된 기억이나 외계인 납치 같은 경우, 나는 그런 주장들 자체에 회의적이다. 중요한 건 증거이며, 비록 한계가 있을지라도, 해당 주장의 참·거짓을 판가름하는 데 있어서 (또는 적어도 그 주장의 참·거짓 가능성의 확률을 제시하는 데 있어서) 우리가 가진 최선의 도구가 바로 과학적 방법이다.

〈뉴욕타임스〉(1997년 8월 4일)의 서평자는 내가 2장에서 제시한, 점성술, ESP, 유령 따위의 존재를 믿는 미국인들의 비율을 보여 준 여론 조사에 대해 회의를 표명했다. 그리고 "이런 기막힌 결과를 내놓은 여론 조사가 어떤 식으로 수행되었으며, 과연 미국인들의 진정한 확신을 평가한 것인지, 아니면 그저 눈으로 볼 수 없는 것에 대한 일시적인 관심을 평가한 것인지" 의문을 제기했다. 사실 나도 이런 여론 조사 결과를 의심해 왔다. 그래서 일부 설문 문항들은 물론, 그런 조사들이 특정 주장에 대한 믿음의 수준을 평가할 때 가질 수 있는 단점들에 주의를 기울이고 있다. 그러나 독립적으로 수행된 다른 여론 조사들이 그 결과를 보강해 준다면, 그 데이터는 신뢰할 수 있다. 게다가 이제까지 수십 년 동안 수많은 여론 조사자들이 내놓은 결과는 이 책에서 제시한 수치들과 일치한다. 비공식적으로 〈스켑틱〉을 통해 자체적인 여론 조사를 벌인 결과, 이상한 것들을 믿는 미국인들의 통계 수치가 놀라울 정도로 높음을 확인해 주었다. 어떤 주장이냐에 따라 차이는 있지만, 대체로 지역 불문하고 미국인 네 명 중 한 명에서 세 명꼴로 초상현상을 믿고 있다. 비록 현대 사회는 예전보다, 이를테면 중세 유럽보다 훨씬 덜 미신적이긴 하지만, 〈스켑틱〉 같은 간행물이 폐간되기까지는 아직도 갈 길이 멀고도 멀다는 것은 분명하다.

모든 비평 중에서 나를 가장 크게 웃게 만든 것은 바로 신화, 과학, 고대사를 다루는 저널 〈에이온Aeon〉 1997년 11월호에 실린 에브 코크레인의 글이었다. 그가 사용한 비유가 웃기기도 했지만, 〈스켑틱〉의 정반대 성격을 가진 저널을 꼽으라면 아마 〈에이온〉일 것이라는 생각이 들었기 때문이다. 어쨌든 코크레인은 이렇게 결론을 내렸다. "내가 마이클 셔머의 신간을 칭찬하는 것은 마르시아 클라크의 마지막 진술을 듣고 오제이 심슨이 박수를 보낸 것과 약간 비슷하다. 지은이가 한껏 도취된 채 까발리고 있는 사이비 과학 중에는 내가 공감하는 토성 문제도 포함될 것이기 때문이다. 그런데도 나는 이 책을 칭찬하지 않을 수 없다. 왜냐하면 이 책은 빌어먹을 정도로 재미있고 도발적인 책이기 때문이다." 사실상 브루투스가 보내는 찬사라고 할 수 있지만, 코크레인을 비롯해 다른 비평가들과 수많은 독자들이(이 중에는 좋은 사람들도 있다) 비난하는 것이 바로 『벨 곡선』을 다룬 부분이다(15장).

어떤 사람들은 내가 파이어니어 펀드—1937년에 설립된 펀드 기관으로서, 아이큐의 유전 가능성 및 인종에 따른 아이큐 차이에 대한 연구에 자금을 지원해 왔다—의 설립자 위클리프 드레이퍼를 분석하면서 인신공격에 탐닉하고 있다고 비난했다. 내가 15장에서 보여준 것은 아이큐의 인종 이론들(흑인의 낮은 지능은 대부분 유전되며, 따라서 불변한다는 이론들)과 역사의 인종 이론들(홀로코스트는 유대인들이 선전한 것이라는 이론들)이 파이어니어 펀드를 통해 역사적으로 서로 연관되어 있다는 것이었다. 파이어니어 펀드는 또한 현대의 홀로코스트 부정론 운동의 창시자 중 한 명인 윌리스 카르토와 직접적으로 연계되어 있다. 나는 심리학자와 과학사학자로 훈련받았기 때문에, 연구 자금을 지원한 사람은 누구이며, 그 결과 연구에서 어떤 편향성이 형성될 수 있는지 같은 과학 외적인 문제에도 관심을 가지고 있다. 달리 말하면, 나는 데이터를 검토하는 것뿐만 아니라, 연구의 동기는 물론 데이터 수집과 해석에 끼어드는 편향성을 탐구하는 것에도 관심을 가진다는 얘기이다. 그렇다면 인신공격의 비난을 무릅쓰지 않은 채 어떻게 과학에서 이처럼 재미나고 (내 생각에) 중요한 측면을 탐구할 수 있단 말인가?

하지만 어찌 되었든 15장은 아이큐에 관한 것도, 찰스 머레이와 리처드 헤른슈타인의 논쟁적인 책 『벨 곡선』에 관한 것도 아니다. 바로 인종에 관한 것이다. 이 주제는 과학과 사이비 과학, 물리학과 메타물리학을 가름하는 '경계 설정의 문제'로 알려진 것—과연 이 두 영역 사이의 어디에 선을 그어야 할까?—과 비슷하다. 인종은 어디서 시작되어 어디서 서로 갈라지는 걸까? '올바른' 답이 없다는 의미에서 보면, 아무리 틀을 잡아 정의한다 하더라도 그 정의는 임의적일 수밖에 없다. 인종이라는 것을 '퍼지 집합'으로 생각할 수 있음을 나는 기꺼이 인정한다. 곧, 내 동료들이 내게 와서 "이봐 셔머, 백인, 흑인, 아시아인, 아메리카 원주민의 차이를 자네는 구분할 수 없지 않은가?"라고 얼마든지 말할 수 있다는 얘기이다(실제로 그렇게들 말한다). 맞는 말이다. 일반적인 측면에서 보면, 해당 개인이 퍼지 경계들 사이의 중간에 딱 맞아떨어지는 한, 인종을 구분할 수 있는 경우가 많다. 그러나 무수히 많은 집합들(그 수가 얼마가 될지는 아무도 의견 일치를 보지 못할 것이다)의 퍼지 경계들이란 대단히 폭이 넓고 중첩되기 때문에, 이런 식의 인종 구분은 대부분 생물적 인자보다는 문화적 인자의 영향을 받는 것으로 보인다. 타이거 우즈는 무슨 인종일까? 지금의 우리는 타이거 우즈가 이색적인 민족적 배경에서 피가 섞인 것으로 볼 수 있지만, 앞으로 천 년만 흐르면 모두가 타이거 우즈 같은 모습이 될 수도 있다. 천 년 뒤의 역사학자들은 수십만 년에 걸친 인류의 역사에서 이 잠깐의 인종 차별 시기를 레이더 스크린에 나타난 작은 영상(블립)처럼 돌아볼 것이다.

만일 '인류의 아프리카 기원설'이 참이라면, 처음에 단일 인종이 (아마 '흑인'이었을 것이다) 아프리카를 벗어나 갈라지면서 지리적으로 고립된 개체군들이 생겼을 것이며, 각각에 고유한 특징을 가진 인종들이 되었을 것이다. 그러다가 마침내 15세기 후반에 지리상의 발견과 식민지화가 시작되면서 다시 단일 인종으로 융합되어 갔을 것이다. 16세기부터 17세기를 거치면서 국제결혼과 기타 형태의 성관계를 통해 인종 집합들은 더욱 퍼지 집합의 성격을 띠었다. 아마 다음 밀레니엄의 어느 때에 이르면 퍼지 경계들이 몹시 흐릿해진 나머지, 차별(차이를 분별한다는 의미와 차별 대우한다는 의미 모두에서)의 수단으로 삼았던 인종 개념을 몽땅 버려야 할 것이다. 불행히도 사람 마음은 패턴찾기에 대단히 능숙하기 때문에, 아마 틀림없이 사람들을 구분하는 또 다른 기준들이 우리 어휘 속을 파고들 것이다.

『왜 사람들은 이상한 것을 믿는가』가 처음 출간된 뒤, 새롭게 전개된 양상 중에서 흥미로운 것이 하나 있다. 이른바 '신新창조론'으로 불릴 만한 주장이 부상한 것이다. (이 용어는 이 책에서 논의한, 수백 년 전으로 거슬러 올라가는 구舊창조론과 구분하려고 만든 용어이다.) 신창조론은 두 부분으로 나뉜다.

1 **지적 설계 창조론:** 보수적인 종교 우파에서 나온 논증으로, 생명의 '환원 불가능한 복잡성'은 바로 생명이 어떤 지적 설계자, 곧 하느님에 의해 창조되었음을 가리킨다는 믿음을 말한다.
2 **인지 행동 창조론:** 진보적인 다문화주의적 좌파에서 나온 논증으로, 사람의 생각과 행동에는 진화론이 적용될 수 없거나 적용되어서는 안 된다는 믿음을 가리킨다.

보수 우파와 진보 좌파가 짝짓기를 했다고 상상해 보라. 어떻게 이런 일이 일어났을까?

나는 11장에서 20세기 창조론자들의 세 가지 주요 전략을 개괄했다. 진화론 교육의 금지, 다윈의 진화론과 창세기 교육의 균등 시간 할당 요구, '창조과학'과 '진화과학'에 균등 시간을 할당할 것을 요구한 것이 그 세 전략이다. '창조과학'은 종교적 교리에 '과학'이라는 이름표를 붙여서, 마치 이름만 바꾸면 그렇게 되기라도 한다는 듯이 수정 헌법 제1조를 비껴가기 위한 의도를 담고 있다. 이 세 가지 전략 모두 법정에서 패소했다. 1925년 그 유명한 스콥스 '원숭이 재판'을 시작으로, 1987년 연방 대법원까지 끌고 갔던 루이지애나 재판이 7대 2의 표결로 패소하는 것으로 끝을 보았다. 이것으로 창조론자들의 '하향식' 전략—자기들 믿음을 합법화시켜 공립학교를 통해 문화 속으로 전파하고자 하는 전략을 나는 이렇게 불렀다—은 끝장이 났다. 게다가 이 신창조론은, 또 다른 형태로 돌연변이할 때까지 얼마나 걸릴지는 상관없이, 창조론자들은 사라지지 않을 것이며, 과학자들이 그들을 무시할 수 없다는 내 주장을 뒷받침해 준다.

1 지적 설계 창조론 하향식 전략이 실패하자, 창조론자들은 '상향식' 전략으로 바꿨다. 창조론 안내문을 각 학교로 대량 발송하고, 학교와 대학에서 논쟁을 벌여 가면서 사람들의 협조를 얻는 전략으로 바꿨던 것이다. 버클리의 캘리포니아 대학교 법학 교수 필립 존슨, 생화학자 마이클 베히, 심지어 보수적 방송인인 윌리엄 버클리까지 포섭했다. 윌리엄 버클리는 1997년 12월 PBS 쟁점 토론회를 주관했던 인물로, 그 토론회의 결론은 이렇게 나왔다. "진화론자들은 창조를 인정해야 한다." 신창조론의 '새로움'은 사실상 사용하는 언어에 있다. 현재 창조론자들이 얘기하는 '지적 설계'란, 생명이 '환원 불가능한 복잡성'을 보이기 때문에 어떤 지적 설계자에 의해 생명이 창조되어야만 했다는 것이다. 그들이 즐겨 드는 예가 바로 사람의 눈이다. 그들의 논증에 따르면, 사람의 눈은 대단히 복잡한 기관으로서, 모든 부분들이 동시에 작동해야 하며, 그러지 않으면 시각은 불가능하다고 한다. 이때 사람의 눈이 환원 불가능한 복잡성을 보인다고 말한다. 말하자면 어느 한 부분만 제거해도 전체는 무너지고 만다는 얘기이다. 그래서 그들은 이렇게 묻는다. 그 어떤 개별 부분도 그 자체로는 아무런 적응적인 의미를 갖지 않는다면, 어떻게 자연선택이 사람의 눈을 만들어 낼 수 있겠는가?

우선, 어느 한 부분만 제거해도 실명이 될 정도로 사람 눈이 환원 불가능한 복잡성을 보인다는 얘기는 참이 아니다. 어떤 형태로 빛을 감지하든, 아예 없는 것보다는 낫다. 게다가 수많은 사람들이 갖가지 질병이나 사고로 눈이 손상되지만, 그래도 눈은 상당히 잘 작동하며 평생 쓸 수 있다. (이런 식의 창조론 논증은 '양자택일의 오류'에 빠진다. 어떻게 생각이 잘못되는지를 다룬 3장에서 논의하였다.) 그러나 보다 심도 있는 답을 내놓는다면 이렇게 말할 수 있다. 자연선택이 주변에 널린 서로 아무 관련도 없는 중고품들로 사람 눈을 만들지는 않았다는 것이다. 라이트 형제 때부터 현재까지 수천만 번의 불완전한 단계, 어이없는 실수와 잘못된 출발을 거치지 않고 바로 보잉 747기가 만들어진 것이 아닌 것과 마찬가지이다.

자연선택은 단순히 이런 식으로는 이루어지지 않는다. 사람 눈은 수억 년 전 단순한 안점眼點에서 시작된 오래되고 복잡한 진화의 경로를 따른 결과물이다. 불과 몇 개의 감광세포로 이루어진 단순 안점은 빛(햇빛)의 있고 없음(명암)에 대한 정보만을 유기체에게 알려 준다. 그다음 오목한 안점은, 안으로 굽은 좁은 표피가 감광세포들로 채워져 있어, 빛의 방향 정보까지 추가로 제공한다. 그다음 깊이 우묵한 안점은 더 깊은 곳까지 감광세포들이 있어, 주변 환경에 대해 더욱 정확한 정보를 알려 준다. 그 다음 바늘구멍 사진기형 눈은 깊이 우묵한 감광세포 층의 배면에 상像을 맺을 수 있다. 그다음 바늘구멍 렌즈형 눈은 상의 초점을 맞출 수 있다. 그다음은 사람 같은 포유류에서 발견되는 복잡한 눈이다. 또한 눈은 열 몇 차례에 걸쳐 각기 독자적인 경로를 통해 독립적으로 진화되어 왔으며, 이것만으로도 단일 계획, 마스터플랜을 가진 조물주가 없었음을 말해 준다.

'지적 설계' 논증에는 심각한 약점이 또 하나 있다. 곧 세계 자체가 반드시 지적으로 설계된 것이라고 할 수 없다는 것이다. 이 경우에도 사람의 눈을 예로 들 수 있다. 망막은 세 개의 층으로 구성되어 있다. 바닥에는 빛을 감각하는 간상세포와 원추세포로 이루어진 층이 있고(빛을 등지고 있는 셈이다), 그 위에는 양극세포, 수평세포, 무축삭세포로 이루어진 층이 있고, 그 위에는 눈에서 받은 신호를 뇌로 전달해 주는 신경절세포로 이루어진 층이 있다. 그리고 이 전체 구조는 시혈관층 아래에 자리한다. 최적의 시각을 얻으려면 위아래 순서가 거꾸로 되어야 할 텐데, 왜 지적 설계자는 그리 하지 않았을까? 애초에 지적 설계자가 눈을 만들지 않았기 때문이다. 주변에서 얻을 수 있는 재료를 이용해 자연선택이 단순한 형태에서 복잡한 형태까지, 그리고 조상 생물체의 특수한 배치에 따라 눈을 만들어 냈기 때문이다.

2 인지 행동 창조론 보수 우파와 진보 좌파의 신기한 결합이 바로 이 색다른 형태의 창조론에서 이루어진다. 이 창조론은 진화론이 세상 만물을 사람의 머리 아래 둔다고 생각한다. 우리의 사고와 행동이 과거 진화의 영향을 받았을지도 모른다는 생각은 좌파의 많은 사람들에게 정치적으로나 이념적으로나 받아들일 수 없는 것이다. 그들은 과거 '사회다윈주의'라는 형태로 진화론이 오용되었던 것을 걱정한다. 미국의 단종법斷種法부터 나치 독일의 대학살까지 온갖 결과를 낳았던 우생학 프로그램들은, 사려 깊은 많은 사람들로 하여금 사람의 눈 외에도 자연선택이 뇌와 행동에 어떤 식으로 작용했는지 탐구할

의욕을 꺾어 버렸다. 이런 입장에 있는 비판자들은 진화론이란 빈곤층과 소외 계층을 억압하고 권력층의 기득권을 정당화할 의도로 사회적으로 구성해 낸 이념에 다름 아니라고 주장한다. 사회다윈주의는 흄이 말한 자연주의적 '존재-당위의 오류'를 극명하게 보여 준다. 이 오류는 존재하는 것은 어떤 것이든 마땅히 존재해야 한다는 생각을 말한다. 만일 자연이 일부 인종과 성별에게 '우월한' 유전자를 선사했다면, 마땅히 사회도 그렇게 구성되어야 한다는 얘기이다.

그 열정을 이해 못하는 것은 아니지만, 이 비판자들은 지나치게 멀리 나아간다. 이들이 쓴 글을 보면 '억압', '성차별주의', '제국주의', '자본주의', '통제', '질서' 같은 이념적인 용어들이 DNA, 유전학, 생화학, 진화 같은 물리적 개념들에 부여되고 있음을 발견할 수 있다. 비종교적인 분위기를 풍기는 이 창조론의 본모습이 드러난 일이 1997년에 열린 한 학제간 회의에서 있었다. 한 심리학자가 1953년 DNA 발견을 필두로 이어진 현대 유전학의 발전을 기리면서, 과학 비판자들의 공격으로부터 과학을 지키려 했는데, 느닷없이 이런 질문을 들었다. "당신은 DNA를 믿습니까?"

이보다 더 엉뚱한 질문이 어디 있을까? 그러나 일반적으로는 진화론의 오용, 구체적으로는 우생학으로 인해 얼룩진 역사를 감안하면, 좌파 사람들의 우려를 이해할 만도 하다. 나 역시 그들 못지않게, 다른 사람들을 통제하거나 굴복시키고, 또는 심지어 파멸시키기 위해 일부 사람들이 다윈을 이용하는 상황에 두려움을 느낀다. 스콥스 재판에서 윌리엄 제닝스 브라이언이 반-진화론 소송을 비호했던 근본적인 동기 중의 하나는 바로 제1차 세계대전 때 독일군이 사회다윈주의를 적용해서 자기네 군국주의를 정당화했다는 사실이었다. 과학의 오용을 대중들이 어떻게 바라보느냐는 것은 내가 관심을 가진 소중한 주제의 하나이다.(15장과 16장 참고) 그러나 여기서도 창조론자들은 속절없이 "양자택일의 오류"에 빠지고 만다. 과학에 가끔 오류, 편향성, 심지어 심각한 오용이 있다는 이유로 과학 전체를 내버려야 한다는 것이다. 빈대 잡으려다 초가삼간 다 태운다는 말이 생각난다.

사람 행동에 진화론을 어떻게 적절하고 신중하게 적용할 수 있는지, 내가 생각하는 예를 이 자리에서 소개하는 것이 도움이 될 것이라고 생각한다. 구체적으로 말해서 나는 사람들이 이상한 것들을 믿는 이유를 진화의 관점에서 살펴보고 싶은 것이다.

사람은 패턴을 찾는 동물이다. 복잡하고, 변덕스럽고, 우연적인 세계에서 우리는 의미를 찾아다닌다. 그런데 우리는 또한 이야기를 짓는 동물이기도 하다. 수천 년 동안 신화와 종교는 우리에게 의미 있는 패턴들, 곧 신들과 하느님, 초자연적인 존재들과 신비로운 힘들, 사람과 사람의 관계, 사람과 조물주와의 관계, 우주 속 우리 자리에 대한 이야기들을 해 주었다. 사람들이 줄기차게 마술적으로 사고하는 이유의 하나는, 현대 과학적 사고방식의 역사가 몇 백 년밖에 되지 않은 반면, 인류는 몇 십만 년 동안 존재했기 때문이다. 그처럼 오랜 세월 동안 우리는 무엇을 했던 것일까? 우리의 뇌는 어떤 식으로 진화해 오면서, 이처럼 극도로 다른 세상 속 문제들에 대처했을까?

바로 이것이 진화심리학자들—진화의 관점에서 뇌와 행동을 연구하는 과학자들—이 걸고넘어지는 문제이다. 진화심리학자들은 대단히 조리 있는 논변을 펼친다. 뇌를 비롯하여 마음과 행동은 크기가 주먹만 했던 오스트랄로피테쿠스의 뇌부터 멜론만 한 크기의 호모 사피엔스의 뇌까지 2백만 년에 걸쳐 진화되어 온 것이라고 주장한다. 문명이 발생한 시기는 식물을 재배하고 동물을 가축화했던 약 13,000년 전에 불과하기 때문에, 인류 진화의 99.99퍼센트는 우리 종의 선조들이 살았던 환경에서 이루어졌다(이를 일러 '진화적 적응환경(EEA)'이라고 한다). 우리의 뇌를 빚은 것은 바로 진화적 적응환경의 조건들이었다. 지난 열세 번의 밀레니엄 동안에 뇌의 진화가 이루어졌던 것이 아니라는 얘기이다. 진화는 그렇게 빠르게는 일어나지 않는다. 산타바버라의 캘리포니아 대학교 진화심리학 센터의 공동 소장인 레다 코스미데스와 존 투비는 1994년 센터 안내 자료에서 진화심리학 분야를 이렇게 소개했다.

> 진화심리학이 기초로 하는 인식은, 사람의 뇌가 수렵·채집인 조상들이 규칙적으로 맞닥뜨렸던 적응 문제들을 해결하기 위해 진화된, 기능적으로 특화된 연산 장치들이 다량으로 모여 이루어진 것이라는 점이다. 사람들은 보편적으로 진화된 구조물을 서로 공유하기 때문에, 보통의 개인들은 모두 기호嗜好, 동기, 공유하는 개념틀, 감정 프로그램, 특수-내용의 추론 절차, 특화된 해석 시스템을 미덥게 발달시킨다. 이것들은 겉으로 드러난 문화적 변이성의 표면 아래에서 작동하는 프로그램들이며, 그 프로그램 설계는 인간 본성을 정밀하게 정의한다.

스티븐 핀커는 『마음은 어떻게 작동하는가』(W. W. 노턴, 1997)에서 이런 특화된 연산 장치들을 "마음모듈"로 묘사한다. '모듈'은 은유일 뿐, 반드시 뇌의 어느 지점에 위치하는 것은 아니다. 따라서 머리의 융기 부분마다 뇌의 특정 기능을 나타낸다고 생각했던 19세기 골상학자들의 관념과 혼동해서는 안 된다. 핀커는 이렇게 말한다. 모듈은 "신경섬유들로 서로 연결되어 각각 단위 장치로 작동하는 부위들로 쪼개질 것이다." 여기저기의 뉴런다발들이 서로 연결되어 "뇌의 돋은 곳과 꺼진 곳을 종횡무진 뻗어가면서" 모듈을 형성하는지도 모른다.(27~31쪽) 모듈의 기능에서 열쇠가 되는 것은 모듈의 위치가 아니라, 바로 뉴런다발들의 상호 연관성이다.

하지만 대부분의 마음모듈이 상당히 특수적이라고 생각되는 반면, 진화심리학자들은 '특수-영역' 대 '일반-영역' 마음모듈을 논의한다. 예를 들어 투비, 코스미데스, 핀커는 일반-영역 처리 장치라는 생각을 거부하는 반면, 많은 심리학자들은 'g.'라고 불리는 포괄적 지능 관념을 받아들인다. 고고학자 스티븐 미슨은 『마음의 역사』(템스앤허드슨, 1996)에서, 현대적 인간을 만든 것은 일반-영역 처리 장치라는 말까지 한다. "현대적 마음의 진화에서 결정적인 단계는 스위스제 다목적 칼처럼 설계된 마음에서 인지적 유연성을 갖춘 마음으로의 전환, 특화된 유형의 마음에서 일반화된 유형의 마음으로 전환된 것이었다. 그 덕분에 사람들은 복잡한 도구를 설계하고, 예술 창작을 하고, 종교적 이념들을 믿을 수 있게 되었다. 나아가 현대 세계에서 결정적인, 다른 식으로 사고할 가능성들이 마련된 까닭은 인지적 유연성 때문일 수 있다."(163쪽)

여기서 나는 모듈이라는 은유 대신, 우리가 더욱 일반적인 믿음 엔진Belief Engine을 진화시켰다고 제안하고 싶다. 믿음 엔진은 야누스의 얼굴을 지닌다. 어떤 조건에서는 마술적 사고를 끌어내고—마술 믿음 엔진—또 어떤 상황에서는 과학적 사고를 끌어낸다. 이 믿음 엔진을 보다 특수한 목적을 가진 모듈들의 바탕에 자리한 중앙 처리 장치로 생각할 수도 있다. 여기에 대해서 설명해 보도록 하겠다.

우리는 노련하게 패턴을 추적하고 인과 관계를 찾아내도록 진화해 왔다. 패턴을 가장 잘 찾아내는 사람들—이를테면 사냥감을 앞에 두고 바람을 등지고 서면 사냥에 실패한다든가, 소의 배설물이 작물에게 좋다는 것 따위—이 가장 많은 자손들을 남겼다. 그들의 후예가 바로 우리들이다. 패턴을 추적하고 찾아낼 때 관건이 되는 것은 의미 있는 것과 의미 없는 것을 구분하는 것이다.

불행히도 우리 뇌가 그 차이를 항상 능숙하게 구분해 내는 것은 아니다. 그 이유는, 무의미한 패턴을 찾아내는 것(사냥에 나서기 전 동굴 벽에 동물을 그리는 것 따위)이 대개는 아무 해도 입히지 않으며, 나아가 불확실한 상황에서 불안을 상당히 줄여줄 수 있기 때문이다. 이 때문에 우리에게는 두 가지 유형의 사고 오류가 유산으로 남았다. 1형 오류는 거짓을 믿는 것이고, 2형 오류는 참을 거부하는 것이다. 우리를 꼭 죽음으로 내몰지만은 않기 때문에, 이 오류들은 계속 존속해 왔다. 믿음 엔진은 이제까지 우리의 생존에 도움이 되는 일종의 메커니즘으로서 진화해 왔다. 왜냐하면 우리는 1형 오류와 2형 오류를 범하는 것뿐 아니라, 적중 유형이라고 부를 수 있을 것까지 갖추고 있기 때문이다. 1형 적중은 거짓을 믿지 않는 것이고, 2형 적중은 참을 믿는 것이다.

뇌가 특수모듈과 일반모듈로 구성되고, 믿음 엔진이 일반-영역 처리 장치라는 논리는 합리적으로 보인다. 사실 믿음 엔진은 모듈 중에서 가장 일반적인 모듈에 속한다. 왜냐하면 모든 학습의 기초가 그 중심에 있기 때문이다. 어찌 됐든 우리는 주변 환경에 대해서 무언가를 믿어야만 하고, 이 믿음들은 경험을 통해 학습된다. 그러나 믿음을 형성하는 과정은 유전적인 바탕을 가진다. 믿음 엔진이 1형 오류와 2형 오류, 1형 적중과 2형 적중을 모두 범할 수 있다는 사실을 설명하기 위해선, 믿음 엔진을 진화시켰던 두 가지 조건을 고려해야 한다.

1 자연선택 믿음 엔진은 생존에 유용한 메커니즘이다. 곧, 위험하고 치명적일 수 있는 환경에 대해서 학습할 수 있게 하고(여기서 1형 적중과 2형 적중이 생존에 도움을 준다), 주변 환경에 대한 불안을 마술적인 사고를 통해 덜게도 해 준다. 불확실한 환경에 처했을 때의 불안을 마술적 사고가 줄여 준다는 심리학적 증거도 있고, 기도, 명상, 숭배가 신체적으로나 정신적으로나 더 건강하게 한다는 의학적 증거도 있다. 또한 주술사, 샤먼, 이들을 휘하에 둔 왕이 더욱 큰 권력을 쥐고, 생식 활동 기회를 더 많이 가지면서, 마술적 사고에 맞는 유전자를 널리 퍼뜨린다는 인류학적 증거도 있다.

2 스팬드럴 믿음 엔진에서 마술적 사고 부분은 스팬드럴spandrel이기도 하다. 스티븐 제이 굴드와 리처드 르원틴이, 메커니즘이 진화되면서 어쩔 수 없이 만들어진 부산물을 은유적으로 표현한 말이 바로 스팬드럴이다. 1979년에 발표한 영향력 있는 논문 「산마르코 성당의

스팬드럴과 팡글로스적 패러다임: 적응주의자 프로그램에 대한 한 비판」(『왕립학회 의사록』, V. B205: 581쪽~598쪽)에서 굴드와 르원틴은 이렇게 설명한다. 건축에서 스팬드럴은 "두 개의 둥근 아치가 서로 직각으로 교차할 때 형성되는 끝이 뾰족한 삼각 공간이다." 중세 교회에서는 이 여분의 공간을 정교하고 아름다운 도안들로 채워 넣었는데, "그 공간이 모든 분석의 출발점인 것처럼, 어떤 의미에서는 주변 건축 구조의 원인이 되는 것처럼 보이게 했다. 그러나 이것은 적합한 분석 경로를 뒤바꿔 놓은 것이다." "스팬드럴을 만든 목적이 무엇인가?"라는 물음은 잘못된 물음이다. "남자에게 젖꼭지가 있는 까닭이 무엇인가?"라고 묻는 것이나 다를 바가 없을 것이다. 올바로 물으려면 이렇게 물어야 한다. "여자에게 젖꼭지가 있는 까닭이 무엇인가?" 그 대답은, 여자가 아기에게 수유하기 위해선 젖꼭지가 필요하고, 남자와 여자는 동일한 구조틀에서 만들어졌다는 것이다. 자연 입장에서는 바탕에 깔린 유전적 구조를 남녀가 다르게 재구성하는 것보다는, 남자가 불필요한 젖꼭지를 갖도록 구성하는 것이 단연 쉬웠을 것이다.

이런 의미에서 믿음 엔진의 마술적 사고 요소는 스팬드럴이다. 우리는 인과적으로 사고해야 하기 때문에 마술적으로 사고한다. 우리에게는 1형 적중과 2형 적중이 필요하기 때문에 1형 오류와 2형 오류를 범한다. 우리는 비판적 사고와 패턴 찾기가 필요하기 때문에 마술적 사고와 미신을 가진다. 둘은 서로 떼어 놓을 수 없다. 마술적 사고는 인과적 사고 메커니즘이 진화되면서 어쩔 수 없이 나온 부산물이다. 다음에 쓸 책인 『왜 사람들은 신을 믿는가Why People Believe in God』에서 이 이론의 확장판을 보게 될 것이다(이 책은 『우리는 어떤 식으로 믿는가: 과학, 회의, 신의 추구How We Believe: Science, Skepticism, and the Search for God』라는 제목으로 출간되었다―옮긴이). 그 책에서 나는 역사적 증거와 인류학적 증거를 풍부하게 제시할 것이다.

이 책에서 쓴 '이상한 것들'은 완전히 현대화된 인간에게서 그런 조상 전래의 마술적 사고가 어떻게 작용하는지를 보여 주는 사례들이 될 것이다. UFO, 외계인 납치, ESP, 심령현상을 믿는 사람들은 1형 오류를 저지르고 있다. 곧 거짓을 믿는 것이다. 창조론자와 홀로코스트 부정론자는 2형 오류를 저지르고 있다. 곧 진실을 거부하는 것이다. 이 사람들이 무지하거나 배우지 못해서 이런 오류를 저지르는 것은 아니다. 지성적이지만, 잘못된 정보를 가졌기 때문에 이제까지 그들의 사고는 잘못된 방향으로 흘렀다. 달리 말해 1형 오류와 2형 오류가 1형 적중과 2형 적중을 억누르고 있는 것이다. 다행히도 믿음 엔진이 순방향으로 갈 수 있다는 증거가 풍부하게 있다. 비판적 사고는 배울 수 있다. 회의주의는 학습할 수 있다. 1형 오류와 2형 오류는 쉽게 다룰 수 있다. 책에서 자세히 얘기했지만, 나는 이런 이상한 믿음들에 수없이 빠져 본 뒤에 회의주의자가 되었다. 말하자면 나는 회의주의자로 거듭난 사람이다.

〈디트로이트 프리 프레스〉(1997년 5월 2일)에서 조지아 코바니스가 나를 인터뷰했다. 마지막으로 질문과 답변이 오갔을 때, 나는 '왜'라는 물음에 대해 보다 깊이 있는 답을 주었는데, 코바니스는 그 짧은 답변을 출력해서 읽고 난 뒤, 회의주의의 큰 그림이 무엇인지 이해했다. 그녀의 마지막 질문은 이랬다. "당신 말을 우리가 믿어야 하는 까닭이 무엇인가요?" 나는 이렇게 대답했다. "믿을 필요 없어요."

Cogita tute — 스스로 생각하라.

옮긴이의 글

1.

시골의 밤은 도시보다 훨씬 일찍 찾아온다. 밤 9시 정도만 되어도 집집마다 불이 꺼지고, 하늘의 별과 달, 멀리 보이는 도로의 가로등을 제외하고는 어둠의 괴괴한 침묵이 두껍게 내려앉는다. 밤하늘을 배경으로 한 산들의 음영은 더욱 싙어지고, 바람에 쓸리는 댓잎 소리는 더욱 도드라진다. 갑작스러운 어둠의 기습에 아이는 몹시 불안해하며 오줌을 누는 둥 마는 둥하고 바지를 황급히 추스른다. 그러고는 냉큼 방으로 들어가 이불을 뒤집어쓴다. 얼마 뒤 텔레비전마저 꺼진다. 곧이어 사람들은 모두 잠 속에 빠진다. 다만 아이만이 한참 동안 불면의 밤을 이어간다.

눈을 떠도 감아도 보이는 건 칠흑 같은 어둠뿐이다. 그래서 아이는 눈을 감았는지 떴는지 헷갈리곤 한다. 보이지 않는 뒤척임을 계속하다 보면, 어느 사이 희멀건 것들이 나타나기 시작한다. 천장 구석에서 안개 같은 것들이 스멀대면서 똬리를 튼다. 아이는 겁이 나면서도 눈을 감지 못한다. 이렇다 할 형체도 없는데 꼭 눈이 있는 것처럼 노려보는 시선이 느껴진다. 그것들은 이리저리 천천히 움직이기도 한다. 아이에게서 시선을 떼지 않은 채. 아이는 그것들이 무엇인지 모른다. 이야기 속에 나오던 귀신이나 도깨비일까? 문에 바른 창호지 너머에서 들려오는 바람소리, 나뭇잎 굴러가는 소리, 대숲이 일렁이면서 내는 쏴쏴 소리가 꼭 그 허연 것들의 목소리처럼 들린다. 아이는 아주 오랫동안 불안에 떨며 그것들과 힘겨운 눈싸움을 하다가, 결국 지쳐서 저도 모르는 새에 잠들어 버린다.

아이에게 세상은 그리 견고한 곳이 아니었다. 손톱으로 어둠을 조금만 긁어내면 금방 다른 세상으로 통하는 틈이 생겼다. 생각도 하기 싫은 것들, 보고 싶지도 않은 것들이 그 틈을 통해 자꾸만 이 세상으로 쏟아져 들어왔다. 아이를 안온하게 지켜 주던 벽이 힘없이 허물어지면서, 온갖 괴상한 것들이 활개 치는 어수선한 세상으로 변해 버렸다. 아이는 그것들과 싸울 엄두를 내지 못했다. 오히려 그것들에게서 묘한 흡인력마저 느꼈다. 불안이 열어 낸 세상은 그렇게 아이를 주눅 들게도 했고, 끌어당기기도 했다.

어느 새 아이는 그 이상한 것들에 친숙해졌다. 무서움과 불안에 떨면서도 낯선 세상들에서 쏟아지는 온갖 이상한 이야기에 탐닉했다. 세상은 견고하지 않다는 막연한 생각이 확신으로 변했다. 세상에는 틈도, 이해 못할 일들도 많고, 이 세상과는 다른 세상들도 아주아주 많은 것 같았다. 아이는 그 이야기들에서 깊은 공감을 느꼈다.

오래라면 오랜 세월이 흐른 지금, 나는 더 이상 아이도 아니고, 밤의 어둠에 불안해하는 일도 별로 없다. 대신 아이 때 느꼈던 짙은 어둠은 내면으로 옮아갔다. 그 어둠은 쉽게 틈을 보였으며, 틈은 더욱 많았다. 틈에서 쏟아져 나온 것들은 쉽게 나를 할퀴었다. 불안은 더욱 깊어졌고, 그 불안 속을 헤집는 일은 더욱 잦아졌다. 밖의 어둠에는 의연해졌으나, 안의 어둠에는 취약해진 것이다. 쉬이 상처를 입었고, 아물기도 더뎠고, 쉽게 도지기도 했다. 어둠 속으로 깊이 들어갈수록, 거기서 빠져나가고 싶은 바람도 그만큼 커졌다.

2.
그리스 신화에서는 판도라의 상자의 유래를 크게 두 가지로 전하는 것 같다. 프로메테우스와 에피메테우스가 인간을 지은 뒤에 불필요하다고 생각한 것들을 담아 둔 상자라는 이야기도 있고, 제우스가 인간에게 내리는 형벌을 담아 판도라의 손에 들려 보낸 상자라는 이야기도 있다. 어느 쪽이든 상관없다. 판도라의 호기심 때문에 온갖 이상한 것들이 쏟아져 나왔지만, 마지막에 겁에 질린 판도라가 상자를 닫는 바람에 미처 '희망'이 빠져 나오지 못했다는 익숙한 결말도 상관없다. 내가 항상 궁금했던 것은, 왜 '희망'이 판도라의 상자에 담겼느냐는 것이었다. 왜 희망이 인간에게 불필요한 것이었는지, 또는 왜 희망이 인간에게 내리는 벌이었는지 궁금했던 것이다. 세상은 늘 희망을 외쳤다. 희망은 좋은 것이고, 희망찬 세상살이란 더없이 훌륭한 것이었다. '희망'이란 낱말에서는 조금도 그늘이 느껴지지 않았다. 환하고 뿌듯한 말이었다. 그랬기에 '희망'이 왜 판도라의 상자 안에 담겨야 했는지 도통 영문을 알 수 없었던 것이다. (학자들도 이런 의문에서 자유롭지는 못한 듯싶다. 신화에 나오는 '엘피스elpis'가 우리가 흔히 말하는 긍정적인 의미의 '희망'인지, 아니면 헛된 기대나 망상 같은 부정적인 의미의 '희망'인지 해석이 분분하다고 한다.)

이 문제는 앞으로 깊이 고민해 봐야겠지만, 이 자리에서 잠깐 생각해 보면, 희망이라는 것은 지금은 없는 것, 갖지 못한 것, 이루지 못한 것, 찾지 못한 것 따위에 대한 불안 및 욕구와 맞닿아 있는 듯하다. 다시 말해서 희망의 뿌리에는 현실을 무언가 늘 부족하게 보는 부정적 인식이 자리하고 있다. 있는 것보다는 없는 것, 가진 것보다는 못 가진 것, 이룬 것보다는 못 이룬 것, 찾은 것보다는 못 찾은 것 따위에 더 크게 집착하는 것이 인지상정이며, 또 그런 현실의 비어 있는 부분을 언젠가는 채우리라는 욕구가 희망인지도 모르겠다. 바로 그런 점에서 희망은, 없고, 않고, 못한 현실의 고달픔을 견디게 해 주는 힘이 된다. 아직 오지 않은 미래에다 현재의 짐을 부리는 것만큼 마음 편하고 든든한 일이 어디 있을까? 이런 역설적인 면모를 보여 주는 희망이라는 것이 혹 인간의 속절없는 근본적 조건은 아닐까?

이런 생각에 빠지다 보니, '희망'은 더 이상 '희망찬' 의미로 다가오지 않는다. 희망을 가지면 가질수록, 지금-여기라는 나의 현실은 더욱 어둡고 불안한 모습으로 비치는 것이다. 선물이 아닐까 했던 판도라의 상자는 역시 형벌이라는 생각이 든다. 판도라의 상자 이름이 바로 '희망'이었을 거라는 생각도 해 본다. 지금의 어둠과 미래의 빛 사이는 얼마나 멀단 말인가? 인간을 그 먼 사이에 가두는 것, 그것이 어쩌면 판도라의 상자가 담당한 역할이리라는 생각을 떨칠 수가 없다.

3.

마이클 셔머가 '사람들이 이상한 것들을 믿는 까닭'으로 짚어 낸, 불확실한 세상에 대한 불안, 그 불안에서 끊임없이 샘솟는 희망을 생각하다 보면, 인간이란 존재는 암담한 상황에 무기력하게 붙들려 있다는 느낌이 든다. 언제까지나 불안에서 한 치도 벗어나지 못한 채, 미래에 대한 희망에만 기대서 하루하루를 간신히 버텨 나가야 할 운명으로밖에 보이지 않는다. 과연 이 운명을 조금이라도 개선할 '희망'은 없는 걸까? 셔머가 이 책에서 보여 주고자 하는 또 하나의 인간의 조건이 그 '희망'을 줄 수 있지 않을까?

'개정판에 부치는 글'에서 셔머는 제일 먼저 기독교 성경에 나오는 산상 수훈의 '위선자 이야기'를 들려준다.

위선자야, 먼저 네 눈에서 들보를 빼내어라. 그래야 네 눈이 잘 보여서, 남의 눈 속에 있는 티를 빼 줄 수 있을 것이다.

상대를 비판하기에 앞서, 나 자신이 위선자는 아닌지 먼저 살피라는 얘기이겠으나, 고개를 주억거리기 전에 반드시 거쳐야 할 물음이 있다. 어떻게 하면 내 눈에 있는 들보를 볼 수 있을까? 내 눈에 들보가 있음을 어찌 알 수 있을까? 내가 내 눈을 들여다보는 방법이 무엇일까?

셔머는 그 방법으로 '회의 skepticism'를 제시한다. 어떤 주장을 곧이곧대로 받아들이기 이전에, 그리고 내가 이러저러하다고 무엇을 주장하기 이전에, 그 주장에 대해 '의심'을 품어야 한다는 것이다.

의심을 품는다는 것은, 과연 그 주장이 타당한지 살피는 것을 말한다. 곧 내 눈에 들보가 있지는 않은지, 상대 눈에 티가 있지는 않은지 찾아내는 것이다. 그런 회의가 가능한 근거가 무엇일까? 바로 이성일 것이다.

주변 세계를 살피고, 무엇이 득이 되고 실이 되는지, 무엇이 참이고 거짓인지, 세상은 어떤 방식으로 운행되는지, 현상의 이면에 숨겨진 법칙은 무엇인지, 나는 누구이고, 사람은 어떤 존재이고, 세계는 무엇이며, 그 세계 속에서 나는 어떤 자리를 차지하는지 따위를 캐묻고 따지고 판단하는 능력, 말하자면 인간의 지적 능력을 포괄적으로 표현한 개념이 이성이다. 과학자라면 이 이성을 자연선택을 거친 오랜 진화의 산물로 여기겠고, 종교인이라면 저마다의 신이 내린 선물로 여길 것이다. 어떻게 생각하든, 이성은 마음대로 갖고 말고 할 것이 아니라, 인간에게 주어진 근본조건이며, 인간의 본능에 속한다고 말해도 좋을 것 같다.

그런데 이 이성은 얼마든지 잘못 사용될 수 있다. 수많은 오류를 저지르며, 잘못된 믿음과 독단을 낳고, 나 자신은 물론 상대를 미혹시키는 데 사용될 수 있다. 반면 이성을 올바로 사용하면, 오류를 바로잡고, 잘못된 믿음과 독단을 걸러 내고, 그릇된 주장을 비판하고, 미혹된 자들을 일깨울 수 있다. 나아가 불안을 주었던 것이 사실은 불안거리가 아님을 밝힐 수도 있고, 현재를 떠나 미래의 맹목적인 희망에 기대기보다는 지금-여기의 현실을 보다 깊이 있고 정확하게 이해하는 쪽으로 이끌 수 있을 것이다. 이렇게 보면, '회의'란 '이성을 올바르게 사용하는 길을 모색하는 방법'이라고 말해도 될 것이다.

독자들은 갖가지 이상한 믿음과 주장을 하나씩 파헤치는 저자의 이야기들 속에서 이런 회의의 묘미를 깊이 느낄 수 있을 것이다. 아마 저마다의 입장에 따라 이 이야기들이 통쾌할 수도 불편할 수도 있겠으나, 어느 쪽이든 인간에 대해서 사색해 볼 계기가 되리라 생각한다.

4.
칼 세이건, 스티븐 제이 굴드, 리처드 도킨스, 마틴 가드너, 제임스 랜디, 로버트 캐롤 등과 더불어 회의주의의 역사에서 비중 있는 자리를 차지하는 인물로 꼽을 수 있는 마이클 셔머의 책을 번역하게 되어서 무척 기뻤다. 덕분에 많은 것을 다시 생각해 볼 기회를 가질 수 있었다. 기꺼이 번역을 맡긴 바다출판사에 고마운 마음을 전한다.

2007년 10월
류운

참고문헌

- Adams, R. L., and B. N. Phillips. 1972. Motivation and Achievement Differences Among Children of Various Ordinal Birth Positions. *Child Development* 43:155-164.
- Allen, S. 1993. The Jesus Cults: A Personal Analysis by the Parent of a Cult Member. *Skeptic* 2, no. 2:36-49.
- Altea, R. [pseudo.]. 1995. *The Eagle and the Rose: A Remarkable True Story.* New York: Warner.
- Amicus Curiae Brief of Seventy-two Nobel Laureates, Seventeen State Academies of Science, and Seven Other Scientific Organizations, in Support of Appellees, Submitted to the Supreme Court of the United States, October Term, 1986, as Edwin W. Edwards, in His Official Capacity as Governor of Louisiana, et al., Appellants v. Don Aguillard et al., Appellees. 1986.
- Anti-Defamation League. 1993. *Hitler's Apologists: The Anti-Semitic Propaganda of Holocaust "Revisionism."* New York: Anti-Defamation League.
- App, A. 1973. *The Six Million Swindle: Blackmailing the German People for Hard Marks with Fabricated Corpses.* Tacoma Park, Md.
- Applebaum, E. 1994. Rebel Without a Cause. *The Jewish Week,* April 8-14.
- Aretz, E. 1970. *Hexeneinmaleins einer Lüge.*
- Ayala, F. 1986. Press Statement by Dr. Francisco Ayala. *Los Angeles Skeptics Evaluative Report* 2, no. 4:7.
- Bacon, F. 1965. *Francis Bacon: A Selection of His Works.* Ed. S. Warhaft. New York: Macmillan.
- Baker, R. A. 1987/1988. The Aliens Among Us: Hypnotic Regression Revisited. *Skeptical Inquirer* 12, no. 2:147-162.
  ——— 1990. *They Call It Hypnosis.* Buffalo, N.Y.: Prometheus.
  ——— 1996. Hypnosis. In *The Encyclopedia of the Paranormal,* ed. G. Stein. Buffalo, N.Y.: Prometheus.
- Baker, R. A., and J. Nickell. 1992. *Missing Pieces.* Buffalo, N.Y.: Prometheus.
- Baldwin, L. A., N. Koyama, and G. Teleki. 1980. Field Research on Japanese Monkeys: An Historical, Geographical, and Bibliographical Listing. *Primates* 21, no. 2:268-301.
- Ball, J. C. 1992. *Air Photo Evidence: Auschwitz, Treblinka, Majdanek, Sobibor, Bergen Belsen, Belzec, Babi Yar, Katyn Forest.* Delta, Canada: Ball Resource Services.
- Bank, S. P., and M. D. Kahn. 1982. *The Sibling Bond.* New York: Basic.
- Barrow, J., and F. Tipler. 1986. *The Anthropic Cosmological Principle.* Oxford University Press.
- Barston, A. 1994. *Witch Craze: A New History of European Witch Hunts.* New York: Pandora/HarperCollins.

- Bass, E., and L. Davis. 1988. *The Courage to Heal: A Guide for Women Survivors of Child Sexual Abuse.* New York: Reed Consumer Books.
- Bauer, Y. 1994. *Jews for Sale? Nazi-Jewish Negotiations,* 1933-1945. New Haven, Conn.: Yale University Press.
- Bennetta, W. 1986. Looking Backwards. In his *Crusade of the Credulous: A Collection of Articles About Contemporary Creationism and the Effects of That Movement on Public Education.* San Francisco: California Academy of Science Press.
- Berenbaum, M. 1994. Transcript of Interview by M. Shermer, April 13.
- Berkeley, G. 1713. In *The Guardian,* June 23. Quoted in H. L. Mencken, ed. 1987. *A New Dictionary of Quotations on Historical Principles from Ancient and Modern Sources.* New York: Knopf.
- Berra, T. M. 1990. *Evolution and the Myth of Creationism: A Basic Guide to the Facts in the Evolution Debate.* Stanford, Calif.: Stanford University Press.
- Beyerstein, B, L. 1996. Altered States of Consciousness. In *The Encyclopedia of the Paranormal,* ed. G. Stein. Buffalo, N.Y.: Prometheus.
- Blackmore, S. 1991. Near-Death Experiences: In or Out of the Body? *Skeptical Inquirer* 16, no. 1:34-45.
- ——— 1993. *Dying to Live: Near-Death Experiences.* Buffalo, N.Y.: Prometheus.
- ——— 1996. Near-Death Experiences. In *The Encyclopedia of the Paranormal,* ed. G. Stein. Buffalo, N.Y.: Prometheus.
- Bowers, K. S. 1976. *Hypnosis.* New York: Norton.
- Bowler, P. J. 1989. *Evolution. The History of an Idea,* rev. ed. Berkeley: University of California Press.
- Branden, B. 1986. *The Passion of Ayn Rand.* New York: Doubleday.
- Branden, N. 1989. *Judgment Day: My Years with Ayn Rand.* Boston: Houghton Mifflin.
- Braudel, F. 1981. *Civilization and Capitalism: Fifteenth to Eighteenth Century,* vol. 1, *The Structures of Everyday Life.* Trans. S. Reynolds. New York: Harper&Row.
- Briggs, R. 1996. *Witches and Witchcraft: The Social and Cultural Context of European Witchcraft.* New York: Viking.
- Broszat, M. 1989. Hitler and the Genesis of the "Final Solution": An Assessment of David Irving's Theses. In The *Nazi Holocaust,* vol. 3, *The Final Solution,* ed. M. Marrus. Westport, Conn.: Meckler.
- Brugioni, D. A., and R. G. Poirer. 1979. *The Holocaust Revised: A Retrospective Analysis of the Auschwitz-Birkenau Extermination Complex.* Washington D.C.: Central Intelligence Agency (available from National Technical Information Service).
- Butz, A. 1976. *The Hoax of the Twentieth Century.* Newport Beach, Calif.: Institute for Historical Review.
- Bynum, W. F., E. J. Browne, and R. Porter. 1981. *Dictionary of the History of Science.* Princeton, N.J.: Princeton University Press.

- Campbell, J. 1949. *The Hero with a Thousand Faces*. Princeton, N.J.: Princeton University Press.
——— 1988. *The Power of Myth*. New York: Doubleday.
- Capra, F. 1975. *The Tao of Physics: An Exploration of the Parallels Between Modern Physics and Eastern Mysticism*. New York: Bantam.
——— 1982. *The Turning Point: Science, Society, and the Rising Culture*. New York: Bantam.
- Carlson, M. 1995. The Sex-Crime Capital. *Time*, November 13.
- Carporael, L. 1976. Ergotism: Satan Loosed in Salem. *Science*, no. 192:21-26.
- Carter, B. 1974. Large Number Coincidences and the Anthropic Principle in Cosmology. *In Confrontation of Cosmological Theories with Observational Data*, ed. M. S. Longair. Dordrecht, Netherlands: Reidel.
- Cavalli-Sforza, L. L., and F. Cavalli-Sforza. 1995. *The Great Human Diaspora: The History of Diversity and Evolution*. Trans. S. Thorne. Reading, Mass.: Addison-Wesley.
- Cavalli-Sforza, L. L., P. Menozzi, and A. Piazza. 1994. *The History and Geography of Human Genes*. Princeton, N.J.: Princeton University Press.
- Cerminara, G. 1967. *Many Mansions: The Edgar Cayce Story on Reincarnation*. New York: Signet.
- Christenson, C. 1971. *Kinsey: A Biography*. Indianapolis: Indiana University Press.
- Christophersen, T. 1973. *Die Auschwitz Lüge*. Koelberhagen.
- Cobden, J. 1991. An Expert on "Eyewitness" Testimony Faces a Dilemma in the Demjanjuk Case. *Journal of Historical Review* 11, no. 2:238-249.
- Cohen, I. B. 1985. *Revolution in Science*. Cambridge, Mass.: Harvard University Press.
- Cole, D. 1994. Transcript of Interview by M. Shermer, April 26.
——— 1995. Letter to the Editor. *Adelaide Institute Newsletter* 2, no. 4:3.
——— Cowen, R. 1986. Creationism and the Science Classroom. *California Science Teacher's Journal* 16, no. 5:8-15.
- Crews, F., et al. 1995. *The Memory Wars: Freud's Legacy in Dispute*. New York: New York Review of Books.
- Curtius, M. 1996. Man Won't Be Retried in Repressed Memory Case. *Los Angeles Times*, July 3.
- Darwin, C. 1859. *On the Origin of Species by Means of Natural Selection: Or the Preservation of Favoured Races in the Struggle for Life. A Facsimile of the First Edition*. Cambridge, Mass.: Harvard University Press, 1964.
——— 1871. *The Descent of Man and Selection in Relation to Sex*. 2 vols. London: J. Murray.
——— [1883]. In Box 106, Darwin archives, Cambridge University Library.
- Darwin, M., and B. Wowk. 1989. *Cryonics: Beyond Tomorrow*. Riverside, Calif.: Alcor Life Extension Foundation.
- Davies, P. 1991. *The Mind of God*. New York: Simon & Schuster.

- Dawkins, R. 1976. *The Selfish Gene.* Oxford: Oxford University Press.
- ―――― 1986. *The Blind Watchmaker.* New York: Norton.
- ―――― 1995. Darwin's Dangerous Disciple: An Interview with Richard Dawkins. *Skeptic* 3, no. 4:80-85.
- ―――― 1996. *Climbing Mount Improbable.* New York: Norton.
- Demos, J. P. 1982. *Entertaining Satan: Witchcraft and the Culture of Early New England.* New York: Oxford University Press.
- Dennett, D. C. 1995. *Darwin's Dangerous Idea: Evolution and the Meanings of Life.* New York: Simon & Schuster.
- Desmond, A., and J. Moore. 1991. *Darwin: The Life of a Tormented Evolutionist.* New York: Warner.
- De Solla Price, D. J. 1963. *Little Science, Big Science.* New York: Columbia University Press.
- Dethier, V. G. 1962. *To Know a Fly.* San Francisco: Holden-Day.
- Drexler, K. E. 1986. *Engines of Creation.* New York: Doubleday.
- Dyson, F. 1979. *Disturbing the Universe.* New York: Harper & Row.
- Eddington, A. S. 1928. *The Nature of the Physical World.* New York: Macmillan.
- ―――― 1958. *The Philosophy of Physical Science.* Ann Arbor: University of Michigan Press.
- Ehrenreich, B., and D. English. 1973. *Witches, Midwives and Nurses: A History of Women Healers.* New York: Feminist Press.
- Eldredge, N. 1971. The Allopatric Model and Phylogeny in Paleozoic Invertebrates. *Evolution* 25:156-167.
- ―――― 1985. *Time Frames: The Rethinking of Darwinian Evolution and the Theory of Punctuated Equilibria.* New York: Simon & Schuster.
- Eldredge, N., and S. J. Gould. 1972. Punctuated Equilibria: An Alternative to Phyletic Gradualism. In *Models in Paleobiology,* ed. T. J. M. Schopf. San Francisco: Freeman, Cooper.
- Erikson, K. T. 1966. *Wayward Puritans: A Study in the Sociology of Deviance.* New York: Wiley.
- Eve, R. A., and F. B. Harrold. 1991. *The Creationist Movement in Modern America.* Boston: Twayne.
- Faurisson, R. 1980. *Memoire en defense: contre ceux qui m' accusent de falsifier l' histoire: la question des chambers a gaz* (Treatise in Defense Against Those Who Accuse Me of Falsifying History: The Question of the Gas Chambers). Paris: Vieille Taupe.
- Feynman, R. P. 1959. There's Plenty of Room at the Bottom. Lecture given at the annual meeting of the American Physical Society, California Institute of Technology.
- ―――― 1988. *What Do You Care What Other People Think?* New York: Norton.
- Futuyma, D. J. 1983. *Science on Trial: The Case for Evolution.* New York: Pantheon.
- Gallup, G. 1982. *Adventures in Immortality.* New York: McGraw-Hill.
- Gallup, G. H., Jr., and F. Newport. 1991. Belief in Paranormal Phenomena Among Adult Americans. *Skeptical Inquirer* 15, no. 2:137-147.

- Gardner, M. 1952. *Fads and Fallacies in the Name of Science.* New York: Dover.
- ——— 1981. *Science: Good, Bad, and Bogus.* Buffalo, N.Y.:Prometheus.
- ——— 1983. *The Whys of a Philosophical Scrivener.* New York: Quill.
- ——— 1991a. *The New Age: Notes of a Fringe Watcher.* Buffalo, N.Y.: Prometheus.
- ——— 1991b. Tipler's Omega Point Theory. *Skeptical Inquirer* 15, no. 2:128-134.
- ——— 1992. *On the Wild Side.* Buffalo, N.Y.: Prometheus.
- ——— 1996. Transcript of Interview by M. Shermer, August 11.
- Gell-Mann, M. 1986. Press Statement by Dr. Murray Gell-Mann. *Los Angeles Skeptics Evaluative Report* 2, no. 4:5.
- ——— 1990. Transcript of Interview by M. Shermer.
- ——— 1994a. What Is Complexity? *Complexity* 1, no. 1:16-19.
- ——— 1994b. *The Quark and the Jaguar.* New York: Freeman.
- George, J., and L. Wilcox. 1992. *Nazis, Communists, Klansmen, and Others on the Fringe: Political Extremism in America.* Buffalo, N.Y.: Prometheus.
- Gilkey, L., ed. 1985. *Creationism on Trial: Evolution and God at Little Rock.* New York: Harper & Row.
- Gish, D. T. 1978. *Evolution: The Fossils Say No!* San Diego: Creation-Life.
- Godfrey, L. R., ed. 1983. *Scientists Confront Creationism.* New York: Norton.
- Goldhagen, D. J. 1996. *Hitler's Willing Executioners: Ordinary Germans and the Holocaust.* New York: Knopf.
- Goodman, L. S., and A. Gilman, eds. 1970. *The Pharmacological Basis of Therapeutics.* New York: Macmillan.
- Gould, S. J. 1983a. *Hen's Teeth and Horse's Toes.* New York: Norton.
- ——— 1983b. A Visit to Dayton. In *Hen's Teeth and Horse's Toes.* New York: Norton.
- ——— 1985. *The Flamingo's Smile.* New York: Norton.
- ——— 1986a. Knight Takes Bishop? *Natural History* 5:33-37.
- ——— 1986b. Press Statement by Dr. Stephen Jay Gould. *Los Angeles Skeptics Evaluative Report* 2, no. 4:5.
- ——— 1987a. Darwinian Defined: The Difference Between Fact and Theory. *Discover* (January):64-70.
- ——— 1987b. *An Urchin in the Storm.* New York; Norton.
- ——— 1989. *Wonderful Life.* New York: Norton.
- ——— 1991. *Bully for Brontosaurus.* New York: Norton.
- Grabiner, J. V., and P. D. Miller. 1974. Effects of the Scopes Trial. *Science,* no. 185:832-836.
- Gribbin, J. 1993. *In the Beginning: The Birth of the Living Universe.* Boston: Little Brown.
- Grinfeld, M. J. 1995. Psychiatrist Stung by Huge Damage Award in Repressed Memory Case.

Psychiatric Times 12, no. 10.

- Grinspoon, L., and J. Bakalar. 1979. *Psychedelic Drugs Reconsidered.* New York: Basic Books.
- Grobman, A. 1983. *Genocide: Critical Issues of the Holocaust.* Los Angeles: Simon Wiesenthal Center.
- Grof, S. 1976. *Realms of the Human Unconscious.* New York: Dutton.
- Grof, S., and J. Halifax. 1977. *The Human Encounter with Death.* New York: Dutton.
- Gutman, Y. 1996. Transcript of Interview by M. Shermer and A. Grobman, May 10.
  —— ed. 1990. *Encyclopedia of the Holocaust.* 4 vols. New York: Macmillan.
- Gutman, Y., and M. Berenbaum, eds. 1994. *Anatomy of the Auschwitz Death Camp.* Bloomington: Indiana University Press.
- Hardison, R. C. 1988. *Upon the Shoulders of Giants.* New York: University Press of America.

Harré, R. 1970. *The Principles of Scientific Thinking.* Chicago: University of Chicago Press.
  —— 1985. *The Philosophies of Science.* Oxford: Oxford University Press.

- Harris, M. 1974. *Cows, Pigs, Wars, and Witches: The Riddles of Culture.* New York: Vintage.
- Harwood, R. 1973. *Did Six Million Really Die?* London.
- Hawking, S. W. 1988. *A Brief History of Time: From the Big Bang to Black Holes.* New York: Bantam.
- Headland, R. 1992. *Messages of Murder: A Study of the Reports of the Einsatzgruppen of the Security Police and the Security Service, 1941-1943.* Rutherford, N. J.: Fairleigh Dickinson University Press.
- Herman, J. 1981. *Father-Daughter Incest.* Cambridge, Mass.: Harvard University Press.
- Herrnstein, R. J., and C. Murray. 1994. *The Bell Curve: Intelligence and Class Structure in American Life.* New York: Free Press.
- Hilberg, R. 1961. *The Destruction of the European Jews.* Chicago: Quadrangle.
  —— 1994. Transcript of Interview by M. Shermer, April 10.
- Hilgard, E. R. 1977. *Divided Consciousness: Multiple Controls in Human Action and Thought.* New York: Wiley.
- Hilton, I. 1967. Differences in the Behavior of Mothers Toward First and Later Born Children. J*ournal of Personality and Social Psychology* 7:282-290.
- Hobbes, T. [1651] 1968. *Leviathan.* Ed. C. B. Macpherson. New York: Penguin.
  —— 1839-1845. The English Works of Thomas Hobbes of Malmesbury. Ed. W. Molesworth. 11 vols. London: J. Bohn,
- Hochman, J. 1993. Recovered Memory Therapy and False Memory Syndrome. *Skeptic* 2, no. 3:58-61.
- Hook, S. 1943. *The Hero in History: A Study in Limitation and Possibility.* New York: John Day.
- Horner, J. R., and J. Gorman. 1988. *Digging Dinosaurs.* New York: Workman.
- House, W. R. 1989. *Tales of the Holohoax.* Champaign, Ill.: John McLaughlin/Woswell Ruffin House.
- Hume, D. [1758] 1952. *An Enquiry Concerning Human Understanding.* Great Books of the Western

- World. Chicago: University of Chicago Press.
- Huxley, A. 1954. *The Doors of Perception.* New York: Harper.
- Imanishi, K. 1983. Social Behavior in Japanese Monkeys. In *Primate Social Behavior,* ed. C. A. Southwick. Toronto: Van Nostrand.
- Ingersoll, R. G. 1879. Interview in the *Chicago Times,* November 14. Quoted in H. L. Mencken, ed. 1987. *A New Dictionary of Quotations on Historical Principles from Ancient and Modern Sources.* New York: Knopf.
- Irving, D. 1963. *The Destruction of Dresden.* London: W. Kimber.
  ——— 1967. *The German Atomic Bomb: The History of Nuclear Research in Nazi Germany.* New York: Simon & Schuster.
  ——— 1977. *Hitler' s War.* New York: Viking.
  ——— 1977. *The Trail of the Fox.* New York: Dutton.
  ——— 1987. *Churchill' s War.* Bullsbrook, Australia: Veritas.
  ——— 1989. *Goering: A Biography.* New York: Morrow.
  ——— 1994. Transcript of Interview by M. Shermer, April 25.
  ——— 1996. *Goebbels: Mastermind of the Third Reich.* London: Focal Point.
- Jäckel, E. 1989. Hitler Orders the Holocaust. In *The Nazi Holocaust,* vol 3, *The Final Solution,* ed. M. Marrus. Westport, Conn.: Meckler.
  ——— 1993. *David Irving' s Hitler: A Faulty History Dissected: Two Essays.* Trans. H. D. Kirk. Brentwood Bay, Canada: Ben-Simon.
- Johnson, D. M. 1945. The "Phantom Anesthetist" of Mattoon. *Journal of Abnormal and Social Psychology* 40:175-186.
- Kauffman, S. A. 1993. *The Origins of Order: Self-Organization and Selection in Evolution.* New York: Oxford University Press.
- Kaufman, B. 1986. SCS Organizes Important *Amicus Curiae* Brief for United States Supreme Court. *Los Angeles Skeptics Evaluative Report* 2, no. 3:4-6.
- Kawai, M. 1962. On the Newly Acquired Behavior of a Natural Troop of Japanese Monkeys on Koshima Island. *Primates* 5:3-4.
- Keyes, K. 1982. *The Hundredth Monkey.* Coos Bay, Oreg.: Vision.
- Kidwell, J. S. 1981. Number of Siblings, Sibling Spacing, Sex, and Birth Order: Their Effects on Perceived Parent-Adolescent Relationships. *Journal of Marriage and Family* (May):330-335.
- Kihlstrom, J. F. 1987. The Cognitive Unconscious. *Science,* no. 237:1445-1452.
- Kinsey, A. C., W. B. Pomeroy, and C. E. Martin. 1948. *Sexual Behavior in the Human Male.* Philadelphia: Saunders.

- Klaits, J. 1985. *Servants of Satan: The Age of the Witch Hunts.* Bloomington: Indiana University Press.
- Klee, E., W. Dressen, and V. Riess, eds. 1991. *"The Good Old Days": The Holocaust as Seen by Its Perpetrators and Bystanders.* Trans. D. Burnstone. New York: Free Press.
- Knox, V. J., A. H. Morgan, and E. R. Hilgard. 1974. Pain and Suffering in Ischemia. *Archives of General Psychiatry* 80:840-847.
- Kofahl, R. 1977. *Handy Dandy Evolution Refuter.* San Diego: Beta.
- Kremer, J. P. 1994. *KL Auschwitz Seen by the SS.* Oswiecim, Poland: Auschwitz-Birkenau State Museum.
- Kübler-Ross, E. 1969. *On Death and Dying.* New York: Macmillan.
- ——— 1981. Playboy Interview: Elisabeth Kübler-Ross. *Playboy.*
- Kuhn, T. 1962. *The Structure of Scientific Revolutions.* Chicago: University of Chicago Press.
- ——— 1977. *The Essential Tension: Selected Studies in Scientific Tradition and Change.* Chicago: University of Chicago Press.
- Kulaszka, B. 1992. *Did Six Million Really Die? Report of the Evidence in the Canadian "False News" Trial of Ernst Zündel.* Toronto: Samisdat.
- Kusche, L. 1975. *The Bermuda Triangle Mystery—Solved.* New York: Warner.
- Lea, H. 1888. *A History of the Inquisition of the Middle Ages.* 3 vols. New York: Harper & Brothers.
- Lederer, W. 1969. *The Fear of Women.* New York: Harcourt.
- Leeper, R. 1935. A Study of a Neglected Portion of the Field of Learning—The Development of Sensory Organization. *Journal of Genetics and Psychology* 46:41-75.
- Lefkowitz, M. 1996. *Not Out of Africa: How Afrocentrism Became an Excuse to Teach Myth as History.* New York: Basic Books.
- Lehman, J. 1989. Transcript of Interview by M. Shermer, April 12.
- Leuchter, F. 1989. *The Leuchter Report.* London: Focal Point.
- Lindberg, D. C., and R. L. Numbers. 1986. *God and Nature.* Berkeley: University of California Press.
- Linde, A. 1991. *Particle Physics and Inflationary Cosmology.* New York: Gordon & Breach.
- Loftus, E., and K. Ketcham. 1991. *Witness for the Defense: The Accused, the Eyewitnesses, and the Expert Who Puts Memory on Trial.* New York: St. Martins' s.
- ——— 1994. *The Myth of Repressed Memory: False Memories and the Allegations of Sexual Abuse.* New York: St. Martin' s.
- Macfarlane, A. J. D. 1970. *Witchcraft in Tudor and Stuart England.* New York: Harper.
- Mack, J. 1994. *Abduction: Human Encounters with Aliens.* New York: Scribner' s.
- Mander, A. E. 1947. *Logic for the Millions.* New York: Philosophical Library.
- Marcellus, T. 1994. An Urgent Appeal from IHR. Institute for Historical Review mailing.

- Markus, H. 1981. Sibling Personalities: The Luck of the Draw. *Psychology Today* 15, no. 6:36-37.
- Marrus, M. R., ed. 1989. *The Nazi Holocaust.* 9 vols. Westport, Conn.: Meckler.
- Masson, J. 1984. *The Assault on Truth: Freud's Suppression of the Seduction Theory.* New York: Farrar, Straus & Giroux.
- Mayer, A. J. 1990. *Why Did the Heavens Not Darken? The "Final Solution" in History.* New York: Pantheon.
- Mayr, E. 1970. *Populations, Species, and Evolution.* Cambridge, Mass.: Harvard University Press.
  ——— 1982. *Growth of Biological Thought.* Cambridge, Mass.: Harvard University Press.
  ——— 1988. *Toward a New Philosophy of Biology.* Cambridge, Mass.: Harvard University Press.
- McDonough, T., and D. Brin. 1991. The Bubbling Universe. *Omni* (October).
- McIver, T. 1994. The Protocols of Creationists: Racism, Antisemitism, and White Supremacy in Christian Fundamentalists. *Skeptic* 2, no. 4:76-87.
- Medawar, P. B. 1969. *Induction and Intuition in Scientific Thought.* Philadelphia: American Philosophical Society.
- Midelfort, H. C. E. 1972. *Witch Hunting in Southwest Germany, 1562-1684.* Palo Alto, Calif.: Stanford University Press.
- Moody, R. 1975. *Life After Life.* Covinda, Ga.: Mockingbird.
- Müller, F. 1979. *Eyewitness Auschwitz: Three Years in the Gas Chambers.* With H. Freitag; ed. and trans. S. Flatauer. New York: Stein and Day.
- Neher, A. 1990. *The Psychology of Transcendence.* New York: Dover.
- Nelkin, D. 1982. *The Creation Controversy: Science or Scripture in the Schools.* New York: Norton.
- Newton, I. [1729] 1962. Sir Isaac Newton's Mathematical Principles of Natural Philosophy and His System of the World. Trans. A. Motte; trans. rev. F. Cajoni. 2 vols. Berkeley: University of California Press.
- Nisbet, R. E. 1968. Birth Order and Participation in Dangerous Sports. *Journal of Personality and Social Psychology* 8:351-353.
- Numbers, R. 1992. *The Creationists.* New York: Knopf.
- Obert, J. C. 1981. Yockney: Profits of an American Hitler. The Investigator (October).
- *Official Transcript Proceedings Before the Supreme Court of the United States, Case N. 85-1513, Title:* Edwin W. Edwards, Etc., et al., Appellants v. Don Aguillard et. al., Appellees. December 10, 1986.
- Olson, R. 1982. *Science Deified and Science Defied: The Historical Significance of Science in Western Culture from the Bronze Age to the Beginnings of the Modern Era, ca. 3500 B.C. to A.D. 1640.* Berkeley: University of California Press.
  ——— 1991. *Science Deified and Science Defied: The Historical Significance of Science in Western*

Culture from the Early Modern Age Through the Early Romantic Era, ca. 1640 to 1820. Berkeley: University of California Press.

―――― 1993. Spirits, Witches, and Science: Why the Rise of Science Encouraged Belief in the Supernatural in Seventeenth-Century England. *Skeptic* 1, no. 4:34-43.

- Overton, W. R. 1985. Memorandum Opinion of United States District Judge William R. Overton in *McLean v. Arkansas,* 5 January 1982. In *Creationism on Trial,* ed. L. Gilkey. New York: Harper & Row.
- Padfield, P. 1990. *Himmler.* New York: Henry Holt.
- Paley, W. 1802. *Natural Theology, or, Evidence of the Existence and Attributes of the Deity: Collected from the Appearances of Nature.* Philadelphia: Printed for John Morgan by H. Maxwell.
- Pasley, R. 1993. Misplaced Trust: A First Person Account of How My Therapist Created False Memories. *Skeptic* 2, no. 3:62-67.
- Pearson, R. 1991. *Race, Intelligence, and Bias in Academe.* New York: Scott Townsend.

―――― 1995. Transcript of Interview by M. Shermer, December 5.

―――― 1996. *Heredity and Humanity: Race, Eugenics, and Modern Science.* Washington, D.C.: Scott Townsend.

- Pendergrast, M. 1995. *Victims of Memory: Incest Accusations and Shattered Lives.* Hinesberg, Va.: Upper Access.

―――― 1996. First of All, Do No Harm: A Recovered Memory Therapist Recants`―`An Interview with Robin Newsome. *Skeptic* 3, no. 4:36-41.

- Pinker, S. 1997. *How the Mind Works.* New York: W. W. Norton.
- Pirsig, R. M. 1974. *Zen and the Art of Motorcycle Maintenance.* New York: Morrow.
- Planck, M. 1936. *The Philosophy of Physics.* New York: Norton.
- Plato. 1952. *The Dialogues of Plato.* Trans. B. Jowett. Great Books of the Western World. Chicago: University of Chicago.
- Polkinghorne, J. 1994. *The Faith of a Physicist.* Princeton, N.J.: Princeton University Press.
- Rand, A. 1943. *The Fountainhead.* New York: Bobbs-Merrill.

―――― 1957. *Atlas Shrugged.* New York: Random House.

―――― 1962. Introducing Objectivism. *Objectivist Newsletter* (August):35.

- Randi, J. 1982. *Flim-Flam!* Buffalo, N.Y.: Prometheus.
- Rassinier, P. 1978. *Debunking the Genocide Myth: A Study of the Nazi Concentration Camps and the Alleged Extermination of European Jewry.* Trans. A. Robbins. Los Angeles: Noontide.
- Ray, O. S. 1972. *Drugs, Society, and Human Behavior.* St. Louis, Mo. Mosby.
- Richardson, J., J. Best, and D. Bromley, eds. 1991. *The Satanism Scare.* Hawthorne, N.Y.: Aldine de Gruyter.

- Rohr, J, ed. 1986. *Science and Religion*. St. Paul, Minn.: Greenhaven.
- Roques, H. 1995. Letter to the Editor. *Adelaide Institute Newsletter* 2, no. 4:3.
- Ruse, M. 1982. *Darwinism Defended*. Reading, Mas.: Addison-Wesley.
  ——— 1989. *The Darwinian Paradigm*. London: Hutchinson.
- Rushton, J. P. 1994. Sex and Race Differences in Cranial Capacity from International Labour Office Data. *Intelligence* 19:281-294.
- Russell of Liverpool, Lord. 1963. *The Record: The Trial of Adolf Eichmann for His Crimes Against the Jewish People and Against Humanity*. New York: Knopf.
- Saavedra-Aguilar, J. C., and J. S. Gomez-Jeria. 1989. A Neurobiological Model for Near-Death Experiences. *Journal of Near-Death Studies* 7:205-222.
- Sabom, M. 1982. *Recollections of Death*. New York: Harper & Row.
- Sagan, C. 1973. *The Cosmic Connection: An Extraterrestrial Perspective*. New York: Doubleday.
  ——— 1979. *Broca's Brain*. New York: Random House.
  ——— 1980. *Cosmos*. New York: Random House.
  ——— 1996. *The Demon Haunted Worlds: Science as a Candle in the Dark*. New York: Random House.
- Sagan, C., and T. Page, eds. 1974. *UFO's: A Scientific Debate*. New York: Norton.
- Sagi, N. 1980. *German Reparations: A History of the Negotiations*. Trans. D. Alon. Jerusalem: Hebrew University/Magnes Press.
- Sarich, V. 1995. In Defense of *The Bell Curve*: The Reality of Race and the Importance of Human Differences. *Skeptic* 3, no. 4:84-93.
- Sarton, G. 1936. *The Study of the History of Science*. Cambridge, Mass.: Harvard University Press.
- Scheidl, F. 1967. *Geschichte der Verfemung Deutschlands*. 7 vols. Vienna: Dr. Scheidl-Verlag.
- Schmidt, M. 1984. *Albert Speer: The End of a Myth*. Trans. J. Neugroschel. New York: St. Martin's.
- Schoonmaker, F. 1979. Denver Cardiologist Discloses Findings After 18 Years of Near-Death Research. *Anabiosis* 1:1-2.
- Sebald, H. 1996. Witchcraft/Witches. In *The Encyclopedia of the Paranormal*, ed. G. Stein. Buffalo, N.Y.: Prometheus.
- Segraves, K. 1975. *The Creation Explanation: A Scientific Alternative to Evolution*. San Diego: Creation-Science Research Center.
- Segraves, N. 1977. *The Creation Report*. San Diego: Creation-Science Research Center.
- Sereny, G. 1995. *Albert Speer: His Battle with Truth*. New York: Knopf.
- Sheils, D. 1978. A Cross-Cultural Study of Beliefs in Out of Body Experiences. *Journal of the Society for Psychical Research* 49:697-741.
- Shermer, M. 1991. Heretic-Scientist: Alfred Russel Wallace and the Evolution of Man. Ann Arbor, Mich.:

UMI Dissertation Information Service.

——— 1993. The Chaos of History: On a Chaotic Model That Represents the Role of Contingency and Necessity in Historical Sequences. Nonlinear Science Today 2, no. 4:1-13.

——— 1994. Satanic Panic over in UK. Skeptic 4, no. 2:21.

——— 1995. Exorcising Laplace's Demon: Chaos and Antichaos, History and Metahistory. *History and Theory* 34, no. 1:59-83.

- Shermer, M., and Grobman, A. 1997. *Denying History: Who Says the Holocaust Never Happened and Why Do They Say It?* Jerusalem: Yad Vashem; Los Angeles: Martyrs' Memorial and Museum of the Holocaust.
- Siegel, R. K. 1977. Hallucinations. *Scientific American*, no. 237:132-140.
- Simon Wiesenthal Center. 1993. *The Neo-Nazi Movement in Germany*. Los Angeles: Simon Wiesenthal Center.
- Singer, B., and G. Abell, eds. 1981. *Science and the Paranormal*. New York: Scribner's.
- Smith, B. 1994. *Smith's Report*, no. 19(Winter).
- Smith, W. 1994. The Mattoon Phantom Gasser: Was the Famous Mass Hysteria Really a Mass Hoax? *Skeptic* 3, no. 1:33-39.
- Smolin, L. 1992. Did the Universe Evolve? *Classical and Quantum Gravity* 9:173.
- Snelson, J. S. 1993. The Ideological Immune System. *Skeptic* 1, no. 4:44-55.
- Snyder, L., ed. 1981. *Hitler's Third Reich*. Chicago: Nelson-Hall.
- Somlt, A., and S. A. Peterson. 1992. *The Dynamics of Evolution*. Ithaca, N.Y.: Cornell University Press.
- Speer, A. 1976. *Spandau: The Secret Diaries*. New York: Macmillan.
- Starkey, M. L. 1963. *The Devil in Salem*. New York: Time Books.
- Stearn, J. 1967. *Edgar Cayce—The Sleeping Prophet*. New York: Bantam.
- Strahler, A. N. 1987. *Science and Earth History: The Evolution/Creation Controversy*. Buffalo, N.Y.: Prometheus.
- Strieber, W. 1987. *Communion: A True Story*. New York: Avon.
- Sulloway, F. J. 1990. Orthodoxy and Innovation in Science: The Influence of Birth Order in a Multivariate Context. Preprint.

    ——— 1991. "Darwinian Psychobiography." Review of *Charles Darwin: A New Life*, by John Bowlby. *New York Review of Books*, October 10.

    ——— 1996. *Born to Rebel: Birth Order, Family Dynamics, and Creative Lives*. New York: Pantheon.

- Swiebocka, T., ed. 1993. *Auschwitz: A History in Photographs*. English ed. J. Webber and C. Wilsack. Bloomington: Indiana University Press.
- *Syllabus from the Supreme Court of the United States* in Edwards v. Aguillard. 1987.

- Taubes, G. 1993. *Bad Science*. New York: Random House.
- Taylor, J. 1859. *The Great Pyramid: Why Was It Built? And Who Built It?* London: Longman.
- Thomas, K. 1971. *Religion and the Decline of Magic*. New York: Scribner's.
- Thomas, W. A. 1986. Commentary: Science v. Creation-Science. *Science, Technology, and Human Values* 3:47-51.
- Tipler, F. 1981. Extraterrestrial Intelligent Beings Do Not Exist. *Quarterly Journal of the Royal Astronomical Society* 21:267-282.
  ——— 1994. *The Physics of Immortality*. New York: Doubleday.
  ——— 1995. Transcript of Interview by M. Shermer, September 11.
- Toumey, C. P. 1994. *God's Own Scientists: Creationists in a Secular World*. New Brunswick, N.J.: Rutgers University Press.
- Trevor-Report, H. R. 1969. *The European Witch-Craze of the Sixteenth and Seventeenth Centuries and Other Essays*. New York: Harper Torchbooks.
- Tucker, W. H. 1994. *The Science and Politics of Racial Research*. Urbana: University of Illinois Press.
- Turner, J. S., and D. B. Helms. 1987. *Lifespan Development,* 3rd ed. New York: Holt, Rinehart & Winston.
- Vankin, J., and J. Whalen. 1995. *The Fifty Greatest Conspiracies of All Time*. New York: Citadel.
- Victor, J. 1993. *Satanic Panic: The Creation of a Contemporary Legend*. Chicago: Open Court.
- Voltaire. 1985. *The Portable Voltaire*. Ed. B. R. Redman. New York: Penguin.
- Walker, D. P. 1981. *Unclean Spirits: Possession and Exorcism in France and England in the Late Sixteenth and Early Seventeenth Centuries*. Philadelphia: University of Pennsylvania Press.
- Wallace, A. R. 1869. Sir Charles Lyell on Geological Climates and Origin of Species. *Quarterly Review* 126:359-394.
- Watson, L. 1979. *Lifetide*. New York: Simon & Schuster.
- Weaver, J. H., ed. 1987. *The World of Physics: A Small Library of the Literature of Physics from Antiquity to the Present,* vol. 2, *The Einstein Universe and the Bohr Atom*. New York: Simon & Schuster.
- Weber, M. 1992. The Nuremberg Trials and the Holocaust. *Journal of Historical Review* 12, no. 3:167-213.
  ——— 1993a. *Auschwitz: Myths and Facts,* brochure. Newport Beach, Calif.: Institute for Historical Review.
  ——— 1993b. *The Zionist Terror Network*. Newport Beach, Calif.: Institute for Historical Review.
  ——— 1994a. *The Holocaust: Let's Hear Both Sides,* brochure. Newport Beach, Calif.: Institute for Historical Review.
  ——— 1994b. Transcript of Interview by M. Shermer, February 11.
  ——— 1994c. The Jewish Role in the Bolshevik Revolution and Russia's Early Soviet Regime. *Journal*

of Historical Review 14, no. 1:4-14.
- Webster, R. 1995. *Why Freud Was Wrong: Sin, Science, and Psychoanalysis.* New York: Basic Books.
- Whitcomb, J., Jr., and H. M. Morris. 1961. *The Genesis Flood: The Biblical Record and Its Scientific Implications.* Philadelphia: Presbyterian and Reformed Publishing.
- Wikoff, J., ed. 1990. *Remarks: Commentary on Current Events and History.* Aurora, N.Y.
- Yockey, F. P. [U. Varange, pseud.]. [1948]1969. *Imperium: The Philosophy of History and Politics.* Sausalito, Calif.: Noontide.
- Zukav, G. 1979. *The Dancing Wu Li Masters: An Overview of the New Physics.* New York: Bantam.

Zündel, E. 1994. Transcript of Interview by M. Shermer, April 26.

찾아보기

ㄱ

가드너, 마틴 Gardner, Martin 46, 47, 106, 107, 135, 136, 247, 486, 505
가설(과학적 가설) 53
가설연역법 53
가스실 326, 327, 329~331, 340, 341, 349~352, 361, 362, 367, 368, 372, 376, 377, 384, 389, 391, 392, 398, 399, 403, 422~427, 429~431, 433, 434, 436, 442
가지촛대설 464
같은 세계 모델(과학과 종교의) 256
객관주의 217, 218, 220~224
거짓기억 증후군 496
거품우주 483~485
겔만, 머레이 Gell-Mann, Murray 289, 307~309, 313, 316, 320
결론적 회의주의 98
골드하겐, 다니엘 Daniel Goldhagen 391
『공룡 발굴 Digging Dinosaurs』 82
과도한 적응주의 467, 468, 471
『과학 혁명의 구조 The Structure of Scientific Revolutions』 71
과학적 방법 47, 51~54, 56, 93, 263, 268, 285, 312, 313, 319~321, 521, 522

괴델, 쿠르트 Kurt Gödel 478
괴링, 헤르만 Hermann Göring 364, 366, 444
괴벨스, 요제프 Paul Joseph Goebbels 361, 366, 399, 403, 409, 421, 444
교황 요한 바오로 2세 John Paul II 247
구성 개념 53, 54, 310, 312
구트만, 이스라엘 Yisrael Gutman 403, 419, 438
군터, 한스 Hans Gunther 449
굴드, 스티븐 제이 Stephen Jay Gould 34, 245, 247, 256, 260, 262, 270, 273, 278, 286, 289, 293~295, 300, 305, 306, 308, 347, 535, 536
귀납의 일치 395
귀류법 122, 123, 268
균등 시간 할당 288, 301, 305, 307, 384, 526
그로프, 스타니슬라프 Stanislav Grof 156
그리빈, 존 John Gribbin 484
근본주의 201, 215, 257, 290, 293, 294, 296, 298, 308, 318, 346, 472, 477, 490
기대 수명 163, 164
기시, 듀에인 T. Gish, Duane T.

237~239, 246, 252, 253, 277
기억과 정체성 문제 495, 496
기억 회복 운동 30, 191, 204, 206~208, 211
기욤, 피에르 Pierre Guillaume 375, 376
『길가메시 서사시 Epic of Gilgamesh』 242

ㄴ

냉동 보존술 161, 165~167
네안데르탈인 277, 295, 453
네어, 앤드루 Neher, Andrew 150
『눈먼 시계공 The Blind Watchmaker』 284
뉘른베르크 전범 재판 352, 393, 395, 444
뉴에이지 46, 66, 151, 470, 504, 517
뉴턴, 아이작 Newton, Isaac 64, 68, 69, 75~77, 122, 129, 230, 231, 270, 316, 473
니시오카, 마사노리 西岡昌紀 340~342

ㄷ

다른 세계 모델(과학과 종교의) 256
다윈, 찰스 Darwin, Charles 57, 89, 91~93, 109, 127, 167, 246, 249, 251, 252, 255, 256, 259~262, 264, 270, 271, 277, 293, 296, 456, 467, 474, 475, 526, 529, 530
다윈주의 262
다이슨, 프리먼 Dyson, Freeman 479

다하우 331
단속 평형 262, 270, 271, 276, 278
『대大피라미드 The Great Pyramid』 485
대로, 클래런스 Darrow, Clarence 294, 346
대폭발(빅 뱅) 482
데닛, 대니얼 Dennett, Daniel 262
데시에, 빈센트 Dethier, Vincent 41, 59
데이비스, 로라 Davis, Laura 206, 207
데이비스, 폴 Davies, Paul 470
데카르트, 르네 Descartes, René 61, 98
뎀얀유크, 존 Demjanjuk, John 338, 339, 344
도나휴, 필 Donahue, Phil 325~335
도덕적 동치 328, 443
도킨스, 리처드 Dawkins, Richard 162, 262, 280, 284, 488
독단 55, 56, 167
『독수리와 장미: 놀라운 진실 The Eagle and the Rose: A Remarkable True Story』 20
돌연변이 223, 275, 276, 484, 527
동기간 경쟁 474
동시성 115
되먹임 고리 183, 184, 191~194, 196, 198, 201, 203, 204, 206, 209, 213, 419, 421
듀플랜티에, 에이드리언(판사) Duplantier, Adrian 301, 302
드레이퍼, 위클리프 프레스턴 Draper,

Wycliffe Preston 447, 523
디랙의 거대수 가설 483
딘, 브래스웰(판사) Dean, Braswell 248

ㄹ

라이히, 빌헬름 Reich, Wilhelm 106, 107
라퐁텐, 장 La Fontaine, Jean 203, 204
랜드, 아인 Rand, Ayn 216, 220, 221, 223, 224, 226, 229, 230, 234, 514~518
랜디, 제임스 Randi, James 34, 47, 120, 124, 135, 136, 137, 143, 146, 147
러시턴, 필립 Rushton, Philippe 447, 448
레먼, 제프리 Lehman, Jeffrey 289, 307~309, 317, 319
레이킨드, 버나드 Leikind, Bernard 36, 500, 501
레프코위츠, 메리 Lefkowitz, Mary 78~81
렌키스트, 윌리엄(판사) Rehnquist, William 302, 303, 305, 306, 318
로빈스, 토니 Robbins, Tony 502
로슨, 앨빈 Lawson, Alvin 185
로스웰 사건 174~181
로프터스, 엘리자베스 Loftus, Elizabeth 185, 205, 337~340, 344
루스, 마이클 Ruse, Michael 87, 260, 293, 300
『리바이어던 Leviathan』 73
린, 리처드 Lynn, Richard 452

ㅁ

마녀 광풍 30, 190~214
마다가스카르 418, 419
〈마르코 폴로 Marco Polo〉 340~344
마셀러스, 톰 Marcellus, Tom 354
마셜, 서굿(판사) Marshall, Thurgood 317
마이어, 아르노 Mayer, Arno 392, 422, 423
마이어, 에른스트 Mayr, Ernst 245, 260, 276, 278, 282
『마천루 Fountainhead』 216, 217, 220, 232
'만일' 논증의 문제 492
말살론자 368, 377, 378
말츠뮐러, 테오도르 Malzmueller, Theodor 440
매슨, 제프리 Masson, Jeffrey 206
매툰의 유령 마취 의사 189~191, 193
맥, 존 Mack, John 184, 186
맥린 대 아칸소 299
맥린, 빌 McLean, Bill 299
맨더, 앨프레드 Mander, Alfred 124
머레이, 찰스 Murray, Charles 446, 524
메더워, 피터 Medawar, Peter 52
멘켄, H. L. Mencken, H. L 294, 295
모굴 프로젝트 176
모리스, 헨리 Morris, Henry 248, 296, 298, 315, 316
무디, 레이먼드 Moody, Raymond 134,

152
무지에의 호소의 오류 118
밀러, 필리프 M?ller, Filip 425
미국 시민 자유 연맹(ACLU) 164, 293,
294, 299, 302, 305, 306, 373
미확인 비행 물체(UFO) 30, 67, 176,
181, 183, 184, 502, 537
믿음 엔진 514, 534~537
밀러, 스탠리 Miller, Stanley 273, 274

ㅂ
바스턴, 앤 Barston, Ann 196
바우어, 예후다 Bauer, Yehuda 392,
418, 419
바워스, 케네스 Bowers, Kenneth 147
반제 회의 365, 407, 418
반즈, 토머스 Barnes, Thomas 281, 282
배로, 존 Barrow, John 470, 479~483,
486
배스, 엘렌 Bass, Ellen 206, 207
백 번째 원숭이 현상 48~51
버그, 주디스 Berg, Judith 326, 333~335,
353, 369, 392, 402, 403, 417
버드, 웬델 Bird, Wendell 302
버뮤다 삼각해역 67, 116, 117
버츠, 아서 Butz, Arthur 352, 424
버클리, 윌리엄 F. Buckley, William F.
231, 527
버클리, 조지 Berkeley, George 160, 161
버틀러 법령 293

법령 590조 299, 300
베네타, 윌리엄 Bennetta, William 297,
308, 309
베스트, 조엘 Best, Joel 200
베이어스테인, 배리 Bayerstein, Barry
149
베이커, 로버트 Baker, Robert 135, 146,
147, 185, 186
벤요하난, 요세프 A. A. Ben-Jochannan,
Yosef A. A. 79, 81
『벨 곡선 The Bell Curve』 447, 455, 523,
524
변성된 의식 상태 97, 135, 144, 146, 147,
149, 150, 172, 174, 183
변형을 동반한 유래 285
복권 당첨의 문제 483
볼, 존 Ball, John 431
볼테르 Voltaire 469, 498
『부녀간의 근친상간 Father-Daughter
Incest』 205
불 위 걷기 500~502
불확정성 원리 100, 480
브라우닝, 크리스토퍼 Browning,
Christopher 421
브라이언, 윌리엄 제닝스 Bryan, William
Jennings 293, 294, 295, 530
브라이언트, 네빈 Bryant, Nevin 432
브라이트바르트, 아론 Breitbart, Aaron
343
브란트, 루돌프 Brandt, Rudolf 407

찾아보기 563

브래트스트롬, 베이어드 Brattstrom, Bayard 238, 275
브랜든, 너새니얼 Branden, Nathaniel 220, 222~224, 227~229, 517, 518
브랜든, 바버라 Branden, Barbara 224, 226~229
브레넌, 윌리엄(판사) Brennan, William 305, 317
브로델, 페르낭 Braudel, Fernand 64
브로트, 페리 Broad, Pery 426~428, 430
브롬리, 데이비드 Bromley, David 200
브루지오니, 디노 A. Brugioni, Dino A. 432
브릭스, 로빈 Briggs, Robin 195
브린, 데이비드 Brin, David 484
블랙먼, 해리(판사) Blackmun, Harry 305, 317
블랙모어, 수전 Blackmore, Susan 157~159
빅터, 제프리 Victor, Jeffrey 202, 203

ㅅ

『사람 남성의 성적 행동 Sexual Behavior in the Human Male』 459
『사람 유전자의 역사와 지리 The History and Geography of Human Genes』 455
사이비 과학 30, 31, 65, 72, 73, 77, 86, 87, 90, 102, 106, 113, 124, 128, 132, 142, 190, 199, 500, 504, 509, 523, 524
사이비 역사 30, 77, 78, 80, 81, 86, 87, 504
사튼, 조지 Sarton, George 70, 71
사후 추론 114
사후 합리화 401, 405, 414
새봄, 마이클 Sabom, Michael 154, 155
샌틸리, 레이 Santilli, Ray 175~177, 180
섀도웬, 케네스 Shadowen, Kenneth 257, 258
『선禪과 오토바이 관리 기술 Zen and the Art of Motorcycle Maintenance』 68
선행적 회의주의 98
설로웨이, 프랭크 Sulloway, Frank 36, 57, 58, 86, 472~475
성급한 일반화 119, 120, 458
성서 과학 연합 298
세그레이브스, 넬 Segraves, Nell 249
세이건, 칼 Sagan, Carl 157, 175, 185
소크라테스 Socrates 46, 160
소통보조자 30, 187
쇼클리, 윌리엄 Shockley, William 448
쇼펜하우어, 아르투르 Schopenhauer, Arthur 107, 108
수정주의 332, 352, 356, 357, 359, 366, 372, 374, 376, 377, 388, 397, 521
순환 논증 122, 266
숨은 관찰자 147, 148
슈워츠, 잭 Schwarz, Jack 144
슈페어, 알베르트 Speer, Albert 393~395, 403, 440
스냅 사진의 오류 402

스넬슨, 제이 스튜어트 Snelson, Jay Stuart 125, 126
스미스, 브래들리 Smith, Bradley 326~329, 332~335, 337, 349, 357, 374~376, 384, 385, 388
스칼리아, 앤토닌(판사) Scalia, Antonin 303~306, 318
스콥스 '원숭이 재판' 293, 295, 315, 318, 346, 526, 530
스콥스, 존 T. Scopes, John T. 293, 294
스키너, B. F. Skinner, B. F. 71, 115, 116
스트리버, 휘틀리 Strieber, Whitley 184, 186
스티븐스, 존 폴(판사) Stevens, John Paul 305, 307, 317
스피노자, 바루흐 Spinoza, Baruch 98, 127, 128, 259
『시간의 역사 A Brief History of Time』 446
시계공 469, 476
시몬 비젠탈 센터 341, 343, 359, 379
시조새 277
신 나치 119, 326, 327, 329, 330, 343, 358, 359, 368, 374, 385, 387, 449
신비주의 54, 55, 66, 122, 151, 488
신앙주의 247, 505
실크, 조지프 Silk, Joseph 487
심령의 힘 97, 118, 137, 139, 141, 143, 151

『심판대에 선 다윈 Darwin on Trial』 259
『심판의 날 Judgment Day』 518, 222, 528
싱어, 배리 Singer, Barry 125

ㅇ
아널드, 매슈 Arnold, Matthew 169
아레츠, 에밀 Aretz, Emil 352
아렌트, 한나 Arendt, Hannah 416
아리스토텔레스 Aristoteles 79~81, 116, 302
아얄라, 프란시스코 Ayala, Francisco 289, 300
아우슈비츠 246, 326, 329, 333, 341, 353, 361, 362, 367, 369, 375, 387, 392, 398, 410, 424, 426, 428, 430, 432, 434, 443, 449
『아우슈비츠의 목격자들: 가스실에서 보낸 3년 Eyewitness Auschwitz: Three Years in the Gas Chambers』 425
아이히만, 아돌프 오토 Eichmann, Adolf Otto 361, 399, 410, 443, 444
『아인 랜드의 열정 The Passion of Ayn Rand』 224
아인슈타인, 알베르트 Einstein, Albert 91, 95, 108, 270, 371, 473, 478
아퀴나스, 토마스 Aquinas, Thomas 272, 477, 485
『아틀라스: 지구를 떠받치기를 거부한 신 Atlas Shrugged』 215~218, 220~223,

찾아보기 565

231, 232, 517
아프리카 기원설 464, 525
아프리카 중심주의 78~81, 502
『아프리카에서 오지 않았다 Not Out of Africa』 78
악마 숭배의 제의적 학대 187, 193, 200, 203, 210
악의 평범성 416
암불로케투스 나탄스 277
앤핀슨, 크리스천 Anfinsen, Christian 289
앨런, 스티브 Allen, Steve 247
앨런, 우디 Allen, Woody 160, 161
앨티어, 로즈메리 Altea, Rosemary 20~24, 27
앱, 오스틴 App, Austin 352
양자 역학 100, 475, 476, 490, 497
양자택일의 오류 121, 267, 528, 531
『어느 물리학자의 신앙 The Faith of a Physicist』 470
어빙, 데이비드 Irving, David 349, 353, 355, 358, 360~366, 388, 401, 402, 405, 406, 409, 413, 414, 443
에드워즈 대 아귈라드 288, 302
에드워즈, 해리 Edwards, Harry 508, 509
에딩턴, 아서 스탠리 Eddington, Arthur Stanley 36, 53, 102
에릭슨, 카이 Erikson, Kai 202
『에트나 산의 엠페도클레스 Empedocles on Etna』 169

엘드리지, 나일즈 Eldredge, Niles 262, 270, 278
역사 비평 센터 380
역사 비평 연구소 344, 352~358, 363, 368, 375, 379, 380, 381, 384, 388
〈역사 비평 저널 Journal of Historical Review〉 107, 342, 352~354, 377~379, 385, 448
역사를 통한 초월 168
역사와 잃어버린 과거의 문제 496~499
연구 계몽 협회(A.R.E.) 132~134, 137, 140
연역 52, 53, 83, 105, 119
열역학 제2법칙 253, 279, 280, 316
영생 159, 161, 162, 165, 316, 476, 481, 488, 490, 493~495, 499, 502, 510
영원히 마르지 않는 희망의 문제 491
영혼 133, 165, 477, 478
오르고노미 106
오메가 포인트 이론 479, 486, 489, 491
오버턴, 윌리엄 R.(판사) Overton, William R. 299~301, 307
오스트레일리아 원주민 456~458
오코너, 샌드라 데이(판사) O'Connor, Sandra Day 306, 317
올슨, 리처드 Olson, Richard 35, 71, 72, 75, 76
외계 생명체 탐사(SETI) 77
외계인 납치 77, 78, 97, 173, 181, 183~187, 190, 191, 522, 537

외계인 부검 필름 177
우생학 251, 369, 448, 454, 529, 530
우연 124, 138~142, 276, 280, 350, 351, 365, 418, 469, 497~499
우연의 일치 115, 116
『우주의 인간원리 Anthropic Cosmological Principle』 470, 479
월리스, 앨프레드 러셀 Wallace, Alfred Russel 54, 89, 93, 261, 467~471, 476, 488
웨버, 마크 Weber, Mark 349, 353, 354, 356, 358~360, 378, 379, 388, 393, 439
웹스터, 리처드 Webster, Richard 205
위코프, 잭 Wikoff, Jack 385, 388
유대인 명예훼손 반대 연맹(ADL) 355, 368, 372, 373
유대인 방어 연맹(JDL) 344, 372
유럽 24, 30, 32, 67~69, 72, 76, 77, 117, 185, 177, 188, 522
유비의 문제 494
유스먼, 에드 Uthman, Ed 179
『유전과 인류: 인종, 우생학, 현대 과학 Heredity and Humanity: Race, Eugenics and Modern Science』 454
유체 이탈 149, 151~153, 156~158, 172
음모론적 사고 381, 389, 439
이념적 면역 체계 125~127
이소성 종분화 276, 278
『인간 오성에 관한 연구 An Enquiry Concerning Human Understanding』 98, 485
인간 원리 256, 479~481, 485, 494
『인간론 Essay on Man』 29, 465, 471
인종 30, 79, 249, 251, 349, 351, 352, 356, 358, 373, 381, 384, 388, 389, 391, 401, 411, 416, 420, 421, 443, 446~450, 452~458, 462~464, 472, 502, 523~525, 530
『인종과 문명 Race and Civilization』 448, 449
일화 50, 104, 118, 181
임사체험 134, 146, 149, 151~159
잉거솔, 로버트 Ingersoll, Robert 160, 161

ㅈ

자연선택 54, 57, 91~93, 261, 262, 266, 267, 275, 276, 280, 284, 454, 467, 475, 527~529, 535
『자연신학 Natural Theology』 468
자연은 도약을 하지 않는다 260
작화作話 184
잘못된 긍정 32, 33, 141
잘못된 부정 33, 121
전이 화석 253, 277, 278
전쟁 모델(과학과 종교의) 248, 249
『절대 제국: 역사와 정치의 철학 Imperium: The Philosophy of History and Politics』 381
점성술 25, 29, 54, 58, 59, 67, 90, 97,

133, 134, 522
점진주의 260, 262
제너 카드 137
제임스, 팝 James, Fob 259
젠슨, 로웰(판사) Jenson, Lowell 210
조지, 존 George, John 382
존재의 대사슬 476
종교 설립에 대한 규정 297, 301
종분화의 증식 261, 278
『종의 기원 Origin of Species』 57, 260, 264, 277
『"좋았던 옛 시절": 가해자와 방관자가 본 홀로코스트 "The Good Old Days": The Holocaust as Seen by Its Perpetrators and Bystanders』 415
『죽음의 회상 Recollections of Death』 154
증거의 수렴 395, 397
증명의 부담 108, 109, 384, 395, 401, 491
지적 설계 32, 284, 285, 471, 526, 527, 529
진화론 91, 109, 121, 127, 215, 235, 237~239, 245, 246, 249, 251~253, 255, 258~260, 262~278, 279~286, 288, 290, 293, 295~302, 306, 310, 314~318, 346, 347, 384, 444, 468, 521, 526, 527, 529~531
진화의 나무 249
집단 히스테리 190, 202

ㅊ

차별적 번식 성공 261, 262
『창세기의 대홍수: 성서의 기록과 과학적 함의 The Genesis Flood: The Biblical Record and Its Scientific Implications』 296
창조 연구 학회 296, 311
창조 연구 협회 237, 248, 263, 298, 311, 315
창조과학 30, 105, 253, 263, 265, 271, 288~290, 298~303, 305, 307, 308, 310, 312, 316, 318, 384, 526
창조과학 연구 센터 249, 298
창조론 47, 57, 67, 109, 121, 127, 235, 237, 239, 243~249, 251, 252, 255~292, 296~302, 305~311, 313~316, 318~320, 346, 383, 384, 391, 502, 521, 525, 526~531, 537
창조와 재창조 신화 241, 243
초감각 지각(ESP) 30, 47, 67, 132, 137~142, 151, 522, 537
초월 명상(TM) 49
촘스키, 노엄 Chomsky, Noam 367
최대 잠재 수명 162, 163
최면 32, 47, 78, 97, 135, 147~149, 184~186, 204, 211
최종 해결 328, 349, 350, 364, 394, 409, 410, 417~419, 443
『추앙받는 과학과 저항받는 과학 Science Deified and Science Defied』 71

출생 순서 472, 473, 475
『춤추는 물리 The Dancing Wu Li Masters』 494
충돌하는 세계 모델(과학과 종교의) 256
췬델, 에른스트 Zündel, Ernst 329, 343, 344, 349, 353, 358, 362, 368~371, 374, 384, 388
치클론 B 329, 330, 399, 423, 424, 426, 428, 429, 433

ㅋ

카르토, 윌리스 Carto, Willis 353~357, 381, 384, 448, 449, 524
카발리 스포르차, 루카 Cavalli-Sforza, Luca 455~458, 464
카터, 브랜든 Carter, Brandon 479~481
카포라일, 린다 Carporael, Linnda 196
카프라, 프리초프 Capra, Fritjof 446, 470, 494, 495
『캉디드 Candide』 469, 498, 499
캠벨, 조지프 Campbell, Joseph 243, 450
컬트의 특징 224, 225
케이시, 에드거 Cayce, Edgar 131~137
코언, I. B. Cohen, I. B. 126
코페르니쿠스의 원리 480
코펜하겐 해석 100
코프먼, 베스 샤피로 Kaufman, Beth Shapiro 289, 308~310, 316, 319, 320
코흐, 요아힘 Koch, Joachim 180
콜, 데이비드 Cole, David 326, 329~332,

337, 349, 353, 356, 359, 369, 372~387, 443
쿤, 토머스 Kuhn, Thomas 57, 71, 87
퀴블러로스, 엘리자베스 Kübler-Ross, Elisabeth 152, 154
크레도 콘솔란스 247, 504
크레머, 요한 파울 Kremer, Johann Paul 428, 430
크레스킨, "디 어메이징" Kreskin, "The Amazing" 147
크레치머, 카를 Kretschmer, Karl 415, 416
크리스천 헤리티지 칼리지 237, 298
클로닝 164
킨지, 앨프레드 Kinsey, Alfred 458~463

ㅌ

『타고난 반항아 Born to Rebel』 86
톱키스, 제이 Topkis, Jay 302, 303, 305, 306
트레버로퍼, 휴 Trevor-Roper, Hugh 192, 198, 211
특수 기동 부대 351, 414, 415, 438
특수 분견대 396, 398, 424, 430
특수창조 57, 91
티플러, 프랭크 Tipler, Frank 161, 175, 256, 470~472, 476~483, 486~495, 497, 498

ㅍ

『파리의 이모저모 To Know a Fly』 41
파비우스-게소 법 367
파웰, 루이스(판사) Powell, Lewis 304~306, 317
파이어니어 펀드 447, 448, 523
파인먼, 리처드 Feynman, Richard 56, 60, 167
팡글로스 469, 471, 482, 490, 498, 536
패러다임 57, 71, 72, 87~91, 125, 265, 284, 300, 469, 497, 536
퍼식, 로버트 Pirsig, Robert 68
퍼식의 역설 68, 69, 73, 76, 77
퍼킨스, 데이비드 Perkins, David 126
페레즈, 로버트 Perez, Robert 212, 213
페이코프, 레너드 Peikoff, Leonard 230, 514~516
페일리, 윌리엄 Paley, William 468, 469, 471, 476, 488
펜로즈, 로저 Penrose, Roger 489
펜지어스, 아르노 Penzias, Arno 319
포괄적 일반 상대성 479, 489
포리송, 로베르 Faurisson, Robert 353, 366~368, 375, 377, 388, 403
포즈나인 411, 413
포프, 알렉산더 Pope, Alexander 29, 465, 471
폴킹혼, 존 Polkinghorne, John 470
표현의 자유 30, 297, 299, 335, 358, 362, 363, 384

프라그, 제임스 반 Praagh, James van 24~28
프라이스, 데릭 드 솔라 Price, Derek De Solla 62
프랑크, 한스 Frank, Hans 365, 399, 407, 409, 421
프레슬리, 엘비스 Presley, Elvis 175
프로이트, 지그문트 Freud, Sigmund 88, 206
플라톤 Platon 46, 161, 477
플랑크, 막스 Planck, Max 126
『피고측 증인 Witness for the Defense』 337
피어슨, 로저 Pearson, Roger 448~450, 452~455
피장파장 논증의 오류 119
피치, 발 Fitch, Val 320

ㅎ

〈스켑틱 Skeptics〉 21, 34~36, 47, 244, 248, 253, 509, 522, 523,
하디슨, 리처드 Hardison, Richard 36, 54, 64, 272, 281, 485
하이젠베르크, 베르너 Heisenberg, Werner 100, 480
합리주의 55, 477, 516
해리스, 마빈 Harris, Marvin 202
해링턴, 앨런 Harrington, Alan 165
허버드, 론 Hubbard, Loan 106
헉슬리, 올더스 Huxley, Aldous 157

헤드랜드, 로널드 Headland, Ronald 417
헤른슈타인, 리처드 Herrnstein, Richard 446, 524
헬름스, D. B. Helms, D. B. 474
『현대 물리학과 동양사상 The Tao of Physics』 446, 470, 494
호너, 잭 Horner, Jack 81~84
호킹, 스티븐 Hawking, Stephen 273, 446, 489
홀로코스트 부정론 30, 33, 78, 107, 109, 119, 244~246, 325~328, 330, 332, 335~337, 340, 343~346, 348, 349, 351~353, 356~361, 363, 364, 366, 368, 369, 371~378, 380~385, 388~395, 397~401, 405, 409, 410, 422, 423, 424, 426~428, 431, 434~436, 438, 439, 441, 442, 444, 445, 447, 448, 502, 524, 537
홉스, 토머스 Hobbes, Thomas 73~75
화이트, 메그 White, Meg 238
환각 23, 32, 149, 151, 153, 156, 157, 158, 171~173, 182, 185, 186, 196
회스, 루돌프 Hoess, Rudolf 410, 427
회의주의 34, 35, 46~48, 98, 99, 198, 215, 517, 521, 537
회의주의 학회 34~36, 307, 508, 509
후크, 시드니 Hook, Sydney 92
휘트니, 글레이드 Whitney, Glayde 453
휠러, 존 아치볼드 Wheeler, John Archibald 101
흄, 데이비드 Hume, David 98, 99, 114, 159, 174, 188, 272, 485, 530
히틀러, 아돌프 Hitler, Adolf 32, 119, 251, 268, 328, 349, 361, 363, 366, 368, 370, 381, 385, 387, 394, 399~406, 410, 417, 421~423, 439, 444
『히틀러의 전쟁 Hitler's War』 360, 363, 401, 402
힐가드, 어니스트 Hilgard, Ernest 147, 148
힐버그, 라울 Hilberg, Raul 392, 402, 417
힘러, 하인리히 Himmler, Heinrich 365, 399, 402, 403, 410, 411, 413, 414, 418, 421, 444

옮긴이 소개

류운 | 서강대학교 철학과를 졸업하고, 같은 학교 대학원 철학과에서 석사학위를 받았다. 현재는 번역가로 활동하고있다. 옮긴책으로는 『원자폭탄, 그 빗나간 열정의 역사』,『 대멸종』이있다.

왜 사람들은 이상한 것을 믿는가

초판 1쇄 발행 2007년 11월 12일
초판 5쇄 발행 2022년 5월 16일

지은이 | 마이클 셔머
옮긴이 | 류운

책임편집 | 나현영
디자인 | 최선영 남금란

펴낸곳 | (주)바다출판사
주소 | 서울시 종로구 자하문로 287
전화 | 322-3885(편집부), 322-3575(마케팅부)
팩스 | 322-3858
E-mail | badabooks@daum.net

ISBN   978-89-5561-410-7   03400